离散数学

朱保平　陆建峰　金忠　张琨　编著

清华大学出版社
北京

内 容 简 介

本书是全国高等学校计算机教育研究会支持的立项教材，较全面地介绍了离散数学的基本理论及基本方法。本书以离散数学课程重要知识点为纽带，夯实程序设计思路，拓展数据和关系的表示方法，强化从实例计算到模型计算和问题—形式化—自动化（计算机化）等方法，旨在为后续的科学研究打下良好的基础。全书由命题演算基础、命题演算的推理理论、谓词演算基础、谓词演算的推理理论、递归函数论、集合、关系、函数与集合的势、图论、树和有序树、群和环、格与布尔代数共12章组成。

本书可作为高等院校计算机科学与技术及相关专业离散数学课程教材，也可作为教师、研究生或软件技术人员的参考书。

图书在版编目(CIP)数据

离散数学/朱保平等编著. —北京：清华大学出版社，2019(2023.1 重印)
ISBN 978-7-302-52031-3

Ⅰ.①离… Ⅱ.①朱… Ⅲ.①离散数学 Ⅳ.①O158

中国版本图书馆 CIP 数据核字(2019)第 008461 号

责任编辑：谢 琛 战晓雷
封面设计：常雪影
责任校对：李建庄
责任印制：丛怀宇

出版发行：清华大学出版社
网 址：http://www.tup.com.cn，http://www.wqbook.com
地 址：北京清华大学学研大厦 A 座　　**邮 编**：100084
社 总 机：010-83470000　　**邮 购**：010-62786544
投稿与读者服务：010-62776969，c-service@tup.tsinghua.edu.cn
质量反馈：010-62772015，zhiliang@tup.tsinghua.edu.cn
课件下载：http://www.tup.com.cn,010-83470236
印 装 者：三河市龙大印装有限公司
经 销：全国新华书店
开 本：185mm×260mm　　**印 张**：18.75　　**字 数**：433 千字
版 次：2019 年 2 月第 1 版　　**印 次**：2023 年 1 月第 6 次印刷
定 价：59.00 元

产品编号：081316-02

前言

离散数学是计算机科学与技术重要的理论基础课程，它不仅是计算机科学的核心课程，而且已成为电子信息类专业的热门选修课。离散数学与计算机科学有着十分密切的关系。无论是数字计算机雏形的图灵机，还是数字电路的布尔代数，以及程序设计语言、关系数据库、知识表示、人工智能等领域均离不开离散数学；同时两者的相互渗透推动了离散数学的发展。因此，学好离散数学对计算机科学与理论的研究有着重要的作用。

离散数学以研究离散量的结构和相互间的关系为主要目标，旨在介绍离散数学各个分支的基本概念、基本理论和基本方法。本书以离散数学课程重要知识点为纽带，夯实程序设计思路，拓展数据和关系的表示方法，强化从实例计算到模型计算的应用能力，使读者充分掌握问题—形式化—自动化（计算机化）方法，为后续的学习和科学研究打下良好的基础。

本书基于全国高等学校计算机教育研究会的教材规范对离散数学教学内容进行编著，强化了离散数学的相关概念及其应用，注重相关课程内容的相互渗透。本书共12章，主要内容包括命题演算基础、命题演算的推理理论、谓词演算基础、谓词演算的推理理论、递归函数论、集合、关系、函数与集合的势、图论、树和有序树、群和环、格与布尔代数。

本书第1、2、3、5、7、9、10章由朱保平编写，第6、8、12章由金忠编写，第4章由陆建峰编写，第11章由叶有培编写，第6～12章由叶有培统一策划。张琨教授参与了部分内容的编写。

由于作者水平有限，书中难免存在疏漏和不足之处，恳请读者批评指正。

作者

2018年12月

于南京理工大学

目录

Chapter 1

第1章　命题演算基础

数理逻辑也称数学逻辑，即用数学的方法研究逻辑问题。数理逻辑具体来说是研究前提和结论间的形式关系和推理的学科，它与数学的其他分支、计算机科学、人工智能、数据挖掘和程序设计理论密切相关。数理逻辑的主要内容包括命题演算、谓词演算、递归函数论、证明论、模型论和公理集合论等。本书只介绍命题演算、谓词演算和递归函数论。

1.1　命题和联结词

1.1.1　命题

定义 1.1：可以判断真假的陈述句称为命题。

命题具有两个特征。首先，命题应是一个陈述句，感叹句、疑问句、祈使句等均不是命题；其次，这个陈述句所表达的内容可决定真或假，且真假不可兼，即它应有真假性。

如果一个命题取为真，则说该命题的值为真，用 T 表示真；如果一个命题取为假，则说该命题的值为假，用 F 表示假。

下面举例说明命题的概念：

(1) 微信是一种智能手机应用程序。

它是陈述句，可决定其真值为 T，所以为命题。

(2) 2012 年 12 月 21 日是玛雅人所说的世界末日。

它是陈述句，可决定其真值为 F，所以为命题。

(3) 这盆花真漂亮！

它不是陈述句，不是命题。

(4) 我正在说谎。

悖论，虽为陈述句，但不能判断其真值，不是命题。

(5) 太阳系外有宇宙人。

虽然至今还不知道太阳系外是否有宇宙人，但太阳系外要么有宇宙人，要么没有宇宙人，它的真值是客观存在的，而且是唯一的，因此它是命题。

(6) 微博是一种网络应用服务吗？

该语句是疑问句，不是陈述句，不是命题。

(7) $x+y=z$。

该语句不能确定真假性，不是命题。

命题具有两种类型：原子命题和复合命题。

定义 1.2：不可剖开或分解为更简单命题的命题称为原子命题。

例如，“5 为质数”“比特币是一种网络虚拟货币”“人工智能是计算机科学的一个分支”等就是原子命题。

定义 1.3：由成分命题利用联结词构成的命题称为复合命题。其中，成分命题是指原子命题或复合命题。

例如，“5 为质数且比特币是一种网络虚拟货币”“如果你是人工智能学院的学生，则你必须学习机器学习课程”等就是复合命题，其中语句中的“且”“如果……则……”等称为联结词。

注意，有些命题看似复合命题，但实际上为原子命题。

例如语句“Tom 和 John 是兄弟”就不能分解为“Tom 是兄弟”和“John 是兄弟”，因为一个人不能成为兄弟，故应把它理解为原子命题。

数理逻辑研究前提和结论间的形式关系，而不研究具体的内容，为此采用数学方法将命题符号化(也称为形式化)是十分重要的。约定用大写字母 P、Q、R 等表示命题变元。

例如：

P：表示“5 为质数”。

Q：表示“比特币是一种网络虚拟货币”。

定义 1.4：当 P 表示命题时称为命题变元。

注意，命题变元和命题是两个不同的概念。

命题指具体的陈述句，有确定的真值。

命题变元没有确定的真值，只有代以具体的命题时才能确定它的真值。换言之，命题变元是以真假为变域的变元。

1.1.2 联结词

下面介绍 5 个常用的联结词：¬、∧、∨、→、↔。

1. 否定词¬

否定词¬是一个一元联结词，利用该联结词可由成分命题构成复合命题¬P，读为非 P。

日常语言中的“非”“不”和“并非”等表示逻辑非。

¬P 的真假与 P 的真假关系定义如下：

¬P 为真当且仅当 P 为假。

否定词的真值表如表 1.1 所示。

表 1.1 否定词的真值表

P	$\neg P$
T	F
F	T

例 1.1：P 表示“区块链是一种分布式数据存储技术”，¬P 表示“区块链不是一种分布式数据存储技术”。

2. 合取词∧

合取词∧是一个二元联结词，利用该联结词可由成分命题P和Q构成复合命题$P\wedge Q$，读为P合取Q。其中$P\wedge Q$称为合取式，P、Q称为$P\wedge Q$的合取项。

日常语言中的"且""与"等均表示合取。

$P\wedge Q$的真假和P、Q的真假关系定义如下：

$P\wedge Q$为真当且仅当P和Q均真。

合取词的真值表如表1.2所示。

例1.2：华为P20手机至少有6GB内存和64GB存储容量。

解：令P表示"华为P20手机至少有6GB内存"，Q表示"华为P20手机至少有64GB存储容量"，则原句译为

$$P \wedge Q$$

例1.3：你喜欢机器学习课程，但我喜欢数据挖掘课程。

解：令P表示"你喜欢机器学习课程"，Q表示"我喜欢数据挖掘课程"，则原句译为

$$P \wedge Q$$

3. 析取词∨

析取词∨是一个二元联结词，利用成分命题P和Q可构成复合命题$P\vee Q$，读为P析取Q。其中$P\vee Q$称为析取式，P和Q称为$P\vee Q$的析取项。日常语言中的"或"等可用析取词表示。

$P\vee Q$的真假和P、Q的真假关系定义如下：

$P\vee Q$为假当且仅当P和Q均假。

析取词的真值表如表1.3所示。

表1.2 合取词的真值表

P	Q	$P\wedge Q$
T	T	T
T	F	F
F	T	F
F	F	F

表1.3 析取词的真值表

P	Q	$P\vee Q$
T	T	T
T	F	T
F	T	T
F	F	F

例1.4：今天下雨或下雪。

解：令P表示"今天下雨"，Q表示"今天下雪"，则原句译为

$$P \vee Q$$

例1.5：Tom喜欢人工智能或机器学习是不对的。

解：令P表示"Tom喜欢人工智能"，Q表示"Tom喜欢机器学习"，则原句译为

$$\neg(P \vee Q)$$

注意，语言中"或"在现实生活中有可兼和不可兼两种意思，但在数理逻辑中规定只有一种意思，即可兼的"或"。

4. 蕴含词→

蕴含词→是一个二元联结词，利用成分命题 P 和 Q 可构成复合命题 $P \to Q$，读为 P 蕴含 Q。其中，$P \to Q$ 称为蕴含式，P 称为蕴含前件，Q 称为蕴含后件，蕴含词也可用⊃表示。

日常语言中的“如果……则……”等可用蕴含词表示。

$P \to Q$ 的真假和 P、Q 的真假关系定义如下：

$P \to Q$ 为假当且仅当 P 真 Q 假。

蕴含词的真值表如表 1.4 所示。

例 1.6 如果 Tom 没有学好离散数学，则他不可能学好数据结构。

解：令 P 表示“Tom 学好离散数学”，Q 表示“Tom 学好数据结构”，则原句译为

$$\neg P \to \neg Q$$

例 1.7：只有努力学习数据挖掘和机器学习，才能在大数据分析方面有所成就。

解：令 P 表示“努力学习数据挖掘”，Q 表示“努力学习机器学习”，R 表示“在大数据分析方面有所成就”，则原句译为

$$R \to (P \land Q)$$

注意，该语句不能译为 $(P \land Q) \to R$，翻译时一定要考虑条件的必要性和充分性。

从表 1.4 可看出，当蕴含前件 P 取 F 时，不管其后件 Q 取 T 或 F，蕴含式 $P \to Q$ 总取 T，故复合命题“如果 $1+1=3$，则雪是黑的”值为 T。也就是说，在形式推理中只要前件为假，就可推出任何命题，而此推理过程是正确的。

5. 等价词↔

等价词↔是一个二元联结词，利用成分命题 P 和 Q 可构成复合命题 $P \leftrightarrow Q$，读为 P 等价于 Q。其中，$P \leftrightarrow Q$ 称为等价式。

日常语言中的“当且仅当”等可用等价词表示。

$P \leftrightarrow Q$ 的真假和 P、Q 的真假关系定义如下：

$P \leftrightarrow Q$ 为真当且仅当 P 和 Q 均真或均假。

等价词的真值表如表 1.5 所示。

表 1.4 蕴含词的真值表

P	Q	$P \to Q$
T	T	T
T	F	F
F	T	T
F	F	T

表 1.5 等价词的真值表

P	Q	$P \leftrightarrow Q$
T	T	T
T	F	F
F	T	F
F	F	T

例 1.8：你可以访问深网(Deep Web)当且仅当你是网络空间安全专业的研究生。

解：令 P 表示“你可以访问深网(Deep Web)”，Q 表示“你是网络空间安全专业的研究生”，则原句译为

$$P \leftrightarrow Q$$

例 1.9：当且仅当我玩完一局《王者荣耀》，我才休息。

解：令 P 表示"我玩完一局《王者荣耀》"，Q 表示"我才休息"，则原句译为

$$P \leftrightarrow Q$$

上面介绍了 5 个常用的真值联结词，其实真值联结词还有很多。为了能更好地表达其他真值联结词，引进真值函项概念，用真值函项的概念可以定义一元、二元甚至 n 元真值联结词。

定义 1.5：以真假为定义域并以真假为值域的函数称为真值函项。

有了真值函项的概念，就可以用它来表达联结词。

一元联结词有一个命题变项 P，它取 T 和 F 两种值，可定义 4 个不同的一元联结词 f_1、f_2、f_3、f_4，它们也称为真值函项。其真假关系如表 1.6 所示。

表 1.6　一元联结词的真值表

P	$f_1(P)$	$f_2(P)$	$f_3(P)$	$f_4(P)$
T	T	T	F	F
F	T	F	T	F

从表 1.6 可以看出：

$f_1(P)$：表示永真。

$f_2(P)$：表示恒等。

$f_3(P)$：表示否定，即$\neg P$。

$f_4(P)$：表示永假。

同理，二元联结词有 16 个，如表 1.7 所示。

表 1.7　二元联结词的真值表

P	Q	f_1	f_2	f_3	f_4	f_5	f_6	f_7	f_8	f_9	f_{10}	f_{11}	f_{12}	f_{13}	f_{14}	f_{15}	f_{16}
T	T	T	F	T	T	T	F	T	F	T	F	T	F	F	F	T	F
T	F	T	T	F	T	T	F	F	T	T	T	F	F	F	T	F	F
F	T	T	T	T	F	T	T	F	T	F	F	T	F	T	F	F	F
F	F	T	T	T	T	F	T	T	F	F	T	F	T	F	F	F	F

从表 1.7 可以看出：

f_5 为析取$\vee$。

f_{15}为合取$\wedge$。

f_3 为蕴含$\rightarrow$。

f_7 为等价$\leftrightarrow$。

f_2 为与非：$P \uparrow Q = \neg(P \wedge Q)$。

f_{12}为或非：$P \downarrow Q = \neg(P \vee Q)$。

f_8 为异或：$P \oplus Q = \neg(P \leftrightarrow Q)$。

1.1.3 合式公式

有了命题变元和联结词的概念，就可以利用括号讨论命题演算的合式公式。其中，括号可用来区别联结词运算的优先次序。

合式公式简称公式为如下定义的式子：

(1) 任何命题变元均是公式。

(2) 如果 P 为公式，则 $\neg P$ 为公式。

(3) 如果 P、Q 为公式，则 $(P \vee Q)$、$(P \wedge Q)$、$(P \rightarrow Q)$、$(P \leftrightarrow Q)$ 为公式。

(4) 只有有限次使用(1)、(2)、(3)组成的符号串才是公式，否则不是公式。

例如，P、$(P \vee \neg Q)$、$((P \rightarrow Q) \wedge R)$ 等是公式，$P \vee Q$、$(P \wedge \neg Q) \vee$、$(P \leftrightarrow Q$ 等不是公式。

为了方便起见，采用省略一些括号，保留一些括号的方式描述合式公式。例如，$((P \rightarrow Q) \wedge R)$ 写为 $(P \rightarrow Q) \wedge R$。

定义 1.6：若公式 α 中有 n 个不同的命题变元，则说 α 为 n 元公式。

例如 $((P \rightarrow Q) \wedge R) \leftrightarrow (\neg P \rightarrow R)$ 中含有 P、Q、R 3 个命题变元，因此它为 3 元公式。

1.1.4 命题逻辑的应用

逻辑在数学、计算机科学和其他学科中有着许多重要的应用。数学、自然科学及自然语言中的语句通常不太精确，甚至有二义性。为了精确表达其意义，可以将它们翻译为逻辑语言。命题逻辑也可以用于软件和硬件的规范描述、计算机电路设计、计算机程序构造、程序的正确性证明和谜题求解等领域。下面是命题逻辑的若干应用。

1. 语句翻译

下面举一些例子来说明怎样把语句符号化成公式。注意，在语句符号化时，一定要分解至原子命题，而不能把某个复合命题直接用命题变元表示，否则不能完整表达语句的意思，也不便于计算机处理相关语句及其产生的知识。

例 1.10：如果只有懂得希腊文才能了解柏拉图，那么我不了解柏拉图。

解：令 P 表示"我懂得希腊文"，Q 表示"我了解柏拉图"，则原句译为

$$(Q \rightarrow P) \rightarrow \neg Q$$

例 1.11：如果 Tom 和 Alice 不都固执己见的话，John 也不会拂袖而去。

解：令 P 表示"Tom 固执己见"，Q 表示"Alice 固执己见"，R 表示"John 拂袖而去"，则原句译为

$$\neg(P \wedge Q) \rightarrow \neg R$$

例 1.12：锲而不舍，金石可镂；锲而舍之，朽木不折。

解：令 P 表示"你锲"，Q 表示"你舍"，R 表示"金石可镂"，S 表示"朽木可折"，则原句译为

$$((P \wedge \neg Q) \rightarrow R) \wedge ((P \wedge Q) \rightarrow \neg S)$$

例 1.13：你可以在大学中访问深网(Deep Web)，仅当你主修网络空间安全学科或你不是本科生。

解：令 P 表示“你可以在大学中访问深网(Deep Web)”，Q 表示“你主修网络空间安全学科”，R 表示“你是本科生”，则原句译为

$$P \rightarrow (Q \vee \neg R)$$

例 1.14：已知 3 个命题：

P：今晚我在家玩《王者荣耀》。

Q：今晚我去电影院看《我不是药神》。

R：今晚我在家玩《王者荣耀》或去电影院看《我不是药神》。

$P \vee Q$ 和 R 是否表达同一命题？请用真值表说明之。

解：$P \vee Q$ 和 R 不表达同一命题。可由表 1.8 的真值表说明之。

表 1.8　R 和 $P \vee Q$ 的真值表

P	Q	R	$P \vee Q$
T	T	F	T
T	F	T	T
F	T	T	T
F	F	F	F

实际上 R 应表示为

$$R = (P \wedge \neg Q) \vee (\neg P \wedge Q)$$

2. 系统规范说明

系统规范说明是系统开发的基础，系统和软件工程师在描述软件系统和硬件系统时，会根据自然语言描述的需求，生成精确而无二义性的系统规范说明。系统规范说明应该具备一致性，即系统规范说明不应该包含可能导致矛盾的相互冲突的需求。可以借助命题逻辑验证系统规范说明的一致性。

例 1.15：确定下列系统规范说明是否一致。

系统处于多用户状态当且仅当系统运行正常。

如果系统运行正常，则它的核心程序起作用。

核心程序不起作用，或者系统处于中断模式。

如果系统不处于多用户状态，它就处于中断模式。

系统不处在中断模式。

解：令 P 表示“系统处于多用户状态”，Q 表示“系统运行正常”，R 表示“它的核心程序起作用”，S 表示“系统处于中断模式”。

验证上述规范是否一致，只要验证公式 $P \leftrightarrow Q$、$Q \rightarrow R$、$\neg R \vee S$、$\neg P \rightarrow S$ 和 $\neg S$ 是否有可能同时为真。由 $\neg S$ 为真可知，S 为假；由 $\neg R \vee S$ 为真可知，R 为假；由 $Q \rightarrow R$ 为真可知，Q 为假；由 $P \leftrightarrow Q$ 为真可知，P 为假。所以当 P 为假、Q 为假、R 为假、S 为假时，公式 $P \leftrightarrow Q$、$Q \rightarrow$

R、$\neg R \vee S$ 和 $\neg S$ 全为真，但公式 $\neg P \to S$ 为假，故上述系统规范说明不符合一致性。

3. 逻辑门电路

逻辑门电路接收输入信号 $p_1, p_2, \cdots, p_n$，产生输出信号 $s_1, s_2, \cdots, s_n$，基本的逻辑门电路如图 1.1 所示。复杂的逻辑门电路可以由非门、或门和与门 3 种基本电路构造而成。一个组合逻辑门电路如图 1.2 所示。

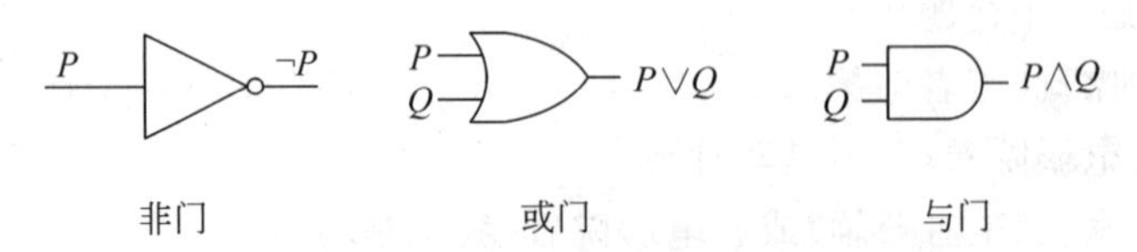

图 1.1　基本的逻辑门电路

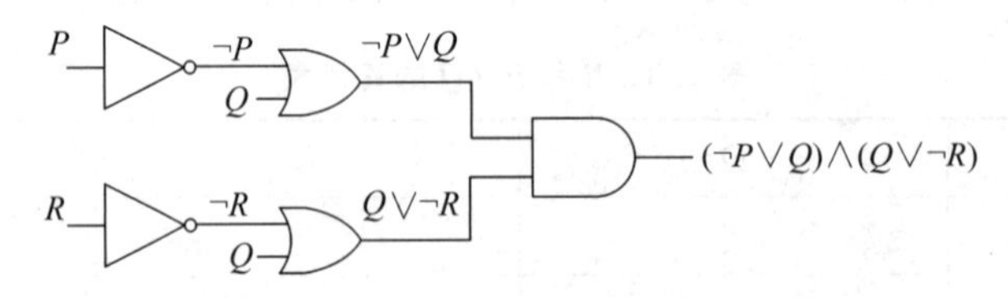

图 1.2　一个组合逻辑门电路

例 1.16：给定输入 P、Q 和 R，构造一个输出为 $((\neg P \wedge Q) \vee R) \wedge (\neg Q \vee \neg R)$ 的逻辑门电路。

解：$((\neg P \wedge Q) \vee R) \wedge (\neg Q \vee \neg R)$ 的逻辑门电路如图 1.3 所示。

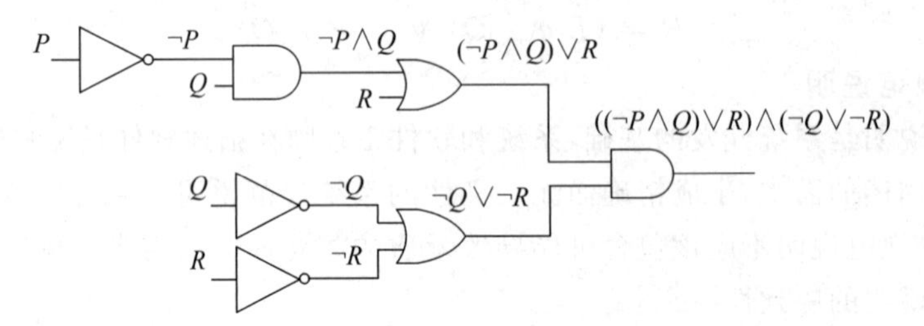

图 1.3　$((\neg P \wedge Q) \vee R) \wedge (\neg Q \vee \neg R)$ 的逻辑门电路

4. 逻辑谜题

逻辑谜题是指用逻辑规则解决谜题问题。

例 1.17：甲、乙、丙 3 人住在 3 个相邻的房间内，他们之间满足这样的条件：

(1) 每个人喜欢一种宠物、一种饮料、一种啤酒，宠物不是兔就是猫，饮料不是果粒橙就是葡萄汁，啤酒不是青岛啤酒就是哈尔滨啤酒。

(2) 甲住在喝哈尔滨啤酒者的隔壁。

(3) 乙住在爱兔者的隔壁。

(4) 丙住在喝果粒橙者的隔壁。

(5) 没有一个喝青岛啤酒者喝果粒橙。

(6) 至少有一个爱猫者喜欢喝青岛啤酒。

(7) 至少有一个喝葡萄汁者住在一个爱兔者的隔壁。

(8) 任何两人的相同爱好不超过一种。

住中间房间的人是谁?

解:根据条件(1),每个人的3种爱好必是下列组合之一:

A. 葡萄汁,兔,哈尔滨啤酒;*B*. 葡萄汁,猫,青岛啤酒;*C*. 果粒橙,兔,青岛啤酒;*D*. 果粒橙,猫,哈尔滨啤酒;*E*. 葡萄汁,兔,青岛啤酒;*F*. 葡萄汁,猫,哈尔滨啤酒;*G*. 果粒橙,兔,哈尔滨啤酒;*H*. 果粒橙,猫,青岛啤酒。

根据条件(5),可以排除 C 和 H。

根据条件(6),B 是某个人的3种爱好组合。

根据条件(8)和 B 可以排除 E 和 F。

再根据条件(8),D 和 G、A 和 G 不可能分别是某两人的3种爱好组合,可以排除 G;因此3个人的3种爱好组合分别为 A、B 和 D。

根据(2)、(3)和(4),住房居中的人必须符合下列情况之一:

喝哈尔滨啤酒且爱兔;喝哈尔滨啤酒且喝果粒橙;喝果粒橙且爱兔。

既然这3人的3种爱好组合分别是 A、B 和 D,那么住房居中者的3种爱好组合必定是 A 或 D,根据条件(7),可排除 D。

因此,根据条件(4),丙的住房居中。

例 1.18:一个岛上居住着两类人——骑士和无赖。骑士说真话,无赖说谎话。你碰到两个人 A 和 B。A 说"B 是骑士",而 B 说"我们是两类人"。请判断 A 和 B 是什么样的人。

解:令 P 和 Q 分别表示语句"A 是骑士"和"B 是骑士",则 $\neg P$ 和 $\neg Q$ 分别表示语句"A 是无赖"和"B 是无赖"。下面分两种情况讨论:

(1) 如果 A 是骑士,即 P 为真。如果 A 是骑士,则他说"B 是骑士"是真话,因此 Q 为真。然而,如果 B 是骑士,那么 B 说的"我们是两类人",即 $(P \wedge \neg Q) \vee (\neg P \wedge Q)$ 就应该为真。而事实并非如此。因此 A 不为骑士。

(2) 如果 A 是无赖,即 P 为假。由于无赖只说谎话,所以 A 说"B 是骑士"是谎话,即 B 是无赖,即 Q 为假。如果 B 是无赖,则 B 说"我们是两类人"也是谎话,这与 A 和 B 均是无赖一致。所以得出结论 A 和 B 均是无赖。

1.2 真假性

1.2.1 解释

定义 1.7:设 n 元公式 α 中含有的不同命题变元为 $P_1, P_2, \cdots, P_n$。如果对每个命题变元均给予一个确定的值,则称对公式 α 给了一个完全解释;如果仅对部分变元给予确定的值,则称对公式 α 给了一个部分解释。

一般地讲，完全解释能确定一个公式的真值，而部分解释不一定能确定公式的真值，公式的真假与未给予确定值的变元有关。

例如，有公式 $\alpha=(P\rightarrow Q)\vee(R\wedge P)$。

在完全解释 $(P,Q,R)=(\mathrm{F},\mathrm{F},\mathrm{T})$ 下，公式 α 的值为 T。

对于部分解释 $(P,Q,R)=(\mathrm{T},\mathrm{F},\times)$，其中×表示相应的变元未给予确定的值，公式 α 的值与 R 有关。但在某些特殊情况下，部分解释也能确定一个公式的值。例如上述公式在部分解释 $(P,Q,R)=(\mathrm{T},\mathrm{T},\times)$ 下，α 取为真。

由于每个命题变元有两个取值 T 和 F，因此 n 元公式 α 有 2^n 个完全解释。

定义 1.8：对于任何公式 α，凡使得 α 取真值的解释，不论是完全解释还是部分解释，均称为 α 的成真解释。

定义 1.9：对于任何公式 α，凡使得 α 取假值的解释，不论是完全解释还是部分解释，均称为 α 的成假解释。

例如，公式 $\alpha=(P\rightarrow Q)\vee(R\wedge\neg P)$ 的一个成真解释为 $(P,Q,R)=(\mathrm{F},\mathrm{F},\mathrm{T})$，一个成假解释为 $(P,Q,R)=(\mathrm{T},\mathrm{F},\mathrm{F})$。

定义 1.10：如果一个公式的所有完全解释均为成真解释，则称该公式为永真公式或重言式；如果一个公式的所有完全解释均为成假解释，则称该公式为永假公式或矛盾式，也称该公式(或复合命题)是不可满足的。

定义 1.11：如果一个公式存在成真解释，则称该公式为可满足公式，也称该公式(或复合命题)是可满足的；如果一个公式存在成假解释，则称该公式为非永真公式。

由上定义可知：$P\wedge\neg Q$ 为可满足公式，也为非永真公式；$P\wedge\neg P$ 为永假公式；$P\vee\neg P$ 为永真公式。

1.2.2 等价公式

定义 1.12：给定两个公式 α 和 β，设 $P_1,P_2,\cdots,P_n$ 为 α 和 β 的所有命题变元，那么 α 和 β 有 2^n 个完全解释。如果对于每个解释，α 和 β 永取相同的真假值，则称 α 和 β 是逻辑等价的，记为 $\alpha=\beta$。

1. 重要的等价公式

(1) 双重否定律：

$$\neg\neg P=P$$

(2) 结合律：

$$(P\wedge Q)\wedge R=P\wedge(Q\wedge R)$$
$$(P\vee Q)\vee R=P\vee(Q\vee R)$$

(3) 分配律：

$$P\vee(Q\wedge R)=(P\vee Q)\wedge(P\vee R)$$
$$P\wedge(Q\vee R)=(P\wedge Q)\vee(P\wedge R)$$

(4) 交换律：

$$P \wedge Q = Q \wedge P$$
$$P \vee Q = Q \vee P$$

(5) 等幂律：

$$P \vee P = P$$
$$P \wedge P = P$$
$$P \rightarrow P = \mathrm{T}$$
$$P \leftrightarrow P = \mathrm{T}$$

(6) 等值公式：

$$P \rightarrow Q = \neg P \vee Q$$
$$\begin{aligned} P \leftrightarrow Q &= (P \rightarrow Q) \wedge (Q \rightarrow P) \\ &= (\neg P \vee Q) \wedge (P \vee \neg Q) \\ &= (P \wedge Q) \vee (\neg P \wedge \neg Q) \end{aligned}$$
$$\neg(P \wedge Q) = \neg P \vee \neg Q$$
$$\neg(P \vee Q) = \neg P \wedge \neg Q$$

(7) 部分解释：

$$P \wedge \mathrm{T} = P \qquad P \wedge \mathrm{F} = \mathrm{F}$$
$$P \vee \mathrm{T} = \mathrm{T} \qquad P \vee \mathrm{F} = P$$
$$\mathrm{T} \rightarrow P = P \qquad \mathrm{F} \rightarrow P = \mathrm{T}$$
$$P \rightarrow \mathrm{T} = \mathrm{T} \qquad P \rightarrow \mathrm{F} = \neg P$$
$$\mathrm{T} \leftrightarrow P = P \qquad P \leftrightarrow \mathrm{F} = \neg P$$

(8) 吸收律：

$$P \vee (P \wedge Q) = P$$
$$P \wedge (P \vee Q) = P$$

2. 成真解释和成假解释的求解方法

成真解释和成假解释的求解方法如下：

(1) 否定深入，即把否定词一直深入至命题变元上。

(2) 部分解释，选定某个出现次数最多的变元对它作真或假的两种解释，从而得到公式。

(3) 化简。

(4) 依次类推，直至产生公式的所有解释。

例 1.19 试判定公式$\neg(P \vee Q) \rightarrow ((Q \leftrightarrow \neg P) \leftrightarrow R)$的永真性和可满足性。

解：首先，否定深入。

$$\text{原式} = (\neg P \wedge \neg Q) \rightarrow ((Q \leftrightarrow \neg P) \leftrightarrow R)$$

其次，对 P 进行解释并化简。

$P=\mathrm{T}$ 时，原式$=(\neg \mathrm{T} \wedge \neg Q) \rightarrow ((Q \leftrightarrow \neg \mathrm{T}) \leftrightarrow R)$

$\qquad\qquad\quad =(\mathrm{F} \wedge \neg Q) \rightarrow ((Q \leftrightarrow \mathrm{F}) \leftrightarrow R)$

$=F\to(\neg Q\leftrightarrow R)$

$=T$

$P=F$ 时,原式$=(\neg F\wedge\neg Q)\to((Q\leftrightarrow\neg F)\leftrightarrow R)$

$=(T\wedge\neg Q)\to((Q\leftrightarrow T)\leftrightarrow R)$

$=\neg Q\to(Q\leftrightarrow R)$

$Q=T$ 时,原式$=\neg T\to(T\leftrightarrow R)$

$=F\to(T\leftrightarrow R)$

$=F\to R$

$=T$

$Q=F$ 时,原式$=\neg F\to(F\leftrightarrow R)$

$=T\to(F\leftrightarrow R)$

$=T\leftrightarrow\neg R$

$=\neg R$

$R=T$ 时,原式$=F$

$R=F$ 时,原式$=T$

由上可知,公式存在一个成真解释$(P,Q,R)=(T,\times,\times)$,存在一个成假解释$(P,Q,R)=(F,F,T)$,故公式可满足但非永真。

1.2.3 联结词的完备集

如前所述,一元联结词有 4 个,二元联结词有 16 个,因此联结词的个数有很多,不可能一一讨论。为此,需要讨论它们是否均是独立的,换句话说,这些联结词是否能相互表示?答案是肯定的。

定义 1.13:设 S 是联结词的集合,如果对任何命题演算公式,均有由 S 中的联结词表示的公式与之等价,则称 S 是联结词的完备集。

由联结词的定义知,联结词集合$\{\neg,\vee,\wedge,\to,\leftrightarrow\}$是完备的。

定理 1.1:联结词的集合$\{\neg,\vee,\wedge\}$是完备的。

证明:因为 $P\to Q=\neg P\vee Q$,$P\leftrightarrow Q=(\neg P\vee Q)\wedge(P\vee\neg Q)$,所以$\{\neg,\vee,\wedge\}$可以表示集合$\{\neg,\vee,\wedge,\to,\leftrightarrow\}$。

又因为$\{\neg,\vee,\wedge,\to,\leftrightarrow\}$是完全备的,即任何公式均有由集合$\{\neg,\vee,\wedge,\to,\leftrightarrow\}$中的联结词表达的公式与之等价。

所以,任何公式均有由集合$\{\neg,\vee,\wedge\}$中的联结词表达的公式与之等价。

故,集合$\{\neg,\vee,\wedge\}$是完备的。

同理可证,集合$\{\neg,\vee\}$、$\{\neg,\wedge\}$、$\{\neg,\leftrightarrow\}$是完备的。

定理 1.2:联结词集合$\{\downarrow\}$是完备的(其中 $P\downarrow Q=\neg(P\vee Q)$)。

证明:因为$\neg P=P\downarrow P$,$P\vee Q=(P\downarrow Q)\downarrow(P\downarrow Q)$,所以$\{\downarrow\}$可以表示集合$\{\neg,\vee\}$。

又因为$\{\neg,\vee\}$是完备的,即任何公式均有由集合$\{\neg,\vee\}$中的联结词表达的公式与之等价。

所以任何公式均有由集合{↓}中的联结词表达的公式与之等价。

故,集合{↓}是完备的。

例 1.20:试证明联结词集合{∨}不完备。

证明:假设{∨}是完备的,根据完备性的定义知,$\neg P=P\vee Q\vee R\vee\cdots$。当 $P,Q,R,\cdots$ 全取为真时,公式左边=F,右边=T。显然矛盾。

故,联结词集合{∨}不完备。

1.2.4　对偶式和内否式

定义 1.14:将不含蕴含词和等价词的命题演算公式 α 中的∨换为∧、∧换为∨后所得的公式称为 α 的对偶式,记为 α^*。

例如:

$$\alpha = P \vee (\neg Q \wedge (R \vee S)) \wedge (\neg P \wedge Q)$$
$$\alpha^* = P \wedge (\neg Q \vee (R \wedge S)) \vee (\neg P \vee Q)$$

可以验证:$(\alpha^*)^*=\alpha$。

注意,求合式公式的对偶式时,应先消去公式中的蕴含词和等价词,否则所求对偶式不满足以上定义。

定义 1.15:将命题演算公式 α 中的所有肯定形式换为否定形式、否定形式换为肯定形式后所得的公式称为 α 的内否式,记为 α^-。

例如:

$$\alpha = P \vee (\neg Q \wedge (R \vee S)) \wedge (\neg P \wedge Q)$$
$$\alpha^- = \neg P \vee (Q \wedge (\neg R \vee \neg S)) \wedge (P \wedge \neg Q)$$

可以验证:$(\alpha^-)^-=\alpha$。

约定在讨论对偶式和内否式的定理时,规定本节讨论的命题公式中仅含有¬、∨和∧3个联结词。

定理 1.3:$\neg(A^*)=(\neg A)^*$

$\neg(A^-)=(\neg A)^-$

定理 1.4:$\neg A=A^{*-}$

证明:对公式 A 中出现的联结词的个数 n 进行归纳证明。

奠基:当 $n=0$ 时,A 中无联结词,便有 $A=P$,从而有 $\neg A=\neg P$,$A^{*-}=\neg P$。

所以定理成立。

归纳:设 $n\leqslant k$ 时定理成立。

现证 $n=k+1$ 时命题也成立。

因为 $n=k+1\geqslant 1$,所以 A 中至少有一个联结词,可分为 3 种情形:

$$A=\neg A_1;\quad A=A_1\wedge A_2;\quad A=A_1\vee A_2$$

其中,A_1、A_2 中的联结词个数$\leqslant k$。依归纳假设有

$$\neg A_1 = A_1^{*-}, \quad \neg A_2 = A_2^{*-}$$

当 $A=\neg A_1$ 时，

$$\begin{aligned}\neg A &= \neg(\neg A_1) \\ &= \neg(A_1^{*-}) && \text{归纳假设} \\ &= (\neg A_1)^{*-} && \text{定理 1.3} \\ &= A^{*-}\end{aligned}$$

当 $A=A_1 \wedge A_2$ 时，

$$\begin{aligned}\neg A &= \neg(A_1 \wedge A_2) \\ &= \neg A_1 \vee \neg A_2 && \text{等值公式} \\ &= A_1^{*-} \vee A_2^{*-} && \text{归纳假设} \\ &= (A_1^{*} \vee A_2^{*})^{-} && \text{内否式的定义} \\ &= (A_1 \wedge A_2)^{*-} && \text{对偶式的定义} \\ &= A^{*-}\end{aligned}$$

当 $A=A_1 \vee A_2$ 时，

$$\begin{aligned}\neg A &= \neg(A_1 \vee A_2) \\ &= \neg A_1 \wedge \neg A_2 && \text{等值公式} \\ &= A_1^{*-} \wedge A_2^{*-} && \text{归纳假设} \\ &= (A_1^{*} \wedge A_2^{*})^{-} && \text{内否式的定义} \\ &= (A_1 \vee A_2)^{*-} && \text{对偶式的定义} \\ &= A^{*-}\end{aligned}$$

由数学归纳法知，定理得证。

定义 1.16：设 α 和 β 是任意两个命题演算公式。若 α 永真当且仅当 β 永真，则称 α 和 β 同永真性；若 α 可满足当且仅当 β 可满足，则称 α 和 β 同可满足性。

上述定义也可这样理解：α 和 β 同永真性当且仅当 α 和 β 均永真或均非永真；α 和 β 同可满足性当且仅当 α 和 β 均可满足或均非可满足。

例如，因为 $P \vee Q$ 和 $P \rightarrow \neg R$ 均非永真，所以它们同永真性；又因为 $P \vee Q$ 和 $P \rightarrow \neg R$ 均可满足，所以它们同可满足性。

定理 1.5：α 和 α^- 既同永真性又同可满足性。

证明：设 α 中所有的命题变元为 $P_1, P_2, \cdots, P_n$。若 α 为永真，则 α 的所有完全解释 $(v_1, v_2, \cdots, v_n)$（其中 $v_i=\mathrm{T}$ 或 $\mathrm{F}, i \in \{1,2,\cdots,n\}$）均使得公式 α 取为真，于是与 $(v_1, v_2, \cdots, v_n)$ 对应的解释 $(\overline{v_1}, \overline{v_2}, \cdots, \overline{v_n})$（其中 $\overline{v_i}$ 为 v_i 的逻辑否）均使得 α^- 取为真，共 2^n 个完全成真解释，因此 α^- 永真。反之亦然，故 α 和 α^- 同永真性。

若 α 为可满足，则存在一个解释 $(v_1, v_2, \cdots, v_n)$（其中 $v_i=\mathrm{T}$ 或 $\mathrm{F}, i \in \{1,2,\cdots,n\}$）使得 α 取为真，于是存在一个解释 $(\overline{v_1}, \overline{v_2}, \cdots, \overline{v_n})$（其中 $\overline{v_i}$ 为 v_i 的逻辑否）使得 α^- 取为真，因此，α^- 可满足。反之亦然，故 α 和 α^- 同可满足性。

可以证明以下定理。

定理 1.6：$A \to B$ 和 $B^* \to A^*$ 既同永真性又同可满足性。$A \leftrightarrow B$ 和 $A^* \leftrightarrow B^*$ 既同永真性又同可满足性。

1.3 范式及其应用

1.3.1 范式

定义 1.17：命题变元或命题变元的否定或由它们利用合取词组成的合式公式称为合取式。

定义 1.18：命题变元或命题变元的否定或由它们利用析取词组成的合式公式称为析取式。

例如，P、$\neg P$、$\neg P \wedge Q$、$P \wedge \neg Q \wedge \neg R$ 均为合取式，P、$\neg P$、$P \vee \neg Q$、$\neg P \vee Q \vee \neg R$ 均为析取式。

1. 解释与合取式、析取式之间的关系

定理 1.7：任给一个成真解释，有且仅有一个合取式与之对应；任给一个成假解释，有且仅有一个析取式与之对应。反之亦然。

例如，成真解释$(P,Q,R)=(\mathrm{T},\mathrm{F},\mathrm{F})$对应唯一的合取式 $P \wedge \neg Q \wedge \neg R$，成假解释$(P,Q,R)=(\mathrm{T},\mathrm{T},\mathrm{F})$对应唯一的析取式$\neg P \vee \neg Q \vee R$。

又如，合取式$\neg P \wedge \neg Q \wedge \neg R$ 对应唯一的成真解释$(P,Q,R)=(\mathrm{F},\mathrm{F},\mathrm{F})$，析取式$\neg P \vee Q \vee R$ 对应唯一的成假解释$(P,Q,R)=(\mathrm{T},\mathrm{F},\mathrm{F})$。

定义 1.19：形如 $A_1 \vee A_2 \vee \cdots \vee A_n$ 的公式称为析取范式，其中 $A_i\,(i=1,2,\cdots,n)$为合取式。

例如，P、$\neg P$、$P \wedge Q$、$P \vee Q$、$(P \wedge Q) \vee (\neg P \wedge \neg R)$均为析取范式。

定义 1.20：形如 $A_1 \wedge A_2 \wedge \cdots \wedge A_n$ 的公式称为合取范式，其中 $A_i\,(i=1,2,\cdots,n)$为析取式。

例如，P、$\neg P$、$P \wedge Q$、$P \vee Q$、$(P \vee Q) \wedge (\neg P \vee \neg R)$均为合取范式。

定理 1.8：任何命题演算公式均可以化为合取范式（即析取式的合取），也可以化为析取范式（即合取式的析取）。

证明：

(1) 设公式 α 为永真公式。

因为任何一个永真公式均与公式 $P \vee \neg P$ 逻辑等价，而 $P \vee \neg P$ 既是析取范式又是合取范式，所以公式 α 既可表示为析取范式又可表示为合取范式。

(2) 设公式 α 为永假公式。

因为任何一个永假公式均与公式 $P \wedge \neg P$ 逻辑等价，而 $P \wedge \neg P$ 既是析取范式又是合取范式，所以公式 α 既可表示为析取范式又可表示为合取范式。

(3) 设公式 α 既非永真又非永假。

设公式 α 的成真解释为 $\xi_1,\xi_2,\cdots,\xi_n$，成假解释为 $\eta_1,\eta_2,\cdots,\eta_m$。

根据解释和范式的关系知：

对应于成真解释 $\xi_1,\xi_2,\cdots,\xi_n$ 的合取式为 $\alpha_1,\alpha_2,\cdots,\alpha_n$。

对应于成假解释 $\eta_1,\eta_2,\cdots,\eta_m$ 的析取式为 $\beta_1,\beta_2,\cdots,\beta_m$。

而公式 $\alpha_1 \vee \alpha_2 \vee \cdots \vee \alpha_n$ 的成真解释为 $\xi_1,\xi_2,\cdots,\xi_n$，成假解释为 $\eta_1,\eta_2,\cdots,\eta_m$。

公式 $\beta_1 \wedge \beta_2 \wedge \cdots \wedge \beta_m$ 的成假解释为 $\eta_1,\eta_2,\cdots,\eta_m$，成真解释为 $\xi_1,\xi_2,\cdots,\xi_n$。

根据两个公式逻辑等价的定义知

$$\alpha = \alpha_1 \vee \alpha_2 \vee \cdots \vee \alpha_n = \beta_1 \wedge \beta_2 \wedge \cdots \wedge \beta_m$$

故公式 α 既可表示为析取范式又可表示为合取范式。

定理得证。

2. 析取范式和合取范式的求解方法

1) 等价变换法

等价变换法的步骤如下：

(1) 利用前面介绍的等价公式消去公式中的联结词→和↔。

(2) 重复使用等值公式，把否定词内移到命题变元上，等值公式如下：

$$\neg\neg P = P$$

$$\neg(P \wedge Q) = \neg P \vee \neg Q$$

$$\neg(P \vee Q) = \neg P \wedge \neg Q$$

(3) 重复使用分配律将公式化为合取式的析取或析取式的合取，等值公式如下：

$$P \vee (Q \wedge R) = (P \vee Q) \wedge (P \vee R)$$

$$P \wedge (Q \vee R) = (P \wedge Q) \vee (P \wedge R)$$

2) 解释法

解释法的步骤如下：

(1) 求出公式的所有成真(成假)解释。

(2) 写出所有成真(成假)解释对应有的合取(析取)式。

(3) 把所有的合取(析取)式用析取(合取)词联结起来就构成析取(合取)范式。

例 1.21：求公式 $\neg((\neg P \vee Q) \wedge (R \rightarrow \neg P)) \vee \neg((\neg R \rightarrow Q) \rightarrow \neg P)$ 的合取范式和析取范式。

解法一：

$$\begin{aligned}
\text{原式} &= \neg((\neg P \vee Q) \wedge (\neg R \vee \neg P)) \vee \neg(\neg(R \vee Q) \vee \neg P) \\
&= (P \wedge \neg Q) \vee (P \wedge R) \vee ((R \vee Q) \wedge P) \\
&= (P \wedge \neg Q) \vee (P \wedge R) \vee (P \wedge R) \vee (P \wedge Q) \\
&= (P \wedge \neg Q) \vee (P \wedge R) \vee (P \wedge Q) \qquad \text{(析取范式)} \\
&= (P \wedge (\neg Q \vee Q)) \vee (P \wedge R) \\
&= P \vee (P \wedge R) \\
&= (P \vee P) \wedge (P \vee R) \\
&= P \wedge (P \vee R) \qquad \text{(合取范式)}
\end{aligned}$$

解法二：

先求公式的所有成真解释和成假解释。

成真解释为$(P,Q,R)=(\mathrm{T},\mathrm{F},\times),(\mathrm{T},\times,\mathrm{T}),(\mathrm{T},\mathrm{T},\times)$。

成假解释为$(P,Q,R)=(\mathrm{F},\mathrm{T},\times),(\mathrm{F},\mathrm{F},\times),(\mathrm{F},\times,\mathrm{F})$。

由成真解释可分别求出对应的合取式为

$$P \wedge \neg Q, P \wedge R, P \wedge Q$$

公式的析取范式即为上面合取式的析取：

$$(P \wedge \neg Q) \vee (P \wedge R) \vee (P \wedge Q)$$

由成假解释可分别求出对应的析取式为

$$P \vee \neg Q, P \vee Q, P \vee R$$

公式的合取范式即为上面析取式的合取：

$$(P \vee \neg Q) \wedge (P \vee Q) \wedge (P \vee R)$$

由此可见，两种求解方法得到的同一公式的析取范式和合取范式不一定相同。为此下面引入主范式的概念，同一公式的主范式一定相同。

1.3.2 主范式

1. 主合取范式

定义 1.21：对于 n 个命变元 $P_1,P_2,\cdots,P_n$，公式 $Q_1 \vee Q_2 \vee \cdots \vee Q_n$ 称为极大项，其中 $Q_i=P_i$ 或$\neg P_i(i=1,2,\cdots,n)$。

注：从定义可以看出，极大项中每个 $P_i(i=1,2,\cdots,n)$必须出现一次，或为肯定形式，或为否定形式。

由两个命题变元 P_1、P_2 组成的极大项有 4 个，它们分别为$\neg P_1 \vee \neg P_2$、$\neg P_1 \vee P_2$、$P_1 \vee \neg P_2$和 $P_1 \vee P_2$。

依此类推，n 个命题变元组成的极大项有 2^n 个。例如，3 个命题变元 P、Q 和 R 可构造 8 个极大项。把命题变元的否定形式看成 1，肯定形式看成 0，则每个极大项对应一个二进制数，也对应一个十进制数，具体如下：

$P \vee Q \vee R$ 与 000 或 0 对应，简记为 M_0。

$P \vee Q \vee \neg R$ 与 001 或 1 对应，简记为 M_1。

$P \vee \neg Q \vee R$ 与 010 或 2 对应，简记为 M_2。

$P \vee \neg Q \vee \neg R$ 与 011 或 3 对应，简记为 M_3。

$\neg P \vee Q \vee R$ 与 100 或 4 对应，简记为 M_4。

$\neg P \vee Q \vee \neg R$ 与 101 或 5 对应，简记为 M_5。

$\neg P \vee \neg Q \vee R$ 与 110 或 6 对应，简记为 M_6。

$\neg P \vee \neg Q \vee \neg R$ 与 111 或 7 对应，简记为 M_7。

定义 1.22：仅由极大项构成的合取范式称为主合取范式。

定理 1.9：任何一个合式公式均有唯一的主合取范式与其等价。

由前面介绍的范式和解释的关系及主合取范式的定义可知，公式的每一个完全成假解释对应一个极大项，公式的所有完全成假解释对应的极大项的合取就为主合取范式。求一个公式的主合取范式可采用下面两种方法：

（1）根据公式的所有完全成假解释，求出与这些成假解释对应的析取式，所有析取式的合取就为公式的主合取范式。

（2）先将公式化为合取范式，将合取范式中的每一个析取式用 $A \wedge \neg A$ 填满命题变元，然后用等价公式进行变换，消去相同部分，即得公式的主合取范式。

例 1.22：求公式$(\neg P \rightarrow R) \rightarrow (\neg P \leftrightarrow (\neg Q \wedge R))$的主合取范式。

解法一：等价变换法。

$$
\begin{aligned}
\text{原式} &= \neg(\neg\neg P \vee R) \vee ((\neg\neg P \vee (\neg Q \wedge R)) \wedge (\neg P \vee \neg(\neg Q \wedge R))) \\
&= (\neg P \wedge \neg R) \vee ((P \vee (\neg Q \wedge R)) \wedge (\neg P \vee (Q \vee \neg R))) \\
&= (\neg P \wedge \neg R) \vee ((P \vee \neg Q) \wedge (P \vee R) \wedge (\neg P \vee Q \vee \neg R)) \\
&= ((\neg P \wedge \neg R) \vee (P \vee \neg Q)) \wedge ((\neg P \wedge \neg R) \vee (P \vee R)) \wedge \\
&\quad ((\neg P \wedge \neg R) \vee (\neg P \vee Q \vee \neg R)) \\
&= (\neg P \vee P \vee \neg Q) \wedge (P \vee \neg Q \vee \neg R) \wedge (\neg P \vee P \vee R) \wedge \\
&\quad (P \vee R \vee \neg R) \wedge (\neg P \vee \neg P \vee Q \vee \neg R) \wedge \\
&\quad (\neg P \vee Q \vee \neg R \vee \neg R) \\
&= (P \vee \neg Q \vee \neg R) \wedge (\neg P \vee Q \vee \neg R) \\
&= \prod(3,5)
\end{aligned}
$$

解法二：解释法。

公式的所有完全成假解释为

$$(P,Q,R) = (\mathrm{F},\mathrm{T},\mathrm{T}),(\mathrm{T},\mathrm{F},\mathrm{T})$$

对应于成假解释的极大项为

$$P \vee \neg Q \vee \neg R, \neg P \vee Q \vee \neg R$$

故主合取范式为

$$(P \vee \neg Q \vee \neg R) \wedge (\neg P \vee Q \vee \neg R)$$

2. 主析取范式

定义 1.23：对于 n 个命题变元 $P_1, P_2, \cdots, P_n$，公式 $Q_1 \wedge Q_2 \wedge \cdots \wedge Q_n$ 称为极小项，其中 $Q_i = P_i$ 或$\neg P_i (i=1,2,\cdots,n)$。

注：从定义可以看出，极小项中每个 $P_i(i=1,2,\cdots,n)$必须出现一次，或为肯定形式，或为否定形式。

由两个命题变元 P_1、P_2 组成的极小项有 4 个，它们分别为$\neg P_1 \wedge \neg P_2$、$\neg P_1 \wedge P_2$、$P_1 \wedge \neg P_2$和 $P_1 \wedge P_2$。

依此类推，n 个命题变元组成的极小项有 2^n 个。例如 3 个命题变元 P、Q 和 R 可构造 8 个极小项。把命题变元的否定形式看成 0，肯定形式看成 1，则每个极小项对应一个二进制数，也对应一个十进制数，具体如下：

$\neg P\wedge\neg Q\wedge\neg R$ 与 000 或 0 对应，简记为 m_0。

$\neg P\wedge\neg Q\wedge R$ 与 001 或 1 对应，简记为 m_1。

$\neg P\wedge Q\wedge\neg R$ 与 010 或 2 对应，简记为 m_2。

$\neg P\wedge Q\wedge R$ 与 011 或 3 对应，简记为 m_3。

$P\wedge\neg Q\wedge\neg R$ 与 100 或 4 对应，简记为 m_4。

$P\wedge\neg Q\wedge R$ 与 101 或 5 对应，简记为 m_5。

$P\wedge Q\wedge\neg R$ 与 110 或 6 对应，简记为 m_6。

$P\wedge Q\wedge R$ 与 111 或 7 对应，简记为 m_7。

定义 1.24：仅由极小项构成的析取范式称为主析取范式。

定理 1.10：任何一个合式公式，均有唯一的主析取范式与其等价。

由前面介绍的范式和解释的关系及主析取范式的定义可知，公式的每一个完全成真解释对应一个极小项，公式的所有完全成真解释对应的极小项的析取就为主析取范式。求一个公式的主析取范式可采用下面两种方法：

(1) 根据公式的所有完全成真解释，求出与这些成真解释对应的合取式，所有合取式的析取就为公式的主析取范式。

(2) 先将公式化为析取范式，将析取范式中的每一个合取式用 $A\vee\neg A$ 填满命题变元，然后用等价公式进行变换，消去相同部分，即得公式的主析取范式。

例 1.23：求公式 $(\neg P\rightarrow R)\rightarrow(\neg P\leftrightarrow(\neg Q\wedge R))$ 的主析取范式。

解法一：等价变换法。

$$
\begin{aligned}
\text{原式} &= \neg(\neg\neg P \vee R) \vee ((\neg P \wedge \neg Q \wedge R) \vee (P \wedge \neg(\neg Q \wedge R)))\\
&= (\neg P \wedge \neg R) \vee ((\neg P \wedge \neg Q \wedge R) \vee (P \wedge (Q \vee \neg R)))\\
&= (\neg P \wedge \neg R) \vee (\neg P \wedge \neg Q \wedge R) \vee (P \wedge Q) \vee (P \wedge \neg R)\\
&= ((\neg P \wedge \neg R) \wedge (Q \vee \neg Q)) \vee (\neg P \wedge \neg Q \wedge R) \vee ((P \wedge Q) \wedge\\
&\quad (R \vee \neg R)) \vee ((P \wedge \neg R) \wedge (Q \vee \neg Q))\\
&= (\neg P \wedge Q \wedge \neg R) \vee (\neg P \wedge \neg Q \wedge \neg R) \vee (\neg P \wedge \neg Q \wedge R) \vee\\
&\quad (P \wedge Q \wedge R) \vee (P \wedge Q \wedge \neg R) \vee (P \wedge Q \wedge \neg R) \vee\\
&\quad (P \wedge \neg Q \wedge \neg R)\\
&= (\neg P \wedge Q \wedge \neg R) \vee (\neg P \wedge \neg Q \wedge \neg R) \vee (\neg P \wedge \neg Q \wedge R) \vee\\
&\quad (P \wedge Q \wedge R) \vee (P \wedge Q \wedge \neg R) \vee (P \wedge \neg Q \wedge \neg R)\\
&= (\neg P \wedge \neg Q \wedge \neg R) \vee (\neg P \wedge \neg Q \wedge R) \vee (\neg P \wedge Q \wedge \neg R) \vee\\
&\quad (P \wedge \neg Q \wedge \neg R) \vee (P \wedge Q \wedge \neg R) \vee (P \wedge Q \wedge R)\\
&= \sum(0,1,2,4,6,7)
\end{aligned}
$$

解法二：解释法。

公式的所有完全成真解释为

$$(P,Q,R)=(\mathrm{F},\mathrm{F},\mathrm{F}),(\mathrm{F},\mathrm{F},\mathrm{T}),(\mathrm{F},\mathrm{T},\mathrm{F}),(\mathrm{T},\mathrm{F},\mathrm{F}),(\mathrm{T},\mathrm{T},\mathrm{F}),(\mathrm{T},\mathrm{T},\mathrm{T})$$

对应于成真解释的极小项为

$$\neg P \wedge \neg Q \wedge \neg R,\neg P \wedge \neg Q \wedge R,\neg P \wedge Q \wedge \neg R,P \wedge \neg Q \wedge \neg R,$$

$$P \wedge Q \wedge \neg R, P \wedge Q \wedge R$$

故主析取范式为

$$(\neg P \wedge \neg Q \wedge \neg R) \vee (\neg P \wedge \neg Q \wedge R) \vee (\neg P \wedge Q \wedge \neg R) \vee (P \wedge \neg Q \wedge \neg R) \vee (P \wedge Q \wedge \neg R) \vee (P \wedge Q \wedge R)$$

综上所述,可得如下结论:

(1) 一个公式的主合取范式和主析取范式是紧密相关的。如公式:

$$\alpha = (\neg P \to R) \to (\neg P \leftrightarrow (\neg Q \wedge R)) = \prod(3,5)$$

则

$$\alpha = (\neg P \to R) \to (\neg P \leftrightarrow (\neg Q \wedge R)) = \sum(0,1,2,4,6,7)$$

反之亦然。

(2) 任何一个命题演算公式都具有唯一的主合取范式和主析取范式,因此,如果两个公式具有相同的主析取范式或主合取范式,则称这两个公式逻辑等价。

1.3.3 范式的应用

范式在布尔代数、数字逻辑电路等领域有广泛的应用。下面举一个例子说明范式的应用。

例 1.24:有一个逻辑学家误入某个部落,他被拘于牢,酋长意欲放行,他对逻辑学家说:"今有两门,一为自由,一为死亡,你可任意开启一门。为协助你离开,今加派两名战士负责回答你提出的任何问题。唯可虑者,此两战士中一名天性诚实,一名说谎成性。今后生死由你自己选择。"逻辑学家沉思片刻,即向战士发问。他手指向身边一名战士说:"这扇门为死亡门,他(指另一名战士)回答'是',对吗?"这名战士回答后,逻辑学家开门从容而去。试用真值表及范式说明理由。

解:令

P:被问战士是诚实人。

Q:被问战士回答是"是"。

R:另一战士回答是"是"。

S:这扇门是死亡门。

根据题意可得真值表如表 1.9 所示。

表 1.9　R 和 S 的真值表

P	Q	R	S
T	T	T	F
T	F	F	T
F	T	F	F
F	F	T	T

根据真值表知主析取范式为

$$
\begin{aligned}
S &= (P \wedge \neg Q) \vee (\neg P \wedge \neg Q) \\
&= (P \vee \neg P) \wedge \neg Q \\
&= \neg Q
\end{aligned}
$$

因此，如果被问战士回答“是”时，此门不是死亡门，逻辑学家可从此门离去；如果被问战士回答“不是”时，此门是死亡门，逻辑学家可从另一门离去。

1.4 典型例题

例 1.25：把语句“侈而惰者贫，而俭而力者富”化为命题演算公式。

解：令 P 表示“你侈”，Q 表示“你惰”，R 表示“你贫”，则原句译为

$$((P \wedge Q) \rightarrow R) \wedge ((\neg P \wedge \neg Q) \rightarrow \neg R)$$

例 1.26：用把公式化为主范式的方法判断下面两式是否等价。

$$(P \rightarrow R) \wedge (P \leftrightarrow (Q \wedge R)),\ ((P \wedge R) \leftrightarrow Q) \wedge (P \rightarrow Q)$$

解：

$$
\begin{aligned}
& (P \rightarrow R) \wedge (P \leftrightarrow (Q \wedge R)) \\
&= (\neg P \vee R) \wedge ((P \vee \neg (Q \wedge R)) \wedge (\neg P \vee (Q \wedge R))) \\
&= (\neg P \vee R) \wedge (P \vee \neg Q \vee \neg R) \wedge (\neg P \vee Q) \wedge (\neg P \vee R) \\
&= (\neg P \vee R) \wedge (P \vee \neg Q \vee \neg R) \wedge (\neg P \vee Q) \\
&= ((\neg P \vee R) \vee (Q \wedge \neg Q)) \wedge (P \vee \neg Q \vee \neg R) \wedge ((\neg P \vee Q) \vee (R \wedge \neg R)) \\
&= (\neg P \vee Q \vee R) \wedge (\neg P \vee \neg Q \vee R) \wedge (P \vee \neg Q \vee \neg R) \wedge \\
&\quad (\neg P \vee Q \vee R) \wedge (\neg P \vee Q \vee \neg R) \\
&= (\neg P \vee Q \vee R) \wedge (\neg P \vee \neg Q \vee R) \wedge (P \vee \neg Q \vee \neg R) \wedge (\neg P \vee Q \vee \neg R) \\
&= \prod (4,6,3,5)
\end{aligned}
$$

$$
\begin{aligned}
& ((P \wedge R) \leftrightarrow Q) \wedge (P \rightarrow Q) \\
&= ((\neg (P \wedge R) \vee Q) \wedge ((P \wedge R) \vee \neg Q)) \wedge (\neg P \vee Q) \\
&= (\neg P \vee Q \vee \neg R) \wedge (P \vee \neg Q) \wedge (\neg Q \vee R) \wedge (\neg P \vee Q) \\
&= (\neg P \vee Q \vee \neg R) \wedge ((P \vee \neg Q) \vee (R \wedge \neg R)) \wedge ((\neg Q \vee R) \vee \\
&\quad (P \wedge \neg P)) \wedge ((\neg P \vee Q) \vee (R \wedge \neg R)) \\
&= (\neg P \vee Q \vee \neg R) \wedge (P \vee \neg Q \vee R) \wedge (P \vee \neg Q \vee \neg R) \wedge (P \vee \neg Q \vee R) \wedge \\
&\quad (\neg P \vee \neg Q \vee R) \wedge (\neg P \vee Q \vee R) \wedge (\neg P \vee Q \vee \neg R) \\
&= (\neg P \vee Q \vee \neg R) \wedge (P \vee \neg Q \vee R) \wedge (P \vee \neg Q \vee \neg R) \wedge \\
&\quad (\neg P \vee \neg Q \vee R) \wedge (\neg P \vee Q \vee R) \\
&= \prod (5,2,3,6,4)
\end{aligned}
$$

显然，两个公式的主合取范式不相等，故两公式不等价。

例 1.27 用命题的可满足性为如图 1.4 所示的 9×9 数独谜题建模。

	3	8				4		
			5			1		
	4							
				4	2			
7							6	
6								
8			3					5
	5			7				
							3	

图 1.4 9×9 数独谜题

解：9×9 数独谜题由 9 个九宫格(3×3 的方格)组成 81 个单元格。其中一部分单元格被赋予 1,2,…,9 中的数字之一,其他单元格空着。谜题的解是：给每个空白单元格赋予一个数字,使得每一行、每一列、每个九宫格都包含 9 个不同的数字。

以图 1.4 为例,数字 4 必须在第二行的某个单元格中恰好出现一次。首先 4 不能出现在这一行的前 3 个单元格和后 2 个单元格中,因为它已经出现在这些单元格所在的九宫格的另一个单元格中了;同时 4 也不能出现在这一行的第 5 个单元格中,因为它已经出现在第 4 行的第 5 个单元格中了。由此确定 4 必须出现在第 2 行的第 6 个单元格中。依此类推,可以得到 9×9 数独谜题的解。

下面用命题的可满足性概念对 9×9 数独谜题进行建模。

首先,令 $P(i,j,n)$表示一个命题,当数 n 位于第 i 行和第 j 列的单元格时该命题为真。由于 i、j 和 n 的取值范围是 1～9,所以总共有 $9\times9\times9=729$ 个这样的命题。例如,对于如图 1.4 所示的谜题,已知 6 位于第 6 行的第 1 列,所以 $P(6,1,6)$为真,而 $P(6,j,6)$为假,其中 $j=2,3,\cdots,9$。

其次,构造一些复合命题来断言每一行包含每一个数,每一列包含每一个数,每一个九宫格包含每一个数,且每个单元格中不包含多于一个数。相关断言如下：

(1) 断言 $P(i,j,n)$,即对于已知数的每个单元格,第 i 行和第 j 列的单元格中是已知数 n。

(2) 断言每一行包含每一个数：

$$\bigwedge_{i=1}^{9}\bigwedge_{n=1}^{9}\bigvee_{j=1}^{9} P(i,j,n)$$

(3) 断言每一列包含每一个数：

$$\bigwedge_{j=1}^{9}\bigwedge_{n=1}^{9}\bigvee_{i=1}^{9} P(i,j,n)$$

(4) 断言每一个九宫格包含每一个数：

$$\bigwedge_{r=0}^{2}\bigwedge_{s=0}^{2}\bigwedge_{n=1}^{9}\bigvee_{i=1}^{3}\bigvee_{j=1}^{3} P(3r+i,3s+j,n)$$

(5) 断言没有一个单元包含多于一个数：

$$\bigwedge_{i,j,n,m=1}^{9} P(i,j,n) \to \neg P(i,j,m) \wedge n \neq m$$

给定一个数独谜题，可以寻找一个可满足性问题的解，该问题要求一组 729 个变元 $P(i,j,n)$ 的真值，且上述断言的合取式为真。

习题

1.1 判断下列语句是否为命题。若是，请翻译为符号公式；若不是，请说明理由。

(1) 请给我一支笔！

(2) 火星上有生物。

(3) $X+Y=8$。

(4) 只有努力工作，方能把事情做好。

(5) 如果嫦娥是虚构的，而圣诞老人也是虚构的，那么许多孩子受骗了。

(6) 3 是素数或 4 是素数。

(7) 2046 年 1 月 1 日是个晴天。

(8) 微信是一种智能手机应用程序。

(9) 如果淡水资源耗尽，则人类就会灭亡。

(10) 2 既是素数又是偶数。

(11) 计算机病毒是一种程序。

(12) 2 为素数当且仅当 3 为素数。

(13) Mary 出生在英国或法国。

(14) Tom 和 John 是同桌。

(15) Java 和 Pascal 都是高级程序设计语言。

(16) 如果 $2+2=5$，则雪不是白的。

(17) TCP 和 HTTP 并非都是传输控制协议。

(18) 如果 Tom 和 John 都不喜欢微信，那么 Mary 就喜欢微信。

(19) 如果今天不下雨或下雪，我就去运动，否则我就在家里看书或看报。

(20) 微博是一种网络应用服务；Tom 经常浏览微博。

(21) 你能够毕业仅当你已经完成了专业要求的学分且你不欠大学学费且你没有逾期不归还图书馆的书。

(22) 如果你沉湎于网络，你的心智会衰退；反之亦然。

(23) 要选修离散数学课程，你必须已经选修了高等数学或一门计算机科学课程。

1.2 根据合式公式的定义，判定下列公式是否为合式公式，若不是，说明理由。

(1) $(P \wedge Q) \to R$

(2) $((P \wedge Q) \to R) \wedge P)$

(3) $(P \wedge Q) \to (R \wedge \vee P)$

(4) $((\neg\neg P \land Q) \to ((Q \to \neg R) \leftrightarrow P))$

(5) $(\neg(P \to Q) \land ((Q \leftrightarrow \neg R) \lor P))$

1.3　说明下列系统规范说明是否一致。

(1)“路由器能向边缘系统发送分组仅当它支持新的地址空间。”

“路由器要支持新的地址空间，就必须安装最新版的软件。”

“如果安装了最新版的软件，路由器就能向边缘系统发送分组。”

“路由器不支持新的地址空间。”

(2)“诊断消息存储在缓冲区中或者被重传。”

“诊断消息没有存储在缓冲区中。”

“如果诊断消息存储在缓冲区中，那么它被重传。”

“诊断消息没有被重传。”

1.4　逻辑谜题。

(1) 一位侦探询问了罪案的 4 位证人。从证人的话中侦探得出的结论是：如果男管家说的是真话，那么厨师说的也是真话；厨师和园丁说的不可能都是真话；园丁和杂役不可能都在说谎；如果杂役说真话，那么厨师应说谎。侦探能分别判定这 4 位证人是说真话还是撒谎吗？解释你的推理过程。

(2) 假设在通往两个房间的门上均写着提示。一扇门上的提示为“在这个房间里有一位美女，而在另一个房间里则有一只老虎”；在另一扇门上写着“在一个房间中有一位美女，而另一个房间中有一只老虎”。假定你知道其中一个提示是真的，另一个是假的，那么哪扇门后面是美女呢？

1.5　给定输入 P、Q 和 R，构造一个输出为 $((\neg P \lor Q) \land R) \land ((\neg Q \lor \neg R) \lor (P \land \neg R))$ 的逻辑门电路。

1.6　判定下列公式的永真性和可满足性。

(1) $(P \leftrightarrow Q) \to (\neg P \land \neg(Q \to \neg R))$

(2) $\neg(P \to Q) \land ((Q \leftrightarrow \neg R) \lor \neg P)$

(3) $(\neg\neg P \land Q) \to ((Q \to \neg R) \leftrightarrow P)$

(4) $(\neg\neg P \to Q) \to ((Q \land R) \leftrightarrow \neg P)$

(5) $(\neg P \lor Q) \to ((Q \lor R) \leftrightarrow P)$

1.7　求下列公式的成真解释和成假解释。

(1) $\neg((P \to Q) \to R) \leftrightarrow (Q \lor R)$

(2) $\neg(P \to Q) \land ((Q \leftrightarrow R) \lor P)$

(3) $(\neg\neg P \land Q) \to ((Q \to R) \leftrightarrow \neg P)$

(4) $(\neg\neg P \to \neg Q) \land (Q \lor (\neg R \land P))$

(5) $\neg(P \to Q) \land ((Q \leftrightarrow \neg R) \lor \neg P)$

1.8　写出下列公式的对偶式和内否式。

(1) $(\neg P \land Q) \to ((Q \lor \neg R) \land P)$

(2) $(P \to \neg Q) \land ((Q \lor R) \land \neg P)$

(3) $\neg(P\to Q)\wedge((Q\leftrightarrow\neg R)\vee\neg P)$

(4) $(\neg P\to Q)\vee((Q\to\neg R)\vee\neg P)$

(5) $(\neg P\vee Q)\to((Q\vee R)\leftrightarrow P)$

1.9 证明联结词集合$\{\neg,\to\}$是完备的。

1.10 证明联结词集合$\{\wedge\}$、$\{\to\}$不是完备的。

1.11 求下列公式的析取范式和合取范式。

(1) $(\neg P\vee Q)\to(P\leftrightarrow\neg Q)$

(2) $(P\to(Q\to\neg R))\to(R\to(Q\to P))$

(3) $\neg(P\to Q)\wedge((Q\to\neg R)\vee\neg P)$

(4) $(P\leftrightarrow Q)\to(\neg P\wedge\neg(Q\to\neg R))$

(5) $(\neg P\vee Q)\to((Q\vee R)\leftrightarrow P)$

1.12 求下列公式的主析取范式和主合取范式。

(1) $(P\to R)\wedge(\neg P\leftrightarrow(Q\wedge\neg R))$

(2) $(\neg\neg P\wedge Q)\to((Q\to R)\leftrightarrow\neg P)$

(3) $(\neg P\vee Q)\to((Q\vee\neg R)\leftrightarrow\neg P)$

(4) $(P\wedge Q)\to((Q\wedge R)\to\neg P)$

(5) $(\neg P\to Q)\vee((Q\to\neg R)\vee\neg P)$

(6) $(\neg P\to Q)\to((Q\vee\neg R)\leftrightarrow\neg P)$

1.13 用把公式化为主范式的方法判断下列各题中两式是否等价。

(1) $(P\to Q)\to(P\wedge Q)$，$(\neg P\wedge Q)\wedge(Q\to P)$

(2) $(P\to R)\wedge(Q\to R)$，$(P\vee Q)\to R$

1.14 某公司开年会，休息期间 3 个与会者根据范总的口音分别判断如下：

甲说："范总不是常州人就是上海人。"

乙说："范总不是上海人就是常州人。"

丙说："范总既不是上海人，也不是苏州人。"

范总听后说："你们 3 个人中有一个全说对了，有一个全说错了，还有一个对错各半。"判断范总是哪里人。

第2章　命题演算的推理理论

数理逻辑是研究推理特别是数学中的推理的科学，具体地讲，数理逻辑研究推理过程中前提和结论间的形式关系，而不考虑它们的内容。例如下面的三段论：

大前提：如果你是网络空间安全专业的研究生，则你可访问深网。

小前提：你是网络空间安全专业的研究生。

结论：你可访问深网。

引入符号，令 P 表示"你是网络空间安全专业的研究生"，Q 表示"你可访问深网"，则可把上面的推理关系用以下蕴含式表示：

$$((P \to Q) \land P) \to Q$$

也可表示为

$P \to Q$	大前提
P	小前提
Q	结论

又如：

大前提：如果你是人工智能学院的学生，则你将会学习机器学习课程。

小前提：你是人工智能学院的学生。

结论：你将会学习机器学习课程。

引入符号，令 S 表示"你是人工智能学院的学生"，R 表示"你将会学习机器学习课程"，上面的推理关系用蕴含式形式化表示为 $((S \to R) \land S) \to R$。

从上面的例子可以看出，两者具有相同的逻辑形式，即 $((A \to B) \land A) \to B$。

这种蕴含式就是一种推理形式，说明如果 $A \to B$ 为真且 A 为真，就可推出 B 为真。此时 A、B 表示任意命题，从而可以用上述推理形式代表一类推理关系。

数理逻辑仅讨论类似这样的形式公式，而不讨论它们的具体内容。

2.1　命题演算的公理系统

命题演算的永真的公理系统就是给出若干条永真公式（称为公理），再给出若干条由永真公式推出永真公式的推理规则，由它们出发推出一切永真公式的系统。

本书给出若干条公理和规则构成一个简单的公理系统进行推理，使读者了解公理系统的构成规则和推理形式，以便培养读者构造公理系统及利用公理系统进行推理的能力。

2.1.1　公理系统的组成部分

1. 语法部分

1）基本符号

公理系统中允许出现的全体符号的集合如下：

(1) 命题变元：用 P、Q、R 等字母表示命题变元。

(2) 联结词：包括$\neg$、$\wedge$、$\vee$、$\rightarrow$、$\leftrightarrow$。

(3) 括号：即“()”。

(4) 推出符：即$\vdash$。

合式公式(简称公式)的定义如下：

(1) 任何命题变元均是公式。

(2) 如果 P 为公式，则$\neg P$ 为公式。

(3) 如果 P、Q 为公式，则$(P\vee Q)$、$(P\wedge Q)$、$(P\rightarrow Q)$、$(P\leftrightarrow Q)$为公式。

(4) 当且仅当有限次使用(1)、(2)、(3)所组成的符号串才是公式。

2）公理

公理系统包含以下公理：

公理 1：$P\rightarrow P$

公理 2：$(P\rightarrow(Q\rightarrow R))\rightarrow(Q\rightarrow(P\rightarrow R))$

公理 3：$(P\rightarrow Q)\rightarrow((Q\rightarrow R)\rightarrow(P\rightarrow R))$

公理 4：$(P\rightarrow(P\rightarrow Q))\rightarrow(P\rightarrow Q)$

公理 5：$(P\leftrightarrow Q)\rightarrow(P\rightarrow Q)$

公理 6：$(P\leftrightarrow Q)\rightarrow(Q\rightarrow P)$

公理 7：$(P\rightarrow Q)\rightarrow((Q\rightarrow P)\rightarrow(P\leftrightarrow Q))$

公理 8：$(P\wedge Q)\rightarrow P$

公理 9：$(P\wedge Q)\rightarrow Q$

公理 10：$P\rightarrow(Q\rightarrow(P\wedge Q))$

公理 11：$P\rightarrow(P\vee Q)$

公理 12：$Q\rightarrow(P\vee Q)$

公理 13：$(P\rightarrow R)\rightarrow((Q\rightarrow R)\rightarrow((P\vee Q)\rightarrow R))$

公理 14：$(P\rightarrow\neg Q)\rightarrow(Q\rightarrow\neg P)$

公理 15：$\neg\neg P\rightarrow P$

3）规则

公理系统包含以下两个规则：

(1) 分离规则：如果 $A\rightarrow B$，且 A，则 B。

(2) 代入规则：将公式 α 中出现的每一处某一符号 B 均代以某一公式 C，得到的公式 D

称为 C 对 α 的代入。

4）定理

定理的定义如下：

(1) 公理是定理。

(2) 由公理出发，利用分离规则和代入规则推导的公式为定理。

2. 语义部分

公理系统的语义部分如下：

(1) 公理是永真公式。

(2) 规则规定如何从永真公式推出永真公式。分离规则指明：如果 $A \to B$，且 A 永真，则 B 也为永真公式；代入规则指明：如果 α 为永真公式，则某一公式正确代入公式 α 后所得的公式也为永真公式。

(3) 定理为永真公式，它们是从公理出发，利用分离规则和代入规则推导的公式。

2.1.2 公理系统的推理过程

本节将举例子说明定理的推理过程，且在证明过程中随时引入一些可引用的定理，以便简化定理的证明。

定理 2.1：$P \to \neg\neg P$。

证明：

(1) $(P \to \neg Q) \to (Q \to \neg P)$ 公理 14

(2) $(\neg P \to \neg P) \to (P \to \neg\neg P)$ (1)中，P 用 $\neg P$ 代入，Q 用 P 代入

(3) $P \to P$ 公理 1

(4) $\neg P \to \neg P$ (3)中，P 用 $\neg P$ 代入

(5) $P \to \neg\neg P$ 分离(2)、(4)

定理 2.2：$(P \to Q) \to ((R \to P) \to (R \to Q))$。

证明：

(1) $(P \to Q) \to ((Q \to R) \to (P \to R))$ 公理 3

(2) $(R \to P) \to ((P \to Q) \to (R \to Q))$ (1)中，P 用 R 代入，Q 用 P 代入，R 用 Q 代入

(3) $(P \to (Q \to R)) \to (Q \to (P \to R))$ 公理 2

(4) $((R \to P) \to ((P \to Q) \to (R \to Q))) \to ((P \to Q) \to ((R \to P) \to (R \to Q)))$
(3)中，P 用 $R \to P$ 代入，Q 用 $P \to Q$ 代入，R 用 $R \to Q$ 代入

(5) $(P \to Q) \to ((R \to P) \to (R \to Q))$ 分离(4)、(2)

定理 2.3：$(P \to Q) \to (\neg Q \to \neg P)$。

证明：

(1) $P \to \neg\neg P$ 定理 2.1

(2) $Q \to \neg\neg Q$ (1)中，P 用 Q 代入

(3) $(P \to \neg Q) \to (Q \to \neg P)$ 公理 14

(4) $(P\rightarrow\neg\neg Q)\rightarrow(\neg Q\rightarrow\neg P)$　　(3)中,Q用$\neg Q$代入

(5) $(P\rightarrow Q)\rightarrow((R\rightarrow P)\rightarrow(R\rightarrow Q))$　　定理2.2

(6) $(Q\rightarrow\neg\neg Q)\rightarrow((P\rightarrow Q)\rightarrow(P\rightarrow\neg\neg Q))$

(5)中,P用Q代入,Q用$\neg\neg Q$代入,R用P代入

(7) $(P\rightarrow Q)\rightarrow(P\rightarrow\neg\neg Q)$　　分离(6)、(2)

(8) $(P\rightarrow Q)\rightarrow((Q\rightarrow R)\rightarrow(P\rightarrow R))$　　公理3

(9) $((P\rightarrow Q)\rightarrow(P\rightarrow\neg\neg Q))\rightarrow(((P\rightarrow\neg\neg Q)\rightarrow(\neg Q\rightarrow\neg P))\rightarrow((P\rightarrow Q)\rightarrow(\neg Q\rightarrow\neg P)))$

(8)中,P用$P\rightarrow Q$代入,Q用$P\rightarrow\neg\neg Q$代入,R用$\neg Q\rightarrow\neg P$代入

(10) $((P\rightarrow\neg\neg Q)\rightarrow(\neg Q\rightarrow\neg P))\rightarrow((P\rightarrow Q)\rightarrow(\neg Q\rightarrow\neg P))$　　分离(9)、(7)

(11) $(P\rightarrow Q)\rightarrow(\neg Q\rightarrow\neg P)$　　分离(10)、(4)

定理2.4:$P\rightarrow((P\rightarrow Q)\rightarrow Q)$。

证明:

(1) $P\rightarrow P$　　公理1

(2) $(P\rightarrow Q)\rightarrow(P\rightarrow Q)$　　(1)式中,P用$P\rightarrow Q$代入

(3) $(P\rightarrow(Q\rightarrow R))\rightarrow(Q\rightarrow(P\rightarrow R))$　　公理2

(4) $((P\rightarrow Q)\rightarrow(P\rightarrow Q))\rightarrow(P\rightarrow((P\rightarrow Q)\rightarrow Q))$

(3)中,P用$P\rightarrow Q$代入,Q用P代入,R用Q代入

(5) $P\rightarrow((P\rightarrow Q)\rightarrow Q)$　　分离(4)、(2)

例2.1:已知公理

公理A:$P\rightarrow(Q\rightarrow P)$

公理B:$(P\rightarrow(Q\rightarrow R))\rightarrow((P\rightarrow Q)\rightarrow(P\rightarrow R))$

公理C:$(P\rightarrow(Q\rightarrow R))\rightarrow(Q\rightarrow(P\rightarrow R))$

公理D:$P\rightarrow(P\vee Q)$

公理E:$(P\vee Q)\rightarrow(Q\vee P)$

及分离规则和代入规则,证明公式$(R\wedge\neg R)\vee(P\rightarrow P)$为定理。

证明:

(1) $P\rightarrow(Q\rightarrow P)$　　公理A

(2) $(P\rightarrow(Q\rightarrow R))\rightarrow((P\rightarrow Q)\rightarrow(P\rightarrow R))$　　公理B

(3) $(P\rightarrow(Q\rightarrow P))\rightarrow((P\rightarrow Q)\rightarrow(P\rightarrow P))$　　(2)中,R用P代入

(4) $(P\rightarrow Q)\rightarrow(P\rightarrow P)$　　分离(3)、(1)

(5) $(P\rightarrow(Q\rightarrow P))\rightarrow(P\rightarrow P)$　　(4)中,Q用$Q\rightarrow P$代入

(6) $P\rightarrow P$　　分离(5)、(1)

(7) $P\rightarrow(P\vee Q)$　　公理D

(8) $(P\rightarrow P)\rightarrow((P\rightarrow P)\vee(R\wedge\neg R))$　　(7)中,P用$P\rightarrow P$代入,Q用$R\wedge\neg R$代入

(9) $(P\rightarrow P)\vee(R\wedge\neg R)$　　分离(8)、(6)

(10) $(P\vee Q)\rightarrow(Q\vee P)$　　公理E

(11) $((P\to P)\vee(R\wedge\neg R))\to((R\wedge\neg R)\vee(P\to P))$

(10)中，P 用 $P\to P$ 代入，Q 用 $R\wedge\neg R$ 代入

(12) $(R\wedge\neg R)\vee(P\to P)$　　分离(11)、(9)

2.2 若干重要的导出规则

2.2.1 分离规则的讨论

本公理系统只引入一条分离规则，即日常推理中常说的三段论(大前提、小前提和结论)。虽然分离规则对推理本身而言已足够，但对以后的推导是不够方便的。为了方便推导，下面从分离规则出发，引入一些导出规则。

假设已证明了定理 $\alpha\to\beta$，编号为(a)；又证明了定理 α，编号为(b)。由此可得 β，编号为(c)。记为分(a)(b)=(c)。β 可以看作是对(a)和(b)实施分离规则的结果。换个角度，也可以将其看作是对(b)实施分(a)规则的结果，即

分(a) 规则：$\alpha\vdash\beta$

也就是说，每给一条定理(a)：$\alpha\to\beta$，就有一条相应的分(a)规则：$\alpha\vdash\beta$。即由(a)的前件 α 可得出(a)的后件 β。

同理，假设已证明了一条定理 $\alpha\to(\beta\to\gamma)$，编号为(a)，又有定理(b)：$\alpha$ 和定理(c)：β，由它们利用分离规则可得 γ。其推理过程如下：

分(a)(b) = (d)　　$\beta\to\gamma$

分(d)(c) = (e)　　γ

将(d)式代入，得

分分(a)(b)(c) = (e)

这里既可以把 γ 看作两次实施分离规则的结果，第一次是对(a)、(b)实施分离规则，第二次是对(d)、(c)实施分离规则，也可以把 γ 看作是对(b)、(c)实施分分(a)规则的结果，即

分分(a) 规则：$\alpha,\beta\vdash\gamma$

即由(a)的两个前件 α 和 β，可以得出(a)的后件 γ。

依此类推，如果有定理(a)：$\alpha\to(\beta\to(\gamma\to\delta))$，就有如下规则：

分(a) 规则：$\alpha\vdash\beta\to(\gamma\to\delta)$

分分(a) 规则：$\alpha,\beta\vdash\gamma\to\delta$

分分分(a) 规则：$\alpha,\beta,\gamma\vdash\delta$

2.2.2 公理和定理的导出规则

引入以下导出规则：

分 2 规则：$P\to(Q\to R)\vdash Q\to(P\to R)$　　调头规则

分分2规则：$P\to(Q\to R),Q\vdash P\to R$ 挖心规则

分分3规则：$P\to Q,Q\to R\vdash P\to R$ 传递规则

分4规则：$P\to(P\to Q)\vdash P\to Q$ 凝缩规则

分分7规则：$P\to Q,Q\to P\vdash P\leftrightarrow Q$ 充要规则

分分10规则：$P,Q\vdash P\wedge Q$ 合取规则

分分13规则：$P\to R,Q\to R\vdash(P\vee Q)\to R$ 析取规则

分14规则：$P\to\neg Q\vdash Q\to\neg P$ 逆否规则

对于定理A：$(P\to Q)\to(\neg Q\to\neg P)$，可引入导出规则：

分A规则：$P\to Q\vdash\neg Q\to\neg P$ 拒取规则

对于定理B：$(P\to Q)\to((R\to P)\to(R\to Q))$，可引入导出规则：

分B规则：$P\to Q\vdash(R\to P)\to(R\to Q)$ 加头规则

利用相关导出规则可以简化定理的证明过程，下面给出一个具体示例。

例2.2：证明$(\neg P\to Q)\to(\neg Q\to P)$。

证明：

(1) $(P\to\neg Q)\to(Q\to\neg P)$ 公理14

(2) $(\neg P\to\neg\neg Q)\to(\neg Q\to\neg\neg P)$ (1)中，P用$\neg P$代入，Q用$\neg Q$代入

(3) $P\to\neg\neg P$ 定理2.1

(4) $Q\to\neg\neg Q$ (3)中，P用Q代入

(5) $(\neg P\to Q)\to(\neg P\to\neg\neg Q)$ 加头规则(4)

(6) $(\neg P\to Q)\to(\neg Q\to\neg\neg P)$ 传递规则(5)、(2)

(7) $\neg\neg P\to P$ 公理15

(8) $(\neg Q\to\neg\neg P)\to(\neg Q\to P)$ 加头规则(7)

(9) $(\neg P\to Q)\to(\neg Q\to P)$ 传递规则(6)、(8)

定理2.5(替换定理)：如果$\varphi(\alpha)$是一个含有公式α的公式，$\varphi(\beta)$是把$\varphi(\alpha)$中的若干个α替换成β的结果，则$(\alpha\leftrightarrow\beta)\to(\varphi(\alpha)\leftrightarrow\varphi(\beta))$。

有了替换定理后，在定理的证明过程中就可采用如下替换规则：

$$\varphi(\alpha),\quad \alpha\leftrightarrow\beta\vdash\varphi(\beta)$$

已知

公理A：$(P\leftrightarrow Q)\to(\neg P\leftrightarrow\neg Q)$。

公理B：$(P\leftrightarrow Q)\to((S\leftrightarrow T)\to((P\vee S)\leftrightarrow(Q\vee T)))$。

证明替换定理。

证明：对$\varphi(\alpha)$中联结词的个数n进行归纳(不包括α中联结词的个数)。

(1) $n=0$时，$\varphi(\alpha)$为α，显然有$(\alpha\leftrightarrow\beta)\to(\alpha\leftrightarrow\beta)$，即$(\alpha\leftrightarrow\beta)\to(\varphi(\alpha)\leftrightarrow\varphi(\beta))$。

(2) 归纳。当$n\leqslant k$时，命题成立。

当$n=k+1$时，$\varphi(\alpha)$必为下列5种形式之一：

$$\neg\gamma,\gamma\vee\delta,\gamma\wedge\delta,\gamma\to\delta,\gamma\leftrightarrow\delta$$

$\varphi(\beta)$必为下列5种形式之一：

$$\neg\gamma_1,\gamma_1 \vee \delta_1,\gamma_1 \wedge \delta_1,\gamma_1 \to \delta_1,\gamma_1 \leftrightarrow \delta_1$$

其中,γ_1 和 δ_1 分别是 γ 和 δ 中若干 α 替换成 β 的结果,且它们中最多只含有 k 个联结词。根据归纳假设知:

(1) $(\alpha\leftrightarrow\beta)\to(\gamma\leftrightarrow\gamma_1)$

(2) $(\alpha\leftrightarrow\beta)\to(\delta\leftrightarrow\delta_1)$

对于第一种形式,$\varphi(\alpha)=\neg\gamma,\varphi(\beta)=\neg\gamma_1$。

(3) $(P\leftrightarrow Q)\to(\neg P\leftrightarrow\neg Q)$　　公理 A

(4) $(\gamma\leftrightarrow\gamma_1)\to(\neg\gamma\leftrightarrow\neg\gamma_1)$　　(3)中,P 用 γ,Q 用 γ_1 代入

(5) $(\alpha\leftrightarrow\beta)\to(\neg\gamma\leftrightarrow\neg\gamma_1)$　　传递(1)、(4)

即 $(\alpha\leftrightarrow\beta)\to(\varphi(\alpha)\leftrightarrow\varphi(\beta))$。

对于第二种形式,$\varphi(\alpha)=\gamma\vee\delta,\varphi(\beta)=\gamma_1\vee\delta_1$。

(6) $(P\leftrightarrow Q)\to((S\leftrightarrow T)\to((P\vee S)\leftrightarrow(Q\vee T)))$　　公理 B

(7) $(\gamma\leftrightarrow\gamma_1)\to((\delta\leftrightarrow\delta_1)\to((\gamma\vee\delta)\leftrightarrow(\gamma_1\vee\delta_1)))$

(6)中,P 用 γ 代入,Q 用 γ_1 代入,S 用 δ 代入,T 用 δ_1 代入

(8) $(\alpha\leftrightarrow\beta)\to((\delta\leftrightarrow\delta_1)\to((\gamma\vee\delta)\leftrightarrow(\gamma_1\vee\delta_1)))$　　传递(1)、(7)

(9) $(\delta\leftrightarrow\delta_1)\to((\alpha\leftrightarrow\beta)\to((\gamma\vee\delta)\leftrightarrow(\gamma_1\vee\delta_1)))$　　调头(8)

(10) $(\alpha\leftrightarrow\beta)\to((\alpha\leftrightarrow\beta)\to((\gamma\vee\delta)\leftrightarrow(\gamma_1\vee\delta_1)))$　　传递(2)、(9)

(11) $(\alpha\leftrightarrow\beta)\to((\gamma\vee\delta)\leftrightarrow(\gamma_1\vee\delta_1))$　　凝缩(10)

即 $(\alpha\leftrightarrow\beta)\to(\varphi(\alpha)\leftrightarrow\varphi(\beta))$。

其他3种形式同理可证。

由数学归纳法知,命题成立。

2.3　命题演算的假设推理系统

上面介绍了命题演算的永真的公理系统。但从定理的证明过程看,要找一个公式的永真的证明过程往往较复杂,为此引入新的证明过程,称为假设推理系统。由于它的推理形式类似于日常生活中的推理形式,因此也称为自然推理系统。

2.3.1　假设推理系统的组成

1. 扩充的推理规则

(1) 设有如下的推理规则

若 $R:A_1,A_2,\cdots,A_n\vdash A$,则称 A 由 $A_1,A_2,\cdots,A_n$ 实施规则 R 而得。实际上,它是分离规则 $A\to B,A\vdash B$ 的推广。

设 $\Gamma=A_1,A_2,\cdots,A_n$,则上述规则记为 $\Gamma\vdash A$。其中 Γ 为形式前提,A 为形式结论。

(2) 肯定前提律:$A_1,A_2,\cdots,A_n\vdash A_i(i=1,2,\cdots,n)$,即前提中的任何命题均可作为

结论。

2. 假设推理过程

定义 2.1：如果能够作出一系列合式公式序列 $A_1, A_2, \cdots, A_n$，它们满足下列性质：

(1) A_i 或为公理之一。

(2) 或为公式 $\gamma_1, \gamma_2, \cdots, \gamma_k$ 之一，每个 γ_i 称为假设。

(3) 或由前面的若干个 A_g、A_h 利用分离规则而得。

(4) $A_n = B$。

则称公式序列 $A_1, A_2, \cdots, A_n$ 为由公式 $\gamma_1, \gamma_2, \cdots, \gamma_k$ 证明 B 的证明过程。把它记为

$$\gamma_1, \gamma_2, \cdots, \gamma_k \vdash B$$

注意，定义中的假设 $\gamma_1, \gamma_2, \cdots, \gamma_k$ 只能理解为其本身，不能代入。

3. 推理定理

如果 $\Gamma, A \vdash B$，则 $\Gamma \vdash A \rightarrow B$(其中 $\Gamma = A_1, A_2, \cdots, A_n$)。也可表示为：如果 $A_1, A_2, \cdots, A_n, A \vdash B$，则 $A_1, A_2, \cdots, A_n \vdash A \rightarrow B$。依此类推，可得定理

$$\vdash A_1 \rightarrow (A_2 \rightarrow (\cdots \rightarrow (A_n \rightarrow (A \rightarrow B))\cdots)$$

4. 反证法推理定理

如果 $\Gamma, \neg A \vdash B$，且 $\Gamma, \neg A \vdash \neg B$，则 $\Gamma \vdash A$。

此定理称为反证法推理定理，也称反证律。

其他公理、规则同 2.1 节。

5. 假设推理证明定理的方法

假设推理证明定理的方法如下：

(1) 把待证公式的前件一一列出，作为假设(或把待证公式的后件的否定作为假设)，并在公式后注明为假设。

(2) 按上述介绍的永真推理方法进行推理，但此时不能对假设实施代入规则。

(3) 当推导出待证公式的后件时(或把待证公式的后件的否定作为假设推导出矛盾时)就说证明了该定理。括号中的方法称为反证法。

2.3.2　假设推理系统的推理过程

例 2.3：$(P \rightarrow (Q \rightarrow R)) \rightarrow ((P \wedge Q) \rightarrow R)$。

证明：

(1) $P \rightarrow (Q \rightarrow R)$	假设
(2) $P \wedge Q$	假设
(3) $(P \wedge Q) \rightarrow P$	公理 8
(4) $(P \wedge Q) \rightarrow Q$	公理 9
(5) P	分离(3)、(2)
(6) Q	分离(4)、(2)
(7) $Q \rightarrow R$	分离(1)、(5)

(8) R　　分离(7)、(6)

由假设推理过程的定义知

$$P \to (Q \to R), P \land Q \vdash R$$

由推理定理得

$$(P \to (Q \to R)) \to ((P \land Q) \to R)$$

例 2.4：$((P \lor Q) \to (R \land S)) \to (((S \lor W) \to U) \to (P \to U))$。

证明：

(1) $(P \lor Q) \to (R \land S)$　　假设

(2) $(S \lor W) \to U$　　假设

(3) P　　假设

(4) $P \to (P \lor Q)$　　公理 11

(5) $P \lor Q$　　分离(4)、(3)

(6) $R \land S$　　分离(1)、(5)

(7) $(P \land Q) \to Q$　　公理 9

(8) $(R \land S) \to S$　　(7)中，P 用 R 代入，Q 用 S 代入

(9) S　　分离(8)、(6)

(10) $S \to (S \lor W)$　　(4)中，P 用 S 代入，Q 用 W 代入

(11) $S \lor W$　　分离(10)、(9)

(12) U　　分离(2)、(11)

由假设推理过程的定义知

$$(P \lor Q) \to (R \land S), (S \lor W) \to U, P \vdash U$$

由推理定理知

$$((P \lor Q) \to (R \land S)) \to (((S \lor W) \to U) \to (P \to U))$$

例 2.5：$(\neg P \to P) \to P$。

证明：

(1) $\neg P \to P$　　假设

(2) $\neg P$　　假设，后件的否定

(3) P　　分离(1)、(2)

(2)、(3)矛盾。

由反证法得

$$\neg P \to P \vdash P$$

由推理定理得

$$(\neg P \to P) \to P$$

例 2.6：用假设推理系统构造下面推理的证明。

如果所有成员都预先得到通知，且到场人数达到法定人数，则会议将如期举行；如果至少有 20 人到场就算达到法定人数；如果邮局没有罢工，通知就会提前送到；现在会议没有如期举行；到场人数达到 20 人。结论：邮局罢工了。

证明：设

P：所有成员都预先得到通知。

Q：到场人数达到法定人数。

R：会议将如期举行。

S：至少有 20 人到场。

W：邮局罢工。

前提：$(P \wedge Q) \to R, S \to Q, \neg W \to P, \neg R, S$。

结论：W。

(1) $(P \wedge Q) \to R$　　假设

(2) $S \to Q$　　假设

(3) $\neg W \to P$　　假设

(4) $\neg R$　　假设

(5) S　　假设

(6) $\neg W$　　后件的否定

(7) P　　分离(3)、(6)

(8) Q　　分离(2)、(5)

(9) $P \wedge Q$　　合取(7)、(8)

(10) R　　分离(1)、(9)

(4)、(10)矛盾。

由反证法知

$$(P \wedge Q) \to R, S \to Q, \neg W \to P, \neg R, S \vdash W$$

2.3.3 额外假设推理法

1. 附加前提证明法

设推理形式具有如下结构：

$$(A_1 \wedge A_2 \wedge \cdots \wedge A_n) \to (A \to B)$$

其结论也为蕴含式。此时可将结论的前件也作为推理的额外假设，如能推出结论 B，就说证明了该公式。这种证明方法称为附加前提证明法。这种方法的正确性可由前面的推理定理说明之。

例 2.7：已知

前提：$P \to (\neg R \to \neg Q), R \to \neg S, S$。

结论：$P \to \neg Q$。

证明：

(1) $P \to (\neg R \to \neg Q)$　　假设

(2) $R \to \neg S$　　假设

(3) S　　假设

(4) P 额外假设

(5) $(P\to\neg Q)\to(Q\to\neg P)$ 公理 14

(6) $(R\to\neg S)\to(S\to\neg R)$ (5)中，P 用 R 代入，Q 用 S 代入

(7) $S\to\neg R$ 分离(6)、(2)

(8) $\neg R$ 分离(7)、(3)

(9) $\neg R\to\neg Q$ 分离(1)、(4)

(10) $\neg Q$ 分离(9)、(8)

2. 半反证法

在推理过程中，除了把待证公式的前件作为假设外，若待证公式的后件是一个析取式 $\beta\vee\gamma$，此时把析取式中的一个析取项的否定作为额外假设，如能推出另外一个析取项，就说证明了该公式。这种证明方法称为半反证法。其形式化描述如下：

若 $A_1,A_2,\cdots,A_n,\neg\beta\vdash\gamma$，则 $A_1,A_2,\cdots,A_n\vdash\beta\vee\gamma$。

例 2.8：

前提：$(P\wedge Q)\to R, S\to P, P\to Q$。

结论：$\neg S\vee R$。

证明：

(1) $(P\wedge Q)\to R$ 假设

(2) $S\to P$ 假设

(3) $P\to Q$ 假设

(4) $\neg\neg S$ 额外假设

(5) $\neg\neg P\to P$ 公理 15

(6) $\neg\neg S\to S$ (5)中，P 用 S 代入

(7) S 分离(6)、(4)

(8) P 分离(2)、(7)

(9) Q 分离(3)、(8)

(10) $P\wedge Q$ 合取(8)、(9)

(11) R 分离(1)、(10)

由半反证法知

$$(P\wedge Q)\to R, S\to P, P\to Q\vdash\neg S\vee R$$

3. 穷举法

如果在推理过程中或在假设中出现析取式 $\beta_1\vee\beta_2\vee\cdots\vee\beta_n$，此时分别引入额外假设 β_1，β_2，…，β_n，若能分别推出待证公式的后件，就说证明了该公式。这种证明方法称为穷举法。其形式化描述如下：

若 $A_1,A_2,\cdots,A_n,\beta_1\vdash B, A_1,A_2,\cdots,A_n,\beta_2\vdash B,\cdots,A_1,A_2,\cdots,A_n,\beta_n\vdash B$，则 $A_1,A_2,\cdots,A_n,\beta_1\vee\beta_2\vee\cdots\vee\beta_n\vdash B$。

例 2.9：用穷举法证明下面的公式为定理。

$$(P \to Q) \to ((R \to S) \to ((P \lor R) \to (Q \lor S)))$$

证明：

(1) $P \to Q$ 假设

(2) $R \to S$ 假设

(3) $P \lor R$ 假设

(4) P (3)额外假设

(5) Q 分离(1)、(4)

(6) $P \to (P \lor Q)$ 公理 11

(7) $Q \to (Q \lor S)$ (6)中，P 用 Q 代入，Q 用 S 代入

(8) $Q \lor S$ 分离(7)、(5)

(9) R (3)额外假设

后续推理不能使用(4)～(8)

(10) S 分离(2)、(9)

(11) $Q \to (P \lor Q)$ 公理 12

(12) $S \to (Q \lor S)$ (11)中，P 用 Q 代入，Q 用 S 代入

(13) $Q \lor S$ 分离(12)、(10)

由穷举法知

$$P \to Q, R \to S, P \lor R \vdash Q \lor S$$

由推理定理知

$$(P \to Q) \to ((R \to S) \to ((P \lor R) \to (Q \lor S)))$$

4. 归谬证明法

假设需证明 A 为真，只需找到一个矛盾式 B，使得 $\neg A \to B$ 为真。因为 B 为假，且 $\neg A \to B$ 为真，所以 $\neg A$ 为假。因此 A 为真。这种证明方法称为归谬证明法。其形式化描述如下：

若 $\vdash \neg A \to (B \land \neg B)$，则 $\vdash A$。

例 2.10：证明 $P \lor \neg P$ 为定理。

证明：

(1) $P \to P$ 公理 1

(2) $(P \land \neg P) \to (P \land \neg P)$ (1)中，P 用 $P \land \neg P$ 代入

(3) $\neg(P \lor \neg P) \to (P \land \neg P)$ 替换(2)

由归谬证明法知 $P \lor \neg P$ 为真。

2.4 命题演算的归结推理法

归结推理法是机器证明的一个重要方法，它是仅有一条推理规则（称为归结规则）的机械推理法，从而便于计算机程序实现。下面先介绍归结证明过程。

2.4.1 归结证明过程

证明公式 $A \to B$(其中 A 和 B 为子公式)为定理,实际上是证明 $\neg(A \to B) = A \wedge \neg B$ 为矛盾式。归结法就是从公式 $A \wedge \neg B$ 出发对子句进行归结。

进一步推广,要证明公式 $A_1 \to (A_2 \to (\cdots \to (A_{n-1} \to (A_n \to B))\cdots)$ 为真,实际上只需证明 $A_1 \wedge \neg(A_2 \to (\cdots \to (A_{n-1} \to (A_n \to B))\cdots)$ 为矛盾式。

对于公式 $A_1 \wedge \neg(A_2 \to (\cdots \to (A_{n-1} \to (A_n \to B))\cdots)$,可作如下变形:

$$
\begin{aligned}
& A_1 \wedge \neg(A_2 \to (\cdots \to (A_{n-1} \to (A_n \to B))\cdots) \\
= & A_1 \wedge \neg(\neg A_2 \vee (A_3 \to (\cdots \to (A_{n-1} \to (A_n \to B))\cdots) \\
= & A_1 \wedge A_2 \wedge \neg(A_3 \to (\cdots \to (A_{n-1} \to (A_n \to B))\cdots) \\
& \cdots\cdots \\
= & A_1 \wedge A_2 \wedge \cdots \wedge A_n \wedge \neg B
\end{aligned}
$$

也就是说,要证明公式 $A_1 \to (A_2 \to (\cdots \to (A_{n-1} \to (A_n \to B))\cdots)$ 为真,实际上只需证明公式 $A_1 \wedge A_2 \wedge \cdots \wedge A_n \wedge \neg B$ 为矛盾式。

1. 建立子句集

(1) 将上述方法所得公式 $A_1 \wedge A_2 \wedge \cdots \wedge A_n \wedge \neg B$ 化为合取范式。

(2) 把合取范式的所有析取式构成一个集合,即子句集。

例如,要证明公式 $((P \to Q) \wedge P) \to Q$,只要证明公式 $((P \to Q) \wedge P) \wedge \neg Q$ 为矛盾式。

根据(1)得合取范式:

$$(\neg P \vee Q) \wedge P \wedge \neg Q$$

根据(2)建立子句集:

$$S = \{\neg P \vee Q, P, \neg Q\}$$

2. 对子句集 S 的归结

设有两个子句 $P_1 \vee P_2 \vee \cdots \vee P_n$ 和 $\neg P_1 \vee Q_2 \vee \cdots \vee Q_m$,其中一个含有命题变元的肯定形式,另一个含有该变元的否定形式,由这两个子句就可推出一个新子句,该子句称为这两个子句的归结式。此归结式是由两个子句析取后再消去互补对 P_1 和 $\neg P_1$ 而得,即 $P_2 \vee P_3 \vee \cdots \vee P_n \vee Q_2 \vee Q_3 \vee \cdots \vee Q_m$,将此归结式加入子句集中进行新的归结。

表 2.1 给出若干重要的归结规则。

表 2.1 若干重要的归结规则

父辈子句	归结式	说明
P 和 $\neg P \vee Q$	Q	三段论
$P \vee Q$ 和 $\neg P \vee Q$	Q	子句合并成 Q
$P \vee Q$ 和 $\neg P \vee \neg Q$	$\neg P \vee P$ 或 $Q \vee \neg Q$	两个可能的子句均为重言式
$\neg P$ 和 P	□	空子句,归结结束
$P \vee Q$ 和 $\neg Q \vee \neg R$	$P \vee \neg R$	一般归结

3. 归结证明

依上述归结规则进行归结，直至归结出空子句(用“□”表示)，则证明原公式是定理，否则原公式不是定理。

2.4.2　归结证明示例

例 2.11：$((P\wedge Q)\wedge(P\rightarrow R))\rightarrow((Q\rightarrow S)\rightarrow(W\rightarrow(S\wedge R)))$。

证明：先将$(P\wedge Q)\wedge(P\rightarrow R)\wedge(Q\rightarrow S)\wedge W\wedge\neg(S\wedge R)$化为合取范式，得

$$P\wedge Q\wedge(\neg P\vee R)\wedge(\neg Q\vee S)\wedge W\wedge(\neg S\vee\neg R)$$

建立子句集：

$$\{P,Q,\neg P\vee R,\neg Q\vee S,W,\neg S\vee\neg R\}$$

归结过程如下：

(1) P

(2) Q

(3) $\neg P\vee R$

(4) $\neg Q\vee S$

(5) W

(6) $\neg S\vee\neg R$

(7) R　　(1)、(3)归结

(8) $\neg S$　　(7)、(6)归结

(9) $\neg Q$　　(4)、(8)归结

(10) □　　(2)、(9)归结

例 2.12：$(P\rightarrow R)\rightarrow((Q\rightarrow S)\rightarrow((P\wedge Q)\rightarrow((W\wedge U)\rightarrow(R\wedge S))))$。

证明：先将$(P\rightarrow R)\wedge(Q\rightarrow S)\wedge P\wedge Q\wedge W\wedge U\wedge\neg(R\wedge S)$化为合取范式，得

$$(\neg P\vee R)\wedge(\neg Q\vee S)\wedge P\wedge Q\wedge W\wedge U\wedge(\neg R\vee\neg S)$$

建立子句集：

$$\{\neg P\vee R,\neg Q\vee S,P,Q,W,U,\neg R\vee\neg S\}$$

归结过程如下：

(1) $\neg P\vee R$

(2) $\neg Q\vee S$

(3) P

(4) Q

(5) W

(6) U

(7) $\neg R\vee\neg S$

(8) R　　(1)、(3)归结

(9) $\neg S$　　(7)、(8)归结

(10) $\neg Q$ (2)、(9)归结

(11) □ (4)、(10)归结

例 2.13：用归结推理法证明下列推理的正确性。

如果 Tom 或 Mary 去马尔代夫，则 John 也去马尔代夫；Mark 不去马尔代夫或 Tom 去马尔代夫；如果 Mary 不去马尔代夫，则 Tom 去马尔代夫。所以如果 Mark 去马尔代夫，则 John 去马尔代夫。

解：令

P 表示 Tom 去马尔代夫。

Q 表示 Mary 去马尔代夫。

R 表示 John 去马尔代夫。

S 表示 Mark 去马尔代夫。

上述推理的前提如下：

(1) $(P \vee Q) \rightarrow R$

(2) $\neg S \vee P$

(3) $\neg Q \rightarrow P$

结论：$S \rightarrow R$。

把上述前提和结论化为子句及归结的过程如下：

(1) $\neg P \vee R$

(2) $\neg Q \vee R$

(3) $\neg S \vee P$

(4) $Q \vee P$

(5) S

(6) $\neg R$

(7) $\neg Q$ (6)、(2)归结

(8) P (7)、(4)归结

(9) R (8)、(1)归结

(10) □ (9)、(6)归结

2.5 典型例题

例 2.14：用永真公理系统证明 $(P \rightarrow \neg P) \rightarrow \neg P$ 为定理。

证明：

(1) $P \rightarrow ((P \rightarrow Q) \rightarrow Q)$ 定理 2.4

(2) $P \rightarrow ((P \rightarrow \neg P) \rightarrow \neg P)$ (1)中，Q 用 $\neg P$ 代入

(3) $(P \rightarrow \neg Q) \rightarrow (Q \rightarrow \neg P)$ 公理 14

(4) $((P \rightarrow \neg P) \rightarrow \neg P) \rightarrow (P \rightarrow \neg (P \rightarrow \neg P))$ (3)中，P 用 $P \rightarrow \neg P$ 代入，Q 用 P 代入

(5) $(P\to((P\to\neg P)\to\neg P))\to(P\to(P\to\neg(P\to\neg P)))$　加头(4)

(6) $(P\to(P\to\neg(P\to\neg P)))$　分离(5)、(2)

(7) $(P\to(P\to Q))\to(P\to Q)$　公理4

(8) $(P\to(P\to\neg(P\to\neg P)))\to(P\to\neg(P\to\neg P))$　(7)中，Q用$\neg(P\to\neg P)$代入

(9) $P\to\neg(P\to\neg P)$　分离(8)、(6)

(10) $(P\to\neg(P\to\neg P))\to((P\to\neg P)\to\neg P)$　(3)中，Q用$P\to\neg P$代入

(11) $(P\to\neg P)\to\neg P$　分离(10)、(9)

例2.15：用假设推理方法证明下式为定理。

$$(P\to(Q\to R))\to((Q\to(R\to S))\to((P\wedge Q)\to(R\wedge S)))$$

证明：

(1) $P\to(Q\to R)$　假设

(2) $Q\to(R\to S)$　假设

(3) $P\wedge Q$　假设

(4) $(P\wedge Q)\to P$　公理8

(5) $(P\wedge Q)\to Q$　公理9

(6) P　分离(4)、(3)

(7) Q　分离(5)、(3)

(8) $Q\to R$　分离(1)、(6)

(9) R　分离(8)、(7)

(10) $R\to S$　分离(2)、(7)

(11) S　分离(10)、(9)

(12) $P\to(Q\to(P\wedge Q))$　公理10

(13) $R\to(S\to(R\wedge S))$　(12)中，P用R代入，Q用S代入

(14) $S\to(R\wedge S)$　分离(13)、(9)

(15) $R\wedge S$　分离(14)、(11)

由假设推理过程的定义知

$$P\to(Q\to R),Q\to(R\to S),P\wedge Q\vdash R\wedge S$$

由推理定理知

$$(P\to(Q\to R))\to((Q\to(R\to S))\to((P\wedge Q)\to(R\wedge S)))$$

例2.16：R_1、R_2、R_3、R_4 4个人参加知识竞赛。

前提：

(1) 若R_1获得冠军，则R_2或R_3获得亚军。

(2) 若R_3获得亚军，则R_1不能获得冠军。

(3) 若R_4获得亚军，则R_2不能获得亚军。

(4) R_1获得冠军。

结论：R_4未获得亚军。

用假设推理证明上述结论。

证明：设

P 表示 R_1 获得冠军。

Q 表示 R_2 获得亚军。

R 表示 R_3 获得亚军。

S 表示 R_4 获得亚军。

则原命题前提可符号化为

$$P \to ((Q \to \neg R) \wedge (\neg R \to Q)), R \to \neg P, S \to \neg Q, P$$

结论可符号化为

$$\neg S$$

(1) $P\to((Q\to\neg R)\wedge(\neg R\to Q))$ 假设

(2) $R\to\neg P$ 假设

(3) $S\to\neg Q$ 假设

(4) P 假设

(5) $\neg\neg S$ 结论的否定

(6) $\neg\neg P\to P$ 公理 15

(7) $\neg\neg S\to S$ (6)中，P 用 S 代入

(8) S 分离(7)、(5)

(9) $\neg Q$ 分离(3)、(8)

(10) $(Q\to\neg R)\wedge(\neg R\to Q)$ 分离(1)、(4)

(11) $(P\wedge Q)\to Q$ 公理(9)

(12) $((Q\to\neg R)\wedge(\neg R\to Q))\to(\neg R\to Q)$ (11)中，P 用 $Q\to\neg R$ 代入，Q 用 $\neg R\to Q$ 代入

(13) $\neg R\to Q$ 分离(12)、(10)

(14) $(P\to\neg Q)\to(Q\to\neg P)$ 公理 14

(15) $(R\to\neg P)\to(P\to\neg R)$ (14)中，P 用 R 代入，Q 用 P 代入

(16) $P\to\neg R$ 分离(15)、(2)

(17) $\neg R$ 分离(16)、(4)

(18) Q 分离(13)、(17)

(9)和(18)矛盾。

由反证法知

$$P \to ((Q \to \neg R) \wedge (\neg R \to Q)), R \to \neg P, S \to \neg Q, P \vdash \neg S$$

例 2.17：用归结推理法证明下式为定理。

$$(P \vee Q) \to ((Q \to R) \to ((P \to S) \to (\neg S \to (R \wedge (P \vee Q)))))$$

证明：

(1) $P\vee Q$

(2) $\neg Q\vee R$

(3) $\neg P\vee S$

(4) $\neg S$

(5) $\neg R \vee \neg P$

(6) $\neg R \vee \neg Q$

(7) $\neg P$　　(3)、(4)归结

(8) Q　　(1)、(7)归结

(9) R　　(8)、(2)归结

(10) $\neg Q$　　(9)、(6)归结

(11) □　　(8)、(10)归结

习题

2.1　用永真的公理系统证明下列公式。

(1) $P \leftrightarrow (P \vee P)$

(2) $(\neg P \rightarrow Q) \rightarrow (\neg Q \rightarrow P)$

(3) $P \vee \neg P$

(4) $P \rightarrow (Q \rightarrow P)$

(5) $(P \rightarrow (Q \rightarrow R)) \rightarrow ((P \wedge Q) \rightarrow R)$

2.2　已知公理

A：$P \rightarrow (Q \rightarrow P)$

B：$(Q \rightarrow R) \rightarrow ((P \rightarrow Q) \rightarrow (P \rightarrow R))$

C：$(P \vee P) \rightarrow P$

D：$Q \rightarrow (P \vee Q)$

E：$(P \vee Q) \rightarrow (Q \vee P)$

及分离规则和代入规则。证明：

(1) $P \rightarrow P$ 为定理。

(2) $(P \rightarrow P) \vee (R \wedge \neg R)$为定理。

2.3　用假设推理系统证明下列公式为定理。

(1) $(P \rightarrow Q) \rightarrow ((P \rightarrow \neg Q) \rightarrow \neg P)$

(2) $(P \rightarrow (Q \rightarrow R)) \rightarrow ((P \rightarrow Q) \rightarrow (P \rightarrow R))$

(3) $((P \wedge Q) \rightarrow R) \rightarrow (P \rightarrow (Q \rightarrow R))$

(4) $((P \wedge Q) \wedge ((P \rightarrow R) \wedge (Q \rightarrow S))) \rightarrow (S \wedge R)$

(5) $((P \wedge Q) \rightarrow R) \rightarrow ((S \rightarrow P) \rightarrow (Q \rightarrow (S \rightarrow R)))$

(6) $((P \wedge Q) \rightarrow R) \rightarrow (P \rightarrow (Q \rightarrow (S \vee R)))$

(7) $(P \rightarrow R) \rightarrow ((Q \rightarrow S) \rightarrow ((P \wedge Q) \rightarrow (W \rightarrow (R \wedge S))))$

(8) $(P \rightarrow Q) \rightarrow ((R \rightarrow S) \rightarrow ((P \vee R) \rightarrow (Q \vee S)))$

2.4　用假设推理系统构造以下推理的证明。

(1) 如果 Tom 是文科生，则他的英语成绩一定很好；如果 Tom 不是理科生，则他一定

是文科生；Tom 的英语成绩不好；结论：Tom 是理科生。

(2) 如果今天是星期天，IT 兴趣小组就去中山陵或明孝陵玩；如果中山陵游玩的人太多，IT 兴趣小组就不去中山陵玩；今天是星期天；中山陵游玩的人太多；所以 IT 兴趣小组去明孝陵玩。

(3) 明天是晴天，或者下雨；如果是晴天，我就去中山陵玩；如果我去中山陵玩，我就不玩《王者荣耀》；结论：如果我在玩《王者荣耀》，则天在下雨。

2.5 用穷举法构造以下推理的证明。

前提：$(P\wedge Q)\rightarrow R$，$\neg S\vee P$，$\neg S\rightarrow R$，Q。

结论：R。

2.6 用半反证法构造以下推理的证明。

前提：$\neg P\rightarrow Q$，$P\rightarrow R$，$Q\rightarrow S$。

结论：$R\vee S$。

2.7 用归结推理法证明下列公式为定理。

(1) $((P\wedge Q)\wedge((P\rightarrow R)\wedge(Q\rightarrow S)))\rightarrow(S\wedge R)$

(2) $(P\rightarrow Q)\rightarrow((P\rightarrow\neg Q)\rightarrow\neg P)$

(3) $(\neg(P\wedge\neg Q)\wedge(\neg Q\vee R)\wedge\neg R)\rightarrow\neg P$

(4) $P\vee\neg P$

(5) $((P\wedge Q)\rightarrow R)\rightarrow((S\rightarrow P)\rightarrow(Q\rightarrow(S\rightarrow R)))$

(6) $((P\wedge Q)\rightarrow R)\rightarrow(P\rightarrow(Q\rightarrow(S\vee R)))$

(7) $(P\rightarrow R)\rightarrow((Q\rightarrow S)\rightarrow((P\wedge Q)\rightarrow(W\rightarrow(R\wedge S))))$

(8) $(P\rightarrow Q)\rightarrow((R\rightarrow S)\rightarrow((P\vee R)\rightarrow(Q\vee S)))$

(9) $(P\rightarrow\neg Q)\rightarrow((R\rightarrow Q)\rightarrow((R\wedge\neg S)\rightarrow\neg P))$

2.8 用归结推理法证明以下推理的正确性。

(1) 如果 Tom 去北京工作，那么 Mary 或 John 感到高兴；如果 Mary 感到高兴，则 Tom 不去北京工作；如果 Mark 高兴，则 John 不高兴。所以，如果 Tom 去北京，则 Mark 不高兴。

(2) 如果今天我没课，则我去机房上机或去图书馆查资料；若机房没有空闲计算机，那么我就没法上机；今天我没课，机房也没空闲计算机。所以今天我去图书馆查资料。

第3章 谓词演算基础

在命题演算中,把不可剖开或分解为更简单的命题的原子命题作为基本单元,把语句分解为原子命题,而不对原子命题的内部结构加以分析。本章将对原子命题进一步剖析,分解为个体和谓词。一般地讲,原子命题是由若干谓词和项组成的,本章的目标是把日常永真的知识表达成谓词演算的形式语言,再加上一些永真的规则,推出一些新的知识,研究它们的形式结构和逻辑关系。谓词演算中语句的符号化是人工智能中知识表示的基础。

3.1 谓词和个体

3.1.1 个体

首先介绍与个体有关的几个重要概念。

(1) 个体:具有独立意义、独立存在的东西。

常个体:具有确定含义的个体,也称为实体。例如,“南京理工大学”“人工智能”“计算机科学”等均为常个体。常个体常用 a、b、c 等表示。

(2) 个体域:由个体组成的集合。例如,{微信,微博,支付宝},$\{x|x$ 为南京理工大学学生$\}$等就是个体域。个体域常用 I、J、K 等表示。

(3) 全总个体域:所有个体,不管是何种类型的个体,组合在一起组成的个体域,用 U 表示。

(4) 个体变元:以个体域 I 中的变元为变目的变元称为个体域 I 上的个体变元,常用 x、y、z 等表示。

(5) 项:构成原子公式的一部分。常量符号是最简单的项,是用来表示论域中的个体或实体。一般地讲,个体和实体可以是物体、人、概念或有名称的任何事物。

项包括实体、变量符号和函数符号等。

3.1.2 谓词

1. 有关概念

1) 谓词的定义

谓词是指个体所具有的性质或若干个体之间的关系。

例如，“5 为质数”“7 小于 8”中的“为质数”“小于”均为谓词。前者是个体“5”所具有的性质，为一元谓词；后者是指个体“7”和“8”所具有的关系，为二元谓词。

约定用大写字母 A、B、C 等表示谓词。

例如：

(1) 5 为质数。令 A 表示“为质数”，实体 a 表示“5”，则该语句可表示为 $A(a)$。

(2) 7 小于 8。令 B 表示“小于”，实体 a 表示“7”，实体 b 表示“8”，则该语句可表示为 $B(a,b)$。

2) 谓词填式

单个谓词不构成完整的意思，只有在谓词后填以个体才能构成完整的意义，这种在谓词后填以个体构成的式子称为谓词填式。

例如，“为质数”是谓词，但不构成完整的意义，而谓词填式“5 为质数”“7 为质数”等就能表达完整的意思。

3) 谓词命名式

谓词后填以命名变元 e 构成的式子称为谓词命名式。命名变元仅代表谓词的元数，不代表其他意思。

例如，$A(e)$表示 A 为一元谓词，$B(e_1,e_2)$表示 B 为二元谓词，依此类推。

4) 谓词变元

以谓词组成的集合为变域的变元称为谓词变元。

上面已经描述过，大写字母 A、B、C 等表示特定的谓词，小写字母 a、b、c 等表示特定的个体或实体。现在约定用大写字母 X、Y、Z 等表示谓词变元，小写字母 x、y、z 等表示个体变元。

2. 谓词语句的符号化

一阶谓词演算是一种形式语言，用它可以表示各种各样的语句。这种形式语言的表达式可以作为产生式数据库的组成部分。现在讨论谓词语句是如何符号化的。一般地讲，动词、系动词、形容词和集合名词均可以表达成谓词。

例 3.1：他送我这台笔记本电脑。

解：令

$A(e_1,e_2,e_3)$表示“e_1 送 e_2 e_3”。

$B(e)$表示“e 为笔记本电脑”。

a 表示“他”。

b 表示“我”。

c 表示“这台”。

则原句译为

$$A(a,b,c) \wedge B(c)$$

例 3.2：Tom 送 Alice 这只大的红气球。

解：令

$A(e_1,e_2,e_3)$表示“e_1 送 e_2 e_3”。

$B(e)$表示“e 为大的”。

$C(e)$表示“e 为红的”。

$D(e)$表示“e 为气球”。

a 表示“Tom”。

b 表示“Alice”。

c 表示“这只”。

则原句译为

$$A(a,b,c) \wedge B(c) \wedge C(c) \wedge D(c)$$

例 3.3：美国位于加拿大和拉丁美洲之间。

解：令

$A(e_1,e_2,e_3)$表示 e_1 位于 e_2 和 e_3 之间。

a 表示美国。

b 表示加拿大。

c 表示拉丁美洲。

则原句译为

$$A(a,b,c)$$

上面分别介绍了谓词和个体的有关知识，事实上这仅仅是基于实体(或称特定个体)的谓词，而在谓词演算中，知识的表示往往采用变量，即个体变元，表达一类相同的事实或概念。

例如，Shakespeare wrote “Othello”，可以符号化为 Write(Shakespeare，Othello)。此表达式表示常谓词 Write、实体 Shakespeare 和 Othello 之间的关系。

下面讨论另外两种情况：

(1) Write(x,y)，即个体为变量符号项。

此表达式表示 x 和 y 的关系是 Write，即作者 x 写 y。此时 x 可在个体域 I(表示作者的集合)上变化；y 可在个体域 J(表示书名的集合)上变化。

因而表达式 Write(x,y)表达一类关系。

(2) $X(x,y)$，即个体为变量符号项，谓词为谓词变元。

此表达式表示 x 和 y 有关系 X，此时 x、y 和 X 分别在 3 个个体域上变化。

综上所述，谓词和个体是息息相关的，基于个体的谓词才是一个完整的谓词，且个体、谓词、个体域三者是可以变化的。

以个体域 I 为定义域、以真假为值域的谓词称作个体域 I 上的谓词。

以个体域 I 上的谓词为变域的变元称作个体域 I 上的谓词变元。

下面讨论 h 个个体组成的个体域 I 上的 m 元谓词。

先讨论个体域$\{a,b\}$上的谓词。

一元谓词 $X(e)$如表 3.1 所示。

表 3.1　两个个体的一元谓词

e	X_1	X_2	X_3	X_4
a	T	T	F	F
b	T	F	T	F

从表 3.1 可知一元谓词共有 4 个，确切地说共有 4 类。

二元谓词 $X(e_1,e_2)$共有 16 个，如表 3.2 所示。

表 3.2　两个个体的二元谓词

e_1	e_2	X_1	X_2	X_3	X_4	X_5	X_6	X_7	X_8	X_9	X_{10}	X_{11}	X_{12}	X_{13}	X_{14}	X_{15}	X_{16}
a	a	T	F	T	T	T	F	F	F	T	T	T	T	F	F	F	F
a	b	T	T	F	T	T	F	T	T	F	F	T	F	T	F	F	F
b	a	T	T	T	F	T	T	F	T	F	T	F	F	F	T	F	F
b	b	T	T	T	T	F	T	T	F	T	F	F	F	F	F	T	F

不难验证，h 个个体组成的个体域 I 上的一元谓词有 2^h 个，二元谓词有 2^{h^2} 个，m 元谓词有 2^{h^m} 个。

3.2　函数项和量词

3.1 节讨论了基于实体和变量符号项的谓词，下面讨论函数项和量词。

3.2.1　函数项

函数项是以个体为定义域、以个体为值域的函数。约定用 f、g、h 等表示抽象的函数项。

例 3.4：将语句 Mark's mother is married to his father 符号化。

解：令

$M(e_1,e_2)$表示“e_1 is married to e_2”。

$m(e)$表示“e 的 mother”。

$f(e)$表示“e 的 father”。

则语句表示为

$$M(m(\text{Mark}),f(\text{Mark}))$$

3.2.2 量词

在引入量词以前，先看一个例子。

设 $P(x)$表示 x 为教授，若 x 的个体域表示人工智能学院的教师，则 $P(x)$表示人工智能学院的教师均为教授，而事实并非如此，确切的表达应该是人工智能学院有些教师是教授。如果仍用 $P(x)$表示 x 为教授，显然会引起概念上的混乱，为此必须引入量词表示“所有的”“有一些”等不同的概念。

从以上简单的例子可以看出，要确切、完整地表达一个语句，必须约定个体的取值范围。如上例规定 x 的取值范围为人工智能学院的教师的集合，也可约定 x 为人文学院的教师的集合，如此约定很显然不利于计算机的识别和处理。采用如下方法可解决上面的不利因素。

(1) 约定变量符号即个体变元 x 取值于全总个体域 U。

(2) 用谓词来限定 x 的取值范围。

(3) 引进全称量词 $\forall x$ 表示“所有的 x”“一切 x”等，存在量词 $\exists x$ 表示“存在一些 x”“有一些 x”等概念。

(4) 规定一般情况下紧跟在全称量词 $\forall x$ 之后的主联结词为→，紧跟在存在量词 $\exists x$ 之后的主联结词为 ∧。

至此，再来看上面的例子“人工智能学院有些教师是教授”。

设 $A(e)$表示“e 为人工智能学院的教师”，$P(e)$表示“e 为教授”，则原句译为

$$\exists x(A(x) \wedge P(x))$$

此例中 x 取值于全总个体域 U，谓词 $A(e)$限定 x 的取值范围。

有了量词的概念，知识的符号化问题就很容易得到解决。下面举一些例子说明把知识表达成符号公式的方法。

例 3.5：有些人没写过任何小说。

解：令

$P(e)$表示“e 为人”。

$N(e)$表示“e 为小说”。

$W(e_1,e_2)$表示“e_1 写过 e_2”。

则原句译为

$$\exists x(P(x) \wedge \forall y(N(y) \rightarrow \neg W(x,y)))$$

例 3.6：尽管有人能干，但未必所有人能干。

解：令

$P(e)$表示“e 为人”。

$A(e)$表示“e 能干”。

则原句译为

$$\exists x(P(x) \wedge A(x)) \wedge \neg \forall x(P(x) \rightarrow A(x))$$

例 3.7：If a program can not be told a fact, then it can not learn that fact。

解：令

$P(e)$表示"e 为 program"。

$F(e)$表示"e 为 fact"。

$T(e_1,e_2)$表示"e_1 can be told e_2"。

$L(e_1,e_2)$表示"e_1 can learn e_2"。

则原句译为

$$\forall x \forall y((P(x) \wedge F(y) \wedge \neg T(x,y)) \rightarrow \neg L(x,y))$$

例 3.8：我敬人人，人人敬我。

解：令

$P(e)$表示"e 为人"。

$A(e_1,e_2)$表示"e_1 敬 e_2"。

a 表示"我"。

则原句译为

$$\forall x((P(x) \wedge A(a,x)) \rightarrow A(x,a))$$

例 3.9：鱼我所欲，熊掌亦我所欲。

解：令

$F(e)$表示"e 为鱼"。

$B(e)$表示"e 为熊掌"。

$W(e_1,e_2)$表示"e_1 为 e_2 所欲"。

a 表示"我"。

则原句译为

$$\forall x(F(x) \rightarrow A(x,a)) \wedge \forall x(B(x) \rightarrow A(x,a))$$

例 3.10：有些人喜欢所有的网络游戏，但并非所有人均喜欢网络游戏。

解：令

$P(e)$表示"e 为人"。

$G(e)$表示"e 为网络游戏"。

$L(e_1,e_2)$表示"e_1 喜欢 e_2"。

则原句译为

$$\exists x(P(x) \wedge \forall y(G(y) \rightarrow L(x,y))) \wedge \neg \forall x(P(x) \rightarrow \exists y(G(y) \wedge L(x,y)))$$

例 3.11：任何一个集合 x，总存在一个集合 y，y 的基数比 x 的基数大。

解：令

$S(e)$表示"e 为集合"。

$f(e)$表示"e 的基数"。

$G(e_1,e_2)$表示"e_1 比 e_2 大"。

则原句译为

$$\forall x(S(x) \rightarrow \exists y(S(y) \wedge G(f(y),f(x))))$$

3.3 自由变元和约束变元

3.3.1 自由出现和约束出现

在第1章中给出了命题演算公式的形式定义。对于谓词演算来说,也存在合式公式的形式定义的问题。首先约定 $A(x_1,x_2,\cdots,x_n)$ 为谓词演算公式的原子公式,其中 $x_1,x_2,\cdots,x_n$ 是项(实体、变量符号、函数)。

定义 3.1:谓词演算的合式公式(简称公式)是由原子命题、谓词填式或由它们利用联结词和量词构成的式子。

合式公式的形式定义如下:

(1) 原子命题 P 是合式公式。

(2) 谓词填式 $A(x_1,x_2,\cdots,x_n)$ 是合式公式。

(3) 若 A 是公式,则 $\neg A$ 是合式公式。

(4) 若 A 和 B 是合式公式,则 $(A\wedge B)$、$(A\vee B)$、$(A\rightarrow B)$、$(A\leftrightarrow B)$ 为公式。

(5) 若 A 是合式公式,x 是 A 中出现的任何个体变元,则 $\forall xA(x)$、$\exists xA(x)$ 为合式公式。

(6) 只有有限次使用(1)、(2)、(3)、(4)、(5)所得到的式子才是合式公式。

定义 3.2:设 α 为任何一个谓词演算公式,$\forall xA(x)$、$\exists xA(x)$ 为公式 α 的子公式,此时紧跟在 $\forall$、$\exists$ 之后的 x 称为量词的指导变元或作用变元,$A(x)$ 称为量词的作用域,在作用域中 x 的一切出现均称为约束出现,在 α 中除了约束出现外的一切出现均称为自由出现。

例 3.12:指出合式公式 $\forall x(X(x,y)\rightarrow\exists y(Y(x,y)\wedge Z(z)))$ 的作用域、约束出现和自由出现。

解:$\forall x$ 的作用域为 $X(x,y)\rightarrow\exists y(Y(x,y)\wedge Z(z))$。

$\exists y$ 的作用域为 $Y(x,y)\wedge Z(z)$。

公式中的 x 为约束出现,第一个 y 和 z 是自由出现,$Y(x,y)\wedge Z(z)$ 中的 y 为约束出现。

定义 3.3:一个变元 x 若在公式中有自由出现,则称此变元为自由变元;若有约束出现,则称为约束变元。

注意,自由出现的变元可以在量词的作用域中出现,但不受相应量词的约束,所以有时把它看作公式中的参数。有一个特例,若公式中无自由变元,公式即为命题。

3.3.2 改名和代入

1. 改名

从上面的例子可以看出,同一个变元,如在公式 $\forall x(X(x,y)\rightarrow\exists y(Y(x,y)\wedge Z(z)))$

中的 y，既有约束出现又有自由出现。为了避免变元的约束出现和自由出现在某一公式中同时出现，引起概念上的混乱，可以对约束变元进行改名，使得同一个变元或者为约束出现，或者为自由出现，同时使不同的量词所约束的变元不同名，便于计算机对知识的处理。之所以可以这样做，是因为一个公式的约束变元所用的符号与公式的真假是无关的。例如，公式 $\forall xX(x)$ 和公式 $\forall yX(y)$ 具有相同的意义。

下面给出改名的规则：

(1) 改名是对约束变元而言的，自由变元不能改名。改名时应对量词的指导变元及其作用域中所出现的约束变元处处进行。

(2) 改名前后不能改变变元的约束关系。

(3) 改名用的新名应是该作用域中没有使用过的变元名称。

例 3.13：对公式 $\forall x(X(x,y)\rightarrow\exists y(Y(x,y)\wedge Z(z)))$ 实施改名。

解：可把公式改名为

$$\forall x(X(x,y)\rightarrow\exists u(Y(x,u)\wedge Z(z)))$$

但不能改名为

$$\forall x(X(x,y)\rightarrow\exists z(Y(x,z)\wedge Z(z)))$$

因为这样将改变变量的约束关系。

2. 代入

谓词演算公式中的自由变元可以更改，称为代入。代入是对自由变元而言的，约束变元不能代入，代入后的式子是原式的特例。代入必须遵循下列规则：

(1) 代入必须处处进行，即代入时必须对公式中出现的所有同名的自由变元进行。

(2) 代入后不能改变原式和代入式的约束关系。

(3) 代入也可以对谓词填式进行，但也要遵循上面两条规则；

(4) 命题变元也可以实施代入。

例 3.14：已知公式 $\forall x(X(x,y)\rightarrow\exists y(Y(x,y)\wedge Z(z)))$。

(1) 把公式中的自由变元 y 代以式子 x^2+2。

(2) 把公式中的谓词变元 $X(e_1,e_2)$ 代以 $\exists yD(e_1,e_2,y,x)$。

解：

(1) 先把式子 x^2+2 直接代入原式，观察结果。

代入后得

$$\forall x(X(x,x^2+2)\rightarrow\exists y(Y(x,y)\wedge Z(z)))$$

显然代入式中的 x^2 中的 x 本应为自由变元，而现在受全称量词 $\forall x$ 约束，改变了它的约束关系，因此是一种非法代入。为此必须采用下面的方法：

先对原式改名，将 $\forall x$ 改为 $\forall u$，将 $\exists y$ 改为 $\exists v$，改名后得式子

$$\forall u(X(u,y)\rightarrow\exists v(Y(u,v)\wedge Z(z)))$$

最后代入，得

$$\forall u(X(u,x^2+2)\rightarrow\exists v(Y(u,v)\wedge Z(z)))$$

验证公式可知，没有改变变元的约束关系，所以这种代入符合代入规则。

(2) 采用直接代入，查看结果。

代入后得式子

$$\forall x(\exists yD(x,y,y,x) \to \exists y(Y(x,y) \land Z(z)))$$

显然，代入式中的 x 本应为自由变元，代入后受 $\forall x$ 约束，改变了约束关系。原式中的 y 本是自由变元，代入后受 $\exists y$ 约束，改变了约束关系。因此，这是一种非法代入。

先对原式改名，将 $\forall x$ 改为 $\forall u$，将 $\exists y$ 改为 $\exists v$：

$$\forall u(X(u,y) \to \exists v(Y(u,v) \land Z(z)))$$

再对代入式改名，将 $\exists y$ 改为 $\exists t$，得

$$\exists tD(e_1,e_2,t,x)$$

最后代入，得

$$\forall u(\exists tD(u,y,t,x) \to \exists v(Y(u,v) \land Z(z)))$$

3.4 永真性和可满足性

3.4.1 真假性

由前面的讨论可知，谓词演算公式的真假性与4个因素有关。下面简单讨论相关的理由，以便读者对知识的真假性有一个全面了解。

(1) 个体域：设 $A(e)$ 表示"e 为偶数"，公式 $\forall xA(x)$ 的值随个体域的不同而不同。例如，个体域 I 为 $\{1,2,3,4,5,6\}$ 时，公式的值为假；个体域 I 为 $\{2,4,6,8\}$ 时，公式的值为真。

(2) 自由变元：取值于个体域 $\{1,2,3,4,5,6\}$。对于公式 $A(x)$，当 x 取4时，其值为真；当 x 取5时，其值为假。所以，公式的真假性随变元取值情况不同而不同。

(3) 谓词变元：对于个体域 $I=\{2,4,6,8\}$，分以下两种情况。

当 $A(e)$ 表示"e 为偶数"时，$\forall xA(x)=\mathrm{T}$。

当 $A(e)$ 表示"e 为奇数"时，$\forall xA(x)=\mathrm{F}$。

(4) 命题变元：对于个体域 $I=\{2,4,6,8\}$，$A(e)$ 表示"e 为偶数"。

考虑公式 $\forall xA(x) \land P$，当 $P=\mathrm{T}$ 时，公式的值为真；当 $P=\mathrm{F}$ 时，公式的值为假。

设 α 为任何一个谓词演算公式，其中自由变元为 $x_1,x_2,\cdots,x_n$，谓词变元为 $X_1,X_2,\cdots,X_m$，命题变元为 $P_1,P_2,\cdots,P_k$。此时 α 可表示为

$$\alpha(x_1,x_2,\cdots,x_n;X_1,X_2,\cdots,X_m;P_1,P_2,\cdots,P_k)$$

有了上面的讨论，就可对谓词演算公式给予解释。

设个体域 I 解释为常个体域 I^0。

自由变元 $x_1,x_2,\cdots,x_n$ 解释为 I^0 中的个体 $a_1,a_2,\cdots,a_n$。

谓词变元 $X_1,X_2,\cdots,X_m$ 解释为 I^0 上的谓词 $A_1,A_2,\cdots,A_m$。

命题变元 $P_1,P_2,\cdots,P_k$ 解释为 $P_1^0,P_2^0,\cdots,P_k^0$，其中 $P_i^0=\mathrm{T}$ 或 F，$i=\{1,2,\cdots,k\}$。

则说给了公式 α 一个解释。记为

$$(I^0;a_1,a_2,\cdots,a_n;A_1,A_2,\cdots,A_m;P_1^0,P_2^0,\cdots,P_k^0)$$

公式 α 在该解释下的值记为

$$\alpha(a_1,a_2,\cdots,a_n;A_1,A_2,\cdots,A_m;P_1^0,P_2^0,\cdots,P_k^0)$$

简记为 $\alpha(a;A;P^0)$。

如果该值取为 T,则称该解释为成真解释;

如果该值取为 F,则称该解释为成假解释。

下面讨论含有量词的谓词演算公式的真假性。首先讨论公式 $\forall x\alpha(x)$ 和 $\exists x\alpha(x)$ 的真假性。

$\forall x\alpha(x)$ 为真 $\Leftrightarrow$ 个体域 I 中的每一个个体均使得 α 取为真。

$\exists x\alpha(x)$ 为真 $\Leftrightarrow$ 个体域 I 中有一个个体使得 α 取为真。

下面举例说明给定一个解释后求公式真假性的方法。

例 3.15:已知公式 $\forall x\forall y((X(x,y)\land Y(z)\land P)\to Z(x,y))$,求公式在解释 $(I;z;X(e_1,e_2),Y(e),Z(e_1,e_2);P)=(\{1,2,3,4\};2;e_1\geqslant e_2,e$ 为偶数 $,e_1\leqslant e_2;\mathrm{T})$ 之下的值。

解:将解释代入公式,得

$$\begin{aligned}\text{原式}&=\forall x\forall y((x\geqslant y\land 2\text{ 为偶数 }\land \mathrm{T})\to x\leqslant y)\\&=\forall x\forall y(x\geqslant y\to x\leqslant y)\end{aligned}$$

(1) 当 $x=1$ 时,原式的作用域 $=\forall y(1\geqslant y\to 1\leqslant y)$。

① 当 $y=1$ 时,$\forall y$ 的作用域 $=1\geqslant 1\to 1\leqslant 1=\mathrm{T}$。

② 当 $y\geqslant 2$ 时,$\forall y$ 的作用域 $=1\geqslant y\to 1\leqslant y=\mathrm{F}\to\mathrm{T}=\mathrm{T}$。

(2) 当 $x=2$ 时,原式的作用域 $=\forall y(2\geqslant y\to 2\leqslant y)$。

① 当 $y=1$ 时,$\forall y$ 的作用域 $=2\geqslant 1\to 2\leqslant 1=\mathrm{T}\to\mathrm{F}=\mathrm{F}$。

② 当 $y=2$ 时,$\forall y$ 的作用域 $=2\geqslant 2\to 2\leqslant 2=\mathrm{T}\to\mathrm{T}=\mathrm{T}$。

③ 当 $y\geqslant 3$ 时,$\forall y$ 的作用域 $=2\geqslant y\to 2\leqslant y=\mathrm{F}\to\mathrm{T}=\mathrm{T}$。

(3) 当 $x=3$ 时,原式的作用域 $=\forall y(3\geqslant y\to 3\leqslant y)$。

① 当 $y=1,2$ 时,$\forall y$ 的作用域 $=3\geqslant y\to 3\leqslant y=\mathrm{T}\to\mathrm{F}=\mathrm{F}$。

② 当 $y=3$ 时,$\forall y$ 的作用域 $=3\geqslant 3\to 3\leqslant 3=\mathrm{T}\to\mathrm{T}=\mathrm{T}$。

③ 当 $y=4$ 时,$\forall y$ 的作用域 $=3\geqslant 4\to 3\leqslant 4=\mathrm{F}\to\mathrm{T}=\mathrm{T}$。

(4) 当 $x=4$ 时,原式的作用域 $=\forall y(4\geqslant y\to 4\leqslant y)$。

① 当 $y=1,2,3$ 时,$\forall y$ 的作用域 $=4\geqslant y\to 4\leqslant y=\mathrm{T}\to\mathrm{F}=\mathrm{F}$。

② 当 $y=4$ 时,$\forall y$ 的作用域 $=4\geqslant 4\to 4\leqslant 4=\mathrm{T}\to\mathrm{T}=\mathrm{T}$。

综上所述,当 $x=2$ 且 $y=1$,$x=3$ 且 $y=1,2$,$x=4$ 且 $y=1,2,3$ 时,有

$$\forall y(x\geqslant y\to x\leqslant y)=\mathrm{F}$$

所以,根据含有全称量词公式真假的定义知:

$$\forall x\forall y((X(x,y)\land Y(z)\land P)\to Z(x,y))=\mathrm{F}$$

故原式在已知解释下的值为 F。

3.4.2　同真假性、永真性和可满足性

有了解释的概念，就可讨论公式的同真假性、永真性和可满足性。

定义 3.4：设有两个公式 α 和 β，如果对于个体域 I 上的任何解释，公式 α 和 β 均取得相同的真假值，则称 α 和 β 在 I 上同真假。

如果 α 和 β 在每一个非空域上均同真假，则称 α 和 β 同真假。

下面给出两组等价公式。

（1）关于否定的等价公式。

$$\neg\forall x\alpha(x) = \exists x\neg\alpha(x)$$
$$\neg\exists x\alpha(x) = \forall x\neg\alpha(x)$$

对于上面两个公式可在有限域 $I=\{a_1, a_2, \cdots, a_n\}$ 上加以说明，当然在无限域上等价公式仍成立。

$$\begin{aligned}\neg\forall x\alpha(x) &= \neg(\alpha(a_1)\wedge\alpha(a_2)\wedge\cdots\wedge\alpha(a_n))\\ &= \neg\alpha(a_1)\vee\neg\alpha(a_2)\vee\cdots\vee\neg\alpha(a_n)\\ &= \exists x\neg\alpha(x)\\ \neg\exists x\alpha(x) &= \neg(\alpha(a_1)\vee\alpha(a_2)\vee\cdots\vee\alpha(a_n))\\ &= \neg\alpha(a_1)\wedge\neg\alpha(a_2)\wedge\cdots\wedge\neg\alpha(a_n)\\ &= \forall x\neg\alpha(x)\end{aligned}$$

（2）量词作用域的收缩与扩张。

设公式 γ 中不含有自由的 x，则下面的公式成立。

$$\exists x(\alpha(x)\vee\gamma) = \exists x\alpha(x)\vee\gamma$$
$$\exists x(\alpha(x)\wedge\gamma) = \exists x\alpha(x)\wedge\gamma$$
$$\forall x(\alpha(x)\vee\gamma) = \forall x\alpha(x)\vee\gamma$$
$$\forall x(\alpha(x)\wedge\gamma) = \forall x\alpha(x)\wedge\gamma$$

例 3.16：用上面的等价公式判断公式 $\forall x\alpha(x)\rightarrow\gamma$ 和 $\forall x(\alpha(x)\rightarrow\gamma)$ 是否等价。

解：

$$\begin{aligned}\forall x\alpha(x)\rightarrow\gamma &= \neg\forall x\alpha(x)\vee\gamma\\ &= \exists x\neg\alpha(x)\vee\gamma\\ &= \exists x(\neg\alpha(x)\vee\gamma)\\ &= \exists x(\alpha(x)\rightarrow\gamma)\\ &\neq \forall x(\alpha(x)\rightarrow\gamma)\end{aligned}$$

所以两公式不等价。

定义 3.5：给定一个谓词演算公式 α，其个体域为 I。对于 I 中的任意一个解释，若 α 均取为真，则称公式 α 在 I 上为永真的；若 α 均取为假，则称公式 α 在 I 上为永假的，也称为公式 α 在 I 上不可满足。

定义 3.6：给定一个谓词演算公式 α，其个体域为 I。如果在个体域 I 上存在一个解释

使得 α 取为真，则称公式 α 在 I 上为可满足公式；如果在个体域 I 上存在一个解释使得 α 取为假，则称公式 α 在 I 上为非永真公式。

定理 3.1：如果 I、J 是两个具有相同个数的个体的个体域(个体本身可不相同)，则任意一个公式 α 在 I 中永真当且仅当其在 J 中永真，在 I 中可满足当且仅当其在 J 中可满足。

证明：要证明该问题，首先要在两个个体域 I 和 J 上建立个体、谓词、解释等元素间的一一对应关系。构造如下：

(1) 因为 I 和 J 具有相同个数的个体的个体域，所以可在两者之间建立一一对应关系，即在 I 中有一个个体 a，总能在 J 中找到一个个体与之对应，反之亦然。

(2) 建立个体域 I 和 J 中谓词的一一对应关系。

设 $X(x_1,x_2,\cdots,x_n)$ 是 I 中的 n 元谓词，令满足下列性质的 J 中的 n 元谓词 $X'(x_1',x_2',\cdots,x_n')$ 与 $X(x_1,x_2,\cdots,x_n)$ 相对应：$X(x_1,x_2,\cdots,x_n)$ 为真当且仅当 $X'(x_1',x_2',\cdots,x_n')$ 为真，其中 x 在 I 中取值，x' 在 J 中取值。

(3) 为 I 中的解释与 J 中的解释建立一一对应关系：

设有 I 中的一个解释

$$\begin{aligned}&(x_1,x_2,\cdots,x_n;X_1,X_2,\cdots,X_m;P_1,P_2,\cdots,P_k)\\=&(a_1,a_2,\cdots,a_n;A_1,A_2,\cdots,A_m;P_1^0,P_2^0,\cdots,P_k^0)\end{aligned}$$

简记为 $(x;X;P)=(a;A;P^0)$。

则令 J 中的下列解释为其对应的解释：

$$\begin{aligned}&(x_1,x_2,\cdots,x_n;X_1,X_2,\cdots,X_m;P_1,P_2,\cdots,P_k)\\=&(a_1',a_2',\cdots,a_n';A_1',A_2',\cdots,A_m';P_1^0,P_2^0,\cdots,P_k^0)\end{aligned}$$

简记为 $(a';A';P^0)$。

利用归纳法，可证明 $\alpha(a;A;P^0)=\alpha(a';A';P^0)$。　　(3.1)

如果 α 为命题变元，命题显然成立。

如果 α 为谓词填式 $X(x_1,x_2,\cdots,x_n)$，则有

$$\begin{aligned}\alpha(a;A;P^0)&=A(a_1,a_2,\cdots,a_n)\\&=A'(a_1',a_2',\cdots,a_n')\\&=\alpha(a';A';P^0)\end{aligned}$$

故命题成立。

如果 α 为下列 5 种情形之一：

$$\neg\beta_1,\beta_1\vee\beta_2,\beta_1\wedge\beta_2,\beta_1\rightarrow\beta_2,\beta_1\leftrightarrow\beta_2$$

由归纳假设知，β_1 和 β_2 满足式(3.1)，即

$$\beta_1(a;A;P^0)=\beta_1(a';A';P^0)$$
$$\beta_2(a;A;P^0)=\beta_2(a';A';P^0)$$

当 $\alpha=\neg\beta_1$ 时，

$$\begin{aligned}\alpha(a;A;P^0)&=\neg\beta_1(a;A;P^0)\\&=\neg\beta_1(a';A';P^0)\end{aligned}$$

$$= \alpha(a';A';P^0)$$

故式(3.1)成立。

当 $\alpha=\beta_1 \vee \beta_2$ 时，

$$\begin{aligned}\alpha(a;A;P^0) &= (\beta_1 \vee \beta_2)(a;A;P^0)\\ &= \beta_1(a;A;P^0) \vee \beta_2(a;A;P^0)\\ &= \beta_1(a';A';P^0) \vee \beta_2(a';A';P^0)\\ &= (\beta_1 \vee \beta_2)(a';A';P^0)\end{aligned}$$

故式(3.1)成立。

同理可证其他 3 种情形。

如果 α 形如 $\exists y\beta_1(x;X;P;y)$，由归纳假设知

$$\beta_1(a;A;P^0;y) = \beta_1(a';A';P^0;y') \tag{3.2}$$

$\exists y\beta_1(x;X;P;y)$为真，即在个体域 I 中有一个个体 b 使得 $\beta_1(a;A;P^0;b)$为真，根据式(3.2)知：$\beta_1(a';A';P^0;b')$为真，即 $\exists y\beta_1(x;X;P;y)$在 J 上取为真。

故式(3.1)成立。

如果 α 形如 $\forall y\beta_1(x;X;P;y)$，同理可证。

设 α 在 I 中可满足，即在 I 中存在一个解释$(a;A;P^0)$使得 α 取真值，由解释的一一对应关系和式(3.1)知，在 J 中也存在一个解释$(a';A';P^0)$使得 α 取为真，故 α 在 J 中可满足。反之亦然。

同理可证，α 在 I 中永真当且仅当 α 在 J 中永真。

讨论公式的永真性和可满足性的目的是简化讨论任一谓词演算公式在某一个体域上的真假性。由上可知，有限域上一个公式的永真性和可满足性依赖于个体域中个体的数目，与个体的内容无关，因此要讨论公式 α 在任何 k 个个体域上的永真性和可满足性，只要讨论公式 α 在个体域 $I=\{1,2,\cdots,k\}$上的永真性和可满足性即可。我们把个体域$\{1,2,\cdots,k\}$称为 k 域，即由 k 个个体组成的个体域。当 $k=1$ 时，称为 1 域，依此类推。

显然有下面的定理。

定理 3.2：如果一个公式在 k 域上永真，则其在 $h(<k)$域上永真。

定理 3.3：如果一个公式在 h 域上可满足，则其在 $k(k>h)$域上可满足。

例 3.17：试讨论公式 $\forall x(X(x)\to(\exists y(Y(y)\wedge Z(z))\to\forall xY(x)))$的永真性和可满足性。

解：

(1) 讨论 1 域即个体域 $I=\{1\}$的情形。

$$\begin{aligned}\text{公式} &= X(1) \to ((Y(1) \wedge Z(1)) \to Y(1))\\ &= X(1) \to \mathrm{T}\\ &= \mathrm{T}\end{aligned}$$

所以公式在 1 域上永真。

(2) 讨论 2 域上的情形，此时个体域 $I=\{1,2\}$。

由于公式在 1 域上永真，所以公式在 1 域上可满足。由定理 3.3 知公式在 2 域上可满足。由前面讨论可知，2 域上的一元谓词有 4 个，如表 3.3 所示。

表 3.3　2 域上的一元谓词

e	X_1	X_2	X_3	X_4
1	T	F	T	F
2	T	T	F	F

在解释$(I;z;X,Y,Z)=(\{1,2\};2;X_1,X_2,X_2)$下，

$$
\begin{aligned}
\text{原式}&= \forall x(X_1(x)\to(\exists y(X_2(y)\wedge X_2(2))\to\forall xX_2(x)))\\
&=\forall x(X_1(x)\to(\exists y(X_2(y)\wedge \mathrm{T})\to\forall xX_2(x)))\\
&=\forall x(X_1(x)\to(\exists yX_2(y)\to\forall xX_2(x)))\\
&=\forall x(X_1(x)\to(\mathrm{T}\to\forall xX_2(x)))\\
&=\forall x(X_1(x)\to\forall xX_2(x))\\
&=\forall x(X_1(x)\to \mathrm{F})\\
&=\forall x\neg X_1(x)\\
&=\mathrm{F}
\end{aligned}
$$

故公式在 2 域上可满足但非永真。

(3) 讨论 $k(k>2)$域上的情形。

因为公式在 2 域上可满足，根据定理 3.3 知，公式在 k 域上可满足。

设公式在 k 域上永真，根据定理 3.2 知，公式在 2 域上永真，与公式在 2 域上非永真矛盾。

故公式在 k 域上可满足但非永真。

3.4.3　范式

在命题演算中，任一命题演算公式均有一个范式与之等价。对于谓词演算公式也有相应的范式，其中任一谓词演算公式均有一个前束范式与之等价。前束范式对于计算机处理和识别谓词演算公式有着重要的作用。

1. 前束范式

定义 3.7：如果谓词演算公式 α 中的一切量词均在公式的最前面(量词前不含否定词)且其作用域一直延伸到公式的末端，则称公式 α 为前束形公式。前束形公式的一般形式为

$$Q_1x_1Q_2x_2\cdots Q_nx_nM(x_1,x_2,\cdots,x_n)$$

其中，Q_i 为 $\forall$ 或 $\exists$，$M(x_1,x_2,\cdots,x_n)$称为公式 α 的母式且其中不含有量词。

定理 3.4：任意一个谓词演算公式均有一个前束范式与之等价。

下面用具体的例子来说明该定理。

例 3.18：把公式$\exists x\forall y\forall z(X(x,y,z)\wedge(\exists uY(u,x)\to\exists xW(y,x)))$化为前束范式。

解：

(1) 利用等值公式消去$\to$和$\leftrightarrow$：

$$\text{原式}=\exists x\forall y\forall z(X(x,y,z)\wedge(\neg\exists uY(u,x)\vee\exists xW(y,x)))$$

(2) 否定深入：

$$原式 = \exists x \forall y \forall z(X(x,y,z) \land (\forall u \neg Y(u,x) \lor \exists x W(y,x)))$$

(3) 改名：

$$原式 = \exists x \forall y \forall z(X(x,y,z) \land (\forall u \neg Y(u,x) \lor \exists v W(y,v)))$$

(4) 前移量词：

$$\begin{aligned}原式 &= \exists x \forall y \forall z \forall u \exists v(X(x,y,z) \land (\neg Y(u,x) \lor W(y,v))) \\ &= \exists x \forall y \forall z \forall u \exists v M(x,y,z,u,v)\end{aligned}$$

2. Skolem 标准形

定义 3.8：仅含有全称量词的前束范式称为 Skolem 标准形。

定理 3.5：任一谓词演算公式 α 均可以化成相应的 Skolem 标准形且 α 为不可满足的当且仅当其 Skolem 标准形是不可满足的。

Skolem 标准形的求解算法如下：

(1) 求谓词演算公式的前束范式。

(2) 按如下方法消去存在量词。

① 若存在量词 $\exists x$ 前无全称量词，则引入 Skolem 常量 a，代替公式中受 $\exists x$ 约束的变元，消去存在量词。

② 若存在量词 $\exists x$ 前有 n 个全称量词，则引入 n 元 Skolem 函数 f，代替公式中受 $\exists x$ 约束的变元，消去存在量词。

(3) 从左至右重复上述过程，直至公式中不含有存在量词。

例 3.19：求公式 $\exists x(\neg(\forall y X(x,y) \to (\exists z Y(z) \land \forall x Z(x))))$ 的 Skolem 标准形。

解：

(1) 先把公式化为前束范式：

$$\begin{aligned}原式 &= \exists x(\neg(\neg \forall y X(x,y) \lor (\exists z Y(z) \land \forall x Z(x)))) \\ &= \exists x(\forall y X(x,y) \land (\forall z \neg Y(z) \lor \exists x \neg Z(x))) \\ &= \exists x(\forall y X(x,y) \land (\forall z \neg Y(z) \lor \exists u \neg Z(u))) \\ &= \exists x \forall y \forall z \exists u(X(x,y) \land (\neg Y(z) \lor \neg Z(u)))\end{aligned}$$

(2) 化为 Skolem 标准形：

$$\begin{aligned}原式 &\Leftrightarrow \forall y \forall z \exists u(X(a,y) \land (\neg Y(z) \lor \neg Z(u))) \\ &\Leftrightarrow \forall y \forall z(X(a,y) \land (\neg Y(z) \lor \neg Z(f(y,z))))\end{aligned}$$

3.5 唯一性量词和摹状词

3.5.1 唯一性量词

日常语句中常常出现“只有一个……”“恰好有一个……”等语句，对于这些语句可以引进唯一性量词 $\exists ! x$ 来表示它们。

$\exists!x\alpha(x)$表示恰好有一个 x 使得 $\alpha(x)$为真。$\exists!$称为唯一性量词。

可以利用等价公式消去唯一性量词。等价公式如下：

$$\exists!x\alpha(x) = \exists x(\alpha(x) \land \forall y(x \neq y \to \neg\alpha(y)))$$

下面通过例子说明利用唯一性量词符号化语句的方法。

例 3.20：他是唯一没有去过美国的人。

解：令

$P(e)$表示"e 为人"。

$B(e_1,e_2)$表示"e_1 去过 e_2"。

a 表示"他"。

b 表示"美国"。

则原句译为

$$\exists!x(P(x) \land \neg B(x,b) \land x = a)$$

例 3.21：地球是唯一有人的星球。

解：令

$S(e)$表示"e 为星球"。

$P(e)$表示"e 为人"。

$C(e_1,e_2)$表示"e_1 上有 e_2"。

a 表示"地球"。

则原句译为

$$\exists!x\exists y(S(x) \land P(y) \land C(x,y) \land x = a)$$

3.5.2 摹状词

日常语句中经常使用"纸的发明者""上帝的创造者"等利用个体的特征性质描述特定的个体，这种描述特定个体的短语称为摹状词。它跟谓词正好相反，谓词 $P(x)$是指 x 所具有的性质，而摹状词是指具有性质 P 的那个个体 x。

$\gamma_x\alpha(x)$是指使得 $\alpha(x)$成立的那个唯一的个体，其中 γ 称为摹状词，x 称为摹状词的指导变元，$\alpha(x)$称为摹状词的作用域。

注意，摹状词的作用域与量词的作用域均为谓词演算公式，但摹状词的值为个体，而量词的值为真或假，且要使用摹状词必须满足存在性和唯一性。对于不满足存在性和唯一性的语句，如"地球的创造者"不满足存在性，"计算机的发明者"不满足唯一性，引入下面的表示方法：

$$\gamma_x^y\alpha(x) = \begin{cases} x & \exists!x\alpha(x)\text{ 成立时，指使 }\alpha(x)\text{ 成立时的那个唯一的个体 }x \\ y & \text{否则} \end{cases}$$

由摹状词的定义可知，下列等式成立。

$$\beta(\gamma_x^y\alpha(x)) = (\exists!x\alpha(x) \land \exists t(\beta(t) \land \alpha(t))) \lor (\neg\exists!x\alpha(x) \land \beta(y))$$

下面利用摹状词来符号化公式。

例 3.22：并非读书最多的人最有知识。

解：设

$P(e)$表示“e 为人”。

$B(e_1,e_2)$表示“e_1 比 e_2 读书多”。

$C(e_1,e_2)$表示“e_1 比 e_2 有知识”。

则“读书最多的人”译为

$$\gamma_x^y(P(x) \wedge \forall y((P(y) \wedge y \neq x) \rightarrow B(x,y)))$$

把它记为 u，故原句译为

$$\neg \forall t((P(t) \wedge t \neq u) \rightarrow C(u,t))$$

3.6 典型例题

例 3.23：把下列语句翻译为谓词演算公式。

(1) 微信是一种智能手机应用程序，但并非所有人均喜欢微信。

(2) 有些人喜欢所有的网络服务。

解：

(1) 设

$S(e)$表示“e 为一种智能手机应用程序”。

$P(e)$表示“e 为人”。

$L(e_1,e_2)$表示“e_1 喜欢 e_2”。

则原句译为

$$S(\text{微信}) \wedge \neg \forall x(P(x) \rightarrow L(x,\text{微信}))$$

(2) 设

$N(e)$表示“e 为网络服务”。

$P(e)$表示“e 为人”。

$L(e_1,e_2)$表示“e_1 喜欢 e_2”。

则原句译为

$$\exists x(P(x) \wedge \forall y(N(y) \rightarrow L(x,y)))$$

例 3.24：讨论公式$\forall x(X(x) \vee Y(x)) \leftrightarrow (\forall xX(x) \vee \forall xY(x))$的永真性和可满足性。

解：

(1) 讨论 1 域即个体域$\{1\}$的情形。

$$\text{公式} = (X(1) \vee Y(1)) \leftrightarrow (X(1) \vee Y(1)) = \mathrm{T}$$

所以公式在 1 域上永真。

(2) 讨论 2 域上的情形，此时个体域 $I=\{1,2\}$。

由于公式在 1 域上永真，由定理 3.3 知公式在 2 域上可满足。

由前面的讨论可知，2 域上的一元谓词有 4 个，如表 3.4 所示。

表 3.4　2 域上的一元谓词

e	X_1	X_2	X_3	X_4
1	T	F	T	F
2	T	T	F	F

在解释$(I;X;Y)=(\{1,2\};X_2,X_3)$下，

$$\begin{aligned}原式 &= \forall x(X_2(x) \lor X_3(x)) \leftrightarrow (\forall x X_2(x) \lor \forall x X_3(x)) \\ &= T \leftrightarrow (F \lor F) \\ &= F\end{aligned}$$

故公式在 2 域上可满足但非永真。

(3) 讨论 $k(k>2)$域上的情形。

因为公式在 2 域上可满足，根据定理 3.3 知，公式在 k 域上可满足。

设公式在 k 域上永真，根据定理 3.2 知，公式在 2 域上永真，与公式在 2 域上非永真矛盾。

故公式在 k 域上可满足但非永真。

例 3.25：求公式 $\forall x \forall y X(x,y) \rightarrow (\forall x \exists y Y(x,y) \land \forall x \exists y Z(x,y))$ 的 Skolem 标准形。

解：

(1) 利用等值公式消去→和↔：

$$原式 = \neg \forall x \forall y X(x,y) \lor (\forall x \exists y Y(x,y) \land \forall x \exists y Z(x,y))$$

(2) 否定深入：

$$原式 = \exists x \exists y \neg X(x,y) \lor (\forall x \exists y Y(x,y) \land \forall x \exists y Z(x,y))$$

(3) 改名：

$$原式 = \exists x \exists y \neg X(x,y) \lor (\forall u \exists v Y(u,v) \land \forall s \exists t Z(s,t))$$

(4) 前移量词：

$$原式 = \exists x \exists y \forall u \exists v \forall s \exists t (\neg X(x,y) \lor (Y(u,v) \land Z(s,t)))$$

(5) 消去存在量词：

$$\begin{aligned}原式 &\Leftrightarrow \exists y \forall u \exists v \forall s \exists t (\neg X(a,y) \lor (Y(u,v) \land Z(s,t))) \\ &\Leftrightarrow \forall u \exists v \forall s \exists t (\neg X(a,b) \lor (Y(u,v) \land Z(s,t))) \\ &\Leftrightarrow \forall u \forall s \exists t (\neg X(a,b) \lor (Y(u,f(u)) \land Z(s,t))) \\ &\Leftrightarrow \forall u \forall s (\neg X(a,b) \lor (Y(u,f(u)) \land Z(s,g(u,s))))\end{aligned}$$

习题

3.1　将下列语句符号化。

(1) 如果知道你不在家，我就不去找你了。

(2) 这只大红书柜摆满了那些古书。

(3) 苏州位于南京与上海之间。

(4) 他既熟悉C++语言又熟悉Java语言。

(5) Alice喜欢人工智能或机器学习。

(6) 区块链是一种分布式账本技术。

3.2 将下列语句符号化为含有量词的谓词演算公式。

(1) 没有不犯错误的人。

(2) 有不是奇数的质数。

(3) 金子闪光,但闪光的并非全是金子。

(4) 并非“人不为己,天诛地灭”。

(5) 人不犯我,我不犯人;人若犯我,我必犯人。

(6) 有一种液体可溶解任何金属。

(7) 并非“人为财死,鸟为食亡”。

(8) 若要人不知,除非己莫为。

(9) 任何一数均有一数比它大。

(10) 每个作家均写过作品。

(11) 某些人对某些食物过敏。

(12) 天下乌鸦一般黑。

(13) 己所不欲,勿施于人。

(14) 有些人喜欢所有的明星,但并非所有人均喜欢所有的明星。

(15) 所有人均喜欢微信或微博。

(16) 我爱人人,人人爱我。

(17) 有些学生不喜欢离散数学。

(18) 群山中喜马拉雅山最高。

(19) 并非一切劳动均能用机器代替。

(20) 并非所有大学生都能成为科学家。

(21) 有些人喜欢机器学习课程,但并非所有人均喜欢机器学习课程。

3.3 令

$P(e)$表示“e为质数”。

$E(e)$表示“e为偶数”。

$O(e)$表示“e为奇数”。

$D(e_1,e_2)$表示“e_1除尽e_2”。

将下列公式翻译为日常语句。

(1) $E(2)\wedge P(2)$

(2) $\forall x(D(2,x)\rightarrow E(x))$

(3) $\forall x(\neg E(x)\rightarrow \neg D(2,x))$

(4) $\forall x(E(x)\rightarrow \forall y(D(x,y)\rightarrow E(y)))$

(5) $\exists x(E(x)\wedge P(x))$

3.4 指出下列公式的约束关系、自由变元和约束变元。

(1) $\forall x(X(x,y)\rightarrow\forall y(Y(x,y)\rightarrow Z(z)))$

(2) $\forall x(X(x)\rightarrow Y(y,t))\rightarrow\exists y(X(y)\wedge Y(x,y))$

3.5 已知公式$\forall xX(x)\rightarrow\exists y(Y(x,y)\wedge Z(y))$。

(1) 将公式中的自由变元 x 代以 y^2+2。

(2) 将公式中的谓词变元 $Y(e_1,e_2)$代以式子$\forall xA(e_1,e_2,x,y)$。

3.6 讨论公式$\exists x\forall yX(x,y)$在个体域$\{1,2\}$上的成真解释和成假解释。

3.7 求公式$\forall x\exists y(X(x,y)\rightarrow(P\wedge Y(x,y,z)))$在解释$(I;z;X(e_1,e_2),Y(e_1,e_2,e_3);P)=(\{1,3,5\};1;e_1\geqslant e_2,e_1-e_2=e_3;\mathrm{T})$下的值。

3.8 利用量词的等价公式判断下列每一组公式中的两个公式是否等价，其中 γ 中不含有自由的 x。

(1) $\gamma\rightarrow\forall x\alpha(x)$和$\forall x(\gamma\rightarrow\alpha(x))$

(2) $\neg\forall x\neg\alpha(x)\rightarrow\gamma$ 和$\exists x(\alpha(x)\rightarrow\gamma)$

3.9 讨论公式$\exists xX(x)\rightarrow\forall xX(x)$的永真性和可满足性。

3.10 讨论公式$\forall x(X(x)\wedge Y(x))\leftrightarrow(\forall xX(x)\wedge\forall xY(x))$的永真性和可满足性。

3.11 求下列公式的前束范式和 Skolem 标准形。

(1) $\exists x(X(x)\wedge(\exists yY(x,y)\rightarrow\exists xZ(x)))$

(2) $\forall xX(x)\leftrightarrow\forall xY(x)$

(3) $\exists xF(x)\vee(\neg(\forall xF(x)\rightarrow\forall yG(y))\wedge\exists yG(y))$

(4) $\forall x\forall y(X(x)\rightarrow Y(y))\rightarrow\forall x(X(x)\wedge\exists yY(y))$

(5) $\neg\forall x(\exists yX(x,y)\rightarrow\exists x\forall y(Y(x,y)\wedge\forall y(X(y,x)\rightarrow Y(x,y))))$。

3.12 用唯一性量词或摹状词符号化下列语句。

(1) 只有一个人去过南极。

(2) 最后一个离开办公室的人关门窗和电源。

(3) 并非年龄最大的人最有知识。

(4) 每个数均有唯一的一个数是它的后继。

(5) 反对这个提案的人只有一个。

第4章　谓词演算的推理理论

谓词演算的推理理论可以看作是命题演算推理理论的扩张，因此命题演算推理理论中的公理和规则在谓词演算中均可使用。但在谓词演算中，某些前提和结论可能受量词的限制，所以要增加关于量词的公理和规则以完善谓词演算的推理方法。

4.1　谓词演算的永真推理系统

与命题演算的永真推理系统一样，谓词演算也存在永真推理系统且该系统比命题演算更能确切地描述知识的推理形式。

下面介绍谓词演算公理系统的组成形式。

4.1.1　公理系统的组成部分

1．语法部分

1) 基本符号

公理系统中允许出现的全体符号的集合如下：

(1) 命题变元：用 P、Q、R 等字母表示。

(2) 个体变元：用 x、y、z 等字母表示。

(3) 谓词变元：用 X、Y、Z 等字母表示。

(4) 联结词：包括$\neg$、$\vee$、$\wedge$、$\rightarrow$、$\leftrightarrow$。

(5) 量词：包括全称量词$\forall$和存在量词$\exists$。

(6) 括号：即“()”。

(7) 全称封闭符：即 Δ。

(8) 合式公式：

① 原子命题 P 是合式公式。

② 谓词填式 $A(x_1, x_2, \cdots, x_n)$是合式公式。

③ 如果 A 为公式，则$\neg A$ 为公式。

④ 如果 A、B 为公式，则$(A \vee B)$、$(A \wedge B)$、$(A \rightarrow B)$、$(A \leftrightarrow B)$为公式。

⑤ 若 A 是合式公式，x 是 A 中出现的任何个体变元，则$\forall xA(x)$、$\exists xA(x)$为合式公式。

⑥ 只有有限次使用①～⑤所得到的式子才是合式公式。

(9) 全称封闭式：设 α 为含有 n 个自由变元的公式，在 α 前用全称量词把 n 个自由变元约束后所得到的公式称为 α 的全称封闭式，记为 $\Delta\alpha$。

例如，$\forall x(X(x,y)\to(\exists yY(y,z)\wedge\forall uZ(u,v)))$ 的全称封闭式为

$$\begin{aligned}\Delta\alpha&=\Delta(\forall x(X(x,y)\to(\exists yY(y,z)\wedge\forall uZ(u,v))))\\&=\forall y\forall z\forall v(\forall x(X(x,y)\to(\exists yY(y,z)\wedge\forall uZ(u,v)))\end{aligned}$$

2) 公理

以下公理中的公式 P、Q、R 均是谓词演算公式。

公理 1：$\Delta(P\to P)$

公理 2：$\Delta((P\to(Q\to R))\to(Q\to(P\to R)))$

公理 3：$\Delta((P\to Q)\to((Q\to R)\to(P\to R)))$

公理 4：$\Delta((P\to(P\to Q))\to(P\to Q))$

公理 5：$\Delta((P\leftrightarrow Q)\to(P\to Q))$

公理 6：$\Delta((P\leftrightarrow Q)\to(Q\to P))$

公理 7：$\Delta((P\to Q)\to((Q\to P)\to(P\leftrightarrow Q)))$

公理 8：$\Delta((P\wedge Q)\to P)$

公理 9：$\Delta((P\wedge Q)\to Q)$

公理 10：$\Delta(P\to(Q\to(P\wedge Q)))$

公理 11：$\Delta(P\to(P\vee Q))$

公理 12：$\Delta(Q\to(P\vee Q))$

公理 13：$\Delta((P\to R)\to((Q\to R)\to((P\vee Q)\to R)))$

公理 14：$\Delta((P\to\neg Q)\to(Q\to\neg P))$

公理 15：$\Delta(\neg\neg P\to P)$

公理 16：$\Delta(\forall xP(x)\to P(x))$

公理 17：$\Delta(P(x)\to\exists xP(x))$

3) 规则

谓词演算公理系统包含以下规则：

(1) 分离规则：如果 $\Delta(A\to B)$ 且 ΔA，则 ΔB。

(2) 全称规则：$\Delta(\gamma\to\alpha(x))\vdash\Delta(\gamma\to\forall x\alpha(x))$（$\gamma$ 中不含自由的 x）。

(3) 全称量词消去规则：$\Delta\forall x\alpha(x)\vdash\Delta\alpha(x)$（$x$ 可以为任意的变元）。

(4) 存在量词引入规则：$\Delta(\alpha(x)\to\gamma)\vdash\Delta(\exists x\alpha(x)\to\gamma)$（$\gamma$ 中不含自由的 x）。

2. 语义部分

谓词演算系统的语义部分如下：

(1) 公理是永真公式。

(2) 规则规定如何从永真公式推出永真公式。分离规则指明，如果 $\Delta(A\to B)$ 永真，且 ΔA 永真，则 ΔB 也永真。

(3) 定理为永真公式，它们是从公理出发利用上述规则推导出来的公式。

3. 关于公理的几点说明

(1) 本系统中不引入代入规则，它的作用由(2)实现。

(2) 本系统中的所有公理均看作公理模式，即只要形如某一公理，就称其为某一公理。

例如，$\Delta(P\to P)$、$\Delta((P\to(Q\to R))\to(P\to(Q\to R)))$和$\Delta(\forall xP(x)\to\forall xP(x))$等均为公理 1。

4.1.2 公理系统的推理过程

例 4.1：利用全称规则证明规则 $\Delta\alpha(x)\vdash\Delta\forall x\alpha(x)$，此规则称为全$_0$规则。

证明：

(1) $\Delta\alpha(x)$

(2) $\Delta(\alpha(x)\to((P\to P)\to\alpha(x)))$　　引用定理 $\Delta(P\to(Q\to P))$

(3) $\Delta((P\to P)\to\alpha(x))$　　分离(2)、(1)

(4) $\Delta((P\to P)\to\forall x\alpha(x))$　　全称规则(3)

(5) $\Delta(P\to P)$　　公理 1

(6) $\Delta\forall x\alpha(x)$　　分离(4)、(5)

则有全$_0$规则：

$$\Delta\alpha(x)\vdash\Delta\forall x\alpha(x)$$

同理可证，全$_n$规则和存$_n$规则。

全$_n$规则：

$$\Delta(\gamma_1\to(\gamma_2\to(\cdots\to(\gamma_n\to\alpha(x))\cdots)\vdash\Delta(\gamma_1\to(\gamma_2\to(\cdots\to(\gamma_n\to\forall x\alpha(x))\cdots)$$

存$_n$规则：

$$\Delta(\gamma_1\to(\gamma_2\to(\cdots\to(\gamma_n\to(\alpha(x)\to\gamma)\cdots)\vdash\Delta(\gamma_1\to(\gamma_2\to(\cdots\to(\gamma_n\to(\exists x\alpha(x)\to\gamma)\cdots)$$

例 4.2：已知定理 $\Delta((P\to Q)\to(\neg Q\to\neg P))$，证明 $\Delta(\neg\exists x\alpha(x)\leftrightarrow\forall x\neg\alpha(x))$。

证明：分别证明

A：$\Delta(\neg\exists x\alpha(x)\to\forall x\neg\alpha(x))$

B：$\Delta(\forall x\neg\alpha(x)\to\neg\exists x\alpha(x))$

先证 A：

(1) $\Delta(\alpha(x)\to\exists x\alpha(x))$　　公理 17

(2) $\Delta((\alpha(x)\to\exists x\alpha(x))\to(\neg\exists x\alpha(x)\to\neg\alpha(x)))$　　已知定理

(3) $\Delta(\neg\exists x\alpha(x)\to\neg\alpha(x))$　　分离(2)、(1)

(4) $\Delta(\neg\exists x\alpha(x)\to\forall x\neg\alpha(x))$　　全称规则(3)

再证 B：

(5) $\Delta(\forall x\neg\alpha(x)\to\neg\alpha(x))$　　公理 16

(6) $\Delta((\forall x\neg\alpha(x)\to\neg\alpha(x))\to(\alpha(x)\to\neg\forall x\neg\alpha(x)))$　　公理 14

(7) $\Delta(\alpha(x)\to\neg\forall x\neg\alpha(x))$　　分离(6)、(5)

(8) $\Delta(\exists x\alpha(x)\to\neg\forall x\neg\alpha(x))$　　存在量词引入规则(7)

(9) $\Delta((\exists x\alpha(x)\to\neg\forall x\neg\alpha(x))\to(\forall x\neg\alpha(x)\to\neg\exists x\alpha(x)))$ 公理 14

(10) $\Delta(\forall x\neg\alpha(x)\to\neg\exists x\alpha(x))$ 分离(9)、(8)

(11) $\Delta((\neg\exists x\alpha(x)\to\forall x\neg\alpha(x))\to((\forall x\neg\alpha(x)\to\neg\exists x\alpha(x))\to$
$(\neg\exists x\alpha(x)\leftrightarrow\forall x\neg\alpha(x))))$ 公理 7

(12) $\Delta((\forall x\neg\alpha(x)\to\neg\exists x\alpha(x))\to(\neg\exists x\alpha(x)\leftrightarrow\forall x\neg\alpha(x)))$ 分离(11)、(4)

(13) $\Delta(\neg\exists x\alpha(x)\leftrightarrow\forall x\neg\alpha(x))$ 分离(12)、(10)

例 4.3：证明 $\Delta((\forall x\alpha(x)\vee\gamma)\to\forall x(\alpha(x)\vee\gamma))$。

证明：

(1) $\Delta(\forall x\alpha(x)\to\alpha(x))$ 公理 16

(2) $\Delta(\alpha(x)\to(\alpha(x)\vee\gamma))$ 公理 11

(3) $\Delta(\forall x\alpha(x)\to(\alpha(x)\vee\gamma))$ 传递(1)、(2)

(4) $\Delta(\forall x\alpha(x)\to\forall x(\alpha(x)\vee\gamma))$ 全称规则(3)

(5) $\Delta(\gamma\to(\alpha(x)\vee\gamma))$ 公理 12

(6) $\Delta(\gamma\to\forall x(\alpha(x)\vee\gamma))$ 全称规则(5)

(7) $\Delta((\forall x\alpha(x)\to\forall x(\alpha(x)\vee\gamma))\to((\gamma\to\forall x(\alpha(x)\vee\gamma))\to$
$((\forall x\alpha(x)\vee\gamma)\to\forall x(\alpha(x)\vee\gamma))))$ 公理 13

(8) $\Delta((\gamma\to\forall x(\alpha(x)\vee\gamma))\to((\forall x\alpha(x)\vee\gamma)\to\forall x(\alpha(x)\vee\gamma)))$ 分离(7)、(4)

(9) $\Delta((\forall x\alpha(x)\vee\gamma)\to\forall x(\alpha(x)\vee\gamma))$ 分离(8)、(6)

例 4.4：证明 $\Delta((\forall x\alpha(x)\to\beta(x))\to(\forall x\alpha(x)\to\exists x\beta(x)))$。

证明：

(1) $\Delta(\beta(x)\to\exists x\beta(x))$ 公理 17

(2) $\Delta((\forall x\alpha(x)\to\beta(x))\to((\beta(x)\to\exists x\beta(x))\to(\forall x\alpha(x)\to\exists x\beta(x))))$ 公理 3

(3) $\Delta((\beta(x)\to\exists x\beta(x))\to((\forall x\alpha(x)\to\beta(x))\to(\forall x\alpha(x)\to\exists x\beta(x))))$ 调头(2)

(4) $\Delta((\forall x\alpha(x)\to\beta(x))\to(\forall x\alpha(x)\to\exists x\beta(x)))$ 分离(3)、(1)

4.2 谓词演算的假设推理系统

4.2.1 假设推理系统的组成及证明方法

1. 假设推理系统的组成

(1) 如果 $\Gamma,\Delta A\vdash\Delta B$，则 $\Gamma\vdash\Delta(A\to B)$，其中 $\Gamma=\Delta A_1,\Delta A_2,\cdots,\Delta A_n$。也可表示为：如果 $\Delta A_1,\Delta A_2,\cdots,\Delta A_n,\Delta A\vdash\Delta B$，则 $\Delta A_1,\Delta A_2,\cdots,\Delta A_n\vdash\Delta(A\to B)$。依此类推，可得以下定理：

$$\vdash\Delta(A_1\to(A_2\to(\cdots(A_n\to(A\to B))\cdots)$$

(2) 存在推理定理：如果在假设中或在推理过程中出现 $\exists xP(x)$，可引入额外假设 $P(e)$（其中 e 为尚未使用过的变元），若能推导出不含 e 的公式 Q，则说证明了该公式。

存在推理定理的形式化描述如下：

如果有 $\Delta A_1, \Delta A_2, \cdots, \Delta A_n, \Delta \exists x P(x), \Delta P(e) \vdash \Delta Q$，其中 Q 中不含有自由的 e，且在推理过程中不对假设中的自由变元和额外假设中的自由变元实施全规则和存在规则，则有

$$\Delta A_1, \Delta A_2, \cdots, \Delta A_n, \Delta \exists x P(x) \vdash \Delta Q$$

2. 假设推理过程的证明方法

假设推理过程的证明方法如下：

(1) 把待证公式的前件作为假设一一列出。假设中的全称量词 ∀ 可用全称量词消去规则消去；存在量词可引入额外假设消去，并在式子后注明它为额外假设。

(2) 按永真的证明方法进行证明，但此时不能对假设实施代入。

(3) 待证公式的后件中若有全称量词，可用全。规则引入；存在量词可由公理 17 引入。

4.2.2 定理的假设推导过程

例 4.5：证明 $(\exists x P(x) \to \forall x((P(x) \vee Q(x)) \to R(x))) \to (\exists x P(x) \to \exists x \exists y(R(x) \wedge R(y)))$。

证明：

(1) $\exists x P(x) \to \forall x((P(x) \vee Q(x)) \to R(x))$　　假设

(2) $\exists x P(x)$　　假设

(3) $\forall x((P(x) \vee Q(x)) \to R(x))$　　分离(1)、(2)

(4) $P(a)$　　额外假设

(5) $(P(a) \vee Q(a)) \to R(a)$　　全称量词消去(3)

(6) $P(a) \to (P(a) \vee Q(a))$　　公理 11

(7) $P(a) \vee Q(a)$　　分离(6)、(4)

(8) $R(a)$　　分离(5)、(7)

(9) $P(b)$　　额外假设

(10) $(P(b) \vee Q(b)) \to R(b)$　　全称量词消去(3)

(11) $P(b) \to (P(b) \vee Q(b))$　　公理 11

(12) $P(b) \vee Q(b)$　　分离(11)、(9)

(13) $R(b)$　　分离(10)、(12)

(14) $R(a) \wedge R(b)$　　合取(8)、(13)

(15) $(R(a) \wedge R(b)) \to \exists y(R(a) \wedge R(y))$　　公理 17

(16) $\exists y(R(a) \wedge R(y))$　　分离(15)、(14)

(17) $\exists y(R(a) \wedge R(y)) \to \exists x \exists y(R(x) \wedge R(y))$　　公理 17

(18) $\exists x \exists y(R(x) \wedge R(y))$　　分离(17)、(16)

由存在推理定理得

$$\exists x P(x) \to \forall x((P(x) \vee Q(x)) \to R(x)), \exists x P(x) \vdash \exists x \exists y(R(x) \wedge R(y))$$

由假设推理定理得

$(\exists xP(x) \to \forall x((P(x) \vee Q(x)) \to R(x))) \to (\exists xP(x) \to \exists x \exists y(R(x) \wedge R(y)))$

例 4.6：已知以下知识。

(1) 每个程序员均写过程序。

(2) 病毒是一种程序。

(3) 有些程序员没写过病毒。

结论：有些程序不是病毒。

证明：先把知识翻译为符号公式。令

$A(e)$表示"e 为程序员"。

$P(e)$表示"e 为程序"。

$B(e)$表示"e 为病毒"。

$W(e_1, e_2)$表示"e_1 写过 e_2"。

则已知知识翻译为

(1) $\forall x(A(x) \to \exists y(P(y) \wedge W(x,y)))$

(2) $\forall x(B(x) \to P(x))$

(3) $\exists x(A(x) \wedge \forall y(B(y) \to \neg W(x,y)))$

结论翻译为

$$\exists x(P(x) \wedge \neg B(x))$$

(1) $\forall x(A(x) \to \exists y(P(y) \wedge W(x,y)))$	假设
(2) $\forall x(B(x) \to P(x))$	假设
(3) $\exists x(A(x) \wedge \forall y(B(y) \to \neg W(x,y)))$	假设
(4) $A(a) \wedge \forall y(B(y) \to \neg W(a,y))$	额外假设
(5) $(A(a) \wedge \forall y(B(y) \to \neg W(a,y))) \to A(a)$	公理 8
(6) $(A(a) \wedge \forall y(B(y) \to \neg W(a,y))) \to \forall y(B(y) \to \neg W(a,y))$	公理 9
(7) $A(a)$	分离(5)、(4)
(8) $\forall y(B(y) \to \neg W(a,y))$	分离(6)、(4)
(9) $A(a) \to \exists y(P(y) \wedge W(a,y))$	全称量词消去规则(1)
(10) $\exists y(P(y) \wedge W(a,y))$	分离(9)、(7)
(11) $P(b) \wedge W(a,b)$	额外假设
(12) $(P(b) \wedge W(a,b)) \to P(b)$	公理 8
(13) $(P(b) \wedge W(a,b)) \to W(a,b)$	公理 9
(14) $P(b)$	分离(12)、(11)
(15) $W(a,b)$	分离(13)、(11)
(16) $B(b) \to \neg W(a,b)$	全称量词消去规则(8)
(17) $(B(b) \to \neg W(a,b)) \to (W(a,b) \to \neg B(b))$	公理 14
(18) $W(a,b) \to \neg B(b)$	分离(17)、(16)
(19) $\neg B(b)$	分离(18)、(15)
(20) $P(b) \wedge \neg B(b)$	合取(14)、(19)

(21) $(P(b)\wedge\neg B(b))\rightarrow\exists x(P(x)\wedge\neg B(x))$　　公理17

(22) $\exists x(P(x)\wedge\neg B(x))$　　分离(21)、(20)

最后,把公式翻译为日常语句“有些程序不是病毒”,即结论。

4.3 谓词演算的归结推理系统

在第2章的归结推理中,用归结方法证明命题演算的定理,这种证明方法也可用来证明谓词演算公式。对定理的证明不限于数学中的应用,还包括信息检索、常识性知识的推理和程序的自动化等方面的应用。前面的定理证明系统中,如果有一个公式A,从A出发希望证明某个目标公式B,在归结系统中首先否定目标公式,然后将这个公式加到公式A中,得$A\wedge\neg B$,再将该公式化成子句集,若能归结成空子句(用□表示),则认为证明了该公式。

下面举一个例子来说明此归结过程。

设有语句串及它的符号表示如下:

(1) 无论谁能阅读就有知识。

$$\forall x(R(x)\rightarrow L(x))$$

(2) 所有的猩猩均没有知识。

$$\forall x(S(x)\rightarrow\neg L(x))$$

(3) 有些猩猩有智慧。

$$\exists x(S(x)\wedge I(x))$$

从这些语句出发,证明语句(4):

(4) 一些有智慧的个体不能阅读。

$$\exists x(I(x)\wedge\neg R(x))$$

对应语句(1)至(3)的子句集为

(1) $\neg R(x_1)\vee L(x_1)$

(2) $\neg S(x_2)\vee\neg L(x_2)$

(3) $S(a)$

(4) $I(a)$

其中子句(3)、(4)为对公式$\exists x(S(x)\wedge I(x))$进行Skolem标准化而得到的,$a$为Skolem常量。

要证明的定理的否定式为

$$\neg\exists x(I(x)\wedge\neg R(x))$$

即

$$\forall x(\neg I(x)\vee R(x))$$

化为子句形式为

(5) $\neg I(x_3)\vee R(x_3)$

(6) $R(a)$　　$\{a/x_3\}$(4)、(5)归结

(7) $L(a)$ $\{a/x_1\}$(6)、(1)归结

(8) $\neg S(a)$ $\{a/x_2\}$(7)、(2)归结

(9) □ (8)、(3)归结

从上面的讨论可以看出,归结时使用了未讨论过的置换的概念。

4.3.1 置换

置换实际上是项对变量的替换。前面已定义过,项可以是变量符号、常量符号和函数项。

置换准则如下。

(1) 置换必须处处进行。一个置换应对某个变量的所有出现均用同一个项置换。

例如,表达式 $P(g(x,y),x,z)$中的变量 x 置换为实体项 a,应为 $P(g(a,y),a,z)$,而不是部分置换 $P(g(a,y),x,z)$。

(2) 没有变量被含有同一变量的项代替。

例如,表达式 $P(g(x,y),x,z)$中的 z 不能用含有 z 的项 $f(z)$置换,即 $P(g(x,y),x,f(z))$是错误的置换。

有了置换的准则,就可找出某一表达式的正确的置换式。

例如,已知表达式 $P(g(x,y),x,z)$,可有下面几个置换结果:

$$P(g(a,y),a,z)$$
$$P(g(x,b),x,z)$$
$$P(g(a,b),a,c)$$
$$P(g(x,b),x,f(b))$$

一般地,置换可通过有序对的集合$\{t_1/v_1,t_2/v_2,\cdots,t_n/v_n\}$表达,其中 t_i/v_i 表示变量 v_i 处处用项 t_i 代替。由此,上述 4 个置换可用下面的式子表示:

$$S_1=\{a/x\}$$
$$S_2=\{b/y\}$$
$$S_3=\{a/x,b/y,c/z\}$$
$$S_4=\{b/y,f(b)/z\}$$

4.3.2 归结反演系统

1. 谓词演算公式子句的形成

下面通过例子来说明谓词演算公式子句的形成算法。公式如下:

$$\exists xX(x)\wedge\forall x(Y(x)\rightarrow\exists y(Z(y)\wedge W(x,y)\wedge S(x,y)))$$

(1) 消去蕴含词和等价词:

$$原式=\exists xX(x)\wedge\forall x(\neg Y(x)\vee\exists y(Z(y)\wedge W(x,y)\wedge S(x,y)))$$

(2) 否定深入(如果必要的话)。

(3) 约束变元改名。利用改名方法对上式施行改名,以保证每一个量词约束的变元不

同名。

$$原式 = \exists x X(x) \land \forall u(\neg Y(u) \lor \exists y(Z(y) \land W(u,y) \land S(u,y)))$$

(4) 化为前束范式:

$$原式 = \exists x \forall u \exists y(X(x) \land (\neg Y(u) \lor (Z(y) \land W(u,y) \land S(u,y))))$$

(5) 消去存在量词:

$$原式 \Leftrightarrow \forall u(X(a) \land (\neg Y(u) \lor (Z(f(u)) \land W(u,f(u)) \land S(u,f(u)))))$$

(6) 消去全称量词:

$$原式 \Leftrightarrow X(a) \land (\neg Y(u) \lor (Z(f(u) \land W(u,f(u)) \land S(u,f(u))))$$

(7) 利用分配律化为合取范式:

$$原式 = X(a) \land (\neg Y(u) \lor Z(f(u))) \land (\neg Y(u) \lor W(u,f(u))) \land (\neg Y(u) \lor S(u,f(u)))$$

(8) 消去合取词,得到子句集,此时公式中只包含一些文字的析取。

$$X(a)$$
$$\neg Y(u) \lor Z(f(u))$$
$$\neg Y(u) \lor W(u,f(u))$$
$$\neg Y(u) \lor S(u,f(u))$$

(9) 改变变量的名称,使得每个变量符号只出现在一个子句中。

$$X(a)$$
$$\neg Y(u_1) \lor Z(f(u_1))$$
$$\neg Y(u_2) \lor W(u_2,f(u_2))$$
$$\neg Y(u_3) \lor S(u_3,f(u_3))$$

2. 一般归结

知道了命题演算子句的归结,对含有变量的子句使用归结时,只需寻找一个置换,把它们作用到母体子句上,使它们含有互补的文字对(如 P 和$\neg P$),再利用子句的归结方法就能完成对谓词演算公式的归结。

例如有两个子句:$X(x,f(y)) \lor Y(y) \lor Z(a)$和$\neg Y(f(b)) \lor \neg Z(y)$。

由上面两个子句可得归结式如下:

$$X(x,f(f(b))) \lor Z(a) \lor \neg Z(f(b)) \qquad \{f(b)/y\}$$
$$X(x,f(a)) \lor Y(a) \lor \neg Y(f(b)) \qquad \{a/y\}$$

归结反演系统可以看作一个产生式系统,子句集看作一个综合数据库,而规则表就是归结,表中的规则作用于数据库中的子句对,产生一个新的子句,把新子句加入数据库中,产生新的数据库,形成新的归结,重复此过程,观察数据库中是否含有空子句。

例 4.7:已知以下知识。

(1) 桌子上的每一本书均是杰作。

(2) 写出杰作的人是天才。

(3) 某个不出名的人写了桌上某本书。

结论:某个不出名的人是天才。

证明：先把知识翻译为符号公式。令

$A(e)$表示“e为桌上的书”。

$B(e)$表示“e为杰作”。

$P(e)$表示“e为人”。

$C(e)$表示“e为天才”。

$W(e_1,e_2)$表示“e_1写了e_2”。

$D(e)$表示“e出名”。

(1) $\forall x(A(x)\to B(x))$

(2) $\forall x\forall y((P(x)\wedge B(y)\wedge W(x,y))\to C(x))$

(3) $\exists x\exists y(P(x)\wedge\neg D(x)\wedge A(y)\wedge W(x,y))$

结论：

$$\exists x(P(x)\wedge\neg D(x)\wedge C(x))$$

把上面的公式转换为子句集，得：

(1) $\neg A(x_1)\vee B(x_1)$

(2) $\neg P(x_2)\vee\neg B(y)\vee\neg W(x_2,y)\vee C(x_2)$

(3) $P(a)$

(4) $\neg D(a)$

(5) $A(b)$

(6) $W(a,b)$

结论的否定得到以下子句：

(7) $\neg P(x_3)\vee D(x_3)\vee\neg C(x_3)$

(8) $\neg P(a)\vee\neg C(a)$ $\{a/x_3\}$ (4)、(7)归结

(9) $\neg C(a)$ (3)、(8)归结

(10) $\neg P(a)\vee\neg B(y)\vee\neg W(a,y)$ $\{a/x_2\}$(2)、(9)归结

(11) $\neg B(y)\vee\neg W(a,y)$ (3)、(10)归结

(12) $\neg A(y)\vee\neg W(a,y)$ $\{y/x_1\}$ (1)、(11)归结

(13) $\neg W(a,b)$ $\{b/y\}$ (12)、(5)归结

(14) $\square$ (6)、(13)归结

3. 归结反演算系统的应用

有一类较复杂的问题，它们要求给出一连串的动作以完成某一个目标，这在人工智能领域中称为规划生成问题。

例 4.8：给机器人r编制一个程序，使它能够登上椅子c以取下挂在房顶的香蕉b。

解：设有两个谓词。

$P(x,y,z,s)$表示在状态s时，r在x处，b在y处，c在z处。

$R(s)$表示s是成功状态，即在状态s时可取到b。

所用的3个函数如下：

walk(y,z,s)表示一个新的状态，它是从原始状态s经过“r由y处走到z处”后的状态。

carry(y,z,s)表示一个新的状态，它是从原始状态 s 经过“r 将 c 由 y 处带到 z 处”后的状态。

climb(s)表示一个新的状态，它是从原始状态 s 经过“r 登上 c”后的状态。

4 个常元 r_0、c_0、b_0、s_0 分别表示 r、c、b、s 的初始位置及初始状态。对 b 而言，b_0 是指香蕉的投影位置。

我们告诉机器人 r 的除了初始数据外，还有

(1) $\forall x \forall y \forall z \forall s(P(x,y,z,s) \rightarrow P(z,y,z,\text{walk}(x,z,s)))$

(2) $\forall x \forall y \forall s(P(x,y,x,s) \rightarrow P(y,y,y,\text{carry}(x,y,s)))$

(3) $\forall s(P(b_0,b_0,b_0,s) \rightarrow R(\text{climb}(s)))$

(4) $P(r_0,b_0,c_0,s_0)$

我们要问的是

(5) $\exists sR(s)$

将上述语句化为子句并加入提取谓词 PRINT(s)：

① $\neg P(x_1,y_1,z_1,s_1) \vee P(z_1,y_1,z_1,\text{walk}(x_1,z_1,s_1))$

② $\neg P(x_2,y_2,x_2,s_2) \vee P(y_2,y_2,y_2,\text{carry}(x_2,y_2,s_2))$

③ $\neg P(b_0,b_0,b_0,s_3) \vee R(\text{climb}(s_3))$

④ $P(r_0,b_0,c_0,s_0)$

⑤ $\neg R(s_4) \vee \text{PRINT}(s_4)$

⑥ $\neg P(b_0,b_0,b_0,s_3) \vee \text{PRINT}(\text{climb}(s_3))$　　$\{\text{climb}(s_3)/s_4\}$③、⑤归结

⑦ $\neg P(x_2,b_0,x_2,s_2) \vee \text{PRINT}(\text{climb}(\text{carry}(x_2,b_0,s_2)))$

$\{b_0/y_2,\text{carry}(x_2,b_0,s_2)/s_3\}$②、⑥归结

⑧ $\neg P(x_1,b_0,x_2,s_1) \vee \text{PRINT}(\text{climb}(\text{carry}(x_2,b_0,\text{walk}(x_1,x_2,s_1))))$

$\{b_0/y_1,x_2/z_1,\text{walk}(x_1,x_2,s_1)/s_2\}$①、⑦归结

⑨ $\text{PRINT}(\text{climb}(\text{carry}(c_0,b_0,\text{walk}(r_0,c_0,s_0))))$　　$\{r_0/x_1,c_0/x_2,s_0/s_1\}$④、⑧归结

4.3.3 霍恩子句逻辑程序

4.3.2 节介绍了归结反演系统，即把公式化成子句形式（如 $P \rightarrow Q = \neg P \vee Q$），并把目标公式的否定化成子句形式，然后利用基子句的归结推理法对定理进行证明。这种方法能解决定理的证明问题，而事实上许多人工智能系统中使用的知识是由一般的蕴含表达式表示的，如果一味地把蕴含式$(P \wedge Q) \rightarrow R$ 化为等价的析取式$\neg P \vee \neg Q \vee R$，往往会丢失可能包含在蕴含式中的重要的超逻辑的控制信息。

本节中使用蕴含式的原始给定形式，而不把公式化为析取子句，且规定表示有关问题陈述的知识分为两类：一类是规则，由蕴含式表示，用来表达有关领域的一般知识，且可作为产生式规则使用；另一类是事实，其由不包含蕴含式的陈述组成，用来表达某一领域的专门知识。为此，产生式系统是根据这些事实和规则证明目标公式，这种推理强调使用规则进行演绎，直观，易于理解，因此这类系统称为基于规则的演绎系统。限于篇幅，本节仅介绍逆向

演绎系统。

约定作为规则的公式限制为如下形式：

$$W \to L$$

这些产生式规则和事实应满足下列条件：

(1) L 是单文字，事实上即使 L 不是单文字，也可把该蕴含式化为多重规则。例如，$W \to (L_1 \land L_2)$ 等价于规则对 $W \to L_1$ 和 $W \to L_2$。

(2) W 是任意公式(假设是与或形公式)。

逆向演绎系统采用霍恩(Horn)子句逻辑及霍恩子句逻辑程序介绍。

1. 子句的蕴含表示形式

一个子句是若干文字的析取，文字是原子公式或原子公式的否定。为了叙述方便，当文字为原子公式时称为正文字，否则称为负文字。

一般地，子句 $C = \neg P_1 \lor \neg P_2 \lor \cdots \lor \neg P_n \lor Q_1 \lor Q_2 \lor \cdots \lor Q_m$(其中 P_i 和 Q_i 为谓词，变元被省略)可以表示为

$$(P_1 \land P_2 \land \cdots \land P_n) \to (Q_1 \lor Q_2 \lor \cdots \lor Q_m)$$

如果约定蕴含前件的文字之间恒为合取，而蕴含后件的文字之间恒为析取，上式可改写为如下形式：

$$P_1, P_2, \cdots, P_n \to Q_1, Q_2, \cdots, Q_m$$

根据 m 和 n 值的不同，上式可以改写为如下 4 种形式：

$$Q_1, Q_2, \cdots, Q_m \leftarrow P_1, P_2, \cdots, P_n \quad (m \neq 0, n \neq 0)$$

$$\leftarrow P_1, P_2, \cdots, P_n \quad (m = 0, n \neq 0)$$

$$Q_1, Q_2, \cdots, Q_m \leftarrow \quad (m \neq 0, n = 0)$$

$\square$(空子句)　$(m = 0, n = 0)$

约定本节所说子句为如上定义的子句，下面简单说明此种类型子句的性质：

(1) $Q_1, Q_2, \cdots, Q_m \leftarrow$ 等价于 $Q_1 \lor Q_2 \lor \cdots \lor Q_m$，而 $\leftarrow P_1, P_2, \cdots, P_n$ 等价于 $\neg P_1 \lor \neg P_2 \lor \cdots \lor \neg P_n$。当 $m = n = 0$ 时，表示空子句。

(2) 当子句 C: $Q_1, Q_2, \cdots, Q_m \leftarrow P_1, P_2, \cdots, P_n$ 和子句 C': $Q'_1, Q'_2, \cdots, Q'_s \leftarrow P'_1, P'_2, \cdots, P'_t$ 中有 Q_i 和 P'_j(或 P_i 和 Q'_j)相同，则 C 和 C' 可进行归结。

(3) 要证明定理 $(A_1 \land A_2 \land \cdots \land A_n) \to B$，只要将 $A_1 \land A_2 \land \cdots \land A_n \land \neg B$ 化为子句集，并证明其不可满足，即用以上方式归结出空子句。

2. 霍恩子句逻辑程序

定义 4.1：子句 $L_1 \lor L_2 \lor \cdots \lor L_n$ 中，如果至多只含有一个正文字，那么该子句称为霍恩子句。霍恩子句 $C = P \lor \neg Q_1 \lor \neg Q_2 \lor \cdots \lor \neg Q_n$ 表示为

$$P \leftarrow Q_1, Q_2, \cdots, Q_n$$

由前面的讨论可知，霍恩子句必为下列 4 种形式之一：

(1) $P \leftarrow Q_1, Q_2, \cdots, Q_n \quad (n \neq 0)$

(2) $P \leftarrow \quad (n = 0)$

(3) $\leftarrow Q_1, Q_2, \cdots, Q_n \quad (n \neq 0)$

(4) □(空子句) (上式 $n=0$)

这4种子句形式所代表的含义如下：

(1) 形如 $P \leftarrow Q_1, Q_2, \cdots, Q_n$ 的霍恩子句称为一个过程，P 称为过程名，$\{Q_1, Q_2, \cdots, Q_n\}$ 称为过程体，Q_i 解释为过程调用。

(2) 形如 $P \leftarrow$ 的霍恩子句称为一个事实。

(3) 形如 $\leftarrow Q_1, Q_2, \cdots, Q_n$ 的霍恩子句称为目标，目标全部由过程调用组成，常用来表示一个询问。

(4) 形如□(空子句)的霍恩子句称为停机语句，表示执行成功。

定义 4.2：霍恩子句逻辑就是由如上形式的子句构成的一阶谓词演算系统的子系统。

定义 4.3：霍恩子句逻辑程序就是指上面被称为过程、事实和目标的霍恩子句的集合。

霍恩子句逻辑程序的执行过程类似于子句的归结过程，其算法如下：

(1) 给定一个霍恩子句逻辑程序，它由目标中的一个过程调用与事实或一个过程的过程名匹配启动，当匹配成功后，形成新的目标，完成一次匹配。

(2) 由目标中的另一个过程调用重新启动程序，直至目标中的全部过程调用成功(即归结为空子句)，或者某一过程调用不能与事实或过程名相匹配为止。

例 4.9：已知以下知识。

(1) 每个作家均写过作品。

(2) 有些作家没写过小说。

结论：有些作品不是小说。

解：先把知识翻译为符号公式。令

$A(e)$表示“e 为作家”。

$B(e)$表示“e 为作品”。

$N(e)$表示“e 为小说”。

$W(e_1, e_2)$表示“e_1 写过 e_2”。

(1) $\forall x(A(x) \rightarrow \exists y(B(y) \wedge W(x, y)))$

(2) $\exists x(A(x) \wedge \forall y(N(y) \rightarrow \neg W(x, y)))$

结论：$\exists x(B(x) \wedge \neg N(x))$。

改写为霍恩子句逻辑程序及执行过程：

(1) $B(f(x_1)) \leftarrow A(x_1)$

(2) $W(x_2, f(x_2)) \leftarrow A(x_2)$

(3) $A(a)$

(4) $\leftarrow N(y), W(a, y)$

(5) $N(x_3) \leftarrow B(x_3)$

(6) $\leftarrow B(y), W(a, y)$ $\{y/x_3\}$ (5)、(4)归结

(7) $\leftarrow A(x_1), W(a, f(x_1))$ $\{f(x_1)/y\}$(6)、(1)归结

(8) $\leftarrow W(a, f(a))$ $\{a/x_1\}$ (3)、(7)归结

(9) $\leftarrow A(a)$ $\{a/x_2\}$ (8)、(2)归结

(10) $\square$ (9)、(3)归结

4.4 Prolog 简介

Prolog(Programming in Logic)是一种逻辑编程语言。1972 年,法国科莫劳埃小组为了提高归结法的执行效率,研制出一条定理证明程序的程序执行器,标志着第一个逻辑程序设计语言 Prolog 的诞生。从 1974 年开始,R·科瓦尔斯基进一步从谓词逻辑的霍恩子句的角度阐明 Prolog 的理论基础,系统地提出逻辑程序设计的思想。Prolog 建立在逻辑学理论的基础之上,最初被运用于自然语言等研究领域,现已广泛应用于人工智能研究,可以用它构建专家系统、自然语言理解和智能知识库等。Prolog 对一些通常的应用程序的编写也很有帮助,能够比其他语言更快速地开发程序,因为它的编程方法更像是使用逻辑语言描述程序。

Prolog 程序以谓词演算公式为其表现形式,霍恩子句为其理论基础,归结推理法为其实现基础。

Prolog 程序的解释执行过程采用特定的输入归结,即从目标语句出发,求出它和原子句集的一个子句的归结式(尾部和头部匹配),新的子句再与原子句集的一个子句求归结式,依此类推。任意时刻都不对两个导出子句或原子句集的两个子句进行归结。

Prolog 语言由 3 种基本语句组成,分别称为事实语句、规则语句和询问语句。其与霍恩子句的对应关系如表 4.1 所示。

表 4.1 Prolog 的 3 种基本语句的表示方法

语句名	Prolog 语句	霍恩子句形式	含　义
事实语句	P	$P\leftarrow$	P 为真
规则语句	$P{:}-Q_1,Q_2,\cdots,Q_n$	$P\leftarrow Q_1,Q_2,\cdots,Q_n$	如果 $Q_1,Q_2,\cdots,Q_n$ 为真,则 P 为真
询问语句	$?-Q_1,Q_2,\cdots,Q_n$	$\leftarrow Q_1,Q_2,\cdots,Q_n$	$Q_1\wedge Q_2\wedge\cdots\wedge Q_n$ 为真吗?

Prolog 程序实际上是一个关系数据库,它建立在关系数据库系统的基础之上。该关系数据库主要由事实语句、规则语句和询问语句组成。它与 SQL 数据库查询语言有很多相似之处,可以很方便地处理数据。

下面举例说明 Prolog 语言的表示与实现过程。

例 4.10:已知以下知识。

(1) Tony、Mike 和 John 属于 Alpine 俱乐部。

(2) Alpine 俱乐部的每个成员不是滑雪运动员就是登山运动员。

(3) 登山运动员们不喜欢雨且任何一个不喜欢雪的人不是滑雪运动员。

(4) Mike 讨厌 Tony 喜欢的一切东西,而喜欢 Tony 讨厌的一切东西。

(5) Tony 喜欢雨和雪。

是否存在一个 Alpine 俱乐部的登山运动员但不是滑雪运动员？构造 Prolog 程序证明之。

解：令

$B(e_1,e_2)$表示"e_1 属于 e_2"。

NS(e)表示"e 不为滑雪运动员"。

$M(e)$表示"e 为登山运动员"。

$L(e_1,e_2)$表示"e_1 喜欢 e_2"。

$H(e_1,e_2)$表示"e_1 讨厌 e_2"。

(1) $B(\text{Tony},\text{Alpine}) \wedge B(\text{Mike},\text{Alpine}) \wedge B(\text{John},\text{Alpine})$

(2) $\forall x((B(x,\text{Alpine}) \wedge \text{NS}(x)) \rightarrow M(x))$

(3) $\forall x(M(x) \rightarrow H(x,\text{rain})) \wedge \forall x((B(x,\text{Alpine}) \wedge H(x,\text{snow})) \rightarrow \text{NS}(x))$

(4) $\forall x(L(\text{Tony},x) \rightarrow H(\text{Mike},x)) \wedge \forall x(H(\text{Tony},x) \rightarrow L(\text{Mike},x))$

(5) $L(\text{Tony},\text{snow}) \wedge L(\text{Tony},\text{rain})$

本例实际上是求$\exists x((B(x,\text{Alpine}) \wedge M(x) \wedge \text{NS}(x))$是否为真。

Prolog 程序如下：

(1) $B(\text{Tony},\text{Alpine})$

(2) $B(\text{Mike},\text{Alpine})$

(3) $B(\text{John},\text{Alpine})$

(4) $M(x_1):-B(x_1,\text{Alpine}),\text{NS}(x_1)$

(5) $H(x_2,\text{rain}):-M(x_2)$

(6) $\text{NS}(x_3):-B(x_3,\text{Alpine}),H(x_3,\text{snow})$

(7) $H(\text{Mike},x_4):-L(\text{Tony},x_4)$

(8) $L(\text{Mike},x_5):-H(\text{Tony},x_5)$

(9) $L(\text{Tony},\text{snow})$

(10) $L(\text{Tony},\text{rain})$

(11) $?-B(x_6,\text{Alpine}),M(x_6),\text{NS}(x_6)$

下面是 Prolog 程序的执行过程：

(12) $?-M(\text{Mike}),\text{NS}(\text{Mike})$ $\{\text{Mike}/x_6\}$ (2)、(11)归结

(13) $?-B(\text{Mike},\text{Alpine}),\text{NS}(\text{Mike})$ $\{\text{Mike}/x_1\}$ (4)、(12)归结

(14) $?-\text{NS}(\text{Mike})$ (2)、(13)归结

(15) $?-B(\text{Mike},\text{Alpine}),H(\text{Mike},\text{snow})$ $\{\text{Mike}/x_3\}$ (6)、(14)归结

(16) $?-H(\text{Mike},\text{snow})$ (2)、(15)归结

(17) $?-L(\text{Tony},\text{snow})$ $\{\text{snow}/x_4\}$ (7)、(16)归结

(18) □ (9)、(17)归结

利用 Prolog 程序证明了存在一个 Alpine 俱乐部的登山运动员但不是滑雪运动员。

4.5 典型例题

例 4.11：已知以下知识。

(1) $\exists xX(x) \to \forall y((X(y) \vee Y(y)) \to Z(y))$

(2) $\exists xX(x)$

结论：$\exists xZ(x)$。

用假设推理证明之。

证明：

(1) $\exists xX(x) \to \forall y((X(y) \vee Y(y)) \to Z(y))$ 假设

(2) $\exists xX(x)$ 假设

(3) $\forall y((X(y) \vee Y(y)) \to Z(y))$ 分离(1)、(2)

(4) $X(a)$ (2)额外假设

(5) $(X(a) \vee Y(a)) \to Z(a)$ 全称量词消去(3)

(6) $X(a) \to (X(a) \vee Y(a))$ 公理 11

(7) $X(a) \vee Y(a)$ 分离(6)、(4)

(8) $Z(a)$ 分离(5)、(7)

(9) $Z(a) \to \exists xZ(x)$ 公理 17

(10) $\exists xZ(x)$ 分离(9)、(8)

由假设推理过程的定义知

$$\exists xX(x) \to \forall y((X(y) \vee Y(y)) \to Z(y)), \exists xX(x) \vdash \exists xZ(x)$$

例 4.12：已知以下知识。

(1) $\exists xX(x) \to \forall x((X(x) \vee Y(x)) \to Z(x))$

(2) $\exists xX(x)$

结论：$\exists x \exists y(Z(x) \wedge Z(y))$。

用归结推理法和霍恩子句逻辑程序证明之。

证明：归结推理法证明如下：

(1) $\neg X(x) \vee \neg X(y) \vee Z(y)$

(2) $\neg X(x_1) \vee \neg Y(y_1) \vee Z(y_1)$

(3) $X(a)$

(4) $\neg Z(x_2) \vee \neg Z(y_2)$

(5) $\neg X(x) \vee \neg X(x_2) \vee \neg Z(y_2)$ $\{x_2/y\}$(1)、(4)归结

(6) $\neg X(x_2) \vee \neg Z(y_2)$ $\{a/x\}$(5)、(3)归结

(7) $\neg Z(y_2)$ $\{a/x_2\}$(3)、(6)归结

(8) $\neg X(x) \vee \neg X(y)$ $\{y/y_2\}$(1)、(7)归结

(9) $\neg X(y)$ $\{a/x\}$(3)、(8)归结

(10) □　　$\{a/y\}$(3)、(9)归结

霍恩子句逻辑程序证明如下：

(1) $Z(y) \leftarrow X(x), X(y)$

(2) $Z(y_1) \leftarrow X(x_1), Y(y_1)$

(3) $X(a) \leftarrow$

(4) $\leftarrow Z(x_2), Z(y_2)$

(5) $\leftarrow X(x), X(x_2), Z(y_2)$　　$\{x_2/y\}$(1)、(4)归结

(6) $\leftarrow X(x_2), Z(y_2)$　　$\{a/x\}$(5)、(3)归结

(7) $\leftarrow Z(y_2)$　　$\{a/x_2\}$(3)、(6)归结

(8) $\leftarrow X(x), X(y)$　　$\{y/y_2\}$(1)、(7)归结

(9) $\leftarrow X(y)$　　$\{a/x\}$(3)、(8)归结

(10) □　　$\{a/y\}$(3)、(9)归结

例 4.13：已知如下知识。

(1) 有些病人喜欢所有的医生。

(2) 所有的病人均不喜欢庸医。

结论：所有的医生均不是庸医。

用 Prolog 程序证明之。

解：令

$A(e)$表示"e 为病人"。

$D(e)$表示"e 为医生"。

$Q(e)$表示"e 为庸医"。

$L(e_1, e_2)$表示"e_1 喜欢 e_2"。

对应的谓词演算公式为

(1) $\exists x(P(x) \land \forall y(D(y) \rightarrow L(x,y)))$

(2) $\forall x(P(x) \rightarrow \forall y(Q(y) \rightarrow \neg L(x,y)))$

结论：$\forall x(D(x) \rightarrow \neg Q(x))$。

对应的 Prolog 程序如下：

(1) $P(a)$

(2) $L(a,y) :- D(y)$

(3) $?- P(x), Q(y_1), L(x, y_1)$

(4) $D(b)$

(5) $Q(b)$

下面是 Prolog 程序的执行过程：

(6) $?- Q(y_1), L(a, y_1)$　　$\{a/x\}$(1)、(3)归结

(7) $?- L(a,b)$　　$\{b/y_1\}$(6)、(5)归结

(8) $?- D(b)$　　$\{b/y\}$(7)、(2)归结

(9) □　　(4)、(8)归结

习题

4.1　用永真的公理系统证明下列定理

(1) $\forall x(\gamma\to\alpha(x))\leftrightarrow(\gamma\to\forall x\alpha(x))$

(2) $\forall x(\alpha(x)\to\gamma)\leftrightarrow(\exists x\alpha(x)\to\gamma)$

(3) $\exists x(\alpha(x)\vee\gamma)\leftrightarrow(\exists x\alpha(x)\vee\gamma)$

4.2　已知公理

A：$\Delta((P\to(Q\to P))$

B：$\Delta(P\to P)$

及分离规则和全称规则，全称规则为

$$\Delta(\gamma_1\to(\gamma_2\to\alpha(x)))\vdash\Delta(\gamma_1\to(\gamma_2\to\forall x\alpha(x)))$$

证明全$_0$规则 $\Delta\alpha(x)\vdash\Delta\forall x\alpha(x)$。

4.3　指出下列推理过程中的错误。

(1) ① $\forall x\exists y(x>y)$　假设

② $\exists y(z>y)$　全称量词消去

③ $z>b$　额外假设引入

④ $\forall z(z>b)$　全$_0$规则

⑤ $b>b$　全称量词消去

⑥ $\forall x(x>x)$　全$_0$规则

(2) $\exists xX(x)\to\forall xX(x)$的证明过程如下：

① $\exists xX(x)$　假设

② $X(e)$　额外假设

③ $\forall xX(x)$　全$_0$规则

(3) ① $\forall x(X(x)\to Y(x))$　假设

② $\exists xX(x)$　假设

③ $X(c)\to Y(c)$　全称量词消去

④ $X(c)$　额外假设引入

⑤ $Y(c)$　分离(3)、(4)

⑥ $\exists xY(x)$　存在量词引入

(4) $(\exists x\alpha(x)\wedge\exists x\beta(x))\to\exists x(\alpha(x)\wedge\beta(x))$的证明过程如下：

① $\exists x\alpha(x)\wedge\exists x\beta(x)$　假设

② $(\exists x\alpha(x)\wedge\exists x\beta(x))\to\exists x\alpha(x)$　公理 8

③ $(\exists x\alpha(x)\wedge\exists x\beta(x))\to\exists x\beta(x)$　公理 9

④ $\exists x\alpha(x)$　分离②、①

⑤ $\exists x\beta(x)$　分离③、①

⑥ $\alpha(e)$　　额外假设

⑦ $\beta(e)$　　额外假设

⑧ $\alpha(e) \wedge \beta(e)$　　合取⑥、⑦

⑨ $(\alpha(e) \wedge \beta(e)) \rightarrow \exists x(\alpha(x) \wedge \beta(x))$　　公理 17

⑩ $\exists x(\alpha(x) \wedge \beta(x))$　　分离⑨、⑧

4.4　用假设推理证明下列公式。

(1) $\forall x(X(x) \rightarrow Y(x)) \rightarrow ((\forall x Y(x) \rightarrow \forall x Z(x)) \rightarrow (\forall x X(x) \rightarrow \forall x Z(x)))$

(2) $\exists x(X(x) \rightarrow Y(x)) \rightarrow (\forall x X(x) \rightarrow \exists x Y(x))$

4.5　已知如下知识：

(1) 桌子上的每一本书均是杰作。

(2) 写出杰作的人是天才。

(3) 某个不出名的人写了桌上某本书。

结论：某个不出名的人是天才。

(1) 用霍恩子句逻辑程序证明之。

(2) 用假设推理证明之。

4.6　用归结方法证明下列公式。

(1) $\forall x(X(x) \vee Y(x)) \rightarrow (\forall x(Y(x) \rightarrow \neg Z(x)) \rightarrow (\forall x Z(x) \rightarrow \forall x X(x)))$

(2) $\exists x \exists y((X(f(x)) \wedge Y(f(b))) \rightarrow (X(f(a)) \wedge X(x) \wedge Y(y)))$

(3) $\forall x \forall y(P(x) \rightarrow P(y)) \leftrightarrow (\exists x P(x) \rightarrow \forall y Q(y))$

4.7　已知如下知识。

(1) 有些病人喜欢所有的医生。

(2) 所有的病人均不喜欢庸医。

结论：所有的医生均不是庸医。

用假设推理证明之。

4.8　已知

前提：$\forall x(A(x) \rightarrow C(x))$。

结论：$\forall x(\exists y(A(y) \wedge B(x,y)) \rightarrow \exists z(C(z) \wedge B(x,z)))$。

用归结推理法和霍恩子句逻辑程序证明之。

4.9　已知有关公司信息的如下知识。

(1) John 是 PD 公司经理。

(2) Smith 在 PD 公司任职。

(3) Jones 在 PD 公司任职。

(4) Peter 在 PD 公司任职。

(5) Hall 是 SD 公司经理。

(6) Mary 在 SD 公司任职。

(7) Bell 在 SD 公司任职。

(8) Jones 和 Mary 已结婚。

(9) 在某公司当经理者必在该公司任职。

(10) 在某公司当经理者是在该公司任职的人的老板。

(11) A 和 B 结婚,则 B 和 A 结婚。

(12) 一对夫妇不在同一公司任职。

(13) 所有在 SD 公司任职的已婚者可享有 EC 保险的人寿保险。

现在查询以下问题：Mary 是否在 SD 公司任职？她结婚了吗？她丈夫是谁？她是否享受保险？

试构造一个 Prolog 程序回答该询问。

4.10 假设 Prolog 事实：谓词 mother(m,x)和 father(f,y)分别表示"m 是 x 的母亲"和"f 是 y 的父亲"。试给出一个 Prolog 规则定义谓词 sibling(x,y)，它表示"x 和 y 是兄弟"。

第5章　递归函数论

递归函数是数论函数，以自然数为研究对象，定义域和值域均为自然数。它为能行可计算函数找出各种理论上的、严密的类比物，即某个函数能否用若干可计算函数通过某种已有的算法（如迭置或算子）在有限步内递归产生，若能，说明该函数为可计算函数，否则为不可计算函数，因此，递归函数论又称为可计算性理论。

下面举几个例子说明函数的可计算性。

例5.1：$g(n)=[\sqrt{n}]$表示取自然数 n 的平方根的整数部分。

将 n 依次与 $1^2,2^2,3^2,\cdots$ 作比较，总可求得 $g(n)$ 的值，所以 $g(n)$ 是可计算的。

例5.2：$g(n)=\begin{cases}0 & \pi\text{的展开式中有}n\text{个连续的}9\\ 1 & \text{否则}\end{cases}$

因 π 的展开式是一个无穷序列，要计算上述函数可能是一个无限过程，故函数 $g(n)$ 为不可计算函数。

5.1　数论函数和数论谓词

5.1.1　数论函数

定义5.1：数论函数是指以自然数集为定义域及值域的函数。

下面简单介绍常用的数论函数，其中 x、y 均为自然数域中的变元。

$x+y$ 指 x 与 y 的和。

xy 指 x 与 y 的积。

$x\dot{-}y$ 指 x 与 y 的算术差，即 $x\geqslant y$ 时，其值为 $x-y$，否则为0。

$x\ddot{-}y$ 指 x 与 y 的绝对差，即大数减小数。

$[\sqrt{x}]$指 x 的平方根的整数部分。

$[x/y]$指 x 与 y 的算术商。

$\mathrm{rs}(x,y)$指 y 除 x 的余数，约定 $y=0$ 时，$\mathrm{rs}(x,y)=x$。

$\mathrm{dv}(x,y)$指 x 与 y 的最大公约数，约定 $xy=0$ 时，其值为 $x+y$。

$\mathrm{lm}(x,y)$指 x 与 y 的最小公倍数，约定 $xy=0$ 时，其值为0。

$I(x)=x$ 指函数值与自变量的值相同,称为幺函数。

$I_{mn}(x_1,x_2,\cdots,x_n,\cdots,x_m)=x_n$,即函数值与第 n 个自变量的值相同,此函数称为广义幺函数。

$O(x)=0$,即函数值永为 0,称为零函数。

$S(x)=x+1$,称为后继函数。

$D(x)$ 指 x 的前驱,称为前驱函数。当 $x=0$ 时,其值为 0;当 $x>1$ 时,其值为 $x-1$。

$C_a(x)=a$,即函数值永为 a,这个函数称为常值函数。

函数 xNy、xN^2y 的定义如下:

$$xNy=\begin{cases}x & \text{当 } y=0 \text{ 时}\\ 0 & \text{当 } y\neq 0 \text{ 时}\end{cases}\qquad xN^2y=\begin{cases}0 & \text{当 } y=0 \text{ 时}\\ x & \text{当 } y\neq 0 \text{ 时}\end{cases}$$

特例,当 $x=1$ 时有

$$Ny=\begin{cases}1 & \text{当 } y=0 \text{ 时}\\ 0 & \text{当 } y\neq 0 \text{ 时}\end{cases}\qquad N^2y=\begin{cases}0 & \text{当 } y=0 \text{ 时}\\ 1 & \text{当 } y\neq 0 \text{ 时}\end{cases}$$

$$\text{eq}(x,y)=\begin{cases}0 & \text{当 } x=y \text{ 时}\\ 1 & \text{当 } x\neq y \text{ 时}\end{cases}$$

特别地,把广义幺函数、零函数和后继函数称为本原函数,它们是构造函数的最基本单位。

5.1.2 数论谓词和特征函数

1. 数论谓词和特征函数

在第 3 章中提到的谓词是以个体为定义域,以真假为值域的函数,而含有变元的语句是指含有个体变元的谓词填式或由它们利用真值联结词和量词组成的式子,即谓词演算公式。

定义 5.2:数论谓词是指以自然数集为定义域,以真假为值域的谓词。由数论谓词利用联结词和量词构成的式子称为数论语句。例如,“2 为质数”“8>7 且 9 为平方数”等均为数论语句。

定义 5.3:设 $A(x_1,x_2,\cdots,x_n)$ 是一个含有 n 个变量的语句,$f(x_1,x_2,\cdots,x_n)$ 是一个数论函数,若对于任何变元组均有

$A(x_1,x_2,\cdots,x_n)$ 为真时,$f(x_1,x_2,\cdots,x_n)=0$;

$A(x_1,x_2,\cdots,x_n)$ 为假时,$f(x_1,x_2,\cdots,x_n)=1$。

则称 $f(x_1,x_2,\cdots,x_n)$ 是语句 $A(x_1,x_2,\cdots,x_n)$ 的特征函数,记为 $\text{ct}A(x_1,x_2,\cdots,x_n)$。

定理 5.1:任何一个语句均有唯一的特征函数。

证明:

(1) 存在性。对于任何一个语句 A,恒可以按如上定义一个函数 $f(x_1,x_2,\cdots,x_n)$,此函数必为语句 A 的特征函数,故存在性得证。

(2) 唯一性。设 f 和 g 为语句 A 的两个特征函数,由上定义知

当 $A(x_1,x_2,\cdots,x_n)$ 为真时,

$$f(x_1,x_2,\cdots,x_n)=g(x_1,x_2,\cdots,x_n)=0$$

当 $A(x_1,x_2,\cdots,x_n)$ 为假时，

$$f(x_1,x_2,\cdots,x_n)=g(x_1,x_2,\cdots,x_n)=1$$

再由函数的相等性知，$f(x_1,x_2,\cdots,x_n)=g(x_1,x_2,\cdots,x_n)$，即语句 $A(x_1,x_2,\cdots,x_n)$ 的特征函数是唯一的。

定理 5.2：如果有一个函数 $f(x_1,x_2,\cdots,x_n)$ 满足下列条件：

$$A(x_1,x_2,\cdots,x_n)\ \text{为真当且仅当}\ f(x_1,x_2,\cdots,x_n)=0$$

则 $N^2f(x_1,x_2,\cdots,x_n)$ 为语句 $A(x_1,x_2,\cdots,x_n)$ 的特征函数。

证明：当 $A(x_1,x_2,\cdots,x_n)$ 为真时，由于 $f(x_1,x_2,\cdots,x_n)=0$，所以 $N^2f(x_1,x_2,\cdots,x_n)=0$；当 $A(x_1,x_2,\cdots,x_n)$ 为假时，由已知条件知 $f(x_1,x_2,\cdots,x_n)\neq0$，所以 $N^2f(x_1,x_2,\cdots,x_n)=1$。

由特征函数的定义知 $N^2f(x_1,x_2,\cdots,x_n)$ 为语句 $A(x_1,x_2,\cdots,x_n)$ 的特征函数。

此时把函数 $f(x_1,x_2,\cdots,x_n)$ 称为 $A(x_1,x_2,\cdots,x_n)$ 的准特征函数。

2. 简单语句的特征函数

表 5.1 是一些包含变量的语句的特征函数。

表 5.1 一些包含变量的语句的特征函数

语　　句	特征函数	语　　句	特征函数
x 为 0	N^2x	x 小于 y	$N^2((x+1)\dot{-}y)$
x 不等于 0	Nx	x 与 y 互质	$N^2(\mathrm{dv}(x,y)\ddot{-}1)$
x 为 y 的倍数	$N^2\mathrm{rs}(x,y)$		

3. 复合语句的特征函数

定理 5.3：设 A、B 为任意两个语句，则有

$$\mathrm{ct}\neg A=1\dot{-}\mathrm{ct}A=N\mathrm{ct}A$$

$$\mathrm{ct}(A\vee B)=\mathrm{ct}A\cdot\mathrm{ct}B=\min(\mathrm{ct}A,\mathrm{ct}B)$$

$$\mathrm{ct}(A\wedge B)=N^2(\mathrm{ct}A+\mathrm{ct}B)=\max(\mathrm{ct}A,\mathrm{ct}B)$$

$$\mathrm{ct}(A\rightarrow B)=\mathrm{ct}B\cdot N\mathrm{ct}A$$

$$\mathrm{ct}(A\leftrightarrow B)=\mathrm{ct}A\ddot{-}\mathrm{ct}B$$

例 5.3：给出“a 为 b 的倍数且 a 为平方数”的特征函数。

解：“a 为 b 的倍数”的特征函数为 $N^2\mathrm{rs}(a,b)$，“a 为平方数”的特征函数为 $N^2(a\dot{-}[\sqrt{a}]^2)$

由定理 5.3 知原句的特征函数为

$$N^2(N^2\mathrm{rs}(a,b)+N^2(a\dot{-}[\sqrt{a}]^2))$$

例 5.4：给出“$x\geqslant2$ 且由 a 除尽 x 可推出 $a=1$ 或 $a=x$”的特征函数。

解：令

A 表示“$x\geqslant2$”，其特征函数为 $N^2(2\dot{-}x)$；

B 表示"a 除尽 x"，其特征函数为 $N^2\mathrm{rs}(x,a)$；

C 表示"$a=1$"，其特征函数为 $N^2(a \ddot{-} 1)$；

D 表示"$a=x$"，其特征函数为 $N^2(a \ddot{-} x)$。

原句译为

$$A \wedge (B \rightarrow (C \vee D))$$

其特征函数为

$$\mathrm{ct}(A \wedge (B \rightarrow (C \vee D))) = N^2(\mathrm{ct}A + \mathrm{ct}C \cdot \mathrm{ct}D \cdot N\mathrm{ct}B)$$

则原句的特征函数为

$$N^2(N^2(2 \dot{-} x) + N^2(a \ddot{-} 1) \cdot N^2(a \ddot{-} x) \cdot N\mathrm{rs}(x,a))$$

下面简单讨论用量词构成的语句的特征函数。

$\underset{x\rightarrow n}{\forall} A(x)$表示对于任何 0 到 n 的一切 x 均使得 $A(x)$成立。此量词称为受限全称量词。

$\underset{x\rightarrow n}{\exists} A(x)$表示对于任何 0 到 n 至少有一个 x 使 $A(x)$成立。此量词称为受限存在量词。

定理 5.4：设 $A(x)$为任意一个含有 x 的语句，则有

(1) $\mathrm{ct}(\underset{x\rightarrow n}{\forall} A(x)) = \max(\mathrm{ct}A(0), \mathrm{ct}A(1), \mathrm{ct}A(2), \cdots, \mathrm{ct}A(n))$

$= N^2(\mathrm{ct}A(0) + \mathrm{ct}A(1) + \mathrm{ct}A(2) + \cdots + \mathrm{ct}A(n))$

(2) $\mathrm{ct}(\underset{x\rightarrow n}{\exists} A(x)) = \min(\mathrm{ct}A(0), \mathrm{ct}A(1), \mathrm{ct}A(2), \cdots, \mathrm{ct}A(n))$

$= \mathrm{ct}A(0) \cdot \mathrm{ct}A(1) \cdot \mathrm{ct}A(2) \cdot \cdots \cdot \mathrm{ct}A(n)$

5.2 函数的构造

前面介绍了一些常用的简单函数，这些简单函数均可采用直接定义的方法来产生。显然直接定义的方法只能产生少量简单的函数，而对于绝大多函数来说，无法用直接定义的方法产生，为此，必须利用已定义的函数（称为旧函数）来构造新函数，这种方法称为派生法。派生法有两类：一类是迭置法，另一类是算子法。

5.2.1 迭置法

定义 5.4：设新函数在某一变元处的值与诸旧函数的 n 个值有关，如果 n 不随新函数的变元组的变化而变化，则称该新函数是由旧函数利用迭置而得的。

例如，设有函数 $S(x)$，a 为常数。现构造一元函数 $S^a(x)$，显然 $S^a(x)$在 x_0 处的值与 $S(x)$在 $S^{a-1}(x_0)$，$S^{a-2}(x_0)$，$\cdots$，$S(x_0)$，x_0 等 a 个值有关，而且 a 为常量与 x_0 无关，所以 $S^a(x)$可由 $S(x)$利用迭置而得。

1. (m,n)标准迭置

设有一个 m 元函数 $f(x_1,x_2,\cdots,x_m)$，m 个 n 元函数 $g_1(x_1,x_2,\cdots,x_n)$、$g_2(x_1,x_2,\cdots,$

x_n)、…、$g_m(x_1,x_2,\cdots,x_n)$，由 f 和 $g_i(i=1,2,\cdots,n)$构造如下的函数：

$$h(x_1,x_2,\cdots,x_n)=f(g_1(x_1,x_2,\cdots,x_n),g_2(x_1,x_2,\cdots,x_n),\cdots,$$
$$g_m(x_1,x_2,\cdots,x_n))$$

称为(m,n)标准迭置。称函数 h 是由 m 个 g 对 f 作(m,n)标准迭置而得的，简记为：

$$h(x_1,x_2,\cdots,x_n)=f(g_1,g_2,\cdots,g_m)(x_1,x_2,\cdots,x_n)$$

注意，通常的迭置并不满足上述条件，但可以采用本原函数把它们化为(m,n)标准迭置。

例 5.5：利用本原函数把下面的迭置化为(m,n)标准迭置。

$$h(x_1,x_2,x_3,x_5,x_6)=f(g_1(x_1,3),4,g_2(x_2,x_3),x_5,g_3(x_6,x_2))$$

解：$h(x_1,x_2,x_3,x_5,x_6)=f(h_1,h_2,h_3,h_4,h_5)(x_1,x_2,x_3,x_5,x_6)$

其中：

$$h_1(x_1,x_2,x_3,x_5,x_6)=g_1(I_{51},S^3OI_{51})(x_1,x_2,x_3,x_5,x_6)$$
$$h_2(x_1,x_2,x_3,x_5,x_6)=S^4OI_{51}(x_1,x_2,x_3,x_5,x_6)$$
$$h_3(x_1,x_2,x_3,x_5,x_6)=g_2(I_{52},I_{53})(x_1,x_2,x_3,x_5,x_6)$$
$$h_4(x_1,x_2,x_3,x_5,x_6)=I_{54}(x_1,x_2,x_3,x_5,x_6)$$
$$h_5(x_1,x_2,x_3,x_5,x_6)=g_3(I_{55},I_{52})(x_1,x_2,x_3,x_5,x_6)$$

故函数 $h(x_1,x_2,x_3,x_5,x_6)$是由函数 h_1、h_2、h_3、h_4、h_5 对 f 作(5,5)标准迭置而得的。

2. 凑合定义法

所谓凑合定义法是指如下构造函数的方法：

$$h(x_1,x_2,\cdots,x_n)=\begin{cases}f_1(x_1,x_2,\cdots,x_n) & \text{当 } A_1(x_1,x_2,\cdots,x_n) \text{ 为真时}\\ f_2(x_1,x_2,\cdots,x_n) & \text{当 } A_2(x_1,x_2,\cdots,x_n) \text{ 为真时}\\ \vdots & \vdots\\ f_k(x_1,x_2,\cdots,x_n) & \text{当 } A_k(x_1,x_2,\cdots,x_n) \text{ 为真时}\end{cases}$$

称新函数 h 由旧函数 $f_1,f_2,\cdots,f_k$ 及数论语句 $A_1,A_2,\cdots,A_k$ 利用凑合定义而得。注意，数论语句 $A_1,A_2,\cdots,A_k$ 互相不可兼，即对任何一个变元组$(x_1,x_2,\cdots,x_n)$，有且仅有一个条件 A_i 成立。

可以看出，此种定义方法不利于计算机的符号处理，为此，利用前面定义的一些简单函数，如 xNy 等函数，把新函数化归为迭置。即

$$h(x_1,x_2,\cdots,x_n)=f_1(x_1,x_2,\cdots,x_n)\cdot N\,\mathrm{ct}A_1(x_1,x_2,\cdots,x_n)+$$
$$f_2(x_1,x_2,\cdots,x_n)\cdot N\mathrm{ct}A_2(x_1,x_2,\cdots,x_n)+\cdots+$$
$$f_k(x_1,x_2,\cdots,x_n)\cdot N\mathrm{ct}A_k(x_1,x_2,\cdots,x_n)$$

例 5.6：试用凑合定义法定义函数 $\mathrm{lm}(x,5)$，并把它化为迭置。

解：

$$\mathrm{lm}(x,5)=\begin{cases}x & \text{当 } x \text{ 为 5 的倍数时}\\ 5x & \text{当 } x \text{ 不为 5 的倍数时}\end{cases}$$

根据凑合定义法知

$$\mathrm{lm}(x,5)=xNN^2\mathrm{rs}(x,5)+5xNN\mathrm{rs}(x,5)$$

$$
\begin{aligned}
&= xN\mathrm{rs}(x,5)+5xN^2\mathrm{rs}(x,5)\\
&= xN\mathrm{rs}(x,5)+xN^2\mathrm{rs}(x,5)+4xN^2\mathrm{rs}(x,5)\\
&= x(N\mathrm{rs}(x,5)+N^2\mathrm{rs}(x,5))+4xN^2\mathrm{rs}(x,5)\\
&= x+4xN^2\mathrm{rs}(x,5)
\end{aligned}
$$

5.2.2 算子法

定义 5.5：设新函数在某一变元组处的值与诸旧函数的 n 个值有关，如果 n 随新函数的变元组的变化而变化，则称该新函数是由旧函数利用算子而得的。

例如，设有函数 $S(x)$，现构造函数 $S^y(x)$，显然 $S^y(x)$ 在 (x_0,y_0) 处的值与 $S(x)$ 在 $S^{y_0-1}(x_0)$，$S^{y_0-2}(x_0)$，…，$S(x_0)$，x_0 等 y_0 个值有关，而且 y_0 随着变元组 (x_0,y_0) 的变化而变化，所以 $S^y(x)$ 可由 $S(x)$ 利用算子而得。

算子的类型很多，下面介绍迭函算子和原始递归式两种算子。

1. 迭函算子

定义 5.6：设有一个二元函数 $A(x,y)$ 和一个一元函数 $f(x)$，利用它们构造如下函数：

$$
\begin{aligned}
&g(0)=f(0)\\
&g(1)=A(g(0),f(1))=A(f(0),f(1))\\
&g(2)=A(g(1),f(2))=A(A(f(0),f(1)),f(2))=A^2(f(0),f(1),f(2))\\
&\vdots\\
&g(n+1)=A(g(n),f(n+1))=A^{n+1}(f(0),f(1),\cdots,f(n))
\end{aligned}
$$

显然，$g(n)$ 的值依赖于函数 $A(x,y)$ 和函数 $f(x)$。若把 $A(x,y)$ 固定，而把函数 $f(x)$ 看作被改造函数，则称 $g(n)$ 是由旧函数 $f(x)$ 利用迭函算子而得的。例如，把 A 分别固定为加法和乘法时可得不同的迭函算子。

(1) 迭加算子：取 A 为加法，记为 $\sum\limits_{x\to n}$。例如：

$$\sum_{x\to n}f(x)=f(0)+f(1)+\cdots+f(n)$$

(2) 迭乘算子：取 A 为乘法，记为 $\prod\limits_{x\to n}$。例如：

$$\prod_{x\to n}f(x)=f(0)\times f(1)\times\cdots\times f(n)$$

2. 原始递归式

递归的概念在前面已经多次提到，如阶乘的函数

$$n!=\begin{cases}1 & \text{当 } n=0 \text{ 时}\\ n(n-1)! & \text{当 } n\geqslant 1 \text{ 时}\end{cases}$$

有了此例子，下面来定义原始递归式。

(1) 不含参数的原始递归式：

$$\begin{cases}g(0)=a\\ g(n+1)=B(n,g(n))\end{cases}$$

其中，a 为常数，$B(x,y)$为已知函数。此式称为不含参数的原始递归式的标准形式。

例如，$g(n)=n!$可用递归式表示如下：

$$\begin{cases} g(0)=1 \\ g(n+1)=(n+1)\times g(n)=B(n,g(n)) \end{cases}$$

其中，函数 $B(x,y)$为$\times(SI_{21},I_{22})$，它是已知函数。

(2) 含参数的原始递归式：

$$\begin{cases} g(u_1,u_2,\cdots,u_k,0)=A(u_1,u_2,\cdots,u_k) \\ g(u_1,u_2,\cdots,u_k,n+1)=B(u_1,u_2,\cdots,u_k,n,g(u_1,u_2,\cdots,u_k,n)) \end{cases}$$

其中，$A(u_1,u_2,\cdots,u_k)$和 $B(u_1,u_2,\cdots,u_k,x,y)$为已知函数。此式称为含参数的原始递归式的标准形式。

5.2.3 原始递归函数

1. 原始递归函数的构造方法

根据上面介绍的内容，可知构造原始递归函数的方法如下：

(1) 本原函数为原始递归函数。

(2) 对已建立的原始递归函数利用迭置而得的函数仍为原始递归函数。

(3) 对已建立的原始递归函数利用原始递归式而得的函数仍为原始递归函数。

所以，原始递归函数是由本原函数出发，利用迭置和原始递归式而得的函数。

2. 原始递归函数的构造过程

下面是若干递归函数的例子，以便说明原始递归函数的构造过程，其他函数可依此类推。

(1) $S(x)=x+1$，为本原函数。

(2) $I_{mn}(x_1,x_2,\cdots,x_n,\cdots,x_m)=x_n$，为本原函数。

(3) $f(x,y)=x+y$。

可用原始递归式表示如下：

$$\begin{cases} f(x,0)=x \\ f(x,y+1)=x+y+1=B(x,y,f(x,y)) \end{cases}$$

其中，B 为 SI_{33}，它们为函数的迭置。

(4) $f(x,y)=x^y$。

可用原始递归式表示如下：

$$\begin{cases} f(x,0)=x^0=1 \\ f(x,y+1)=x^{y+1}=x^y\times x=B(x,y,f(x,y)) \end{cases}$$

其中，B 为$\times(I_{33},I_{31})$，它们为函数的迭置。

(5) $f(x)=a^x$。

可用原始递归式表示如下：

$$\begin{cases} f(0)=a^0=1 \\ f(x+1)=a^{x+1}=a^x\times a=B(x,f(x)) \end{cases}$$

其中，B 为$\times(I_{22},S^aOI_{21})$，它们为函数的迭置。

(6) $f(x)=D(x)$。

可用原始递归式表示如下：

$$\begin{cases} f(0)=D(0)=0 \\ f(x+1)=D(x+1)=x=B(x,f(x)) \end{cases}$$

其中，B 为 I_{21}。

(7) $\max(x,y)$。

因为 $\max(x,y)=x+(y \dot{-} x)$，又因为 $x+y$ 和 $x \dot{-} y$ 是原始递归函数，由它们的迭置所得的函数仍为原始递归函数。故 $\max(x,y)$ 为原始递归函数。

5.3 典型例题

例 5.7：给出"x 为质数"的特征函数。

解："x 为质数"可理解为 2 至 $x-1$ 都不是 x 的因子。

其特征函数可表示为

$$N^2\left(\sum_{t \to x} N\mathrm{rs}(x,t) \dot{-} 2\right)$$

例 5.8：把下面利用凑合定义法定义的函数化为迭置。

$$f(x)=\begin{cases} x & \text{当 } x \leqslant 10 \text{ 时} \\ 2x & \text{当 } 10 < x \leqslant 20 \text{ 时} \\ 3x & \text{当 } x > 20 \text{ 时} \end{cases}$$

解："$x \leqslant 10$"的特征函数为 $N^2(x \dot{-} 10)$。

"$10 < x \leqslant 20$"的特征函数为 $N^2(N^2(11 \dot{-} x)+N^2(x \dot{-} 20))$。

"$x > 20$"的特征函数为$N^2(21 \dot{-} x)$。

将上述函数化为迭置：

$$\begin{aligned} f(x) &= x \cdot N N^2(x \dot{-} 10)+2x \cdot N N^2(N^2(11 \dot{-} x)+ \\ &\quad N^2(x \dot{-} 20))+3x \cdot N N^2(21 \dot{-} x) \\ &= x \cdot N(x \dot{-} 10)+2x \cdot N(N^2(11 \dot{-} x)+ \\ &\quad N^2(x \dot{-} 20))+3x \cdot N(21 \dot{-} x) \end{aligned}$$

习题

5.1 写出下列函数的特征函数。

(1) a 大于或等于 b。

(2) a 为 b、c 的公倍数。

(3) x 异于 0 且 x 为平方数。

(4) a 为非负数或 a 为奇数。

(5) 在 a、b 间的一切 x 均使得 $A(x)$成立。

(6) 在 a、b 间有一个 x 使得 $A(x)$成立。

5.2 把下列函数化为标准迭置。

(1) $h(x_1,x_2,x_3,x_5)=f(g_1(x_1,x_3,3),a,g_2(x_2,x_3),x_5)$（其中 a 为正整数）

(2) $h(x_1,x_2,x_3,x_4)=f(x_1,3,g_1(x_2,x_3),g_2(x_4,2))$

5.3 用凑合定义法定义函数 $\mathrm{dv}(x,5)$,并把它化为迭置。

5.4 证明下列函数为原始递归函数。

(1) xy

(2) $\mathrm{rs}(x,2)$

(3) $O(x)$

(4) $\min(x,y)$

(5) $x \ddot{-} y$

(6) $\prod_{x \to n} f(x)$

第6章 集　　合

集合是数学中的一个基本概念，它可作为所有已知的数学分支的基础。集合论是德国数学家康托(Cantor)在19世纪70年代建立的，他所做的工作一般称为朴素集合论。朴素集合论在定义集合的方法上缺乏限制，会导致悖论。经许多数学家的努力，在20世纪初创立了一门更新的理论，称为公理集合论。公理集合论作为数理逻辑的一个重要分支，至今仍在发展中。本章的内容是介绍集合论的入门知识，十分类似于朴素集合论。

6.1 集合的基本概念

6.1.1 集合的定义

集合是最基本的数学概念之一，是不能精确定义的数学概念。由于它太基本了，所以不能用更基本的概念来定义。然而，这并不影响人们理解和掌握它。

事实上，每一个人都知道许多集合，例如：

- 二进制序列由0和1组成，数字0和1可以组成一个集合{0,1}。
- {微信，微博，博客}是一个集合，它由3项信息服务组成。
- 10个数字可以组成一个集合{0,1,2,3,4,5,6,7,8,9}。
- {a,b,c,…,z}是一个集合，它由26个英文字母组成。

1. 集合与元素

通常把集合描述为：一个集合是某些确定的、能够区分的对象的聚合。组成一个集合的对象称为这一集合的元素或成员。通常用大写字母A、B、C等代表集合，用小写英文字母a、b、c等代表集合的元素。

设a为一个对象，A为一个集合。如果a是集合A的一个元素，就叫作a属于集合A，记作$a \in A$；如果a不是集合A中的一个元素，就叫作a不属于A，记作$a \notin A$。

在本书中约定：

N 代表自然数集。

Z 代表整数集。

I 代表正整数集。

Q 代表有理数集，它可以表示如下：

$$\left\{\frac{p}{q}\middle| p \in \mathbf{I}, q \in \mathbf{I}, q \neq 0\right\}。$$

R 代表实数集,它由所有实数(包括有理数与无理数)组成。

一个集合本身可以看作一个对象而成为另一个集合的元素。

例如,可以定义由数-1与自然数集 **N** 组成的一个集合如下:

$$A = \{-1, \mathbf{N}\}$$

该集合 A 只包含了两个元素-1与 **N**。

又如,下面是由一些异构数据构成的集合:

$$B = \{0101, \{a, b\}, (\text{中国}, \text{南京}), \{\{\varnothing\}\}, \text{NU}\}$$

2. 集合与对象的关系

对于任给的一个对象 a 和任给的一个集合 A,或者 a 属于 A,或者 a 不属于 A,二者必居其一,但二者不可兼得。

例如,对于给定的集合 $A=\{-1,\mathbf{N}\}$,有

$$-1 \in A, \mathbf{N} \in A$$

尽管有 $0\in\mathbf{N}, 2\in\mathbf{N}$,但 $0\notin A, 2\notin A$。

6.1.2 集合的表示

通常用两种方法表示一个集合。

1. 枚举法

枚举法是枚举出集合中的所有元素。例如:

$$A = \{2,4,6,8,10,12,14,16,18,20\}$$

$$B = \{(-2,0),(-1,-1),(-1,0),(-1,1),(0,-2),(0,-1),(0,0),(0,1),(0,2),(1,-1),(1,0),(1,1),(2,0)\}。$$

2. 描述法

利用元素所具有的性质来描述集合。例如:

$$A = \{x \in \mathbf{N} \mid x \leqslant 20 \text{ 且 } x \text{ 为偶数}\}$$

$$B = \{(x,y) \mid (x,y) \text{ 是平面上的点坐标,且 } x^2 + y^2 \leqslant 4\}$$

一般地,将集合 S 中元素 x 的特征用性质 P 描述如下:

$$S = \{x \mid P(x)\}$$

其意义是:集合 S 由且仅由满足性质 P 的对象 x 组成,即 $x\in S$ 当且仅当 x 具有性质 P。

3. 罗素悖论

用描述法表示一个集合具有局限性,有些性质特征不能定义集合。通常遇到的集合,集合本身不能成为它自己的元素,例如$\{x\}\notin\{x\}$。然而,在考虑一个概念的集合时,可能会出现集合本身可以成为它自己的元素的情形,即概念的集合$\in$概念的集合,这是因为概念的集合本身是一个概念。

例如,定义 S 是由不以自身为元素的集合为元素组成的,即 $S=\{A|A\notin A\}$。问:S 是不是一个集合?

如果假定 S 是集合,那么按集合与对象的关系,S 本身或者是自己的元素,或者不是自己的元素,二者居其一且只居其一。

- 若 $S\in S$,则 S 是集合 S 的元素,所以 S 应满足 S 中的元素的性质特征,即 $S\notin S$,与 $S\in S$ 矛盾。
- 若 $S\notin S$,则因为 S 是集合,且 $S\notin S$,即 S 满足 S 中的元素的性质特征,故有 $S\in S$,与假设 $S\notin S$ 矛盾。

两方面的矛盾说明假定 S 是集合是错误的。这就是有名的罗素(B. Russell)悖论。它也可以用理发师悖论通俗表述如下:西班牙的塞维利亚有一个理发师,他只给那些"不给自己刮胡子"的人刮胡子。这个理发师自己的胡子谁刮?

4. 公理化集合论

罗素悖论起因于不受限制地定义集合,特别地,"集合可以是自己的元素"值得商榷。为了消除这个隐患,数学家们创造了公理化集合论,明确提出形成集合的原则,且规定只能按照这些确定的原则形成集合,以避免已知的一些集合论的悖论,这些原则称为集合论的公理。在现代集合论中,有许多不同的集合论公理系统,最著名的一个公理系统是由蔡梅罗(Zermelo)于 1908 年提出,后经弗兰克尔(Frankel)等人改进而建立的,人们称之为 ZF 系统。本书不涉及这些理论。按集合论的公理,一个集合不可以是自己的元素。

6.1.3 集合的包含关系

下面讨论集合之间的关系。

1. 子集与包含关系

定义 6.1:A、B 是两个集合,对于任意的 x,若 $x\in A$,则 $x\in B$,就说集合 A 是集合 B 的子集,也说集合 B 包含集合 A,记为 $A\subseteq B$。

若 A 不是 B 的子集,记为 $A\nsubseteq B$,也说 B 不包含 A。$A\nsubseteq B$ 当且仅当 $\exists x\in A$ 但 $x\notin B$。

2. 空集

设 $A=\{x\in \mathbf{N}|x+1=0\}$,$A$ 是一个集合。显然集合 A 中什么元素也没有,这样没有一个元素的集合称为空集,用 $\varnothing$ 来表示。

3. 相等关系

定义 6.2:A、B 是两个集合。若 $A\subseteq B$,且 $B\subseteq A$,则说 A 与 B 是相等的两个集合,记为 $A=B$。若 $A\subseteq B$ 且 $A\neq B$,说 A 是 B 的真子集,记为 $A\subset B$。

定理 6.1:A 是任意一个集合,$\varnothing$ 是空集,则

(1) $A\subseteq A$。

(2) $\varnothing\subseteq A$。

证明：

(1) 对于任意的 x，若 $x\in A$，则显然有 $x\in A$，所以由子集的定义知 $A\subseteq A$。

(2) 用反证法：若 $\varnothing$ 不包含于 A，则存在 x，$x\in\varnothing$，但 $x\notin A$。显然，这与空集 $\varnothing$ 的定义矛盾。故 $\varnothing\subseteq A$。

定理 6.2： 空集是唯一的。

证明：设 $\varnothing_1$、$\varnothing_2$ 是两个空集。由定理 6.1 知 $\varnothing_1\subseteq\varnothing_2$，且 $\varnothing_2\subseteq\varnothing_1$。故由定义 6.2 知 $\varnothing_1=\varnothing_2$。

6.1.4 集合的特点

根据前面的定义，本书所讨论的集合有以下特点：

(1) 本书所讨论的集合，仅考虑它所包含的不同的元素，也就是说集合中元素重复出现没有意义。例如：

$$\{g,o,o,g,l,e\}=\{g,o,l,e\}$$

(2) 本书所讨论的集合，集合中的元素没有任何形式的顺序。例如：

$$\{g,o,l,e\}=\{g,l,e,o\}$$

(3) 本书所讨论的集合，对集合中的元素没有任何限制，也就是说，一个集合中的各个元素之间彼此独立，可以毫不相干。例如：

$$A=\{\text{南京理工大学},a,1010,\text{人工智能}\}$$

A 是一个确定的集合，由 4 个元素组成。

还要指出，集合中的元素没有任何限制，一个集合也可以是另一个集合的元素。例如：

$$B=\{\varnothing,\{\varnothing\},\{\text{中国},\{\text{南京}\}\}\}$$

是一个集合，它由 3 个元素组成。显然有

$$\varnothing\in B,\varnothing\subseteq B;\ \{\varnothing\}\in B,\{\varnothing\}\subseteq B;\{\text{中国},\{\text{南京}\}\}\in B,\{\{\text{中国},\{\text{南京}\}\}\}\subseteq B。$$

6.1.5 多重集

一个集合就是一些不同对象的总体。然而有许多时候，人们遇到的不是不同对象的总体。例如，谈及一个班级学生名字的总体，一个班级中可能有两个或多个学生同名。为此，本章约定一个多重集是一些对象的总体，但这些对象不必不同。例如{张彬，李冰，王露露，张彬}、$\{a,b,b,c,a,a\}$ 等都可以看成多重集。

在多重集里，一个元素的重数是它在该多重集里出现的次数。例如，在多重集 $\{a,b,b,c,a,a\}$ 中，a 的重数为 3，b 的重数为 2，c 的重数为 1。一个元素在集合中没有出现，可以规定它的重数为 0。

集合是多重集中所有元素的重数仅为 0 和 1 的特殊情况。

6.2 集合的基本运算

6.2.1 集合的并、交、差

1. 并、交、差

定义 6.3：设 A 和 B 是两个集合，则

(1) 存在一个集合，它是由所有或者属于集合 A，或者属于集合 B 的元素组成的，称这个集合为集合 A 与集合 B 的并集，记为 $A \cup B$，即

$$A \cup B = \{x \mid x \in A \vee x \in B\}$$

根据并集的定义，有以下结论：

$$x \notin A \cup B \text{ 当且仅当 } x \notin A \text{ 且 } x \notin B$$

(2) 存在一个集合，它是由所有既属于集合 A、又属于集合 B 的元素组成的，称这个集合为集合 A 与集合 B 的交集，记为 $A \cap B$，即

$$A \cap B = \{x \mid x \in A \wedge x \in B\}$$

根据交集的定义，有以下结论：

$$x \notin A \cap B \text{ 当且仅当 } x \notin A \text{ 或 } x \notin B$$

(3) 存在一个集合，它是由所有属于集合 A 但不属于集合 B 的元素组成的，称这个集合为集合 A 与集合 B 的差集，记为 $A-B$，即

$$A - B = \{x \mid x \in A \wedge x \notin B\}$$

根据差集的定义，有以下结论：

$$x \in A \text{ 且 } x \in B \text{ 可推出 } x \notin A - B$$

2. 基本定理

集合的交和并运算满足以下基本定理。

定理 6.3：设 A、B、C 是 3 个任意集合，则

(1) $A \cup A = A$，$A \cap A = A$（幂等律）。

(2) $A \cup B = B \cup A$，$A \cap B = B \cap A$（交换律）。

(3) $A \cup (B \cup C) = (A \cup B) \cup C$，$A \cap (B \cap C) = (A \cap B) \cap C$（结合律）。

(4) $A \cup (B \cap C) = (A \cup B) \cap (A \cup C)$，$A \cap (B \cup C) = (A \cap B) \cup (A \cap C)$（分配律）。

证明：仅证明(4)中的第二个式子，$A \cap (B \cup C) = (A \cap B) \cup (A \cap C)$。

首先证明 $A \cap (B \cup C) \subseteq (A \cap B) \cup (A \cap C)$。

对于任意的 $\forall x \in A \cap (B \cup C)$，$x \in A$ 且 $x \in B \cup C$，由并集的定义知 $x \in B$ 或 $x \in C$。

若 $x \in B$，则由 $x \in A$ 知，$x \in A \cap B \subseteq (A \cap B) \cup (A \cap C)$。

若 $x \in C$，则由 $x \in A$ 知，$x \in A \cap C \subseteq (A \cap B) \cup (A \cap C)$。

故 $A \cap (B \cup C) \subseteq (A \cap B) \cup (A \cap C)$。

其次证明 $(A \cap B) \cup (A \cap C) \subseteq A \cap (B \cup C)$。

对于任意的$\forall x \in (A \cap B) \cup (A \cap C)$，$x \in A \cap B$ 或 $x \in A \cap C$。

若 $x \in A \cap B$，则 $x \in A$ 且 $x \in B \subseteq B \cup C$。由交集的定义知，$x \in A \cap (B \cup C)$。

若 $x \in A \cap C$，则 $x \in A$ 且 $x \in C \subseteq B \cup C$。由交集的定义知，$x \in A \cap (B \cup C)$。

故 $A \cap (B \cup C) \subseteq (A \cap B) \cup (A \cap C)$。

综上，$A \cap (B \cup C) = (A \cap B) \cup (A \cap C)$。

例 6.1：设 A、B、C 是 3 个任意集合，证明$(A-B) \cup (A-C) = A$ 当且仅当 $A \cap B \cap C = \varnothing$。

解：(1) 必要性。设 $A \cap B \cap C \neq \varnothing$，则$\exists x \in A$ 且 $x \in B$ 且 $x \in C$。根据差集的定义知，由 $x \in A$ 且 $x \in B$ 得 $x \notin A-B$；由 $x \in A$ 且 $x \in C$ 得 $x \notin A-C$。于是 $x \notin (A-B) \cup (A-C) = A$，与 $x \in A$ 矛盾。故 $A \cap B \cap C = \varnothing$。

(2) 充分性。对于任意的 x，若 $x \in (A-B) \cup (A-C)$，则有 $x \in A-B$ 或 $x \in A-C$。

若 $x \in A-B$，则 $x \in A$ 且 $x \notin B$，即有 $x \in A$。

若 $x \in A-C$，则 $x \in A$ 且 $x \notin C$，即有 $x \in A$。

所以，由子集的定义知$(A-B) \cup (A-C) \subseteq A$。

对于任意的 x，若 $x \in A$，根据元素 x 与集合 B 的关系知，$x \in B$ 或 $x \notin B$。

若 $x \in B$，则由 $x \in A$ 知 $x \in A \cap B$。因为 $A \cap B \cap C = \varnothing$，所以 $x \notin C$。由 $x \in A$ 和 $x \notin C$ 知，$x \in A-C \subseteq (A-B) \cup (A-C)$。

若 $x \notin B$，则由 $x \in A$ 知，$x \in A-B \subseteq (A-B) \cup (A-C)$，从而有 $A \subseteq (A-B) \cup (A-C)$。

综上，$(A-B) \cup (A-C) = A$。

6.2.2 集合的对称差

定义 6.4：设 A 和 B 是两个集合，则存在一个集合，它是由所有或者属于 A 不属于 B，或者属于 B 不属于 A 的元素组成的，称它为集合 A 和集合 B 的对称差，记为 $A \oplus B$，即

$$A \oplus B = \{x \mid x \in A \land x \notin B \text{ 或 } x \in B \land x \notin A\}$$

由定义不难知：

$$A \oplus B = (A - B) \cup (B - A)$$

定理 6.4：设 A 和 B 是两个集合，则 $A \oplus B = (A \cup B) - (A \cap B)$。

证明：先证 $A \oplus B \subseteq (A \cup B) - (A \cap B)$。

对于任何一个 x，若 $x \in A \oplus B$，由对称差的定义知，有 $x \in A-B$ 或 $x \in B-A$。

若 $x \in A-B$，则有 $x \in A$ 且 $x \notin B$，从而有 $x \in A \cup B$ 且 $x \notin A \cap B$，所以 $x \in (A \cup B) - (A \cap B)$。

若 $x \in B-A$，则 $x \in B$ 且 $x \notin A$，从而有 $x \in A \cup B$ 且 $x \notin A \cap B$，所以 $x \in (A \cup B) - (A \cap B)$。

因此，$A \oplus B \subseteq (A \cup B) - (A \cap B)$。

再证$(A \cup B) - (A \cap B) \subseteq A \oplus B$。

对于任何一个 x，若 $x \in (A \cup B) - (A \cap B)$，则 $x \in A \cup B$ 且 $x \notin A \cap B$。由 $x \in A \cup B$

知，$x \in A$ 或 $x \in B$。

若 $x \in A$，又 $x \notin A \cap B$，所以 $x \notin B$，从而有 $x \in A-B$，故由对称差的定义知 $x \in A \oplus B$。

若 $x \in B$，又 $x \notin A \cap B$，所以 $x \notin A$，从而有 $x \in B-A$，故由对称差的定义知 $x \in A \oplus B$。

因此，$(A \cup B)-(A \cap B) \subseteq A \oplus B$。

综上，$A \oplus B=(A \cup B)-(A \cap B)$。

6.2.3 文氏图

可以用图来表示两个集合的运算，如果令 A 和 B 是图 6.1(a)中阴影区域所表示的集合，那么图 6.1(b)中阴影区域分别表示 $A \cup B$、$A \cap B$、$A-B$ 和 $A \oplus B$。这些图通常称为文氏(Venn)图。

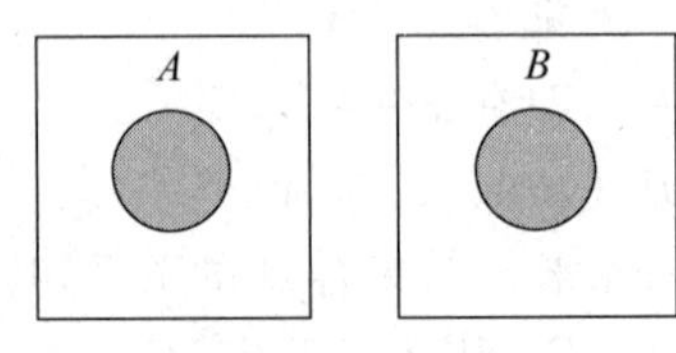

(a) 集合A、B

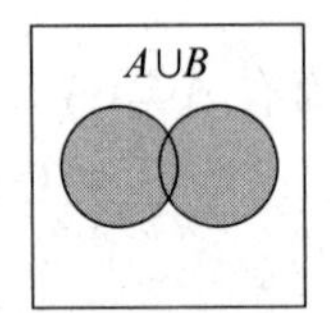

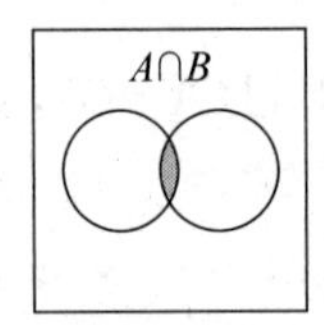

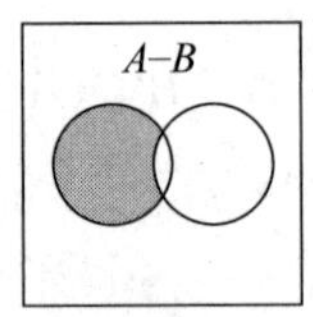

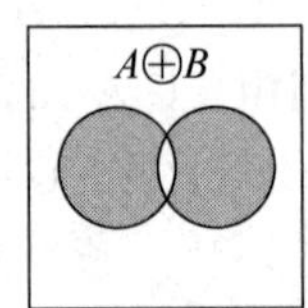

(b) 集合A、B的并、交、差和对称差

图 6.1　集合的文氏图表示

下面应用文氏图说明一些重要公式。

定理 6.5：对于任何集合 A，有

$$A \oplus A = \varnothing$$

$$A \oplus \varnothing = A$$

定理 6.6：设 A、B、C 是 3 个任意集合，则对称差具有结合律：

$$(A \oplus B) \oplus C = A \oplus (B \oplus C)$$

先用文氏图看看 $(A \oplus B) \oplus C$ 中的元素有什么特点，如图 6.2 所示。

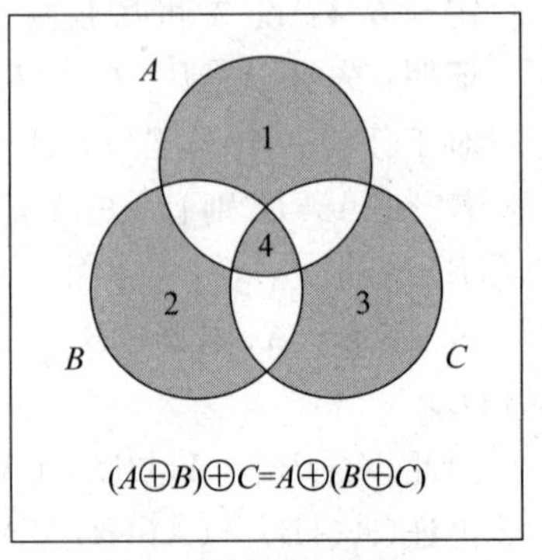

图 6.2　对称差的结合律

设 $x \in (A \oplus B) \oplus C$，即有 $x \in A \oplus B$ 且 $x \notin C$，或 $x \in C$ 且 $x \notin A \oplus B$。

由 $x \in A \oplus B$ 且 $x \notin C$，可以得到 $x \in A, x \notin B, x \notin C$ 或 $x \notin A, x \in B, x \notin C$。

由 $x \in C$ 且 $x \notin A \oplus B$，可以得到 $x \in C, x \notin A, x \notin B$ 或

$x \in C, x \in A, x \in B$。

图 6.2 中的 4 个阴影区域 1、2、3、4 分别给出了属于$(A \oplus B) \oplus C$ 的元素的特点。

再看看 $A \oplus (B \oplus C)$中的元素有什么特点。

设 $x \in A \oplus (B \oplus C)$，即有 $x \in A$ 且 $x \notin B \oplus C$，或 $x \notin A$ 且 $x \in B \oplus C$。

由 $x \in A$ 且 $x \notin B \oplus C$，可以得到 $x \in A, x \notin B, x \notin C$ 或 $x \in A, x \in B, x \in C$。

由 $x \notin A$ 且 $x \in B \oplus C$，可以得到 $x \notin A, x \in B, x \notin C$ 或 $x \notin A, x \notin B, x \in C$。

图 6.2 中的 4 个阴影区域 1、4、2、3 分别给出了属于 $A \oplus (B \oplus C)$的元素的特点。

综上，不难看出$(A \oplus B) \oplus C = A \oplus (B \oplus C)$。

例 6.2：已知 $A \oplus B = A \oplus C$，证明 $B = C$。

证明：因为 $A \oplus B = A \oplus C$，根据结合律，由 $A \oplus (A \oplus B) = A \oplus (A \oplus C)$，得$(A \oplus A) \oplus B = (A \oplus A) \oplus C$。从而有$\varnothing \oplus B = \varnothing \oplus C$，故 $B = C$。

6.2.4 集合的幂集合

定义 6.5：设 A 是一个集合，存在一个集合，它是以 A 的所有子集为元素构成的，称它为集合 A 的幂集合，记为 $\mathscr{P}(A)$或 $2^A = \{x \mid x \subseteq A\}$。

显然，有

$$\mathscr{P}(\varnothing) = \{\varnothing\}$$

$$\mathscr{P}(\{\varnothing\}) = \{\varnothing, \{\varnothing\}\}$$

$$\mathscr{P}(\{1,2\}) = \{\varnothing, \{1,2\}, \{1\}, \{2\}\}$$

由于，$\varnothing \subseteq A, A \subseteq A$，故必有$\varnothing \in \mathscr{P}(A), A \in \mathscr{P}(A)$。

例 6.3：设 A 和 B 是两个集合，试证明 $2^A \cap 2^B = 2^{A \cap B}$。

证明：对于任意的 $x \in 2^A \cap 2^B$，由交集的定义知 $x \in 2^A$ 且 $x \in 2^B$。根据幂集的定义得 $x \subseteq A$ 且 $x \subseteq B$，从而有 $x \subseteq A \cap B$。再根据幂集的定义得 $x \in 2^{A \cap B}$。

故，$2^A \cap 2^B \subseteq 2^{A \cap B}$。

对于任意的 $x \in 2^{A \cap B}$，则根据幂集的定义得 $x \subseteq A \cap B$，从而有 $x \subseteq A$ 且 $x \subseteq B$。再根据幂集的定义得 $x \in 2^A$ 且 $x \in 2^B$，从而有 $x \in 2^A \cap 2^B$。

故，$2^{A \cap B} \subseteq 2^A \cap 2^B$。

综上，$2^A \cap 2^B = 2^{A \cap B}$。

6.2.5 多个集合的并与交

可以把两个集合的并和交运算推广到 $k(k \geqslant 2)$个集合。设 $P_i(1 \leqslant i \leqslant k)$是一个任意集合，把 $P_1 \cup P_2 \cup \cdots \cup P_k$记为

$$\bigcup_{i=1}^{k} P_i = \{x \mid \exists i \in \mathbf{N}, 1 \leqslant i \leqslant k, x \in P_i\}$$

并把 $P_1 \cap P_2 \cap \cdots \cap P_k$ 简记为

$$\bigcap_{i=1}^{k} P_i = \{x \mid \forall i \in \mathbf{N}, 1 \leqslant i \leqslant k, x \in P_i\}$$

进而有

$$\bigcup_{i=1}^{\infty} P_i = \{x \mid \exists i \in \mathbf{N}, i \geqslant 1, x \in P_i\}$$

$$\bigcap_{i=1}^{\infty} P_i = \{x \mid \forall i \in \mathbf{N}, i \geqslant 1, x \in P_i\}$$

设 $A, P_i (1 \leqslant i \leqslant k)$ 是 $k+1$ 个集合,则

$$A \cap \bigcup_{i=1}^{k} P_i = \bigcup_{i=1}^{k} (A \cap P_i)$$

$$A \cup \bigcap_{i=1}^{k} P_i = \bigcap_{i=1}^{k} (A \cup P_i)$$

关于集合的并和交运算可以进一步推广,即所谓集合的广义并和广义交运算。设 D 是一个集合簇,也可以认为是一个以集合为元素的集合。要求 D 不是空集合。令

$$\bigcup_{S \in D} S = \{x \mid \exists S \in D, x \in S\}$$

$$\bigcap_{S \in D} S = \{x \mid \forall S \in D, x \in S\}$$

例如,设 $D=\{X,Y,Z\}$,则有

$$\bigcup_{S \in D} S = X \cup Y \cup Z$$

$$\bigcap_{S \in D} S = X \cap Y \cap Z$$

设 H 是一个集合,称它为下标集,对于 H 中的每一个元素 g, A_g 表示一个集合。设 $D=\{A_g \mid g \in H\}$,则有

$$\bigcup_{S \in D} S = \bigcup_{g \in H} A_g$$

$$\bigcap_{S \in D} S = \bigcap_{g \in H} A_g$$

6.3 全集和补集

6.3.1 全集和补集的定义

1. 全集

定义 6.6:在研究某一个具体问题时,往往规定一个集合,使问题所涉及的集合都是它的子集合,称这个集合为全集,记为 U。

全集是一个相对的概念,不同的问题,可以规定不同的全集。

定理 6.7：设 A 是一个任意集合，则

$$A \cap U = A$$
$$A \cup \varnothing = A$$

2. 补集

定义 6.7：设 A 是一个集合，U 是全集，称集合 $U-A$ 为 A 的补集，记为 $\overline{A}$，即

$$\overline{A} = U - A = \{x \in U \mid x \notin A\}$$

显然有以下定理。

定理 6.8：设 A 是任意一个集合，则

$$A \cup \overline{A} = U$$
$$A \cap \overline{A} = \varnothing$$

定理 6.9：设 A 和 B 是任意两个集合，则

$$\overline{A} = B \text{ 当且仅当 } A \cup B = U, A \cap B = \varnothing$$

证明：由定理 6.8 知必要性成立。

再证充分性。设 $A \cup B = U, A \cap B = \varnothing$，则

$$\begin{aligned} B &= B \cap U = B \cap (A \cup \overline{A}) = (B \cap A) \cup (B \cap \overline{A}) \\ &= \varnothing \cup (B \cap \overline{A}) = (A \cap \overline{A}) \cup (B \cap \overline{A}) \\ &= (A \cup B) \cap \overline{A} = U \cap \overline{A} = \overline{A} \end{aligned}$$

此定理的证明也给出了另一个重要结果，即任意一个集合的补集是唯一的。

推论：设 A 是任意一个集合，则 $\overline{\overline{A}} = A$。

证明：因为 $A \cup \overline{A} = U$，且 $A \cap \overline{A} = \varnothing$，由定理 6.9 知，一方面 $\overline{A}$ 是 A 的补，另一方面 A 也是 $\overline{A}$ 的补，即 $\overline{\overline{A}} = A$。

6.3.2 基本运算定理

下面证明一个重要定理——德·摩根(De Morgan)律。

定理 6.10：设 A 和 B 是任意两个集合，则

$$\overline{A \cap B} = \overline{A} \cup \overline{B}$$
$$\overline{A \cup B} = \overline{A} \cap \overline{B}$$

证明：因为

$$\begin{aligned} (A \cup B) \cap (\overline{A} \cap \overline{B}) &= (A \cap (\overline{A} \cap \overline{B})) \cup (B \cap (\overline{A} \cap \overline{B})) \\ &= ((\overline{A} \cap A) \cap \overline{B}) \cup (\overline{A} \cap (B \cap \overline{B})) \\ &= (\varnothing \cap \overline{B}) \cup (\overline{A} \cap \varnothing) \\ &= \varnothing \cup \varnothing \\ &= \varnothing \end{aligned}$$

$$\begin{aligned} (A \cup B) \cup (\overline{A} \cap \overline{B}) &= ((A \cup B) \cup \overline{A}) \cap ((A \cup B) \cup \overline{B}) \\ &= ((A \cup \overline{A}) \cup B) \cap (A \cup (\overline{B} \cup B)) \\ &= (U \cup B) \cap (A \cup U) \\ &= U \cap U \end{aligned}$$

$$=U$$

因此，由定理 6.9 知

$$\overline{A \cup B} = \overline{A} \cap \overline{B}$$

同理可证，$\overline{A \cap B} = \overline{A} \cup \overline{B}$。

引入全集和补集的概念可以对集合的运算提供很大方便。下面给出定理，使两个集合的差运算可以归结为交和补的复合运算。

定理 6.11：设 A 和 B 是两个任意的集合，则 $A-B=A\cap\overline{B}$。

证明：先证 $A-B\subseteq A\cap\overline{B}$。

对于任意的 x，若 $x\in A-B$，则 $x\in A$ 且 $x\notin B$，即 $x\in A$ 且 $x\in\overline{B}$，由交集的定义知，$x\in A\cap\overline{B}$，所以 $A-B\subseteq A\cap\overline{B}$。

再证 $A\cap\overline{B}\subseteq A-B$。

对于任意的 x，若 $x\in A\cap\overline{B}$，则 $x\in A$ 且 $x\in\overline{B}$，即 $x\in A$ 且 $x\notin B$，由差集的定义知，$x\in A-B$，所以 $A\cap\overline{B}\subseteq A-B$。

综上，有 $A-B=A\cap\overline{B}$。

例 6.4：A、B、C 是 3 个任意集合，求证

$$(A-B)\cap(A-C)=A-(B\cup C)$$

证明：由定理 6.11 以及交运算的结合律，可以得到

$$\begin{aligned}(A-B)\cap(A-C) &= (A\cap\overline{B})\cap(A\cap\overline{C})\\ &= A\cap(\overline{B}\cap\overline{C})\\ &= A\cap\overline{B\cup C}\\ &= A-(B\cup C)\end{aligned}$$

6.3.3 集合的计算机表示

计算机表示集合的方法有多种，一种方法是把集合中的元素在计算机中无序存储。但该方法在进行交、并或差运算时会很费时，因为这些运算将需要进行大量的元素搜索，从而降低算法的效率。本节介绍一种利用全集中元素的任何一种顺序来存放集合元素的方法，以提高集合运算的效率。

已知全集 $U=\{x_1,x_2,\cdots,x_n\}$，采用长度为 n 的二进制位串来表示 U 的子集 A：如果 $a_i\in A$，则二进制位串的第 i 位是 1；如果 $a_i\notin A$，则二进制位串的第 i 位是 0。反之亦然。例如，设 $U=\{a,b,c,d,e,f,g,h,i,j,k\}$，$A=\{a,d,g,h,j\}$，则 A 的二进制位串为 10010011010。

用二进制位串表示集合便于计算集合的并、交、差、补运算。如果约定 1 为真，0 为假，则采用联结词来实现集合的运算。

定义 6.8：已知两个集合的位串 $B_1=b_1b_2\cdots b_n$，$B_2=c_1c_2\cdots c_n$，则集合的并运算为两个位串的按位析取，集合的交运算为两个位串的按位合取，集合的差运算是位串的按位算术差“$\dot{-}$”，集合的补运算是位串的按位逻辑非。

例 6.5：已知$U=\{a,b,c,d,e,f,g,h,i,j,k\}$，$A=\{a,d,g,h,j\}$，$B=\{a,b,g,h,i,j\}$，试求$A\cup B$、$A\cap B$、$A-B$和$\overline{A}$。

解：根据定义知A、B的二进制位串分别为10010011010、11000011110。则

$\overline{A}$的位串为

$$\overline{10010011010}=01101100101$$

对应的集合为

$$\overline{A}=\{b,c,e,f,i,k\}$$

$A\cup B$的位串为

$$10010011010\vee 11000011110=11010011110$$

对应的集合为

$$A\cup B=\{a,b,d,g,h,i,j\}$$

$A\cap B$的位串为

$$10010011010\wedge 11000011110=10000011010$$

对应的集合为

$$A\cap B=\{a,g,h,j\}$$

$A-B$的位串为

$$10010011010\dot{-}11000011110=00010000000$$

对应的集合为

$$A-B=\{d\}$$

6.4 自然数与自然数集

6.4.1 后继

定义 6.9：设A是一个给定的集合，存在一个集合叫作A的后继，记为A^+，即$A^+=A\cup\{A\}$。

例如，设$A=\{1,2\}$，则$A^+=\{1,2\}\cup\{\{1,2\}\}=\{1,2,\{1,2\}\}$。

6.4.2 自然数和自然数集

现在从空集$\varnothing$开始来构造一个集合的序列。

$\varnothing$的后继为$\{\varnothing\}$。

$\{\varnothing\}$的后继为$\{\varnothing,\{\varnothing\}\}$。

而$\{\varnothing,\{\varnothing\}\}$的后继为$\{\varnothing,\{\varnothing\},\{\varnothing,\{\varnothing\}\}\}$。

……

显然可以构造出越来越多的后继。

可以给这些集合取如下名字：

$$0 = \varnothing$$
$$1 = \{\varnothing\}$$
$$2 = \{\varnothing,\{\varnothing\}\}$$
$$3 = \{\varnothing,\{\varnothing\},\{\varnothing,\{\varnothing\}\}\}$$
$$\cdots\cdots$$

显然有 $1=0^+$，$2=1^+$，$3=2^+$，如此等等，以至无穷。

定义 6.10：对于一个集合 S，如果它是空集$\varnothing$(亦即 0)，或者有一个自然数 n，使得 $S=n^+$，则称 S 为一个自然数。

对于任意两个自然数 m 和 n，如果 $m=n^+$，即 $m=n\cup\{n\}$，称 m 为 n 的后继，n 为 m 的前驱，可以记为 $m=n+1$，也可以记为 $n=m-1$。

定义 6.11：由所有自然数组成的集合叫自然数集，记为 $\mathbf{N}$，即

$$\mathbf{N} = \{0,1,2,3,\cdots\}$$

6.4.3 皮亚诺公理假设

自然数集 $\mathbf{N}$ 具有下列性质：

(1) $0\in\mathbf{N}$。

(2) 如果 $n\in\mathbf{N}$，那么 $n^+\in\mathbf{N}$。

(3) 0 不是任何自然数集的后继，即不存在自然数 $m\in\mathbf{N}$，使得 $0=m^+$。

(4) 如果 n 和 m 均是自然数，$n^+=m^+$，那么 $n=m$。

(5) 若 S 是 $\mathbf{N}$ 的子集，具有两个性质：

(i) $0\in S$。

(ii) 如果 $n\in S$，那么 $n^+\in S$。

则有 $S=\mathbf{N}$。

这就是有名的皮亚诺(Peano)公理假设。

皮亚诺公理假设的第(5)条也是数学归纳法的原理。设 n 是一个自然数，$P(n)$表示一个与 n 有关的公式或命题，我们令 $S=\{n\in\mathbf{N}\mid P(n)\text{为真}\}$。若证明了 $P(0)$为真，即 $0\in S$(归纳基础)，并且若 $P(n)$为真，则 $P(n^+)$也为真，即若 $n\in S$，则 $n^+\in S$(归纳步骤)，则由皮亚诺公理假设第(5)条，得到 $S=\mathbf{N}$。

例 6.6：证明对于任意自然数 m，都有 $m=0$ 或者 $0\in m$ 之一成立。

证明：对 m 用归纳法。

若 $m=0$，则结论成立。

归纳假设：对于任意自然数 m，结论成立。

考察 $m^+=m\cup\{m\}$，由归纳假设，$m=0$ 或者 $0\in m$ 之一成立。

若 $m=0$，则 $0=m\in\{m\}\subseteq\{m\}\cup m=m^+$。

若 $0\in m$，则 $0\in m\subseteq m\cup\{m\}=m^+$。

故有 $0\in m^+$，即对于 m^+ 结论成立。

由数学归纳法知命题成立。

例 6.7：设 n 是一个自然数，证明若有两个自然数 n_1 和 n_2，且 $n_1\in n_2$，$n_2\in n$，则 $n_1\in n$。

证明：设 $S=\{n\in\mathbf{N}\mid$ 如果 $n_1,n_2\in\mathbf{N}$，且 $n_1\in n_2,n_2\in n$，则 $n_1\in n\}$，即要证 $S=\mathbf{N}$。

因为 $0=\varnothing$，不存在任何元素(包括集合)属于 0，所以 0 具有以下性质：若 $\mathbf{N}$ 中有两个自然数 n_1 和 n_2，且 $n_1\in n_2$，$n_2\in 0$，则 $n_1\in 0$。由此可得 $0\in S$。

若 $n\in S$，要证 $n^+\in S$。若 $\mathbf{N}$ 中有两个自然数 n_1 和 n_2，且 $n_1\in n_2$，$n_2\in n^+=n\cup\{n\}$，于是 $n_2\in n$ 或者 $n_2\in\{n\}$。

若 $n_2\in n$，因为 $n\in S$，所以由 $n_1\in n_2$ 知 $n_1\in n\subseteq\{n\}\cup n=n^+$。

若 $n_2\in\{n\}$，则 $n_2=n$，即有 $n_1\in n_2=n\subseteq n\cup\{n\}=n^+$。

综上，$n^+\in S$。

由皮亚诺公理知 $S=\mathbf{N}$。

命题得证。

数学归纳法还有一种形式，即若 $n=0$ 时命题成立，假定当 $n\leqslant k$ 时命题成立，可以证明 $n=k+1$ 时命题也成立，则对于一切自然数命题均成立。这种归纳方法又叫第二归纳法。

例 6.8：设有数目相等的两堆棋子，两人轮流从任一堆里取出任意颗棋子，但不能不取，也不能同时在两堆里取。规定最后取完者获胜。求证可以保证让后取者必胜。

证明：对每堆棋子数目 n 作归纳。

当 $n=1$ 时，先取者必须取走两堆各一颗中的一颗，且仅能取一颗，后者取剩下一颗。后取者胜。

归纳假设：当 $n\leqslant k$ 时命题成立。

当 $n=k+1$ 时，先取者只能在一堆中取，若全部取完一堆，那么后取者取完另一堆，后取者胜。若先取者取 r 颗($0<r<k+1$)，则后取者在另一堆也取 r 颗。此时该先取者取，而两堆数目仍旧相等，但数目个数为 $k+1-r\leqslant k$，由归纳假设，先取者无论怎样取，后取者一定可以胜。

整个证明也完成了。这个证明没有从 0 开始，显然归纳法不一定从 0 开始。若从 n_0 开始，结论是对于大于或等于 n_0 的一切自然数命题成立。

6.4.4 自然数集的性质

由自然数集的定义，有以下结论：

性质 1：设 n_1、n_2 和 n_3 是 3 个任意的自然数，若 $n_1\in n_2$，$n_2\in n_3$，则 $n_1\in n_3$。

性质 2：设 n_1 和 n_2 是两个任意的自然数，则下述 3 个式子中有一个成立：

$$n_1\in n_2,\ n_1=n_2,\ n_2\in n_1$$

性质 3：设 S 是自然数集的任意非空子集，则存在 $n_0\in S$，使得 $n_0\cap S=\varnothing$。

性质 3 是一条公理，叫正则公理。在正则公理中，n_0 称为 S 的极小元。正则公理实际上说明了自然数集的一个有用性质：自然数集的任意非空子集有最小数。

例 6.9：证明对于任意自然数 m 和 n，若 $n\in m$，则 $n^+\in m$ 或者 $n^+=m$ 之一成立。

证明：对 m 用归纳法。

若 $m=0$，则命题"若 $n\in 0$，则 $n^+\in 0$ 或者 $n^+=0$"显然成立。

归纳假设：对任意的 m，结论成立，即若 $n\in m$，则 $n^+\in m$ 或者 $n^+=m$ 之一成立。

考察 $m^+=m\cup\{m\}$ 时的情形：

若 $n\in m^+=m\cup\{m\}$，则有 $n\in m$，或 $n=m$。

当 $n\in m$ 时，由归纳假设有 $n^+\in m$ 或者 $n^+=m$ 之一成立。

若 $n^+\in m$，则 $n^+\in m\subseteq m\cup\{m\}=m^+$。

若 $n^+=m$，则 $n^+=m\in\{m\}\cup m=m^+$。

当 $n=m$ 时，显然有 $n^+=m^+$。

所以对于 m^+，结论成立。

由数学归纳法知命题成立。

例 6.10：证明对于任意自然数 m 和 n，都有 $m\in n$ 或者 $m=n$ 或者 $n\in m$ 之一成立。

证明：对 n 用归纳法。

当 $n=0$ 时，由例 6.6 知结论成立。

归纳假设：对任意自然数 n 结论成立。

考察 $n^+=n\cup\{n\}$，由归纳假设，对任意自然数 m 和 n，都有 $m\in n$ 或者 $m=n$ 或者 $n\in m$ 之一成立。

若 $n\in m$，则由例 6.9 得到 $n^+\in m$ 或者 $n^+=m$ 之一成立。

若 $n=m$，则 $m\in\{m\}=\{n\}\subseteq n\cup\{n\}=n^+$。

若 $m\in n$，则 $m\in n\subseteq n\cup\{n\}=n^+$。即有 $n^+=m$ 或者 $n^+\in m$ 或者 $m\in n^+$ 三者之一成立，亦即对 n^+ 结论成立。

由数学归纳法知命题成立。

6.4.5 集合的递归定义与递归子程序

自然数集的性质提供了一个证明与自然数有关的命题的方法，即数学归纳法。自然数集的定义也提供了定义某些集合的一个方法，称之为归纳定义，又称之为递归定义。

集合的归纳定义由 3 部分组成：基础条款、归纳条款和最小性条款。

3 部分含义如下：

(1) 基础条款：用来定义该集合的最基本的元素。

(2) 归纳条款：用来构造集合的新元素的规则。

(3) 最小性条款：指出一个对象是定义的集合中的元素的充要条件是它可以通过有限次使用基础条款和归纳条款中所给的规定构造出来。

例 6.11：试用归纳定义集合 $S=\{n\in\mathbf{N}\mid 5\text{ 整除 }n\}$。

解：设 S 是一个集合，它满足以下 3 条：

(1) $0 \in S$。

(2) 若 $x \in S$,则 $x+5 \in S$。

(3) S 中的元素均是有限次使用(1)和(2)所得的。

例 6.12:已知 $\Sigma=\{a,b,c\}$ 是一个字母表,写出 Σ 上每个 a 均有 b 紧跟其后的所有符号串的集合的递归定义。

解:设 L 是如上定义的符号串,满足以下 3 条:

(1) $\varepsilon \in L$。

(2) 若 $u \in L$,则 $ub, uc, uab \in L$。

(3) L 中的元素是有限次使用(1)和(2)所得的。

对递归定义 3 要素(基础条款、归纳条款、最小性条款)的充分理解有助于解决递归子程序的形式化描述问题以及程序开发过程中软件设计的完备性问题。

下面以程序设计中的实际问题加以说明。

例 6.13:构造函数 $f(n)=n!$ 的递归子程序。

程序设计教材在描述该递归子程序时一般会给出如下代码:

```
int f(int n){
    if(n==0) return 1;
    else return n * f(n-1);
}
```

该程序对于一个正确的输入($n \geqslant 0$)会有一个正确的输出。但对于一个错误的输入($n<0$),程序未能给出合理的反应,其原因是该程序未能满足递归定义的最小性条款。一种完备的处理方式如下:

```
int f(int n){
    if(n==0) return 1;                    //基础条款
    else if(n>0)retun n * f(n-1);         //归纳条款
        else exit(0);                     //最小性条款,非正常退出,具体问题可作相应处理
}
```

递归定义提供了一种良好的定义方式,使得集合中元素的构造规律明确地表现出来,这给集合性质的归纳证明提供了良好的基础。归纳证明与归纳定义相对应,也由 3 步组成:

(1) 基础:证明该集合中的最基本元素具有性质 P。

(2) 归纳:证明如果被定义集合中的元素具有性质 P,则用某种运算、函数或组合方法对这些元素处理后所得结果也有性质 P。

(3) 由归纳法原理,集合中的所有元素具有性质 P。

例 6.14:用归纳法证明,对于任意的自然数 n,有

$$(0+1+2+\cdots+n)^2 = 0^3+1^3+2^3+\cdots+n^3$$

证明:

(1) 基础:当 $n=0$ 时,$0^2=0^3$,命题显然成立。

(2) 归纳：假设 $n=k$ 时，命题成立，即有

$$(0+1+2+\cdots+k)^2=0^3+1^3+2^3+\cdots+k^3$$

当 $n=k+1$ 时，有

$$\begin{aligned}&(0+1+2+\cdots+k+k+1)^2\\&=(0+1+2+\cdots+k)^2+2(0+1+2+\cdots+k)(k+1)+(k+1)^2\\&=0^3+1^3+2^3+\cdots+k^3+k(k+1)^2+(k+1)^2\\&=0^3+1^3+2^3+\cdots+k^3+(k+1)^2(k+1)\\&=0^3+1^3+2^3+\cdots+k^3+(k+1)^3\end{aligned}$$

所以，$n=k+1$ 时命题成立。

(3) 由归纳法原理知，结论对于任意的自然数 n 均成立。

6.5 包含与排斥原理

1. 有限集

一个集合 A，如果它所包含的元素个数是有限个，比如 n 个，就说 A 是有限集，记为 $|A|=n$。

本节所涉及的集合均为有限集。

2. 加法公式

设 A_1、A_2 是两个有限集，则

$$|A_1\cup A_2|=|A_1|+|A_2|-|A_1\cap A_2| \tag{6.1}$$

显然 A_1 和 A_2 中公共元素的个数是 $|A_1\cap A_2|$，这些元素中的每一个在 $|A_1|+|A_2|$ 时被计算了两次（一次在 A_1 中，一次在 A_2 中），但它在 $|A_1\cup A_2|$ 中是作为一个元素计算的。因此，在 $|A_1|+|A_2|$ 里计算两次的那些元素应该从 $|A_1|+|A_2|$ 中减去 $|A_1\cap A_2|$ 来调整，消除重复计算的部分，这样就得到了式(6.1)。

例如，某班有 40 位同学，第一次离散数学测验有 22 个同学得 A，第二次离散数学测验有 19 个同学得 A，有 8 个同学两次测验都得 A。设 A_1 是第一次得 A 的同学的集合，A_2 是第二次得 A 的同学的集合。于是，有

$$|A_1|=22,\ A_2=19,\ |A_1\cap A_2|=8$$

根据式(6.1)，有

$$|A_1\cup A_2|=22+19-8=33$$

在两次测验中，至少有一次测验得 A 的同学数为 33 位，而两次测验都没有得 A 的同学数为

$$40-|A_1\cup A_2|=40-33=7$$

即有 7 位同学在两次测验中没有得 A。

3. 一般加法公式

推广式(6.1)的结果，可以得到一般加法公式（多退少补公式）。

定理 6.12：设集合 $A_1, A_2, \cdots, A_n$ 是 n 个有限集。则

$$\begin{aligned}|A_1 \cup A_2 \cup \cdots \cup A_n| = &\sum_{1\leqslant i\leqslant n}|A_i| - \sum_{1\leqslant i<j\leqslant n}|A_i \cap A_j| + \\ &\sum_{1\leqslant i<j<k\leqslant n}|A_i \cap A_j \cap A_k| + \cdots + \\ &(-1)^{n-1}|A_1 \cap A_2 \cap \cdots \cap A_n|\end{aligned} \tag{6.2}$$

证明：对集合的个数用归纳法来证明。

显然，当 $n=2$ 时，由式(6.1)，结论成立。

假定在 $n-1$ 时结论成立。

考察在 n 时的情况。按式(6.1)，有

$$\begin{aligned}|A_1 \cup A_2 \cup \cdots \cup A_n| &= |(A_1 \cup A_2 \cup \cdots \cup A_{n-1}) \cup A_n| \\ &= |A_1 \cup A_2 \cup \cdots \cup A_{n-1}| + |A_n| - \\ &\quad |(A_1 \cup A_2 \cup \cdots \cup A_{n-1}) \cap A_n|\end{aligned} \tag{6.3}$$

对于 $n-1$ 个集合 $A_1, A_2, \cdots, A_{n-1}$，由归纳假设，有

$$\begin{aligned}|A_1 \cup A_2 \cup \cdots \cup A_{n-1}| = &\sum_{1\leqslant i\leqslant n-1}|A_i| - \sum_{1\leqslant i<j\leqslant n-1}|A_i \cap A_j| + \\ &\sum_{1\leqslant i<j<k\leqslant n-1}|A_i \cap A_j \cap A_k| + \cdots + \\ &(-1)^{n-2}|A_1 \cap A_2 \cap \cdots \cap A_{n-1}|\end{aligned} \tag{6.4}$$

显然，有

$$|(A_1 \cup A_2 \cup \cdots \cup A_{n-1}) \cap A_n| = |(A_1 \cap A_n) \cup (A_2 \cap A_n) \cup \cdots \cup (A_{n-1} \cap A_n)| \tag{6.5}$$

由归纳假设，对于 $n-1$ 个集合 $A_1 \cap A_n, A_2 \cap A_n, \cdots, A_{n-1} \cap A_n$，有

$$\begin{aligned}&|(A_1 \cap A_n) \cup (A_2 \cap A_n) \cup \cdots \cup (A_{n-1} \cap A_n)| \\ = &\sum_{1\leqslant i\leqslant n-1}|A_i \cap A_n| - \sum_{1\leqslant i<j\leqslant n-1}|A_i \cap A_j \cap A_n| + \\ &\sum_{1\leqslant i<j<k\leqslant n-1}|A_i \cap A_j \cap A_k \cap A_n| + \cdots + \\ &(-1)^{n-2}|A_1 \cap A_2 \cap \cdots \cap A_n|\end{aligned} \tag{6.6}$$

将式(6.4)、式(6.5)与式(6.6)代入式(6.3)后，整理就可以得到式(6.2)。

4. 减法公式

设 A_1、A_2 是两个有限集，则

$$|A_1 - A_2| = |A_1| - |A_1 \cap A_2| \tag{6.7}$$

例 6.15：在 1 和 300 之间，试求：

(1) 不能被 2、3、5、7 中任意一个整除的整数的个数。

(2) 能够被 2、3 中任意一个整除，但不能被 5、7 中任意一个整除的整数的个数。

解：设 A_i 表示 1 和 300 之间能被 i 整除的整数的集合，即

$$A_i = \{x \in \mathbf{N} \mid 1 \leqslant x \leqslant 300, \text{且 } i \text{ 整除 } x\}(i = 2,3,5,7)$$

(1) $|A_2| = 150$，$|A_3| = 100$，$|A_5| = 60$，$|A_7| = 42$，$|A_2 \cap A_3| = 50$，$|A_2 \cap A_5| = 30$，

$|A_2 \cap A_7| = 21$，$|A_3 \cap A_5| = 20$，$|A_3 \cap A_7| = 14$，$|A_5 \cap A_7| = 8$，$|A_2 \cap A_3 \cap A_5| = 10$，$|A_2 \cap A_3 \cap A_7| = 7$，$|A_2 \cap A_5 \cap A_7| = 4$，$|A_3 \cap A_5 \cap A_7| = 2$，$|A_2 \cap A_3 \cap A_5 \cap A_7| = 1$。

于是，有

$$\begin{aligned}|A_2 \cup A_3 \cup A_5 \cup A_7| &= 150 + 100 + 60 + 42 - 50 - 30 - 21 - 20 - \\ &\quad 14 - 8 + 10 + 7 + 4 + 2 - 1 \\ &= 231\end{aligned}$$

因此，不能被 2、3、5、7 中任意一个整除的整数的个数为

$$300 - |A_2 \cup A_3 \cup A_5 \cup A_7| = 300 - 231 = 69$$

(2) $A_2 \cap A_3 \cap \overline{A}_5 \cap \overline{A}_7 = A_2 \cap A_3 \cap \overline{A_5 \cup A_7} = A_2 \cap A_3 - A_5 \cup A_7$。

于是，

$$\begin{aligned}|A_2 \cap A_3 \cap \overline{A}_5 \cap \overline{A}_7| &= |A_2 \cap A_3 - A_5 \cup A_7| \\ &= |A_2 \cap A_3| - |(A_2 \cap A_3) \cap (A_5 \cup A_7)|\end{aligned}$$

$$\begin{aligned}|(A_2 \cap A_3) \cap (A_5 \cup A_7)| &= |(A_2 \cap A_3 \cap A_5) \cup (A_2 \cap A_3 \cap A_7)| \\ &= |A_2 \cap A_3 \cap A_5| + |A_2 \cap A_3 \cap A_7| - \\ &\quad |A_2 \cap A_3 \cap A_5 \cap A_7| \\ &= 10 + 7 - 1 = 16\end{aligned}$$

因此，

$$|A_2 \cap A_3 \cap \overline{A}_5 \cap \overline{A}_7| = |A_2 \cap A_3| - |(A_2 \cap A_3) \cap (A_5 \cup A_7)| = 50 - 16 = 34$$

6.6 典型例题

例 6.16：已知集合 $A=\{\{\varnothing\},中国\}$，$B=\{江苏,\{南京\}\}$。求：

(1) 2^A。

(2) $B\times 2^A$。

解：

(1) $2^A=\{\varnothing,A,\{\{\varnothing\}\},\{中国\}\}$。

(2) $B\times 2^A=\{(江苏,\varnothing),(江苏,A),(江苏,\{\{\varnothing\}\}),(江苏,\{中国\}),$
$(\{南京\},\varnothing),(\{南京\},A),(\{南京\},\{\{\varnothing\}\}),(\{南京\},\{中国\})\}$。

例 6.17：X、Y、Z 是 3 个任意的集合，证明$(X\cup Z)-(Y\cup Z)\subseteq X-Y$。

证明：对于任意的 $x\in(X\cup Z)-(Y\cup Z)$，$x\in X\cup Z$ 且 $x\notin Y\cup Z$，从而有 $x\in X$ 或 $x\in Z$，且 $x\notin Y$ 且 $x\notin Z$。因为 $x\in Z$，与 $x\notin Z$ 矛盾，所以 $x\in X$，则由 $x\notin Y$ 知 $x\in X-Y$。

因此，$(X\cup Z)-(Y\cup Z)\subseteq X-Y$。

例 6.18：A、B 和 C 是 3 个任意的集合，证明$(A-B)\cup(A-C)=\varnothing$当且仅当 $A\subseteq(B\cap C)$。

证明：(1) 必要性。设 $A\nsubseteq(B\cap C)$，则 $\exists x\in A$ 且 $x\notin B\cap C$，从而有 $x\notin B$ 或 $x\notin C$。

若 $x\notin B$，则根据差集的定义，由 $x\in A$，$x\notin B$ 知 $x\in A-B\subseteq(A-B)\cup(A-C)=\varnothing$。

与$\varnothing$定义矛盾。

若$x\notin C$,则根据差集的定义,由$x\in A$,$x\notin C$知$x\in A-C\subseteq(A-B)\cup(A-C)=\varnothing$。与$\varnothing$定义矛盾。

因此,$A\subseteq(B\cap C)$。

(2) 充分性。设$(A-B)\cup(A-C)\neq\varnothing$,则$\exists x\in A-B$或$x\in A-C$。

若$x\in A-B$,则由差集的定义知$x\in A$且$x\notin B$。根据交集的定义,由$x\notin B$知$x\notin B\cap C$。因为$A\subseteq(B\cap C)$,所以由$x\in A$知$x\in B\cap C$。与$x\notin B\cap C$矛盾。

若$x\in A-C$,则由差集的定义知,$x\in A$且$x\notin C$。根据交集的定义,由$x\notin C$知$x\notin B\cap C$。因为$A\subseteq(B\cap C)$,所以由$x\in A$知$x\in B\cap C$。与$x\notin B\cap C$矛盾。

因此,$(A-B)\cup(A-C)=\varnothing$。

例 6.19:已知二叉链表的定义如下。

```
typedef struct Bitnode{
    char data;
    Bitnode * lchild, * rchild;
}Bitnode;
```

用递归定义构造一个完备的递归子程序,计算二叉树叶子的个数。

解:

```
int countleaf(Bitnode * t){
    if(strcmp(typeid(t).name(),"Bitnode * ")==0)
        if(t==NULL) return 0;     //基础条款
        else{
            int m=countleaf(t->lchild);
            int n=countleaf(t->rchild);
            if(m+n==0) return 1;
            else return m+n;
        }                         //归纳条款
    else exit(0);                 //最小性条款,非正常退出,具体问题可作相应处理
}
```

习题

6.1 判别下列命题的真假,并简单说明理由。

(1) $\varnothing\subseteq\varnothing$

(2) $\varnothing\in\varnothing$

(3) $\varnothing\subseteq\{\varnothing\}$

(4) $\varnothing\in\{\varnothing\}$

(5) $\{a,b\}\subseteq\{a,b,c,\{a,b,c\}\}$

(6) $\{a,b\}\in\{a,b,c,\{a,b,c\}\}$

(7) $\{a,b\}\subseteq\{a,b,\{\{a,b\}\}\}$

(8) $\{a,b\}\in\{a,b,\{\{a,b\}\}\}$

6.2　设 $A=\{a,b,\{a,b\},\varnothing\}$,求出下列各式。

(1) $A-\{a,b\}$

(2) $A-\varnothing$

(3) $A-\{\varnothing\}$

(4) $\{\{a,b\}\}-A$

(5) $\varnothing-A$

(6) $\{\varnothing\}-A$

6.3　举出3个集合 A、B 和 C,使得 $A\in B$,$B\in C$ 且 $A\notin C$。

6.4　对任意集合 A、B 和 C,判断下列论断是否正确,并论证你的答案。

(1) $A\in B$,$B\subseteq C$,则 $A\in C$。

(2) $A\in B$,$B\subseteq C$,则 $A\subseteq C$。

(3) $A\subseteq B$,$B\in C$,则 $A\in C$。

(4) $A\subseteq B$,$B\in C$,则 $A\subseteq C$。

6.5　设 S 表示某林场所有的树的集合,$M,N,T,P\subseteq S$,且 M 是珍贵树的集合,N 是果树的集合,T 是去年刚栽的树的集合,P 是果树园中的树的集合。试写出下列各句子所对应的集合关系式。

(1) 所有的珍贵树都是去年栽的。

(2) 所有的去年栽的果树都在果树园中。

(3) 果树园里没有珍贵树。

(4) 没有一棵珍贵树是果树。

(5) 去年仅栽了珍贵树和果树。

6.6　假设$(A\cap C)\subseteq(B\cap C)$,$(A\cap\overline{C})\subseteq(B\cap\overline{C})$,求证 $A\subseteq B$。

6.7　设 A、B 和 C 是任意3个集合,证明

(1) $(A-B)-C=A-(B\cup C)$

(2) $(A-B)-C=A-C-B$

(3) $(A-B)-C=(A-B)-(B-C)$

6.8　设 A、B 和 C 是任意3个集合。

(1) 设 $A\subseteq B$,$C\subseteq D$,下面两式是否一定成立?

$$(A\cup C)\subseteq(B\cup D)$$
$$(A\cap C)\subseteq(B\cap D)$$

(2) 设 $A\subset B$,$C\subset D$,下面两式是否一定成立?

$$(A\cup C)\subset(B\cup D)$$
$$(A\cap C)\subset(B\cap D)$$

6.9　设 A、B 和 C 是任意3个集合。

(1) 若 $A\cup B=A\cup C$，一定有 $B=C$ 吗？

(2) 若 $A\cap B=A\cap C$，一定有 $B=C$ 吗？

(3) 若 $A\oplus B=A\oplus C$，一定有 $B=C$ 吗？

论证你的答案。

6.10 设 A、B 和 C 是 3 个任意的集合，证明 $(A-B)\cap(A-C)=\varnothing$ 当且仅当 $A\subseteq(B\cup C)$。

6.11 设 A、B 和 C 是 3 个任意的集合，证明 $(A-B)\oplus(A-C)=\varnothing$ 当且仅当 $A\cap B=A\cap C$。

6.12 对于任意的集合 A 和 B，试证明 $A\cap\overline{B}=\varnothing$ 当且仅当 $A\subseteq B$。

6.13 对下列情况，说明 P 和 Q 要满足什么条件。

(1) $P\cap Q=P$

(2) $P\cup Q=P$

(3) $P\oplus Q=P$

(4) $P\cap Q=P\cup Q$

6.14 设 A、B 是两个集合，对下列情况，说明 A、B 应满足什么条件。

(1) $A-B=B$

(2) $A-B=B-A$

6.15 设 A、B 和 C 是 3 个集合，已知

$$A\cap B=A\cap C$$
$$\overline{A}\cap B=\overline{A}\cap C$$

那么一定有 $B=C$ 吗？论述你的理由。

6.16 求下列集合的幂集。

(1) $\{a\}$

(2) $\{\{\varnothing\},\{$(中国，南京)$\}\}$

(3) $\{1,\{2\}\}$

(4) $\{(1,1),\{a\},\varnothing\}$

6.17 设 A、B 是两个任意的集合，证明 $2^A\cup 2^B\subseteq 2^{A\cup B}$，并给出 $2^A\cup 2^B\neq 2^{A\cup B}$ 的反例。

6.18 设 A、B 是两个任意的集合，证明 $A\subseteq B$ 当且仅当 $2^A\subseteq 2^B$。

6.19 设 $A=\{\varnothing\}$，$B=\mathscr{P}(\mathscr{P}(A))$，下述各式是否成立？

(1) $\varnothing\in B$

(2) $\varnothing\subseteq B$

(3) $\{\varnothing\}\in B$

(4) $\{\varnothing\}\subseteq B$

(5) $\{\{\varnothing\}\}\in B$

(6) $\{\{\varnothing\}\}\subseteq B$

6.20 设 $A=\{a,\{a\}\}$，$A=\{a,\{b\}\}$，下述各式是否成立？

(1) $\{a\}\in\mathscr{P}(A)$

(2) $\{a\}\subseteq\mathscr{P}(A)$

(3) $\{\{a\}\}\in\mathscr{P}(A)$

(4) $\{\{a\}\}\subseteq\mathscr{P}(A)$

(5) $\{a\}\in\mathscr{P}(B)$

(6) $\{a\}\subseteq\mathscr{P}(B)$

(7) $\{\{a\}\}\in\mathscr{P}(B)$

(8) $\{\{a\}\}\subseteq\mathscr{P}(B)$

6.21 设 A、B 和 S 为任意集合，判断下列命题的真假。

(1) $\varnothing$是$\varnothing$的子集。

(2) 如果 $S\cup A=S\cup B$，则 $A=B$。

(3) 如果 $S-A=\varnothing$，则 $S=A$。

(4) 如果 $\overline{S}-A=U$，则 $S\subseteq A$。

(5) $S\oplus S=S$。

6.22 已知全集 $U=\{1,2,3,4,5,6,7,8,9,10,11,12\}$，$A=\{1,3,5,7,10,12\}$，$B=\{2,3,4,5,8,11\}$。采用二进制位串的集合表示方法计算：

(1) $\overline{A}$

(2) $A\cap B$

(3) $A\cup B$

(4) $A-B$

(5) $A\cap\overline{B}$

(6) $\overline{A\cap B}\cap A$

6.23 求证：3 个连续非负整数的立方和能被 9 整除。

6.24 求证：对任意非负整数 n，$(11)^{n+2}+(12)^{2n+1}$能被 133 整除。

6.25 证明

$$\frac{1}{1\cdot 2}+\frac{1}{2\cdot 3}+\cdots+\frac{1}{n\cdot(n+1)}=\frac{n}{n+1}$$

6.26 已知 $\Sigma=\{a,b,c\}$是一个字母表，给出下列符号串的递归定义。

(1) Σ 上每个 a 有且仅有一个 b 紧跟其后的所有符号串的集合。

(2) Σ 上至少包含一个 a，且每个 a 都有 b 紧跟其后的所有符号串的集合。

6.27 从 1 到 300 的整数中，求

(1) 同时能被 3、5 和 7 整除的数有多少个？

(2) 不能被 3、5 和 7 中的任何数整除的数有多少个？

(3) 能够被 3 和 5 整除，但不能被 7 整除的数有多少个？

(4) 能够被 3 整除，但不能被 5 和 7 中的任何数整除的数有多少个？

(5) 只能被 3、5 和 7 中的一个数整除的数有多少个？

6.28 有 75 个学生去书店买语文、数学、英语课外书，每种书每个学生至多买 1 本，已知有 20 个学生每人买 3 本书，55 个学生每人至少买 2 本书，每本书的价格都是 1 元，所有的学生总共花费 140 元。

（1）恰好买 2 本书的有多少个学生？

（2）至少买 2 本书的学生共花费多少元？

（3）恰好买 1 本书的有多少个学生？

（4）至少买 1 本书的有多少个学生？

（5）没买书的有多少个学生？

第7章 关　　系

关系是一种特殊的集合，是集合论中继集合概念之后又一个重要的概念。关系的概念在计算机科学中的许多方面(如数据结构、数据库技术、信息检索、知识分类和算法分析等)均有广泛的应用。本章主要讨论关系的定义、关系的表示、关系的性质及关系的运算等。

7.1 集合的笛卡儿积集

7.1.1 有序二元组

首先引入有序二元组的概念。

定义 7.1：设 a 和 b 是两个元素，把 a 作为第一个元素，把 b 作为第二个元素，按这个顺序排列的一个二元组称为有序二元组，简称有序对，记为(a,b)。

平面直角坐标系中点的坐标就是有序二元组，例如$(1,-1)$，$(2,1)$，$(1,2)$，$(-1,-2)$，…，都代表坐标系中不同的点。

一般有序二元组具有以下特点：

(1) 当 $a \neq b$ 时，$(a,b) \neq (b,a)$。

(2) 两个有序对相等，即$(a,b)=(x,y)$当且仅当 $a=x, b=y$。

7.1.2 笛卡儿积集

下面引入集合的一个新运算。

定义 7.2：设 A 和 B 是两个集合，存在一个集合，它的元素是以 A 中元素为第一元素、B 中元素为第二元素构成的有序二元组，称它为集合 A 和 B 的笛卡儿积集，记为 $A \times B$。即

$$A \times B = \{(a,b) \mid a \in A, b \in B\}$$

例如，$A=\{$张彬，李林$\}$，$B=\{$数据结构，离散数学，操作系统$\}$，则

$$A \times B = \{(\text{张彬},\text{数据结构}),(\text{张彬},\text{离散数学}),(\text{张彬},\text{操作系统}),\\ (\text{李林},\text{数据结构}),(\text{李林},\text{离散数学}),(\text{李林},\text{操作系统})\}$$

由定义不难看出，两个集合的笛卡儿积集有以下性质。

性质1：若 A 和 B 至少有一个是空集，则它们的笛卡儿积集是空集，即

$$A\times\varnothing=\varnothing\times B=\varnothing$$

性质2：当 $A\neq B$ 且 A 和 B 均不是空集时，有

$$A\times B\neq B\times A$$

性质3：当 A、B、C 均不是空集时，有

$$A\times(B\times C)\neq(A\times B)\times C$$

例7.1：A、B、C 是3个任意的集合，证明 $A\times(B\cap C)=(A\times B)\cap(A\times C)$。

证明：对于任意的 $(x,y)\in A\times(B\cap C)$，由笛卡儿积集的定义知，$x\in A$ 且 $y\in B\cap C$，由交集的定义知 $y\in B$ 且 $y\in C$。根据笛卡儿积集的定义，由 $x\in A,y\in B$ 知 $(x,y)\in A\times B$，由 $x\in A,y\in C$ 知 $(x,y)\in A\times C$，从而有 $(x,y)\in(A\times B)\cap(A\times C)$。

因此，$A\times(B\cap C)\subseteq(A\times B)\cap(A\times C)$。

对于任意的 $(x,y)\in(A\times B)\cap(A\times C)$，有 $(x,y)\in A\times B$ 且 $(x,y)\in A\times C$。由笛卡儿积集的定义知 $x\in A$，$y\in B$ 且 $y\in C$，于是 $y\in B\cap C$，根据笛卡儿积集的定义，由 $x\in A$ 且 $y\in B\cap C$ 知 $(x,y)\in A\times(B\cap C)$。

因此，$(A\times B)\cap(A\times C)\subseteq A\times(B\cap C)$。

综上，$A\times(B\cap C)=(A\times B)\cap(A\times C)$。

例7.2：设 A、B、C、D 为任意集合，判断下列等式是否成立。

$$(A\cup B)\times(C\cup D)=(A\times C)\cup(B\times D)$$

解：不成立。

若 $A=D=\varnothing$，$B=C=\{1\}$，则

$$(A\cup B)\times(C\cup D)=\{1\}\times\{1\}=\{(1,1)\},\ (A\times C)\cup(B\times D)=\varnothing\cup\varnothing=\varnothing$$

于是，$(A\cup B)\times(C\cup D)\neq(A\times C)\cup(B\times D)$。

7.1.3 有序 n 元组、n 个集合的笛卡儿积集

下面把有序二元组和两个集合的笛卡儿积集的概念推广到 $n(n\geqslant 3)$ 元组和 n 重笛卡儿积集。

定义7.3：一个有序 $n(n\geqslant 3)$ 元组是一个有序二元组，其中第一个元素是一个有序 $n-1$ 元组。将一个有序 n 元组记为 $(a_1,a_2,\cdots,a_n)$，即

$$(a_1,a_2,\cdots,a_n)=((a_1,a_2,\cdots,a_{n-1}),a_n)$$

称 a_i 为该有序 n 元组的第 i 个元素 $(i=1,2,\cdots,n)$。

例如，硬件系统中，a 号通道的 b 号控制器的 c 号设备可表示成一个三元组 (a,b,c)；计算机系统的时钟 a 年 b 月 c 日 d 时 e 分 f 秒可表示为一个六元组 (a,b,c,d,e,f)；等等。

定义7.4：设 $A_1,A_2,\cdots,A_n$ 是 $n(n\geqslant 3)$ 个集合，存在一个集合，它的元素是由 A_i 中元素为第 i 个元素的有序 n 元组所构成的，称之为这 n 个集合的笛卡儿积集，记作 $A_1\times A_2\times\cdots\times A_n$，即

$$A_1\times A_2\times\cdots\times A_n=(A_1\times A_2\times\cdots\times A_{n-1})\times A_n$$

$$= \{(a_1, a_2, \cdots, a_n) \mid a_i \in A_i, i = 1, 2, \cdots, n\}$$

当 $A_1 = A_2 = \cdots = A_n = A$ 时，将 $A_1 \times A_2 \times \cdots \times A_n$ 记为 A^n，即

$$A^n = \underbrace{A \times A \times \cdots \times A}_{n个A} = A^{n-1} \times A$$

7.2 二元关系的基本概念

7.2.1 二元关系

定义 7.5：设 A、B 是两个集合，R 是 $A \times B$ 的任意一个子集，即

$$R \subseteq A \times B$$

则称 R 为从集合 A 到集合 B 的一个二元关系。

若 $R = \varnothing$，称 R 为空关系。

若 $R = A \times B$，称 R 为全关系。

当 $A = B$ 时，称二元关系 $R \subseteq A \times A$ 为 A 上的二元关系。

当 $A = B$ 时，记 $\Delta_A = \{(x, x) \mid x \in A\}$，称之为 A 上的恒等关系。

设 R 是从 A 到 B 的一个二元关系。若 $(x, y) \in R$，也记为 xRy，称元素 x 与 y 具有关系 R；若 $(x, y) \notin R$，称元素 x 与 y 没有关系 R。

所谓从 A 到 B 的一个二元关系就是描述了集合 A 中某些元素与集合 B 中某些元素的关联性。

设 $A = \{a_1, a_2, \cdots, a_n\}$，$B = \{b_1, b_2, \cdots, b_m\}$，$A$ 到 B 的二元关系是 $A \times B$ 的一个子集。根据关系的定义知，A 到 B 共有 2^{nm} 个二元关系。

例 7.3：设 $A = \{a, b, c, d, e\}$ 是 5 个学生的集合，$B = \{$数据结构，离散数学，英语，操作系统，程序设计，计算机导论$\}$ 是 6 门课程的集合，笛卡儿积集 $A \times B$ 给出了学生和课程之间的所有可能的配对。

$R_1 = \{(a,$ 数据结构$), (a,$ 离散数学$), (a,$ 英语$)\}$ 表示学生 a 选择数据结构、离散数学和英语课程。

$R_2 = \{(a,$ 数据结构$), (b,$ 数据结构$), (c,$ 数据结构$), (d,$ 数据结构$), (e,$ 数据结构$)\}$ 表示学生 a、b、c、d、e 选择数据结构课程。

$R_3 = \{(a,$ 数据结构$), (a,$ 离散数学$), (b,$ 英语$), (c,$ 数据结构$), (d,$ 英语$), (e,$ 操作系统$), (e,$ 数据结构$), (e,$ 离散数学$), (e,$ 英语$)\}$ 表示所有学生的选课关系。

R_1、R_2 和 R_3 都是从 A 到 B 的二元关系，可以描述学生选取的课程，也可以表示学生对某些课程的偏爱和所有学生的选课关系。

7.2.2 二元关系的表示

一个二元关系，除了用列出有序二元组的方法表示之外，也可以用表的形式或图的形式

来表示。

已知学生的集合 $A=\{a,b,c,d,e\}$，课程的集合 $B=\{$数据结构，离散数学，英语，操作系统，程序设计，计算机导论$\}$，学生与课程的选课关系可以表示为 $R=\{(a,$数据结构$),(a,$离散数学$),(b,$英语$),(c,$数据结构$),(d,$英语$),(d,$操作系统$),(e,$数据结构$),(e,$离散数学$),(e,$程序设计$)\}$，它是从 A 到 B 的一个二元关系。

上述二元关系 R 可以用表的形式表示，如表 7.1 所示。其中表的行对应 A 中的元素，表的列对应 B 中的元素，表中的符号"√"表示行的元素与列的元素的对应关系。

表 7.1 二元关系的表表示

学生	数据结构	离散数学	英语	操作系统	程序设计	计算机导论
a	√	√				
b			√			
c	√					
d			√	√		
e	√	√			√	

上述二元关系 R 也可以表示为图的形式，如图 7.1 所示，图中左边一列点表示 A 中的元素，右边一列点表示 B 中的元素，从左边的一个点到右边的一个点的箭头，表示 A 中的元素与 B 中的元素的对应关系。

上述二元关系 R 还可以用矩阵表示，其中行分别表示学生 a、b、c、d、e，列分别表示课程数据结构、离散数学、英语、操作系统、程序设计、计算机导论。二元关系 R 的矩阵表示如图 7.2 所示。

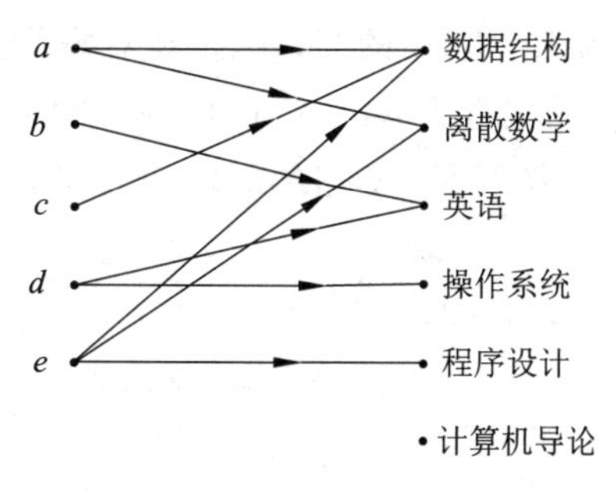

图 7.1 二元关系的图形表示

$$\begin{bmatrix} 1 & 1 & 0 & 0 & 0 & 0 \\ 0 & 0 & 1 & 0 & 0 & 0 \\ 1 & 0 & 0 & 0 & 0 & 0 \\ 0 & 0 & 1 & 1 & 0 & 0 \\ 1 & 1 & 0 & 0 & 1 & 0 \end{bmatrix}$$

图 7.2 二元关系的矩阵表示

一般地，设 $A=\{a_1,a_2,\cdots,a_n\}$，$B=\{b_1,b_2,\cdots,b_m\}$，一个二元关系 $R\subseteq A\times B$ 可以用一个 $n\times m$ 的矩阵 $\boldsymbol{M}_R$ 表示：

$$\boldsymbol{M}_R=(r_{ij})_{n\times m}$$

其中，若 $(a_i,b_j)\in R$，则 $r_{ij}=1$；若 $(a_i,b_j)\notin R$，则 $r_{ij}=0$。

7.2.3 二元关系与数据结构

根据二元关系的定义，A 上的二元关系可以分为空关系、一对一关系、一对多关系、多对一关系和多对多关系。它们可对应4种基本数据结构。

(1) 集合结构：数据元素之间的关系是"属于同一个集合"，除此之外没有任何关系。

(2) 线性结构：数据元素之间存在着一对一的线性关系。

(3) 树形结构：数据元素之间存在着一对多的层次关系。

(4) 图状结构或网状结构：数据元素之间存在着多对多的任意关系。

上述4类基本数据结构的关系图如图7.3所示。

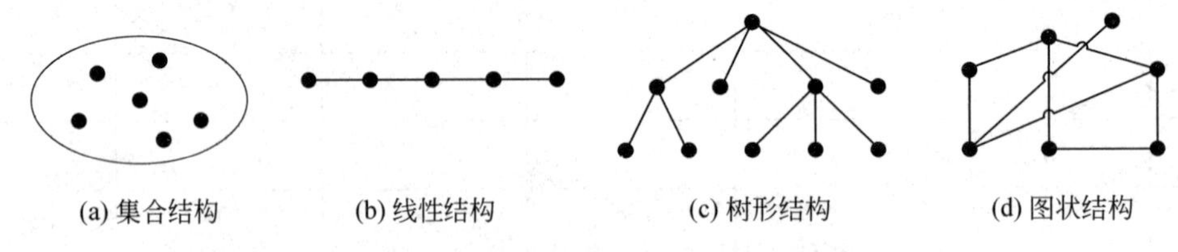

(a) 集合结构　(b) 线性结构　(c) 树形结构　(d) 图状结构

图7.3　4种基本数据结构的关系图

7.2.4 二元关系的运算

1. 关系的交、并、差和对称差

因为二元关系是以有序二元组为元素的集合，所以两个关系的交、两个关系的并、两个关系的差以及两个关系的对称差等概念可由集合论中对应的交、并、差、对称差等概念直接引出。具体地说，令 R_1 和 R_2 是从 A 到 B 的二元关系，那么 $R_1 \cap R_2$、$R_1 \cup R_2$、$R_1 - R_2$ 和 $R_1 \oplus R_2$ 也是从 A 到 B 的二元关系，它们分别称为 R_1 和 R_2 的交、并、差和对称差。

例7.4：已知 $A=\{1,2,3,4\}$，集合 A 上的二元关系为 $R_1=\{(1,1),(1,2),(2,3),(3,4)\}$，$R_2=\{(1,1),(1,4),(2,3),(3,4),(3,2)\}$。求 $R_1 \cap R_2$、$R_1 \cup R_2$、$R_1 - R_2$ 和 $R_1 \oplus R_2$。

解：$R_1 \cap R_2=\{(1,1),(2,3),(3,4)\}$

$R_1 \cup R_2=\{(1,1),(1,2),(2,3),(3,4),(1,4),(3,2)\}$

$R_1 - R_2=\{(1,2)\}$

$R_1 \oplus R_2=\{(1,2),(1,4),(3,2)\}$

例7.5：已知学生的集合 $A=\{a_1,a_2,\cdots,a_n\}$，课程的集合 $B=\{b_1,b_2,\cdots,b_m\}$。令

$$R_1 = \{(x,y) \mid x \in A, y \in B, \text{学生 } x \text{ 正在学课程 } y\}$$

$$R_2 = \{(x,y) \mid x \in A, y \in B, \text{学生 } x \text{ 喜欢课程 } y\}$$

则有

$$R_1 \cap R_2 = \{(x,y) \mid x \in A, y \in B, \text{学生 } x \text{ 正在学课程 } y \text{ 且学生 } x \text{ 喜欢课程 } y\}$$

$$R_1 \cup R_2 = \{(x,y) \mid x \in A, y \in B, \text{学生 } x \text{ 正在学课程 } y \text{ 或学生 } x \text{ 喜欢课程 } y\}$$

$R_1 - R_2 = \{(x,y) \mid x \in A, y \in B$,学生 x 正在学课程 y 但学生 x 不喜欢课程 $y\}$

$R_1 \oplus R_2 = \{(x,y) \mid x \in A, y \in B$,学生 x 正在学课程 y 但学生 x 不喜欢课程 y,

或学生 x 喜欢课程 y 但学生 x 没有正在学课程 $y\}$

2. 二元关系的逆运算与复合运算

二元关系除了作为集合所具有的交、并、差、对称差等运算外,还可以再定义一些新的运算。

定义 7.6:设 A 和 B 是两个集合,R 是从 A 到 B 的一个二元关系,即 $R \subseteq A \times B$。令

$$\widetilde{R} = \{(y,x) \mid (x,y) \in R\}$$

则 $\widetilde{R} \subseteq B \times A$ 是从 B 到 A 的一个二元关系,称为 R 的逆关系。

例 7.6:已知 $A=\{1,2,3,4,5\}$,$R=\{(1,1),(1,2),(2,3),(3,4),(5,3),(5,4)\}$,则

$$\widetilde{R} = \{(1,1),(2,1),(3,2),(4,3),(3,5),(4,5)\}$$

定义 7.7:设 A、B、C 是 3 个任意集合,R_1 是从 A 到 B 的一个二元关系,R_2 是从 B 到 C 的一个二元关系。令

$$R_1 \circ R_2 = \{(x,z) \in A \times C \mid \text{存在 } y \in B, \text{使得}(x,y) \in R_1, (y,z) \in R_2\}$$

则 $R_1 \circ R_2 \subseteq A \times C$ 是一个从 A 到 C 的二元关系,称为 R_1 与 R_2 的复合关系。

有一个特例,当 $A=B=C$,$R_1=R_2$ 时,$R_1 \circ R_2$ 记为 R_1^2,即 $R_1^2=R_1 \circ R_1$。

例 7.7:设 R_1 与 R_2 是自然数集 $\mathbf{N}$ 上的两个二元关系。

$$R_1 = \{(x,y) \mid x,y \in \mathbf{N}, \text{且 } y = x^2\}$$

$$R_2 = \{(x,y) \mid x,y \in \mathbf{N}, \text{且 } y = x+1\}$$

求 $\widetilde{R}_1$、$\widetilde{R}_2$、$R_1 \circ R_2$、$R_2 \circ R_1$、R_1^2。

解:$\widetilde{R}_1=\{(y,x) \mid x,y \in \mathbf{N}, \text{且 } y=x^2\}$

$\widetilde{R}_2=\{(y,x) \mid x,y \in \mathbf{N}, \text{且 } y=x+1\}$

$R_1 \circ R_2=\{(x,y) \mid x,y \in \mathbf{N}, \text{且 } y=x^2+1\}$

$R_2 \circ R_1=\{(x,y) \mid x,y \in \mathbf{N}, \text{且 } y=(x+1)^2\}$

$R_1^2=\{(x,y) \mid x,y \in \mathbf{N}, \text{且 } y=x^4\}$

定理 7.1:设 A、B、C、D 是 4 个任意集合,R_1、R_2、R_3 分别是从 A 到 B、从 B 到 C、从 C 到 D 的任意二元关系。则有

(1) $R_1 \circ \Delta_B = \Delta_A \circ R_1 = R_1$

(2) $\widetilde{\widetilde{R}}_1 = R_1$

(3) $\widetilde{R_1 \circ R_2} = \widetilde{R}_2 \circ \widetilde{R}_1$

(4) $(R_1 \circ R_2) \circ R_3 = R_1 \circ (R_2 \circ R_3)$

证明:仅证 $\Delta_A \circ R_1 = R_1$。

(1) 对于任意的 x、y,若 $(x,y) \in \Delta_A \circ R_1$,则由复合关系的定义知,存在 $a \in A$,使得 $(x,a) \in \Delta_A$,$(a,y) \in R_1$,根据恒等关系的定义,由 $(x,a) \in \Delta_A$ 知 $x=a$,所以 $(x,y)=(a,y) \in R_1$。因此 $\Delta_A \circ R_1 \subseteq R_1$。

另一方面，对于任意的 x、y，若 $(x,y)\in R_1$，则根据关系的定义知 $x\in A$，显然，$(x,x)\in \Delta_A$。根据复合关系的定义，由 $(x,x)\in \Delta_A$，$(x,y)\in R_1$ 知 $(x,y)\in \Delta_A\circ R_1$。因此，$R_1\subseteq \Delta_A\circ R_1$。

综上，$\Delta_A\circ R_1=R_1$。

(2) 对于任意的 x、y，若 $(x,y)\in\tilde{\tilde{R}}_1$，则由逆关系的定义知 $(y,x)\in\tilde{R}_1$，同理 $(x,y)\in R_1$。因此，$\tilde{\tilde{R}}_1\subseteq R_1$。

对于任意的 x、y，若 $(x,y)\in R_1$，则由逆关系的定义知 $(y,x)\in\tilde{R}_1$，同理 $(x,y)\in\tilde{\tilde{R}}_1$。因此，$R_1\subseteq\tilde{\tilde{R}}_1$。

综上，$\tilde{\tilde{R}}_1=R_1$。

(3) 对于任意的 x、y，若 $(x,y)\in\widetilde{R_1\circ R_2}$，则由逆关系的定义知 $(y,x)\in R_1\circ R_2$，进而由复合关系的定义知，存在 $a\in B$，使得 $(y,a)\in R_1$，$(a,x)\in R_2$，于是 $(x,a)\in\tilde{R}_2$，$(a,y)\in\tilde{R}_1$，从而有 $(x,y)\in\tilde{R}_2\circ\tilde{R}_1$。因此，$\widetilde{R_1\circ R_2}\subseteq\tilde{R}_2\circ\tilde{R}_1$。

另一方面，对于任意的 x、y，若 $(x,y)\in\tilde{R}_2\circ\tilde{R}_1$，则由复合关系的定义知，存在 $a\in B$，使得 $(x,a)\in\tilde{R}_2$，$(a,y)\in\tilde{R}_1$，根据逆关系的定义知，$(y,a)\in R_1$，$(a,x)\in R_2$，于是 $(y,x)\in R_1\circ R_2$，从而有 $(x,y)\in\widetilde{R_1\circ R_2}$。因此，$\tilde{R}_2\circ\tilde{R}_1\subseteq\widetilde{R_1\circ R_2}$。

综上，$\widetilde{R_1\circ R_2}=\tilde{R}_2\circ\tilde{R}_1$。

(4) 对于任意的 x、y，若 $(x,y)\in(R_1\circ R_2)\circ R_3$，则存在 $x_2\in C$，使得 $(x,x_2)\in R_1\circ R_2$，$(x_2,y)\in R_3$。进而由 $(x,x_2)\in R_1\circ R_2$ 知存在 $x_1\in B$，使得 $(x,x_1)\in R_1$，$(x_1,x_2)\in R_2$。根据复合关系的定义，由 $(x_1,x_2)\in R_2$，$(x_2,y)\in R_3$ 知 $(x_1,y)\in R_2\circ R_3$；由 $(x,x_1)\in R_1$，$(x_1,y)\in R_2\circ R_3$ 知 $(x,y)\in R_1\circ(R_2\circ R_3)$。因此，$(R_1\circ R_2)\circ R_3\subseteq R_1\circ(R_2\circ R_3)$。

同理可证，$R_1\circ(R_2\circ R_3)\subseteq(R_1\circ R_2)\circ R_3$。

综上，$(R_1\circ R_2)\circ R_3=R_1\circ(R_2\circ R_3)$。

从定理 7.1 的结论(4)可以看出二元关系的复合运算满足结合律。当 R 为某一集合 A 上的二元关系时，记 $R\circ R=R^2$。由于关系的复合满足结合律，可以定义

$$R^0=\Delta_A$$

$$R^n=\underbrace{R\circ R\circ\cdots\circ R}_{n\text{个}R}=R^{n-1}\circ R=R\circ R^{n-1}$$

并可以得到，对于任意自然数 m、n，有

$$R^m\circ R^n=R^{m+n}$$

$$(R^m)^n=R^{mn}$$

例 7.8：设 R_1、R_2 和 R_3 是集合 A 上的二元关系，证明，若 $R_1\subseteq R_2$，则 $R_1\circ R_3\subseteq R_2\circ R_3$。

证明：对于任意的 $x,y\in A$，若 $(x,y)\in R_1\circ R_3$，根据复合关系的定义知 $\exists x_1\in A$，使得 $(x,x_1)\in R_1$，$(x_1,y)\in R_3$。因为 $R_1\subseteq R_2$，所以 $(x,x_1)\in R_2$。再根据复合关系的定义，由

$(x,x_1)\in R_2$，$(x_1,y)\in R_3$ 得$(x,y)\in R_2\circ R_3$。

故，$R_1\circ R_3\subseteq R_2\circ R_3$。

7.3 n 元关系及其运算

本节讨论两个以上集合的元素间的关系，这种关系称为 n 元关系。该关系可以用来表示计算机的关系数据库，这种表示有助于数据库中相关信息的处理和查询。例如，学生信息管理系统中，数据库存储学生姓名、学号、学院名称、专业和课程绩点(GPA)等相关信息，教务管理人员可以根据 GPA 对学生成绩排序或查询 GPA 在 3.0 以上的所有学生信息等。

7.3.1 n 元关系

定义 7.8：设 $A_1,A_2,\cdots,A_n$ 是 n 个集合，$A_1\times A_2\times\cdots\times A_n$ 的子集称为集合 $A_1,A_2,\cdots,A_n$ 上的 n 元关系。其中，$A_1,A_2,\cdots,A_n$ 称为关系的域，n 称为关系的阶。

例 7.9：R 是 $\mathbf{N}\times\mathbf{N}\times\mathbf{N}$ 上的三元关系，且对于 $\forall x,y,z\in\mathbf{N}$，$(x,y,z)\in R$ 当且仅当 $x\leqslant y$ 且 $y\leqslant z$，那么就有$(2,2,4)\in R$，但$(5,6,4)\notin R$。

例 7.10：关系数据库 R 由记录组成，这些记录是由域构成的 n 元组，每一个元代表一个数据项，每一个 n 元组代表一个记录。表 7.2 给出了学生选课系统的学生信息表。

表 7.2 学生信息表

学生姓名	学 号	学院名称	专 业	GPA
张彬	1706841501	计算机学院	软件工程	3.1
李红	1707865502	经管学院	经济学	2.9
朱小鹏	1706841620	计算机学院	网络工程	3.5
朱瑛	1710680125	自动化学院	电气工程	3.2
徐姗姗	1715480211	人文学院	人力资源	3.8
赵建	1606841520	计算机学院	智能技术	2.8

由表 7.2 可知，5 元组(张彬，1706841501，计算机学院，软件工程，3.1)$\in R$，而 5 元组(张彬，1706841501，自动化学院，软件工程，3.1)$\notin R$ 等。

7.3.2 n 元关系的运算

1. 选择运算

可以通过 n 元关系上的运算构造新的 n 元关系。这些运算可以完成关系数据库中满足

特定条件的所有 n 元组的查询。

定义 7.9：设 R 是一个 n 元关系，C 是 R 中元素可能满足的条件，把 n 元关系 R 限制至 R 中满足条件 C 的所有 n 元组构成的 n 元关系的运算称为选择运算，记为 S_C。

例 7.11：对于表 7.2 所示的 n 元关系，C_1 是条件“学院名称＝"计算机学院"”，C_2 是条件“GPA≥"3.0"”，执行选择运算 S_{C_1} 得到的 n 元关系如表 7.3 所示，执行选择运算 S_{C_2} 得到的 n 元关系如表 7.4 所示。

表 7.3　执行选择运算 S_{C_1} 后的学生信息表

学生姓名	学　号	学院名称	专　业	GPA
张彬	1706841501	计算机学院	软件工程	3.1
朱小鹏	1706841620	计算机学院	网络工程	3.5
赵建	1606841520	计算机学院	智能技术	2.8

表 7.4　执行选择运算 S_{C_2} 后的学生信息表

学生姓名	学　号	学院名称	专　业	GPA
张彬	1706841501	计算机学院	软件工程	3.1
朱小鹏	1706841620	计算机学院	网络工程	3.5
朱瑛	1710680125	自动化学院	电气工程	3.2
徐姗姗	1715480211	人文学院	人力资源	3.8

2. 投影运算

定义 7.10：投影 $P_{i_1,i_2,\cdots,i_m}$（其中 $1\leqslant i_1<i_2<\cdots<i_m\leqslant n, m\leqslant n$）是将 n 元组 $(a_1,a_2,\cdots,a_n)$ 映射到 m 元组 $(a_{i_1},a_{i_2},\cdots,a_{i_m})$ 的运算。

例 7.12：表 7.2 执行投影运算 $P_{1,2,5}$ 后的结果如表 7.5 所示。

表 7.5　执行投影运算 $P_{1,2,5}$ 后的学生信息表

学生姓名	学　号	GPA	学生姓名	学　号	GPA
张彬	1706841501	3.1	朱瑛	1710680125	3.2
李红	1707865502	2.9	徐姗姗	1715480211	3.8
朱小鹏	1706841620	3.5	赵建	1606841520	2.8

如果关系表中的某些 n 元组在投影的 m 个列中每个分量的值都相同，但在被删除的列中有不同的值时，则对一个关系表使用投影时，行有可能减少，如例 7.13 所示。

例 7.13：已知学生选课信息表如表 7.6 所示，执行投影运算 $P_{1,3}$ 后的学生选课信息表如表 7.7 所示。

表 7.6 学生选课信息表

学生姓名	学号	专业	课程名称
张彬	1706841501	软件工程	离散数学
张彬	1706841501	软件工程	数据结构
张彬	1706841501	软件工程	英语
李红	1707865502	经济学	管理学
朱小鹏	1706841620	网络工程	数据结构
朱小鹏	1706841620	网络工程	离散数学
徐姗姗	1715480211	人力资源	人力资源导论
赵建	1606841520	智能技术	离散数学

表 7.7 执行投影运算 $P_{1,3}$ 后的学生选课信息表

学生姓名	专业	学生姓名	专业	学生姓名	专业
张彬	软件工程	朱小鹏	网络工程	赵建	智能技术
李红	经济学	徐姗姗	人力资源		

3. 连接运算

定义 7.11：设 R 是一个 n 元关系，S 是一个 m 元关系，连接运算 $J_p(R,S)$ 是一个 $n+m-p$ 元关系，其中 $p\leqslant n$ 和 $p\leqslant m$。它包含了所有的 $n+m-p$ 元组 $(a_1,a_2,\cdots,a_{n-p},c_1,c_2,\cdots,c_p,b_1,b_2,\cdots,b_{m-p})$，其中，$n$ 元组 $(a_1,a_2,\cdots,a_{n-p},c_1,c_2,\cdots,c_p)\in R$，$m$ 元组 $(c_1,c_2,\cdots,c_p,b_1,b_2,\cdots,b_{m-p})\in S$。

换句话说，连接运算符 J_p 将 n 元组的后 p 个分量与 m 元组的前 p 个分量相同的第一个关系中的所有 n 元组和第二个关系的所有 m 元组组合起来构成了一个新的关系。

例 7.14：已知教学课程信息表如表 7.8 所示，教室安排信息表如表 7.9 所示。采用连接运算 J_2 构成的教学安排信息表如表 7.10 所示。

表 7.8 教学课程信息表

教师姓名	学院名称	课程号
范彬彬	计算机学院	06061201
范彬彬	计算机学院	06061202
李冰	自动化学院	08091101
江永元	经管学院	07071102
张山	人文学院	09052201
朱平	理学院	05021110
⋮	⋮	⋮

表 7.9 教室安排信息表

学院名称	课程号	教室编号	节次
自动化学院	08091101	Ⅰ-305	1-2
自动化学院	09091105	Ⅰ-306	2-1
计算机学院	06061201	Ⅳ-C105	1-3
计算机学院	06061202	Ⅳ-C208	4-1
经管学院	07071102	Ⅱ-209	3-1
人文学院	09052201	Ⅱ-301	4-4
⋮	⋮	⋮	⋮

表 7.10 教学安排信息表

教师姓名	学院名称	课程号	教室编号	节次
范彬彬	计算机学院	06061201	Ⅳ-C105	1-3
范彬彬	计算机学院	06061202	Ⅳ-C208	4-1
李冰	自动化学院	08091101	Ⅰ-305	1-2
江永元	经管学院	07071102	Ⅱ-209	3-1
张山	人文学院	09052201	Ⅱ-301	4-4
⋮	⋮	⋮	⋮	⋮

7.4 二元关系的性质

本节所述关系是集合 A 上的二元关系。

7.4.1 自反性、反自反性、对称性、反对称性、传递性和反传递性

设 R 是集合 A 上的一个二元关系,即 $R\subseteq A\times A$。

定义 7.12:对于任意的 $x\in A$,均有 $(x,x)\in R$,则称关系 R 有自反性,或称 R 是 A 上的自反关系。

自反关系用谓词演算公式可表示为:若 $\forall x(x\in A\rightarrow(x,x)\in R)$,则称 R 是 A 上的自反关系。

例 7.15:已知 $A=\{1,2,3,4,5\}$,关系 $R_1=\{(1,1),(2,2),(3,3),(4,4),(5,5),(4,5),(2,1),(3,5)\}$具有自反性,关系 $R_2=\{(1,1),(2,2),(3,3),(4,4),(3,4),(4,5)\}$不具有自反性。

定义 7.13:对于任意的 $x\in A$,均有 $(x,x)\notin R$,则称关系 R 有反自反性,或称 R 是 A 上的反自反关系。

反自反关系用谓词演算公式可表示为:若 $\forall x(x\in A\rightarrow(x,x)\notin R)$,则称 R 是 A 上的反自反关系。

例 7.16:已知 $A=\{1,2,3,4,5\}$,关系 $R_1=\{(1,2),(2,3),(4,5),(2,1),(3,5)\}$具有反自反性,关系 $R_2=\{(1,2),(2,3),(4,4),(3,4),(4,5)\}$不具有反自反性。

定义 7.14:对于任意的 $x,y\in A$,若 $(x,y)\in R$,就有 $(y,x)\in R$,则称关系 R 有对称性,或称 R 是 A 上的对称关系。

对称关系用谓词演算公式可表示为:若 $\forall x\forall y((x\in A\wedge y\in A\wedge(x,y)\in R)\rightarrow(y,x)\in R)$,则称 R 是 A 上的对称关系。

例 7.17：已知 $A=\{1,2,3,4,5\}$，关系 $R_1=\{(1,1),(2,2),(1,2),(2,1),(2,3),(3,2),(3,5),(5,3)\}$ 具有对称性，关系 $R_2=\{(1,1),(3,3),(1,2),(2,1),(2,3),(3,2),(3,5)\}$ 不具有对称性。

定义 7.15：对于任意的 $x,y\in A$，若 $(x,y)\in R$ 且 $(y,x)\in R$，就有 $x=y$，则称关系 R 有反对称性，或称 R 是 A 上的反对称关系。

反对称关系用谓词演算公式可表示为：若 $\forall x\forall y((x\in A\wedge y\in A\wedge(x,y)\in R\wedge(y,x)\in R)\to x=y)$，则称 R 是 A 上的反对称关系。

例 7.18：已知 $A=\{1,2,3,4,5\}$，关系 $R_1=\{(1,1),(2,2),(3,3),(2,1),(2,3),(3,5),(4,3)\}$ 具有反对称性，关系 $R_2=\{(1,1),(3,3),(1,2),(2,1),(2,3),(3,5),(4,5)\}$ 不具有反对称性。

定义 7.16：对于任意的 $x,y,z\in A$，若 $(x,y)\in R$ 且 $(y,z)\in R$，就有 $(x,z)\in R$，则称关系 R 有传递性，或称 R 是 A 上的传递关系。

传递关系用谓词演算公式可表示为：若 $\forall x\forall y\forall z((x\in A\wedge y\in A\wedge z\in A\wedge(x,y)\in R\wedge(y,z)\in R)\to(x,z)\in R)$，则称 R 是 A 上的传递关系。

例 7.19：已知 $A=\{1,2,3,4,5\}$，关系 $R_1=\{(1,1),(2,2),(3,3),(1,2),(2,1),(2,3),(1,3),(3,5),(1,5),(2,5)\}$ 和 $R_2=\{(2,1),(3,4)\}$ 均具有传递性，关系 $R_3=\{(1,1),(3,3),(1,2),(2,1),(2,3),(3,5),(4,5)\}$ 不具有传递性。

定义 7.17：对于任意的 $x,y,z\in A$，若 $(x,y)\in R$ 且 $(y,z)\in R$，就有 $(x,z)\notin R$，则称关系 R 有反传递性，或称 R 是 A 上的反传递关系。

反传递关系用谓词演算公式可表示为：若 $\forall x\forall y\forall z((x\in A\wedge y\in A\wedge z\in A\wedge(x,y)\in R\wedge(y,z)\in R)\to(x,z)\notin R)$，则称 R 是 A 上的反传递关系。

例 7.20：已知 $A=\{1,2,3,4,5\}$，关系 $R_1=\{(1,2),(2,1),(2,3),(3,5),(4,5)\}$ 和 $R_2=\{(2,1),(1,4)\}$ 均具有反传递性，关系 $R_3=\{(1,1),(2,3),(3,5),(4,5)\}$ 不具有反传递性。

根据关系的定义知：

A 上的全关系 $A\times A$ 具有自反性、对称性和传递性。

A 上的恒等关系 Δ_A 具有自反性、对称性、反对称性和传递性。

A 上的空关系 $\varnothing$ 具有反自反性、对称性、反对称性、传递性和反传递性。

例 7.21：设 $A=\{1,2,3,4\}$，令

$$R_1=\{(1,1),(2,2),(3,3),(4,4),(1,2),(2,1),(2,3),(3,4),(2,4)\}$$
$$R_2=\{(1,2),(2,3),(2,4)\}$$
$$R_3=\{(1,1),(1,2),(2,3),(3,4),(1,4)\}$$

R_1、R_2、R_3 具有哪些性质？

解：R_1 具有自反性，R_2 具有反自反性、反对称性和反传递性，R_3 具有反对称性。

例 7.22：判断图 7.4 中表示的 3 个二元关系的性质。

解：(a)中的关系是对称的、传递的，(b)中的关系是反自反的、反对称的和传递的，(c)

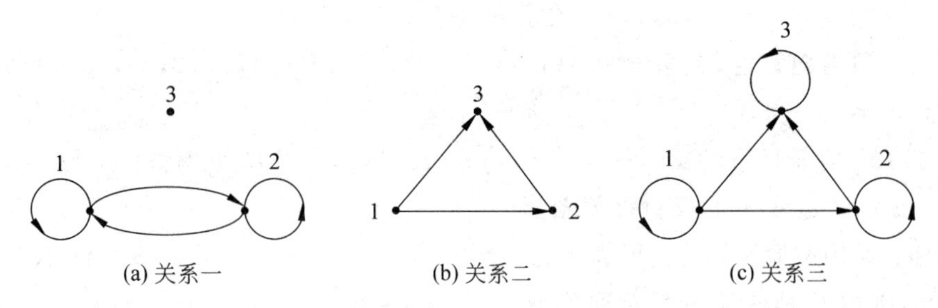

图 7.4　3 个二元关系的图形表示

中的关系是自反的、反对称的、传递的。

7.4.2　二元关系性质的判定定理

下面给出集合 A 上二元关系的每一个性质的判定定理。

定理 7.2：R 是集合 A 上的一个二元关系，则

(1) R 有自反性当且仅当 $\Delta_A \subseteq R$。

(2) R 有反自反性当且仅当 $\Delta_A \cap R = \varnothing$。

(3) R 有对称性当且仅当 $\widetilde{R} = R$。

(4) R 有反对称性当且仅当 $\widetilde{R} \cap R \subseteq \Delta_A$。

(5) R 有传递性当且仅当 $R \circ R \subseteq R$。

(6) R 有反传递性当且仅当 $(R \circ R) \cap R = \varnothing$。

证明：

(1)、(2) 比较明显，证明略。

(3) 对于任意的 $x, y \in A$，若 $(x,y) \in R$，因为 R 有对称性。所以 $(y,x) \in R$。又由逆关系的定义知 $(x,y) \in \widetilde{R}$，故 $R \subseteq \widetilde{R}$。

对于任意的 $x, y \in A$，若 $(x,y) \in \widetilde{R}$，则由逆关系的定义知 $(y,x) \in R$，因为 R 有对称性，所以 $(x,y) \in R$，故 $\widetilde{R} \subseteq R$。

综上，$\widetilde{R} = R$。

(4) 对于任意的 $x, y \in A$，若 $(x,y) \in \widetilde{R} \cap R$，则有 $(x,y) \in \widetilde{R}$ 且 $(x,y) \in R$。由逆关系的定义知 $(y,x) \in R$。因为 R 有反对称性，所以由 $(x,y) \in R$，$(y,x) \in R$ 知 $x = y$，从而有 $(x,y) = (x,x) \in \Delta_A$。

故，$\widetilde{R} \cap R \subseteq \Delta_A$。

对于任意的 $x, y \in A$，若 $(x,y) \in R$ 且 $(y,x) \in R$，由逆关系的定义知 $(x,y) \in \widetilde{R}$，由交集的定义知 $(x,y) \in \widetilde{R} \cap R$。因为 $\widetilde{R} \cap R \subseteq \Delta_A$，所以 $(x,y) \in \Delta_A$，从而有 $x = y$。

故，R 具有反对称性。

(5) 对于任意的 $x, y \in A$，若 $(x,y) \in R \circ R$，则由复合关系的定义知，存在 $z \in A$，使得 $(x,z) \in R$，$(z,y) \in R$。因为 R 有传递性，所以 $(x,y) \in R$。由子集的定义知 $R \circ R \subseteq R$。

对于任意的 $x,y,z\in A$,若$(x,y)\in R$ 且$(y,z)\in R$,由复合关系的定义知$(x,z)\in R\circ R$。因为 $R\circ R\subseteq R$,所以$(x,z)\in R$,故 R 具有传递性。

(6) 设$(R\circ R)\cap R\neq\varnothing$,则存在$(x,y)\in(R\circ R)\cap R$,由交集的定义知$(x,y)\in R$ 且$(x,y)\in R\circ R$,根据复合关系的定义,存在 $z\in A$,使得$(x,z)\in R$,$(z,y)\in R$。因为 R 有反传递性,所以$(x,y)\notin R$,与$(x,y)\in R$ 矛盾,故$(R\circ R)\cap R=\varnothing$。

对于任意的 $x,y\in A$,若$(x,y)\in R$ 且$(y,z)\in R$,则$(x,z)\in R\circ R$。设$(x,z)\in R$,则由交集的定义知$(x,z)\in(R\circ R)\cap R\neq\varnothing$,与已知矛盾,所以$(x,z)\notin R$。

因此,R 有反传递性。

下面再看一个例子。

例 7.23:设 R_1 和 R_2 是集合 A 上两个二元关系,R_1 和 R_2 均具有传递性。下列各式中哪些仍具有传递性?若有,证明之;若没有,举反例说明之。

(1) $R_1\cup R_2$

(2) $R_1\cap R_2$

(3) R_1-R_2

解:

(1) $R_1\cup R_2$ 没有传递性。例如,$R_1=\{(1,2),(2,3),(1,3)\}$,$R_2=\{(3,4)\}$有传递性,而 $R_1\cup R_2=\{(1,2),(2,3),(1,3),(3,4)\}$没有传递性。

(2) $R_1\cap R_2$ 有传递性。对于任意的 $x,y,z\in A$,若$(x,y)\in R_1\cap R_2$ 且$(y,z)\in R_1\cap R_2$,则$(x,y)\in R_1$,$(x,y)\in R_2$ 且$(y,z)\in R_1$,$(y,z)\in R_2$。因为 R_1、R_2 有传递性,所以由$(x,y)\in R_1$ 和$(y,z)\in R_1$ 知$(x,z)\in R_1$;由$(x,y)\in R_2$ 和$(y,z)\in R_2$ 知$(x,z)\in R_2$,从而有$(x,z)\in R_1\cap R_2$。故 $R_1\cap R_2$ 有传递性。

(3) R_1-R_2 没有传递性。例如,$R_1=\{(1,2),(2,3),(1,3)\}$,$R_2=\{(1,3)\}$有传递性,而 $R_1-R_2=\{(1,2),(2,3)\}$没有传递性。

在例 7.23 中,若将传递性改为自反性、反自反性、对称性和反对称性来讨论,结论怎样呢?详见表 7.11。

表 7.11 关系运算的相关性质

前提和结论		自反性	反自反性	对称性	反对称性	传递性
前提	R_1	√	√	√	√	√
	R_2	√	√	√	√	√
结论	$R_1\cup R_2$	√	√	√	×	×
	$R_1\cap R_2$	√	√	√	√	√
	R_1-R_2	×	√	√	√	×
	$R_1\oplus R_2$	×	√	√	×	×

对于图形表示或矩阵表示的二元关系,自反性、反自反性、对称性、反对称性和传递性具

有一些特点,详见表 7.12。根据这些特点,不难判断二元关系的性质。

表 7.12　二元关系性质的特点

表示形式	自　反　性	反自反性	对　称　性	反对称性	传　递　性
定义	对于 $\forall x \in A$, 有 $(x,x) \in R$	对于 $\forall x \in A$, 有 $(x,x) \notin R$	若 $(x,y) \in R$, 则 $(y,x) \in R$	若 $(x,y) \in R$ 且 $(y,x) \in R$, 则 $x=y$	若 $(x,y) \in R$ 且 $(y,z) \in R$, 则 $(x,z) \in R$
图表示	每个顶点有环	每个顶点没有环	如果两个顶点间有边,一定是双向边	如果两个顶点之间有边,则仅有一条边	如果顶点 A 到 B 有边,B 到 C 有边,则从 A 到 C 有边
矩阵表示	主对角线元素全为 1	主对角线元素全为 0	为对称矩阵	如果 $r_{ij}=1$, 且 $i \neq j$, 则 $r_{ji}=0$	

7.5　二元关系的闭包运算

本节所述关系是非空集合上的二元关系。

7.5.1　自反闭包、对称闭包和传递闭包

设 A 是一个非空集合,R 是 A 上的一个二元关系,假定 P 是关系的某一性质。R 未必具有性质 P,可以在 R 中添加一些有序二元组而构成新的具有性质 P 的关系 R',但又不希望 R' 变得"过大",最好具有一定的最小性。将这种包含了关系 R 且具有性质 P 的最小集合 R' 称为 R 的具有性质 P 的闭包。关于性质 P,仅限于讨论自反性、对称性、传递性。

定义 7.18:A 是一个非空集合,R 是 A 上的一个二元关系。若一个关系 $R' \subseteq A \times A$ 满足

(1) R' 是自反(对称、传递)的。

(2) $R \subseteq R'$。

(3) 对任意关系 R'',若 $R \subseteq R''$ 且 R'' 具有自反(对称、传递)性,则 $R' \subseteq R''$,称 R' 为 R 的自反(对称、传递)闭包,用 $r(R)$($s(R)$、$t(R)$)表示 R 的自反闭包(对称闭包、传递闭包)。

例 7.24:设 $A=\{a,b,c,d\}$,$R=\{(a,a),(b,b),(b,c),(c,d)\}$,则

$$r(R) = \{(a,a),(b,b),(c,c),(d,d),(b,c),(c,d)\}$$

$$s(R) = \{(a,a),(b,b),(b,c),(c,d),(c,b),(d,c)\}$$

$$t(R) = \{(a,a),(b,b),(b,c),(c,d),(b,d)\}$$

7.5.2　闭包的判定定理

下面给出 $r(R)$ 的结构定理。

定理 7.3:设 R 是集合 A 上的二元关系,则 $r(R)=R \cup \Delta_A$。

证明：用 $R\cup\Delta_A$ 满足自反闭包的定义来证明。记 $R'=R\cup\Delta_A$，显然 $R\subseteq R'$。

对于任意的 x，若 $x\in A$，则 $(x,x)\in\Delta_A$，从而有 $(x,x)\in R\cup\Delta_A$。故 R' 有自反性。

设 R'' 是任意一个包含关系 R 且具有自反性的二元关系。对于任意的 $x,y\in A$，若 $(x,y)\in R'=R\cup\Delta_A$，则 $(x,y)\in R$ 或者 $(x,y)\in\Delta_A$。

若 $(x,y)\in R$，因为 $R\subseteq R''$，所以 $(x,y)\in R''$；若 $(x,y)\in\Delta_A$，则 $x=y\in A$，因为 R'' 有自反性，所以 $(x,y)=(x,x)\in R''$。

综上，$R'\subseteq R''$。

因此，由自反闭包定义知，R' 为自反闭包，故 $r(R)=R\cup\Delta_A$。

下面给出 $s(R)$ 的结构定理。

定理 7.4：设 $s(R)$ 是集合 A 上的二元关系，则 $s(R)=R\cup\widetilde{R}$。

证明：先证 $R\cup\widetilde{R}\subseteq s(R)$。

对于任意的 $x,y\in A$，若 $(x,y)\in R\cup\widetilde{R}$，则 $(x,y)\in R$ 或 $(x,y)\in\widetilde{R}$。

若 $(x,y)\in R$，因为 $R\subseteq s(R)$，所以 $(x,y)\in s(R)$。

若 $(x,y)\in\widetilde{R}$，则 $(y,x)\in R$，因为 $R\subseteq s(R)$，所以 $(y,x)\in s(R)$，又因为 $s(R)$ 有对称性，所以 $(x,y)\in s(R)$。

因此，$R\cup\widetilde{R}\subseteq s(R)$。

再证 $s(R)\subseteq R\cup\widetilde{R}$，不直接从元素着手，可由定义 7.18 的第(3)条性质而得。因为 $R\subseteq R\cup\widetilde{R}$，且 $\widetilde{R\cup\widetilde{R}}=R\cup\widetilde{R}$，所以 $R\cup\widetilde{R}$ 是包含了 R 且具有对称性的二元关系，因此，根据对称闭包的定义知，$s(R)\subseteq R\cup\widetilde{R}$。

综上，$s(R)=R\cup\widetilde{R}$。

下面给出 $t(R)$ 的结构定理。

定理 7.5：设 R 是集合 A 上的一个二元关系，则

$$t(R)=\bigcup_{i=1}^{\infty}R^i$$

证明：先证 $\bigcup_{i=1}^{\infty}R^i\subseteq t(R)$。只需对 R 的幂指数 n 用归纳法求证 $R^n\subseteq t(R)$。

当 $n=1$ 时，由 $t(R)$ 定义知，$R\subseteq t(R)$。

归纳假设：$R^n\subseteq t(R)$，$n\geqslant 1$。

下面证明 $R^{n+1}\subseteq t(R)$。对于任意的 $(x,y)\in R^{n+1}=R^n\circ R$，存在 $x_1\in R$，使得 $(x,x_1)\in R^n$，$(x_1,y)\in R$。由归纳假设知 $(x,x_1)\in t(R)$ 且 $(x_1,y)\in t(R)$。因为 $t(R)$ 有传递性，所以 $(x,y)\in t(R)$，由子集的定义知 $R^{n+1}\subseteq t(R)$。因此，对于任意的不小于 1 的自然数 n，都有 $R^n\subseteq t(R)$。从而有

$$\bigcup_{i=1}^{\infty}R^i=R\cup R^2\cup R^3\cup\cdots\subseteq t(R)$$

再证 $t(R)=\bigcup_{i=1}^{\infty}R^i$。考察 $\bigcup_{i=1}^{\infty}R^i$ 的传递性。

对于任意的 $x,y,z\in A$,若 $(x,y)\in \bigcup_{i=1}^{\infty} R^i$ 且 $(y,z)\in \bigcup_{i=1}^{\infty} R^i$,则存在 $\exists s,t\in \mathbf{N}-\{0\}$,使得 $(x,y)\in R^s$,$(y,z)\in R^t$,于是 $(x,z)\in R^s\circ R^t=R^{s+t}$,故 $(x,z)\in R\cup R^2\cup R^3\cup\cdots\cup R^{s+t}\cup\cdots=\bigcup_{i=1}^{\infty} R^i$。因此,$\bigcup_{i=1}^{\infty} R^i$ 是传递的。

又因为 $R\subseteq\bigcup_{i=1}^{\infty} R^i$,由传递闭包 $t(R)$ 的定义知,$t(R)\subseteq\bigcup_{i=1}^{\infty} R^i$。

综上所述,得 $t(R)=\bigcup_{i=1}^{\infty} R^i$。

由定理 7.5 给出的 $t(R)$ 的结构可知,实际上还无法计算 $t(R)$。若 A 是一个有限集,且 $|A|=n$,则可以得到一个更好的结果。

定理 7.6:设 R 是集合 A 上的一个二元关系,$|A|=n$,则

$$t(R)=\bigcup_{i=1}^{n} R^i$$

证明:只需证明对任意的 $k\in \mathbf{N}$,$R^{n+k}\subseteq\bigcup_{i=1}^{n} R^i$。

当 $k=0$ 时,结论显然成立。

归纳假设:$R^{n+0}\subseteq\bigcup_{i=1}^{n} R^i$,$R^{n+1}\subseteq\bigcup_{i=1}^{n} R^i$,…,$R^{n+k}\subseteq\bigcup_{i=1}^{n} R^i$。现求证 $R^{n+k+1}\subseteq\bigcup_{i=1}^{n} R^i$。

对任意的 $x,y\in A$,若 $(x,y)\in R^{n+k+1}=R\circ R^{n+k}$,则存在 $x_1\in A$,使得 $(x,x_1)\in R$,$(x_1,y)\in R^{n+k}$。

由 $(x_1,y)\in R^{n+k}$,则存在 $x_2\in A$,使得 $(x_1,x_2)\in R$,$(x_2,y)\in R^{n+k-1}$。

由 $(x_2,y)\in R^{n+k-1}$,则存在 $x_3\in A$,使得 $(x_2,x_3)\in R$,$(x_3,y)\in R^{n+k-2}$。

依此类推,存在一个 A 中元素的序列 $x_1,x_2,\cdots,x_{n+k}\in A$,使得 (x,x_1),(x_1,x_2),(x_2,x_3),…,$(x_{n+k},y)\in R$。

考察 $x,x_1,x_2,\cdots,x_{n+k}\in A$,由于 A 中仅有 n 个不同元素,根据抽屉原理知:$x,x_1,x_2,\cdots,x_{n+k}$ 中要么存在两个正整数 i、j 且 $j>i$,使得 $x_i=x_j$;要么存在一个正整数 i,使得 $x=x_i$。

若前一种情况成立,则有 $x,x_1,x_2,\cdots,x_i,x_{j+1},\cdots,x_{n+k},y\in A$,使得 (x,x_1),(x_1,x_2),(x_2,x_3),…,(x_i,x_{j+1}),…,$(x_{n+k},y)\in R$。由复合关系的定义知 $(x,y)\in R^{n+k-j+i+1}$。显然 $n+k-j+i+1\leqslant n+k$,进而由归纳假定知 $(x,y)\in\bigcup_{i=1}^{n} R^i$ 成立。

若后一种情况成立,则有 $x,x_{i+1},x_{i+2},\cdots,x_{n+k},y\in A$,且 (x,x_{i+1}),(x_{i+1},x_{i+2}),…,$(x_{n+k},y)\in R$,于是由复合关系的定义知 $(x,y)\in R^{n+k-i}$。

显然 $n+k-i\leqslant n+k$,进而由归纳假定知 $(x,y)\in\bigcup_{i=1}^{n} R^i$ 成立。

综上,$R^{n+k+1}\subseteq\bigcup_{i=1}^{n} R^i$。

例 7.25:设 $A=\{1,2,3,4\}$,$R=\{(1,2),(2,3),(3,4)\}$,求 $r(R)$、$s(R)$、$t(R)$。

解：

$$r(R) = \{(1,1),(2,2),(3,3),(4,4),(1,2),(2,3),(3,4)\}$$

$$s(R) = \{(1,2),(2,3),(3,4),(2,1),(3,2),(4,3)\}$$

为求 $t(R)$，先求 R^2、R^3、R^4。

$$R^2 = \{(1,3),(2,4)\}$$

$$R^3 = \{(1,4)\}$$

$$R^4 = \varnothing$$

则

$$t(R) = \{(1,2),(2,3),(3,4),(1,3),(2,4),(1,4)\}$$

例 7.26：回答下列问题。

(1) 若 R 是自反的，$s(R)$和 $t(R)$是否为自反的？

(2) 若 R 是对称的，$r(R)$和 $t(R)$是否为对称的？

(3) 若 R 是传递的，$r(R)$和 $s(R)$是否为传递的？

解：

(1) 若 R 是自反的，则 $\Delta_A \subseteq R$，于是 $\Delta_A \subseteq R \subseteq s(R)$，$\Delta_A \subseteq R \subseteq t(R)$。因此，$s(R)$和 $t(R)$也是自反的。

(2) 若 R 是对称的，则 $\widetilde{R}=R$。因为 $r(R)=R \cup \Delta_A$，所以$\widetilde{r(R)}=\widetilde{R \cup \Delta_A}=\widetilde{R} \cup \Delta_A=R \cup \Delta_A=r(R)$。故 $r(R)$仍然是对称的。

因为 R 有对称性，则容易说明 R^i 也有对称性，故 $t(R)=R \cup R^2 \cup R^3 \cup \cdots = \bigcup_{i=1}^{\infty} R^i$ 也有对称性。

(3) 若 R 是传递的，则根据传递性判定定理知，有 $R^2=R \circ R \subseteq R$。于是

$$r(R) \circ r(R) = (R \cup \Delta_A) \circ (R \cup \Delta_A) = R \cup R \cup \Delta_A = R \cup \Delta_A = r(R) \subseteq r(R)$$

故 $r(R)$也是传递的。

然而，$s(R)$未必是传递的，下面是一个反例。

设 $A=\{a,b\}$，$R=\{(a,b)\}$，因为 $R \circ R=\varnothing \subseteq R$，所以 R 具有传递性。$s(R)=\{(a,b),(b,a)\}$，显然不具有传递性。

例 7.27：已知 R 为 A 上的对称关系，证明

(1) 对于任意的 $i \in \mathbf{N}$，R^i 为 A 上的对称关系。

(2) $t(R)$也为 A 上的对称关系。

证明：

(1) 当 $n=0$ 时，$R^0=\Delta_A$ 为对称关系，所以命题成立。

假设 $n=k$ 时命题成立，即 R^k 有对称性。

当 $n=k+1$ 时，对于任意的 $x,y \in A$，若$(x,y) \in R^{k+1}=R^k \circ R$，则 $\exists x_1 \in A$，使得$(x,x_1) \in R^k$，$(x_1,y) \in R$。根据归纳假设知$(y,x_1) \in R$，$(x_1,x) \in R^k$，于是$(y,x) \in R \circ R^k=R^{k+1}$。

因此，R^{k+1}有对称性。

由数学归纳法知，R^i 为 A 上的对称关系。

(2) 对于任意的 $x,y\in A$，若 $(x,y)\in t(R)=R\cup R^2\cup R^3\cup\cdots$，则 $\exists i\in \mathbf{N}-\{0\}$，使得 $(x,y)\in R^i$。由(1)知 $(y,x)\in R^i$，从而有 $(y,x)\in R\cup R^2\cup R^3\cup\cdots R^i\cup\cdots=t(R)$。故 $t(R)$ 为 A 上的对称关系。

例 7.28：已知 R 和 S 为 A 上的二元关系，若 $R\subseteq S$，则 $t(R)\subseteq t(S)$。

证明：因为 $t(S)$ 为 S 的传递闭包，所以 $S\subseteq t(S)$。又因为 $R\subseteq S$，所以 $R\subseteq t(S)$ 且 $t(S)$ 有传递性。因为 $t(R)$ 是 R 的传递闭包，根据闭包定义中的传递闭包是最小的传递关系知，$t(R)\subseteq t(S)$。

例 7.29：设 $R\subseteq A\times A$，证明

(1) $rs(R)=sr(R)$。

(2) $rt(R)=tr(R)$。

(3) $st(R)\subseteq ts(R)$，并给出 $st(R)\neq ts(R)$ 的例子。

其中 $rs(R)=r(s(R))$，表示 R 的对称闭包的自反闭包，$sr(R)$、$rt(R)$、$tr(R)$、$st(R)$、$ts(R)$ 的含义以此类推。

证明：

$$
\begin{aligned}
(1)\ sr(R)&=s(r(R))=s(R\cup\Delta_A)=(R\cup\Delta_A)\cup(\widetilde{R\cup\Delta_A})\\
&=(R\cup\Delta_A)\cup(\widetilde{R}\cup\Delta_A)\\
&=R\cup\widetilde{R}\cup\Delta_A\\
&=s(R)\cup\Delta_A\\
&=r(s(R))\\
&=rs(R)
\end{aligned}
$$

$$
\begin{aligned}
(2)\ tr(R)&=t(R\cup\Delta_A)=\bigcup_{i=1}^{\infty}(R\cup\Delta_A)^i\\
&=(R\cup\Delta_A)\cup(R\cup\Delta_A)^2\cup(R\cup\Delta_A)^3\cup\cdots\\
&=(R\cup\Delta_A)\cup(R^2\cup R\cup\Delta_A)\cup(R^3\cup R^2\cup R\cup\Delta_A)\cup\cdots\\
&=(R\cup R^2\cup R^3\cup\cdots)\cup\Delta_A\\
&=t(R)\cup\Delta_A\\
&=r(t(R))\\
&=rt(R)
\end{aligned}
$$

(3) 因为 $s(R)\supseteq R$，显然有 $t(s(R))\supseteq t(R)$。

又因为 $s(R)$ 有对称性，由例 7.26 知，$t(s(R))=ts(R)$ 也有对称性，所以 $ts(R)$ 是包含了 $t(R)$ 且具有对称性的二元关系。再由 $st(R)=s(t(R))$ 是 $t(R)$ 的对称闭包知，$st(R)\subseteq ts(R)$。

一般地，$st(R)=ts(R)$ 未必成立。

例如，设 $A=\{a,b\}$，$R=\{(a,b)\}$。

$$t(R)=\{(a,b)\},st(R)=\{(a,b),(b,a)\}$$

$$s(R)=\{(a,b),(b,a)\},ts(R)=\{(a,b),(b,a),(a,a),(b,b)\}$$

显然，$st(R)\subseteq ts(R)$，但 $st(R)\neq ts(R)$。

7.6 等价关系和集合的划分

7.6.1 等价关系和等价类

定义 7.19：A 是一个非空集合，R 是 A 上的一个二元关系，若 R 满足自反性、对称性、传递性，则称 R 是 A 上的等价关系。

定义 7.20：若 R 是 A 上的等价关系，a 是 A 中任意一个元素，称集合 $\{x\in A|(x,a)\in R\}$ 或 $\{x\in A|(a,x)\in R\}$ 为集合 A 关于关系 R 的一个等价类，记为 $[a]_R$，即

$$[a]_R=\{x\in A\mid(x,a)\in R\}=\{x\in A\mid(a,x)\in R\}$$

其中 a 叫代表元。

下面看几个例子。

例 7.30：设 $A=\{a,b,c,d,e\}$，$R=\{(a,a),(b,b),(c,c),(d,d),(e,e),(a,b),(b,a),(c,d),(d,c)\}$，显然 R 是 A 上的一个等价关系。

$$[a]_R=\{a,b\}$$
$$[b]_R=\{a,b\}$$
$$[c]_R=\{c,d\}$$
$$[d]_R=\{c,d\}$$
$$[e]_R=\{e\}$$

从例 7.30 中可以看出 $[a]_R=[b]_R$，$[c]_R=[d]_R$，说明同一个等价类可以选取不同的代表元。

例 7.31：$\mathbf{Z}$ 是整数集，在 $\mathbf{Z}$ 上定义一个二元关系 R：对于任意的 $x,y\in\mathbf{Z}$，$(x,y)\in R$ 当且仅当 x 与 y 被 6 除的余数相同。下面证明 R 是 $\mathbf{Z}$ 上的等价关系。

显然 x 与 y 被 6 除同余的充要条件是 $6|x-y$。这里，对于两个整数 a、b，符号 $a|b$ 表示 a 整除 b。

对于任意的 $x\in\mathbf{Z}$，显然，$6|x-x$，即 $(x,x)\in R$，所以，R 有自反性。

对于任意的 $x,y\in\mathbf{Z}$，若 $(x,y)\in R$，即 $6|x-y$，则显然有 $6|y-x$，即 $(y,x)\in R$，所以，R 有对称性。

对于任意的 $x,y,z\in\mathbf{Z}$，若 $(x,y)\in R$，且 $(y,z)\in R$，即 $6|x-y$ 且 $6|y-z$，则 $6|x-y+y-z$，即 $6|x-z$，也即 $(x,z)\in R$。所以，R 有传递性。

综上，R 是 $\mathbf{Z}$ 上的等价关系。

下面考察各元素的等价类。

$$[0]_R=\{x\in\mathbf{Z}\mid\exists n\in\mathbf{Z},x=6n\}$$
$$[1]_R=\{x\in\mathbf{Z}\mid\exists n\in\mathbf{Z},x=6n+1\}$$
$$[2]_R=\{x\in\mathbf{Z}\mid\exists n\in\mathbf{Z},x=6n+2\}$$
$$[3]_R=\{x\in\mathbf{Z}\mid\exists n\in\mathbf{Z},x=6n+3\}$$

$$[4]_R = \{x \in \mathbf{Z} \mid \exists n \in \mathbf{Z}, x = 6n+4\}$$
$$[5]_R = \{x \in \mathbf{Z} \mid \exists n \in \mathbf{Z}, x = 6n+5\}$$

显然，$\{[0]_R,[1]_R,[2]_R,[3]_R,[4]_R,[5]_R\}$是 R 的所有等价类的集合。

7.6.2 商集合

下面引入商集合的概念。

定义 7.21：设 A 是一个非空集合，R 是 A 上的一个等价关系，称集合$\{[x]_R \mid x\in A\}$为集合 A 的商集合，记为 A/R。即

$$A/R = \{[x]_R \mid x \in A\}$$

在例 7.31 中，由定义知，$\mathbf{Z}/R=\{[0]_R,[1]_R,[2]_R,[3]_R,[4]_R,[5]_R\}$。

定理 7.7：设 A 是一个非空集合，R 是 A 上的一个等价关系，则有

(1) $\bigcup\limits_{x\in A} [x]_R = A$。

(2) 对于任意的 $x,y\in A$，若$[x]_R\cap[y]_R\neq\varnothing$，则$[x]_R=[y]_R$。

证明：

(1) 显然，对于任意的 $x\in A$，由等价类的定义知$[x]_R\subseteq A$，所以 $\bigcup\limits_{x\in A} [x]_R \subseteq A$。

对于任意的 $x\in A$，则由等价类的定义知，$x\in[x]_R$，即 $x \in \bigcup\limits_{x\in A} [x]_R$，所以 $A\subseteq\bigcup\limits_{x\in A} [x]_R$。

综上，有 $A=\bigcup\limits_{x\in A} [x]_R$。

(2) 对于任意的 $x,y\in A$，若$[x]_R\cap[y]_R\neq\varnothing$，则存在 $a\in[x]_R\cap[y]_R$，从而有 $a\in[x]_R$ 且 $a\in[y]_R$。

由 $a\in[x]_R$ 得$(x,a)\in R$，由 $a\in[y]_R$ 得$(y,a)\in R$。根据 R 的对称性，由$(y,a)\in R$ 知$(a,y)\in R$。再根据 R 的传递性，由$(x,a)\in R$，$(a,y)\in R$ 得$(x,y)\in R$。

对于任意的 $z\in[x]_R$，即$(z,x)\in R$，根据 R 的传递性，由$(z,x)\in R$，$(x,y)\in R$ 得$(z,y)\in R$。故 $z\in[y]_R$，于是$[x]_R\subseteq[y]_R$。

同理可以证明$[y]_R\subseteq[x]_R$。

所以，$[x]_R=[y]_R$。

7.6.3 集合的划分

定义 7.22：设 A 是一个非空集合，称子集族 $\pi=\{A_\alpha \mid \alpha\in B,\varnothing\neq A_\alpha\subseteq A\}$（其中 B 为下标集）为 A 的一个划分。若

(1) $\bigcup\limits_{\alpha\in B} A_\alpha = A$。

(2) 对于任意的 $\alpha,\beta\in B$，若 $A_\alpha\cap A_\beta\neq\varnothing$，则 $A_\alpha=A_\beta$。

例 7.32：设 R 是集合 A 上的一个等价关系，$\{A_1,A_2,\cdots,A_n\}$是 A 的子集的集合，对于

$\forall i,j\in\{1,2,\cdots,n\}$，当 $i\neq j$ 时，$A_i\not\subseteq A_j$。对于任意 $a,b\in A$，$(a,b)\in R$ 当且仅当 $\exists i\in\{1,2,\cdots,n\}$，使得 $a,b\in A_i$。证明 $\{A_1,A_2,\cdots,A_n\}$ 是 A 的一个划分。

证明：

(1) 对于 $\forall i\in\{1,2,\cdots,n\}$，$A_i\neq\varnothing$。否则，$\exists j\in\{1,2,\cdots,n\}$，$j\neq i$，有 $A_i=\varnothing\subseteq A_j$，与已知矛盾。

(2) 因为 $\{A_1,A_2,\cdots,A_n\}$ 是 A 的子集的集合，所以 $\forall i\in\{1,2,\cdots,n\}$，$A_i\subseteq A$。

(3) 因为 $\{A_1,A_2,\cdots,A_n\}$ 是 A 的子集的集合，所以 $\forall i\in B=\{1,2,\cdots,n\}$，$A_i\subseteq A$，根据并集的定义知

$$\bigcup_{\alpha\in B}A_\alpha\subseteq A$$

对于任意的 $x\in A$，因为 R 是 A 上的自反关系，所以 $(x,x)\in R$。由 R 的定义知，$\exists i\in\{1,2,\cdots,n\}$，使得 $x\in A_i\subseteq\bigcup_{\alpha\in B}A_\alpha$。

综上，有 $A=\bigcup_{x\in B}A_\alpha$。

(4) 对于任意的 $\alpha,\beta\in\{1,2,\cdots,n\}$，若 $A_\alpha\cap A_\beta\neq\varnothing$，则 $\exists x\in A_\alpha$ 且 $x\in A_\beta$。设 $\alpha\neq\beta$，由已知条件知 $A_\alpha\not\subseteq A_\beta$ 且 $A_\beta\not\subseteq A_\alpha$。根据子集的定义知：$\exists a\in A_\alpha$，但 $a\notin A_\beta$；$\exists b\in A_\beta$，但 $b\notin A_\alpha$。根据 R 的定义，由 $x,a\in A_\alpha$ 知 $(x,a)\in R$；由 $b,x\in A_\beta$ 知 $(b,x)\in R$。因为 R 有传递性，所以由 $(b,x)\in R$，$(x,a)\in R$ 得 $(b,a)\in R$，再由 R 定义知 $a,b\in A_\alpha$，与 $b\notin A_\alpha$ 矛盾。因此，$\alpha=\beta$，从而有 $A_\alpha=A_\beta$。

综上，$\{A_1,A_2,\cdots,A_n\}$ 是 A 的一个划分。

由划分的定义知，商集合 A/R 是集合 A 上的一个划分。若给定集合 A 上的一个划分 π，可以在 A 上定义一个二元关系 R，使得 R 成为 A 上的一个等价关系，且有 $A/R=\pi$。下面完成这件事。

定理 7.8：设 A 是一个非空集合，π 是 A 上的一个划分，$\pi=\{A_\alpha|\alpha\in B,\varnothing\neq A_\alpha\subseteq A\}$（其中 B 为下标集）。在 A 上定义一个二元关系 R：对于任意的 $x,y\in A$，$(x,y)\in R$ 当且仅当存在 $\alpha\in B$，使得 $x,y\in A_\alpha$，则 R 是 A 上一个等价关系，并且

$$A/R=\pi=\{A_\alpha\mid\alpha\in B,\varnothing\neq A_\alpha\subseteq A\}$$

证明：先证 R 是 A 上的等价关系。

(1) 自反性。对于任意的 $x\in A$，由 $\bigcup_{\alpha\in B}A_\alpha=A$，存在 $\alpha\in B$，使得 $x\in A_\alpha$，所以有 $x,x\in A_\alpha$，由 R 的定义知 $(x,x)\in R$。

(2) 对称性。对于任意的 $x,y\in A$，若 $(x,y)\in R$，则存在 $\alpha\in B$，使得 $x,y\in A_\alpha$，即有 $y,x\in A_\alpha$，所以由 R 的定义知 $(y,x)\in R$。

(3) 传递性。对于任意的 $x,y,z\in A$，若 $(x,y)\in R$，且 $(y,z)\in R$，则存在 $\alpha,\beta\in B$，使得 $x,y\in A_\alpha$ 且 $y,z\in A_\beta$，于是 $y\in A_\alpha\cap A_\beta\neq\varnothing$。因为 π 是 A 上的一个划分，所以 $A_\alpha=A_\beta$，从而有 $x,z\in A_\alpha$。由 R 的定义知 $(x,z)\in R$。

综上，R 是 A 上的等价关系。

下面证明 $A/R=\pi$，即证明两个集合互相包含。

先证 $A/R\subseteq\pi$。对于任意的$[x]_R\in A/R$,因为 $x\in A$,所以由 $\bigcup_{\alpha\in B} A_\alpha = A$ 知,存在 $\alpha\in B$ 使得 $x\in A_\alpha$。

下面证明$[x]_R=A_\alpha$。

对于任意的 $a\in A_\alpha$,由 $x\in A_\alpha$ 知 $a,x\in A_\alpha$,由 R 的定义知$(a,x)\in R$,则 $a\in[x]_R$,故有 $A_\alpha\subseteq[x]_R$。

对于任意的 $a\in[x]_R$,由等价类的定义知$(a,x)\in R$,于是存在 $\beta\in B$,使得 $a,x\in A_\beta$。从而有 $x\in A_\alpha\cap A_\beta\neq\varnothing$,根据划分的定义知 $A_\alpha=A_\beta$,从而有 $a\in A_\alpha$,故有$[x]_R\subseteq A_\alpha$。

因此,$[x]_R=A_\alpha$,所以$[x]_R\in\pi$,即有 $A/R\subseteq\pi$。

再证 $\pi\subseteq A/R$。对于任意的 $A_\alpha\in\pi$,因为 $A_\alpha\neq\varnothing$,所以存在 $x\in A_\alpha$。可以仿照上面的过程证明 $A_\alpha=[x]_R$,所以 $A_\alpha\in A/R$,即有 $\pi\subseteq A/R$。

综上,$A/R=\pi$。

给定集合 A 上的一个划分 π,称由定理 7.8 所定义的二元关系 R 为划分 π 所对应的等价关系。

一般地,设$\{A_1,A_2,\cdots,A_n\}$是集合 A 的划分,则由该划分构造的等价关系为

$$R=(A_1\times A_1)\cup(A_2\times A_2)\cup\cdots\cup(A_n\times A_n)$$

例如,设 $A=\{1,2,3,4,5,6\}$,A 的一个划分为$\{\{1,2,3\},\{4,5\},\{6\}\}$,则该划分对应的等价关系为

$$\begin{aligned}R&=\{1,2,3\}\times\{1,2,3\}\cup\{4,5\}\times\{4,5\}\cup\{6\}\times\{6\}\\&=\{(1,1),(2,2),(3,3),(4,4),(5,5),(6,6),(1,2),(2,3),(1,3),\\&\quad(2,1),(3,2),(3,1),(4,5),(5,4)\}\end{aligned}$$

定义 7.23:设 A 是一个非空集合,π_1 与π_2 是集合 A 上的两个划分,其中

$$\pi_1=\{A_\alpha\mid\alpha\in B,\varnothing\neq A_\alpha\subseteq A\}$$

$$\pi_2=\{A_{\alpha'}\mid\alpha'\in B',\varnothing\neq A_{\alpha'}\subseteq A\}$$

若对于任意的 $\alpha\in B$,存在 $\alpha'\in B'$,使得 $A_\alpha\subseteq A_{\alpha'}$,则称$\pi_1$ 是π_2 的加细。

定理 7.9:设 A 是一个非空集合,π_1 与π_2 是 A 上的两个划分,其中

$$\pi_1=\{A_\alpha\mid\alpha\in B,\varnothing\neq A_\alpha\subseteq A\}$$

$$\pi_2=\{A_{\alpha'}\mid\alpha'\in B',\varnothing\neq A_{\alpha'}\subseteq A\}$$

它们相应的等价关系分别为 R_1 和 R_2,则 $R_1\subseteq R_2$ 当且仅当π_1 是π_2 的加细。

证明:先证必要性。假设 $R_1\subseteq R_2$ 成立。

对于任意的 $A_\alpha\in\pi_1=A/R_1$,存在 $a\in A$,$A_\alpha=[a]_{R_1}$。

对于任意的 $x\in[a]_{R_1}=A_\alpha$,由定义有$(x,a)\in R_1$。因为 $R_1\subseteq R_2$,所以$(x,a)\in R_2$。从而有 $x\in[a]_{R_2}$。因为$[a]_{R_2}\in A/R_2=\pi_2$,所以存在 $A_{\alpha'}\in\pi_2$,使得$[a]_{R_2}=A_{\alpha'}$。于是 $x\in A_{\alpha'}$,即有 $A_\alpha\subseteq A_{\alpha'}$,故$\pi_1$ 是π_2 的加细。

再证充分性。假设π_1 是π_2 的加细。

对于任意的 $x,y\in A$,若$(x,y)\in R_1$,则有 $x\in[y]_{R_1}$。因为$[y]_{R_1}\in A/R_1=\pi_1$,所以存在 A_α,使得$[y]_{R_1}=A_\alpha$。因为π_1 是π_2 的加细,即存在 $A_{\alpha'}$,使得 $A_\alpha\subseteq A_{\alpha'}$,于是$[y]_{R_1}\subseteq A_{\alpha'}$,所以

$x \in [y]_{R_1} \subseteq A_{\alpha'} = [y]_{R_2}$，即有$(x,y) \in R_2$，因此$R_1 \subseteq R_2$。

设A是南京理工大学的学生组成的集合。他们分别属于不同的学院，按学院划分是A的一个划分。他们也分别属于不同的系，按系划分也是A的一个划分。显然，按系划分是按学院划分的加细，按学院划分对应的等价关系R_2是这样定义的：对于任意的$x,y \in A$，$(x,y) \in R_2$当且仅当x与y是属于同一学院的学生。按系划分对应的等价关系R_1是这样定义的：对于任意的$x,y \in A$，$(x,y) \in R_1$当且仅当x与y是属于同一系的学生。显然$R_1 \subseteq R_2$。

7.7　偏序关系和格

7.6节介绍了等价关系，本节介绍另一类重要的二元关系——偏序关系。

7.7.1　偏序关系和偏序集

定义7.24：设A是一个非空集合，R是A上的一个二元关系，若R满足自反性、反对称性、传递性，则称R是A上的一个偏序关系，并称(A,R)是一个偏序集。

下面看几个例子。

例7.33：设$A=\{a,b,c,d\}$，$R=\{(a,a),(b,b),(c,c),(d,d),(a,b),(a,c),(a,d),(b,d)\}$。显然，$R$是$A$上一个偏序关系。

例7.34：已知$R_1,R_2,\cdots,R_n$是A上的偏序关系，试证明$R_1 \cap R_2 \cap \cdots \cap R_n$也是$A$上的偏序关系。

证明：

(1) 自反性。对于$\forall x \in A$，因为$R_1,R_2,\cdots,R_n$是A上的自反关系，所以$(x,x) \in R_1$，$(x,x) \in R_2$，…，$(x,x) \in R_n$，从而有$(x,x) \in R_1 \cap R_2 \cap \cdots \cap R_n$。

(2) 反对称性。对于$\forall x,y \in A$，若$(x,y) \in R_1 \cap R_2 \cap \cdots \cap R_n$，且$(y,x) \in R_1 \cap R_2 \cap \cdots \cap R_n$，则$(x,y) \in R_1$，$(x,y) \in R_2$，…，$(x,y) \in R_n$，$(y,x) \in R_1$，$(y,x) \in R_2$，…，$(y,x) \in R_n$。因为$R_1,R_2,\cdots,R_n$是$A$上的反对称关系，所以由$(x,y) \in R_1$和$(y,x) \in R_1$知$x=y$，由$(x,y) \in R_2$和$(y,x) \in R_2$知$x=y$……由$(x,y) \in R_n$和$(y,x) \in R_n$知$x=y$。

(3) 传递性。对于$\forall x,y,z \in A$，若$(x,y) \in R_1 \cap R_2 \cap \cdots \cap R_n$，且$(y,z) \in R_1 \cap R_2 \cap \cdots \cap R_n$，则$(x,y) \in R_1$，$(x,y) \in R_2$，…，$(x,y) \in R_n$，$(y,z) \in R_1$，$(y,z) \in R_2$，…，$(y,z) \in R_n$。因为$R_1,R_2,\cdots,R_n$是$A$上的传递关系，所以由$(x,y) \in R_1$和$(y,z) \in R_1$知$(x,z) \in R_1$，由$(x,y) \in R_2$和$(y,z) \in R_2$知$(x,z) \in R_2$……由$(x,y) \in R_n$和$(y,z) \in R_n$知$(x,z) \in R_n$，因此，$(x,z) \in R_1 \cap R_2 \cap \cdots \cap R_n$。

综上，$R_1 \cap R_2 \cap \cdots \cap R_n$也为$A$上的偏序关系。

例7.35：设A是任意一个集合，$\mathscr{P}(A)$是幂集合，在$\mathscr{P}(A)$上建立一个二元关系R：对于任意的$x,y \in \mathscr{P}(A)$，$(x,y) \in R$当且仅当$x \subseteq y$。不难证明，$(\mathscr{P}(A),R)$也是一个偏序集。

一般地，在实数集 $\mathbf{R}$ 上定义二元关系 S：对于任意的 $x,y\in\mathbf{R}$，$(x,y)\in S$ 当且仅当 $x\leqslant y$，可以证明 S 是 $\mathbf{R}$ 上的偏序关系。

一个偏序关系通常用记号 $\leqslant$ 来表示，若 $(x,y)\in\leqslant$，则记为 $x\leqslant y$，读做"x 小于或等于 y"。一个偏序集通常用 $(A,\leqslant)$ 来表示。首先，说偏序关系"x 小于或等于 y"，并不意味着平常意义上的 x 小于或等于 y。例如，在实数集 $\mathbf{R}$ 上可以定义另一个二元关系 S'：对于任意的 $x,y\in\mathbf{R}$，$(x,y)\in S'$ 当且仅当 $x\geqslant y$，显然，可以验证 S' 也是 $\mathbf{R}$ 上的偏序关系。另外，这也说明一个集合上可以定义不同的偏序关系，可以得到不同的偏序集。

7.7.2 哈斯图

设 $(A,\leqslant)$ 是一个偏序集，A 是一个有限集，$|A|=n$。对于任意的 $x,y\in A$ 且 $x\neq y$，若 $x\leqslant y$ 且 $\forall z\in A$，$x\leqslant z$ 且 $z\leqslant y$，就一定推出 $z=x$ 或 $z=y$，那么称 y 覆盖 x。

可以用一个图形来表示偏序集 $(A,\leqslant)$，这个图形有 n 个顶点，每一个顶点表示 A 中一个元素。对于两个顶点 x 与 y，若 y 覆盖 x，则 x 在下方，y 在上方，且两点之间有一条直线相连。这样的图形称为哈斯(Hasse)图。

图 7.5 给出了一些偏序关系的哈斯图。

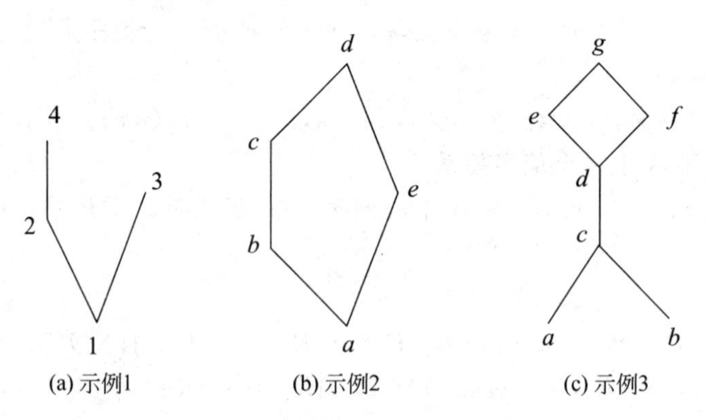

图 7.5 偏序关系哈斯图示例

反之，给出一个偏序集的哈斯图，也能很快得出这个偏序集。例如，$A=\{a,b,c,d,e\}$，$\leqslant=\{(a,a),(b,b),(c,c),(d,d),(e,e),(a,b),(b,c),(c,d),(a,e),(e,d),(a,c),(a,d),(b,d)\}$。$(A,\leqslant)$ 是图 7.5(b) 所代表的偏序集。

7.7.3 链、反链、全序集

设 $(A,\leqslant)$ 是一个偏序集，对于任意的 $x,y\in A$，若 $x\leqslant y$ 或者 $y\leqslant x$，称 x 与 y 可比，否则称 x 与 y 不可比。例如，在图 7.5(b) 中，b 与 c 是可比的，b 与 e 是不可比的。

设 $(A,\leqslant)$ 是一个偏序集，$B\subseteq A$，若 B 中任意两个元素均可比，则称 B 是一条链。例如，在图 7.5(b) 中，$B=\{a,b,c,d\}$ 就是一条链。通常把一条链的元素个数称为该链的长度。例如,链 B 的长度为 4。

设$(A,\leqslant)$是一个偏序集,$B\subseteq A$,若 B 中任意两个不同的元素均不可比,则称 B 是一条反链。例如,在图 7.5(b)中,$B=\{b,e\}$就是一条反链。

设$(A,\leqslant)$是一个偏序集,若 A 本身就是一条链,那么称$(A,\leqslant)$为全序集。

定理 7.10:设$(A,\leqslant)$是一个偏序集,若 A 中最长链的长度为 n,那么 A 中的元素能划分为 n 条不相交的反链。

证明:用归纳法来证明这个定理。

当 $n=1$ 时,A 中任何两个不同元素都不可比,显然,A 中所有元素组成一条反链。

假设当一个偏序集里最长链的长度为 $n-1$ 时定理成立。设$(A,\leqslant)$是一个偏序集,它的最长链的长度为 n。设 M 是 A 中极大元的集合,显然 M 是一条非空的反链。考虑偏序集$(A-M,\leqslant)$,因为在 $A-M$ 中不存在长度为 n 的链,所以它的最长链的长度最多为 $n-1$。另一方面,如果 $A-M$ 中的最长链的长度小于 $n-1$,那么 M 中必有两个或两个以上的元素在同一条链上,这显然是不可能的。因此,$A-M$ 的最长链的长度为 $n-1$。根据归纳假设知 $A-M$ 可以划分为 $n-1$ 条互不相交的反链,由于 M 是一条反链,故 A 可以划分为 n 条互不相交的反链。

定理 7.10 的一个直接推论如下。

推论:设$(A,\leqslant)$是由 $mn+1$ 个元素构成的偏序集,那么在 A 中或者存在一条 $m+1$ 个元素组成的反链,或者存在一条长度为 $n+1$ 的链。

证明:假设在 A 中最长链的长度为 n,根据定理 7.10 知,A 可以划分为 n 条互不相交的反链。如果这些反链中的每一条最多由 m 个元素组成,那么 A 中元素的总数最多为 mn 个,这与推论的假设矛盾。因此,在 A 中或者存在一条 $m+1$ 个元素组成的反链,或者存在一条长度为 $n+1$ 的链。

7.7.4 极大元、极小元、最大元和最小元

设$(A,\leqslant)$是一个偏序集。$a\in A$,若 A 中不存在任何元素 b,使得 $b\neq a$ 且 $a\leqslant b$,则称 a 为极大元。$d\in A$,若 A 中不存在任何元素 b,使得 $b\neq d$ 且 $b\leqslant d$,则称 d 为极小元。若 A 中存在一个元素 a,对于任意的 $x\in A$,$x\leqslant a$,则称 a 为最大元。若 A 存在一个元素 a,对于任意的 $x\in A$,$a\leqslant x$,则称 a 为最小元。

一个有限的偏序集一定有极大元和极小元,但不一定有最大元和最小元。例如图 7.5(a)中 1 是最小元,也是极小元,3 和 4 是极大元,无最大元。

7.7.5 上界、下界、最小上界和最大下界

设$(A,\leqslant)$是一个偏序集。图 7.6 给出了一些偏序集的哈斯图。

设 a 和 b 是集合 A 中的两个元素,一个元素 $c\in A$,若有 $a\leqslant c$ 且 $b\leqslant c$,则称 c 是 a 和 b 的上界。如果 c 是 a 和 b 的上界,且对于 a 和 b 的任意上界 d,均有 $c\leqslant d$,则称 c 为元素 a 和 b

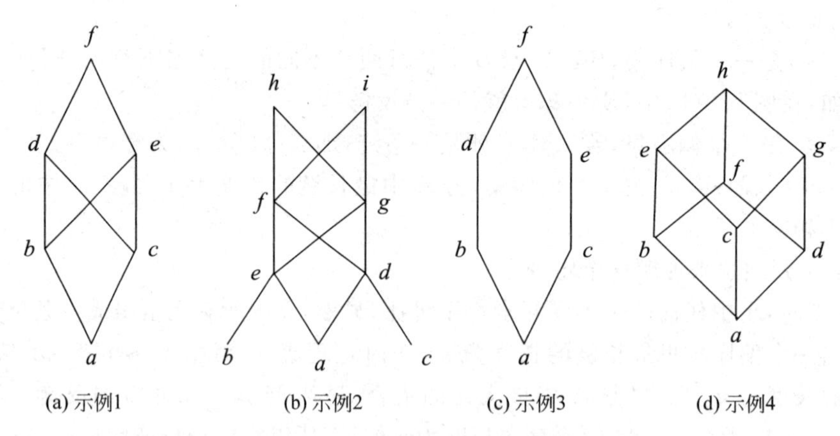

图 7.6 4个偏序关系的哈斯图

的最小上界,记为 $\mathrm{lub}\{a,b\}=c$。例如,在图 7.6(b)表示的偏序集中,f 是 e 和 d 的上界,g、h 和 i 也都是 e 和 d 的上界,但没有最小上界。在图 7.6(d)表示的偏序集中,h 和 f 都是 b 和 d 的上界,但 f 是 b 和 d 的最小上界。

设 a 和 b 是集合 A 中的两个元素,一个元素 $c\in A$,若有 $c\leqslant a$ 且 $c\leqslant b$,则称 c 是 a 和 b 的下界。如果 c 是 a 和 b 的下界,且对于 a 和 b 的任何下界 d,均有 $d\leqslant c$,则称 c 是 a 和 b 的最大下界,记为 $\mathrm{glb}\{a,b\}=c$。例如,在图 7.6(d)的偏序集中,a 和 c 都是 e 和 g 的下界,但 c 是 e 和 g 的最大下界。

7.7.6 格

下面建立一个新的概念。

定义 7.25:A 是一个非空集,$(A,\leqslant)$是一个偏序集,若对于任意的元素 $a,b\in A$,在 A 中存在 a 和 b 的最小上界及最大下界,则称$(A,\leqslant)$是一个格。

由定义不难看出,图 7.6 所给出的 4 个偏序集中,(c)和(d)表示的偏序关系是格。下面看两个例子。

例 7.36:$\mathbf{Z}^+$ 是正整数集,$\leqslant$是 $\mathbf{Z}^+$ 上的一个二元关系:对于任意的 $a,b\in\mathbf{Z}^+$,$a\leqslant b$ 当且仅当 $a|b$。可以证明$(\mathbf{Z}^+,\leqslant)$是一个偏序集,下面证明$(\mathbf{Z}^+,\leqslant)$是一个格。

对于任意的 $a,b\in\mathbf{Z}^+$,用(a,b)表示 a 和 b 的最大公约数,$[a,b]$表示 a 和 b 的最小公倍数。

先证 $\mathrm{glb}\{a,b\}=(a,b)$。显然$(a,b)|a$ 且$(a,b)|b$,即$(a,b)\leqslant a$ 且$(a,b)\leqslant b$,即(a,b)为 a 和 b 的下界。

若存在 $c\in\mathbf{Z}^+$,有 $c\leqslant a$ 且 $c\leqslant b$,即有 $c|a$ 且 $c|b$,也即 c 是 a 和 b 的公约数。由(a,b)是 a 和 b 的最大公约数知 $c|(a,b)$,即 $c\leqslant(a,b)$,所以 $\mathrm{glb}\{a,b\}=(a,b)$。

再证 $\mathrm{lub}\{a,b\}=[a,b]$。显然,$a|[a,b]$且 $b|[a,b]$,即有 $a\leqslant[a,b]$且 $b\leqslant[a,b]$,即$[a,b]$为 a 和 b 的上界。

若存在 $c \in \mathbf{Z}^+$，有 $a \leqslant c$ 且 $b \leqslant c$，即有 $a|c$ 且 $b|c$，也即 c 是 a 和 b 的公倍数。由 $[a,b]$ 是 a 和 b 的最小公倍数知 $[a,b]|c$，即 $[a,b] \leqslant c$，所以 $\text{lub}\{a,b\}=[a,b]$。

综上，$(\mathbf{Z}^+, \leqslant)$ 是一个格，也记为 $(\mathbf{Z}^+, |)$。

例 7.37：设 A 是一个任意集合，$\mathscr{P}(A)$ 是 A 的幂集合。在 $\mathscr{P}(A)$ 上建立关系 $\leqslant$：对于任意的 $x,y \in \mathscr{P}(A)$，若 $x \leqslant y$ 当且仅当 $x \subseteq y$。由例 7.35 知，$(\mathscr{P}(A), \leqslant)$ 是一个偏序集。下面证明 $(\mathscr{P}(A), \leqslant)$ 是一个格。

证明：先证 $\text{glb}\{a,b\}=a \cap b$。

对于任意的 $a,b \in \mathscr{P}(A)$，$a \cap b \in \mathscr{P}(A)$ 且 $a \cap b \subseteq a$ 且 $a \cap b \subseteq b$，即 $a \cap b \leqslant a$，$a \cap b \leqslant b$。这表明 $a \cap b$ 是 a 和 b 的下界。

若存在 $c \in \mathscr{P}(A)$，$c \leqslant a$ 且 $c \leqslant b$，则 $c \subseteq a$ 且 $c \subseteq b$，于是 $c \subseteq a \cap b$，即 $c \leqslant a \cap b$。

所以由最大下界定义知，$\text{glb}\{a,b\}=a \cap b$。

再证 $\text{lub}\{a,b\}=a \cup b$。

对于任意的 $a,b \in \mathscr{P}(A)$，$a \cup b \in \mathscr{P}(A)$ 且 $a \subseteq a \cup b$ 且 $b \subseteq a \cup b$，即 $a \leqslant a \cup b$ 且 $b \leqslant a \cup b$。这表明 $a \cup b$ 是 a 和 b 的上界。

若存在 $c \in \mathscr{P}(A)$，$a \leqslant c$ 且 $b \leqslant c$，则 $a \subseteq c$ 且 $b \subseteq c$，于是 $a \cup b \subseteq c$，即 $a \cup b \leqslant c$。

所以由最小上界定义知，$\text{lub}\{a,b\}=a \cup b$。

综上，$(\mathscr{P}(A), \leqslant)$ 是一个格，也记为 $(\mathscr{P}(A), \subseteq)$。

例 7.38：用于军事系统中的一个通用的信息流策略是多级安全策略，用信息流的格模型来控制敏感信息。为每组信息分配一个安全类别 (X,Y)。其中，X 是权限级别，例如权限级别可以是公开(0)、秘密(1)、机密(2)、绝密(3)等；Y 是种类，是相关信息或项目集合的子集。本例中集合可以定义为{计划 A，计划 B，计划 C}。规定 $(X_1,Y_1) \leqslant (X_2,Y_2)$ 当且仅当 $X_1 \leqslant X_2$ 和 $Y_1 \subseteq Y_2$，该规定表示信息允许从安全类别 (X_1,Y_1) 流向安全类别 (X_2,Y_2)。例如，信息可以从安全类别(机密，{计划 A，计划 B})流向安全类别(绝密，{计划 A，计划 B，计划 C})，但是不允许从安全类别(绝密，{计划 A，计划 C})流向安全类别(机密，{计划 A，计划 B，计划 C})或(绝密，{计划 A，计划 B})。

7.7.7 拓扑排序

假设一个软件项目由 12 个任务构成。某些任务只能在其他任务完成后才能开始。对软件项目构建偏序模型，使得 $x \leqslant y$ 当且仅当项目 x 完成后项目 y 才能开始。该软件项目对应的哈斯图如图 7.7 所示。为了安排该软件项目，需要给出 12 个任务的开发顺序。

先给出与问题相关的概念和定理。

定义 7.26：R 是集合 A 上的偏序关系，若对于 $x,y \in A$，必有 $(x,y) \in R$ 或 $(y,x) \in R$，则称 R 是 A 上的全序关系。

如果只要 $(x,y) \in R$，就有 $x \leqslant y$，则称一个全序 $\leqslant$ 与偏序 R 是相容的。即包含了给定偏序的一个全序称为与一个偏序相容的全序。

定义 7.27：从一个偏序构造一个与之相容的全序的过程称为拓扑排序。

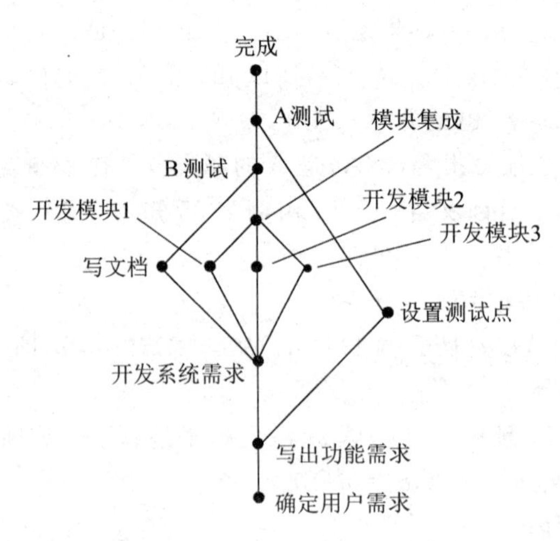

图 7.7　一个软件项目开发模型

定理 7.11：任意一个非空有穷偏序集$(A,\leqslant)$至少有一个极小元。

证明：选择 A 的任意一个元素 a_0。如果 a_0 不是极小元，那么一定存在元素 a_1，满足 $a_1 \prec a_0$；如果 a_1 不是极小元，那么一定存在元素 a_2，满足 $a_2 \prec a_1$；继续该过程，如果 a_{n-1} 不是极小元，那么一定存在元素 a_n，满足 $a_n \prec a_{n-1}$。因为 A 为有穷集，所以这个过程一定会结束并且具有极小元 a_n。命题得证。

为了在偏序集$(A,\leqslant)$上定义一个全序，首先选择一个极小元 a_1，由定理 7.11 知，这样的元素一定存在。考察偏序集$(A-\{a_1\},\leqslant)$，若 $A-\{a_1\}$ 非空，选择该偏序集的极小元 a_2；考察偏序集$(A-\{a_1,a_2\},\leqslant)$，若 $A-\{a_1,a_2\}$ 非空，选择该偏序集的极小元 a_3；继续该过程，直至偏序集为空。由于 A 为有穷集，所以这个过程一定终止。最终产生一个全序序列：

$$a_1 \prec a_2 \prec a_3 \prec \cdots \prec a_n$$

这个全序序列与初始偏序相容。上述求解过程实际上是一个拓扑排序的过程。下面的算法给出了拓扑排序的伪代码。

```
procedure topologicalsort((A,≤): 有穷偏序集){
    k:=1;
    while A≠∅
        a_k:=A的极小元;
        A:=A-{a_k};
        k:=k+1;
    endwhile
    return a_1,a_2,…,a_n;      //a_1,a_2,…,a_n 是与 A 相容的全序
}
```

利用拓扑排序算法可得图 7.7 所示的软件项目的 12 个任务的一个全序序列：确定用户需求≺写出功能需求≺开发系统需求≺写文档≺开发模块 1≺开发模块 2≺开发模块 3≺模块集成≺设置测试点≺B 测试≺A 测试≺完成。

下面举一个简单的例子来说明与偏序相容的全序的构造过程。

例 7.39：已知某软件公司开发某管理系统需要完成8个任务，任务的集合为$\{a,b,c,d,e,f,g,h\}$。其中某些任务只能在其他任务完成后方能开始。如果任务 A 在任务 B 完成后方能开始，则任务 $A \prec$ 任务 B。这 8 个任务对应的哈斯图如图 7.8 所示。

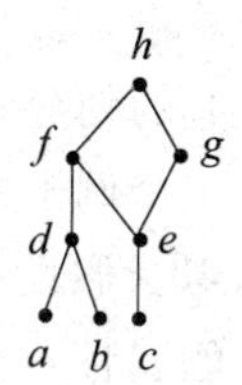

图 7.8 8个任务的哈斯图

解：通过执行拓扑排序得到 8 个任务的一个排序序列。任务的拓扑排序过程如图 7.9 所示。排序结果为 $a \prec b \prec c \prec d \prec e \prec g \prec f \prec h$，它给出了一种完成任务的可行次序。

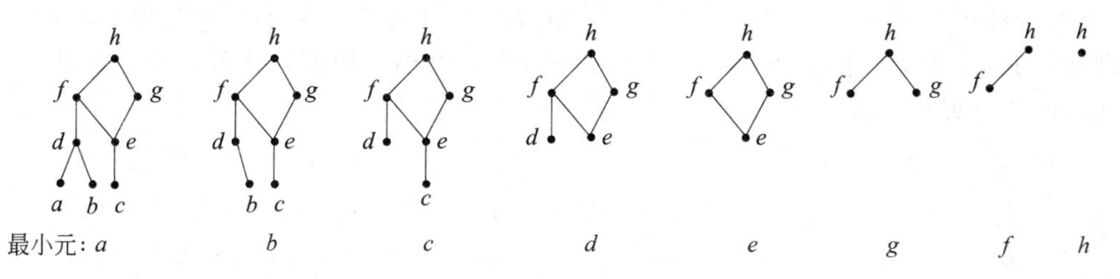

图 7.9 任务的拓扑排序过程

7.8 粗糙集概论

粗糙集(Rough Set，RS)理论是由波兰华沙理工大学 Z. Powlak 教授于 1982 年提出的。它是一种研究不完整数据、不精确知识的表达、学习和归纳等的方法。它是一种刻画不完整性和不确定性的数学工具，能有效分析不精确、不一致、不完整等各种不完备的信息，还可以对数据进行分析和推理，从中发现隐含的知识和潜在的规律。

粗糙集不仅为信息科学和认知科学提供了新的科学逻辑和研究方法，而且为智能信息处理提供了有效的处理技术。粗糙集在机器学习、决策支持系统、机器发现、归结推理、知识发现和数据挖掘等领域得到了广泛的应用。

本节主要介绍粗糙集与等价关系和等价类间的相互关系。

7.8.1 知识与知识分类

知识是人类通过实践对客观世界的运动规律的认识，是人类实践经验的总结和提炼，具有抽象和普遍的特性。从认知科学的观点来看，知识来源于人类对客观事物的分类能力，概念是事物类别描述或者符号，知识则是概念之间的关系或联系。因此，任何一个物种都是由一些知识来描述和分类的，利用物种不同属性的知识描述来产生对物种的不同分类。

从 7.6 节内容可知，集合上的等价关系和集合上的划分是一一对应关系。已知某集合上的等价关系，可以构造该集合上唯一的划分，反之亦然。从数学上来看，集合上的等价关系和集合上的划分是等价的概念，即划分就是分类。

先用一个例子来说明知识与知识库的概念。

例 7.40：假设有 8 个积木构成的一个集合 $U=\{x_1,x_2,x_3,x_4,x_5,x_6,x_7,x_8\}$。每个积木都有颜色属性，可表示为 R_1(红、黄、蓝)。按照颜色的不同，能够把这个积木的集合按属性 R_1 分成红、黄、蓝 3 个大类，那么所有红颜色的积木构成集合 $X_1=\{x_1,x_4,x_7\}$，所有黄颜色的积木构成集合 $X_2=\{x_3,x_6,x_8\}$，所有蓝颜色的积木构成集合 $X_3=\{x_2,x_5\}$。按照颜色属性给出了积木集合 U 的一个划分，那么就说颜色属性是一种知识。从这个例子中不难看到，一种对集合 U 的划分就对应着关于 U 中元素的一个知识。假如还有其他的属性，例如形状属性 R_2(方块，三角形，圆形)、大小属性 R_3(大，中，小)，根据这 3 种不同的属性可以对 U 构成的不同划分分别为

$$U/R_1=\{X_1,X_2,X_3\}=\{\{x_1,x_4,x_7\},\{x_3,x_6,x_8\},\{x_2,x_5\}\}\text{（按颜色分类）}$$

$$U/R_2=\{Y_1,Y_2,Y_3\}=\{\{x_1,x_5,x_7\},\{x_2,x_6\},\{x_3,x_4,x_8\}\}\text{（按形状分类）}$$

$$U/R_3=\{Z_1,Z_2,Z_3\}=\{\{x_1,x_2,x_5\},\{x_3,x_6\},\{x_4,x_7,x_8\}\}\text{（按大小分类）}$$

定义 7.28：设 $U\neq\varnothing$ 为讨论的对象的有限集合，称为论域(universe)。论域中由等价关系划分出来的任意子集都可以称为论域 U 中的一个概念或范畴。规定 $\varnothing$ 也是一个概念。称论域 U 中的任意概念族为关于 U 的抽象知识简称知识，它代表论域中个体的分类。

例 7.40 中 $\{x_1,x_4,x_7\}$ 就是一个概念——红色积木，$\{\{x_1,x_4,x_7\},\{x_3,x_6,x_8\},\{x_2,x_5\}\}$ 就是一个知识——按颜色分类。

由上述定义知，概念就是集合，知识库就是分类方法的集合。由于 U 上的一个划分与其上的一个等价关系 R 是等价的，每一个等价关系可以是一种属性的描述，也可以是一个属性集合的描述，可以是定义一种变量，也可以是定义一种规则，所以，“等价关系 R”“属性 R”和“知识 R”是等同的概念。

定义 7.29：知识表达系统 M 可以形式化地表示为一个四元组 $M=(U;R;V;f)$。其中，

U 为对象的非空有限集合，称为论域。

R 为属性的非空有限集合，$R=\{R_1,R_2,\cdots,R_m\}$。

$V=\bigcup_{i=1}^{m}V_i$，其中 V_i 是属性 R_i 的值域。

f：$U\times R\rightarrow V$ 是一个信息函数，它为每个对象的每个属性赋予一个信息值，即 $\forall a\in R$，$x\in U$，$f(x,a)\in V_a$。

例 7.40 的知识库可以表示为

$$M=(\{x_1,x_2,x_3,\cdots,x_8\};\{\text{颜色，形状，大小}\};$$
$$\{\text{红，黄，蓝，方块，三角形，圆形，大，中，小}\};f)$$

f 可以用信息表表示，信息表的行对应要研究的对象，列对应对象的属性，对象的信息通过指定对象的各属性来表达。例 7.40 的信息表如表 7.13 所示。

表 7.13　例 7.40 的信息表

U	颜色 R_1	形状 R_2	大小 R_3	U	颜色 R_1	形状 R_2	大小 R_3
x_1	红色	方块	大	x_5	蓝色	方块	大
x_2	蓝色	三角形	大	x_6	黄色	三角形	中
x_3	黄色	圆形	中	x_7	红色	方块	小
x_4	红色	圆形	小	x_8	黄色	圆形	小

定义 7.30：$K=(U,R)$称为知识库，其中 U 为论域，R 为论域上的等价关系，它是一种属性或多种属性的集合。可以根据不同的 R 对 U 进行不同形式的分类。知识库也称为近似空间。

例 7.40 中 8 个积木构成的一个集合 $U=\{x_1,x_2,\cdots,x_8\}$，按颜色 R_1、形状 R_2 和大小 R_3 分类，根据这 3 个等价关系可得到如下 3 个等价类的集合：

$$U/R_1=\{X_1,X_2,X_3\}=\{\{x_1,x_4,x_7\},\{x_3,x_6,x_8\},\{x_2,x_5\}\}\text{（按颜色分类）}$$

$$U/R_2=\{Y_1,Y_2,Y_3\}=\{\{x_1,x_5,x_7\},\{x_2,x_6\},\{x_3,x_4,x_8\}\}\text{（按形状分类）}$$

$$U/R_3=\{Z_1,Z_2,Z_3\}=\{\{x_1,x_2,x_5\},\{x_3,x_6\},\{x_4,x_7,x_8\}\}\text{（按大小分类）}$$

上述等价类是由知识库 $K=(U,\{R_1,R_2,R_3\})$中的初等概念组成的。

初等概念的交集构成基本概念。例如：

基于$\{R_1,R_2\}$的基本概念有

$$\{x_1,x_4,x_7\}\cap\{x_1,x_5,x_7\}=\{x_1,x_7\}\text{（红色方块积木）}$$

$$\{x_3,x_6,x_8\}\cap\{x_3,x_4,x_8\}=\{x_3,x_8\}\text{（黄色圆形积木）}$$

基于$\{R_1,R_3\}$的基本概念有

$$\{x_1,x_4,x_7\}\cap\{x_4,x_7,x_8\}=\{x_4,x_7\}\text{（红色小积木）}$$

$$\{x_3,x_6,x_8\}\cap\{x_3,x_6\}=\{x_3,x_6\}\text{（黄色中积木）}$$

基于$\{R_1,R_2,R_3\}$的基本概念有

$$\{x_1,x_4,x_7\}\cap\{x_3,x_4,x_8\}\cap\{x_4,x_7,x_8\}=\{x_4\}\text{（红色圆形小积木）}$$

定义 7.31：令 R 是 U 上的等价关系族，$P=\{P_1,P_2,\cdots,P_n\}$，$P\subseteq R$，$P_i\neq\varnothing(i=1,2,\cdots,n)$为 P 中所有的等价关系，称

$$U/P=\mathrm{IND}(P)=\bigcap_{i=1}^{n}P_i$$

为 P 上的不可区分关系。

不可区分关系的求解方法如下：

设 a、b、c 是属性，若

$$U/\{a\}=\{x_1,x_2,\cdots,x_m\},\quad U/\{b\}=\{y_1,y_2,\cdots,y_n\}$$

则

$$U/\{a,b\}=\{z_k\mid z_k=x_i\cap y_j,i=1,2,\cdots,m,j=1,2,\cdots,n,z_k\neq\varnothing\}$$

$$U/\{a,b,c\}=U/\{a,b\}\cap U/\{c\}\text{ 或 }U/\{a,b,c\}=U/\{c\}\cap U/\{a,b\}$$

例 7.40 中的部分不可区分关系为

$$U/\{R_1,R_2\} = \{\{x_1,x_7\},\{x_4\},\{x_6\},\{x_3,x_8\},\{x_5\},\{x_2\}\}$$

$$U/\{R_2,R_3\} = \{\{x_1,x_5\},\{x_7\},\{x_2\},\{x_6\},\{x_3\},\{x_4,x_8\}\}$$

$$U/\{R_1,R_2,R_3\} = \{\{x_1\},\{x_2\},\{x_3\},\{x_4\},\{x_5\},\{x_6\},\{x_7\},\{x_8\}\}$$

7.8.2 集合近似与粗糙集概念

设 U 是论域，R 为一族等价关系，U/R 是由 R 将 U 划分成的基本等价类。并且有

$$U/R = \{X_1, X_2, \cdots, X_n\}$$

定义 7.32：$X \subseteq U$，当 X 能表达成某些基本等价类（初等概念）的并集时，称 X 是 R 可定义的，否则称 X 是 R 不可定义的。

R 可定义集能在该知识库中被精确地定义，所以称为 R 精确集；R 不可定义集不能在该知识库中被精确地定义，只能通过集合逼近的方式来定义来刻画，因此也称为 R 粗糙集。

例 7.41：已知 $K=(U,R)$ 为某知识库，其中 $U=\{x_1,x_2,\cdots,x_8\}$，R 为一族等价关系，由 R 将 U 划分成的基本等价类为 $\{\{x_1,x_5,x_7\},\{x_2\},\{x_6\},\{x_3,x_4,x_8\}\}$。集合 $\{x_1,x_5,x_7,x_2,x_6\}$ 是 R 精确集，它可由初等概念 $\{x_1,x_5,x_7\}$，$\{x_2\}$，$\{x_6\}$ 的并集表示；而集合 $\{x_1,x_5,x_6\}$ 是 R 粗糙集，它不能由任何初等概念产生。

定义 7.33：集合 X 关于 R 的上近似集和下近似集分别记为 $R^-(X)$ 和 $R_-(X)$，定义为

$$R^-(X) = \{x \in U \mid [x]_R \cap X \neq \varnothing\} = \bigcup_{X_i \cap X \neq \varnothing} X_i$$

$$R_-(X) = \{x \in U \mid [x]_R \subseteq X\} = \bigcup_{X_i \subseteq X} X_i$$

集合 X 的边界记为 $B_n(X)=R^-(X)-R_-(X)$。

集合 X 的正域记为 $\mathrm{POS}(X)=R_-(X)$，它表示根据已有知识判断肯定属于 X 的对象所组成的最大集合。

集合 X 的负域，记为 $\mathrm{NEG}(X)=U-R^-(X)$，它表示根据已有知识判断肯定不属于 X 的对象所组成的最大集合。

定理 7.12：X 是精确的，当且仅当 $R^-(X)=R_-(X)$，即 $B_n(X)=\varnothing$。X 是粗糙的，当且仅当 $R^-(X)\neq R_-(X)$，即 $B_n(X)\neq\varnothing$。

例 7.42：设论域 $U=\{e_1,e_2,e_3,e_4,e_5,e_6,e_7,e_8\}$，$U$ 上的一族等价关系 $R=\{R_1,R_2\}$，R_1、R_2 可将集合划分为 $U/R_1=\{\{e_1,e_2,e_3,e_4\},\{e_5\},\{e_6,e_7,e_8\}\}$ 和 $U/R_2=\{\{e_1,e_2\},\{e_3,e_4\},\{e_5,e_6,e_7,e_8\}\}$。$U/R=\{\{e_1,e_2\},\{e_3,e_4\},\{e_5\},\{e_6,e_7,e_8\}\}$。$X=\{e_2,e_3,e_6,e_7,e_8\}$ 是 U 的一个子集。X 无法用基本等价类 U/R 的并集精确表示，所以 X 是 U 的粗糙集。

X 的下近似集为 $\mathrm{POS}(X)=R_-(X)=\{e_6,e_7,e_8\}$。

X 的上近似集为 $R^-(X)=\{e_1,e_2,e_3,e_4,e_6,e_7,e_8\}$。

X 的负域为 $\mathrm{NEG}(X)=\{e_5\}$。

限于篇幅，本章简单描述了等价关系和粗糙集的相关性。至于粗糙集的其他理论及其

应用，有兴趣的读者可进一步参考相关文献。

7.9 典型例题

例 7.43：设 R 是 A 上反自反的和传递的关系，证明 R 是反对称关系。

证明：对于任意的 $x,y\in A$，若 $(x,y)\in R$ 且 $(y,x)\in R$，因为 R 有传递性，所以 $(x,x)\in R$。又因为 R 是反自反关系，所以 $(x,x)\notin R$，矛盾。因此，$\forall x\forall y(((x,y)\in R\wedge(y,x)\in R)\rightarrow x=y)$ 为真，故 R 是反对称关系。

例 7.44：设 R 是 A 上的一个二元关系，对于任意的 $x,y,z\in A$，若 $(x,y)\in R$ 且 $(y,z)\in R$，均有 $(z,x)\in R$，则称 R 是 A 上的循环关系。证明 R 是 A 上的自反和循环关系当且仅当 R 是 A 上的等价关系。

证明：首先看必要性。

(1) 自反性已知。

(2) 对称性。对于任意的 $x,y\in A$，若 $(x,y)\in R$，因为 R 是 A 上的自反关系，所以 $(x,x)\in R$。又因为 R 是 A 上的循环关系，所以由 $(x,x)\in R$，$(x,y)\in R$ 得 $(y,x)\in R$，故 R 有对称性。

(3) 传递性。对于任意的 $x,y,z\in A$，若 $(x,y)\in R$ 且 $(y,z)\in R$，因为 R 是 A 上的循环关系，所以 $(z,x)\in R$。又因为 R 有对称性，所以 $(x,z)\in R$，故 R 有传递性。

综上，R 是 A 上的等价关系。

其次看充分性。

自反性显然。

对于任意的 $x,y,z\in A$，若 $(x,y)\in R$ 且 $(y,z)\in R$，因为 R 有传递性，所以 $(x,z)\in R$。又因为 R 有对称性，所以 $(z,x)\in R$。由循环关系的定义知，R 是 A 上的循环关系。

例 7.45：设 R 和 S 是 A 上的两个等价关系，证明 $S\circ R$ 是 A 上的等价关系当且仅当 $R\circ S=S\circ R$。

证明：首先看必要性。

对于 $\forall x,y\in A$，若 $(x,y)\in R\circ S$，则存在 $x_1\in A$，使得 $(x,x_1)\in R$ 且 $(x_1,y)\in S$。因为 R 和 S 是 A 上的对称关系，所以 $(y,x_1)\in S$ 且 $(x_1,x)\in R$，于是 $(y,x)\in S\circ R$。因为 $S\circ R$ 有对称性，所以 $(x,y)\in S\circ R$。因此 $R\circ S\subseteq S\circ R$。

对于 $\forall x,y\in A$，若 $(x,y)\in S\circ R$，因为 $S\circ R$ 有对称性，所以 $(y,x)\in S\circ R$。由复合关系的定义知，存在 $x_1\in A$，使得 $(y,x_1)\in S$ 且 $(x_1,x)\in R$。因为 R 和 S 是 A 上的对称关系，所以 $(x,x_1)\in R$ 且 $(x_1,y)\in S$，于是 $(x,y)\in R\circ S$。因此 $S\circ R\subseteq R\circ S$。

综上，$R\circ S=S\circ R$。

其次看充分性。

(1) 自反性。对于 $\forall x\in A$，因为 R 和 S 是 A 上的自反关系，所以 $(x,x)\in S$，$(x,x)\in R$。由复合关系的定义知 $(x,x)\in S\circ R$。

(2) 对称性。因为 R 和 S 是 A 上的对称关系,所以由对称关系的判定定理、关系的性质和已知条件知$\widetilde{S\circ R}=\widetilde{R}\circ\widetilde{S}=R\circ S=S\circ R$。因此 $S\circ R$ 为 A 上的对称关系。

(3) 传递性。对于 $\forall x,y,z\in A$,若$(x,y)\in S\circ R$ 且$(y,z)\in S\circ R$,则存在 $x_1,x_2\in A$,使得$(x,x_1)\in S$,$(x_1,y)\in R$,$(y,x_2)\in S$,$(x_2,z)\in R$。根据复合关系的定义,由$(x_1,y)\in R$,$(y,x_2)\in S$ 知$(x_1,x_2)\in R\circ S=S\circ R$,于是存在 $x_3\in A$ 使得$(x_1,x_3)\in S$,$(x_3,x_2)\in R$。因为 R 和 S 是 A 上的传递关系,所以由$(x_3,x_2)\in R$ 和$(x_2,z)\in R$ 得$(x_3,z)\in R$,由$(x,x_1)\in S$ 和$(x_1,x_3)\in S$ 得$(x,x_3)\in S$。由$(x,x_3)\in S$ 和$(x_3,z)\in R$ 得$(x,z)\in S\circ R$。

综上,$S\circ R$ 是 A 上的等价关系。

习题

7.1 已知 $A=\{\{\varnothing\},a\}$,$B=\{\{1,(a,a)\}\}$,求

(1) 2^A

(2) $2^A\times B$

7.2 (1) 设 $A\subseteq C$,$B\subseteq D$,证明 $A\times B\subseteq C\times D$。

(2) 给定 $A\times B\subseteq C\times D$,那么 $A\subseteq C$,$B\subseteq D$ 一定成立吗?

7.3 (1) 设 A 是任意一个集合,$A\times\varnothing$有意义吗?

(2) 给定 $A\times B=\varnothing$,A 和 B 是怎样的集合?

(3) A 是某一集合,那么 $A\subseteq A\times A$ 是可能的吗?

7.4 设 A、B、C、D 是任意的集合。

(1) 证明$(A\cap B)\times(C\cap D)=(A\times C)\cap(B\times D)$。

(2) 判断下述式子是否是恒等式。

$$(A\cup B)\times(C\cup D)=(A\times C)\cup(B\times D)$$
$$(A-B)\times(C-D)=(A\times C)-(B\times D)$$
$$(A\oplus B)\times(C\oplus D)=(A\times C)\oplus(B\times D)$$

7.5 设 A、B、C 是任意的集合。

(1) 证明 $A\times(B\cup C)=(A\times B)\cup(A\times C)$。

(2) 判断下述式子是否是恒等式。

$$(A\cup B)\times C=(A\times C)\cup(B\times C)$$
$$(A-B)\times C=(A\times C)-(B\times C)$$
$$(A\oplus B)\times C=(A\times C)\oplus(B\times C)$$

7.6 设 $A=\{1,2,3,4\}$。

(1) 用一个自然的方式解释 $A^2=A\times A$ 中的有序对。

(2) 设 R_1 是 A^2 上的二元关系:$((a,b),(c,d))\in R_1$ 当且仅当 $a-c=b-d$。写出 R_1,并给出几何解释。

(3) 设 R_2 是 A^2 上的二元关系:$((a,b),(c,d))\in R_2$ 当且仅当 $\sqrt{(a-c)^2+(b-d)^2}>3$。

写出 R_2，并给出几何解释。

(4) 给出 $R_1 \cup R_2$、$R_1 \cap R_2$、$R_1 - R_2$ 和 $R_1 \oplus R_2$ 的几何解释。

7.7 设 $A=\{a,b,c,d\}$，用图形表示下列二元关系。

(1) $R_1=\{(a,a),(b,b),(c,c),(d,d)\}$

(2) $R_2=\{(a,b),(b,c),(a,c),(c,a)\}$

(3) $R_3=\{(b,a)\}$

7.8 设 R 和 S 是 A 上的二元关系。若 $R \subseteq S$，则对于 $\forall n \in \mathbf{N}, R^n \subseteq S^n$。

7.9 已知

$$
\begin{aligned}
A &= \{a,b,c\} \\
R_1 &= \{(a,a),(b,b),(a,c),(c,a)\} \\
R_2 &= \{(b,c)\} \\
R_3 &= \{(a,a),(b,b),(c,c),(c,a)\}
\end{aligned}
$$

指出 R_1、R_2、R_3 有哪些性质。

7.10 下列关系中，哪些是自反的、反自反的、对称的、反对称的或传递的？

(1) $R_1=\{(x,y) \mid x,y \in \mathbf{Z}, 且 |x-y| \leqslant 10\}$

(2) $R_2=\{(x,y) \mid x,y \in \mathbf{Z}, 且\ xy \geqslant 8\}$

(3) $R_3=\{(x,y) \mid x,y \in \mathbf{Z}, 且 |x| \leqslant |y|\}$

7.11 $A=\{a,b,c\}$，判断图 7.10 的(a)～(d)所表示的 A 上的二元关系各有哪些性质。

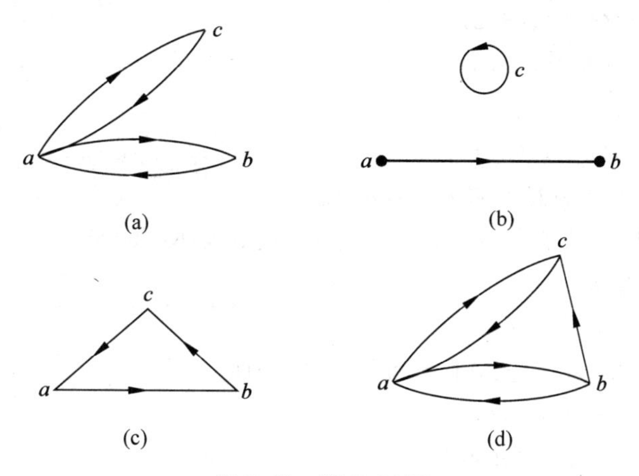

图 7.10 题 7.11 图

7.12 已知 $A=\{a,b,c,d\}$，举出 A 上的一个二元关系 R，使 R 恰有自反性、对称性、传递性、反对称性。

7.13 已知集合 $A=\{\{\varnothing\},(计算机,人工智能),\{中国,\{南京\}\},a,(a,a)\}$，试构造如下关系：

(1) R 为 A 上自反和反对称的关系。

(2) R 为 A 上反自反和传递的关系。

7.14 已知

$$R_1 = \{(a,b),(b,a),(a,c)\}$$
$$R_2 = \{(a,a),(b,c)\}$$

求 R_1^2、$R_1 \circ R_2$、$\widetilde{R_1} \circ \widetilde{R_2}$。

7.15 设 $A=\{0,1,2,3\}$，A 上两个二元关系如下：

$$R_1 = \left\{(i,j) \mid j = i+1 \text{ 或 } j = \frac{i}{2}\right\}$$
$$R_2 = \{(i,j) \mid i = j+2\}$$

求 $R_1 \circ R_2$、$R_2 \circ R_1$ 和 $(R_1 \circ R_2) \circ R_1$。

7.16 设 R_1 和 R_2 是 A 上的两个二元关系，且它们都具有对称性。证明：若 $R_1 \circ R_2 \subseteq R_2 \circ R_1$，则 $R_1 \circ R_2 = R_2 \circ R_1$。

7.17 设 R_1、R_2 和 R_3 是集合 A 上的二元关系，证明：若 $R_1 \subseteq R_2$，则 $R_3 \circ R_1 \subseteq R_3 \circ R_2$。

7.18 设 R 是集合 A 上的二元关系，回答下列问题，证明或举反例说明之。

(1) 若 R 是自反的，$\widetilde{R}$ 是自反的吗？

(2) 若 R 是对称的，$\widetilde{R}$ 是对称的吗？

(3) 若 R 是传递的，$\widetilde{R}$ 是传递的吗？

7.19 已知 R_1、R_2 是集合 A 上的两个二元关系，并假设 R_1、R_2 都有对称性。$R_1 - R_2$、$R_1 \cup R_2$、$R_1 \cap R_2$ 中哪些仍有对称性？证明或举反例说明之。

7.20 设 $A=\{1,2,3\}$，二元关系为

(1) $R_1=\{(1,2),(1,3),(3,2)\}$

(2) $R_2=\{(1,2),(2,3),(3,3)\}$

(3) $R_3=\{(1,2),(2,1),(3,3)\}$

(4) $R_4=\{(1,2),(2,3),(3,1)\}$

求它们的传递闭包 $t(R_1)$、$t(R_2)$、$t(R_3)$、$t(R_4)$。

7.21 设 R_1 和 R_2 是集合 A 上的两个关系，且 $R_1 \subseteq R_2$，证明

(1) $r(R_1) \subseteq r(R_2)$

(2) $s(R_1) \subseteq s(R_2)$

7.22 设 R_1 和 R_2 是集合 A 上的两个关系，证明

(1) $r(R_1 \cup R_2) = r(R_1) \cup r(R_2)$

(2) $s(R_1 \cup R_2) = s(R_1) \cup s(R_2)$

(3) $t(R_1 \cup R_2) \supseteq t(R_1) \cup t(R_2)$

并举一个反例说明一般情况下 $t(R_1 \cup R_2) \neq t(R_1) \cup t(R_2)$。

7.23 已知 $A=\{a,b,c,d,e\}$，$R=\{(a,a),(b,b),(c,c),(d,d),(e,e),(a,b),(b,a),(c,d),(d,c)\}$，求 A/R。

7.24 已知 $A=\{a,b,c,d\}$，$R=\{(a,b),(c,d)\}$。设 $\bar{R}$ 是 A 上的一个等价关系，$\bar{R} \supseteq R$，且满足：若存在 A 上的等价关系 R，$S \supseteq R$，可推出 $S \supseteq \bar{R}$，则称 $\bar{R}$ 为 R 的等价闭包。

(1) 求 $\bar{R}$。

(2) 求商集合 $A/\bar{R}$。

(3) 设 $\pi=\{\{a\},\{b,c,d\}\}$是集合 A 的一个划分，求对应于 π 的等价关系。

7.25 设 A 是一个非空集合，$\{A_1,A_2,\cdots,A_n\}$是集合 A 上的一个划分。在 A 上定义一个二元关系：对于任意的 $x,y\in A$，$(x,y)\in R$ 当且仅当存在 i，$1\leqslant i\leqslant n$，$x,y\in A_i$。证明 R 是 A 上的等价关系。

7.26 $A=\{a,b,c,d,e,f\}$，R 是 A 上的等价关系，$A/R=\{\{a,b,c\},\{d,e\},\{f\}\}$，求 R。

7.27 设 A、B 是两个集合，$\{A_1,A_2,\cdots,A_n\}$是集合 A 的一个划分，且对于任意的 $i\in\{1,2,\cdots,n\}$，$A_i\cap B\neq\varnothing$。证明$\{A_1\cap B,A_2\cap B,\cdots,A_n\cap B\}$是集合 $A\cap B$ 的一个划分。

7.28 设 A 是一个非空集合，$P_1=\{A_1,A_2,\cdots,A_m\}$和 $P_2=\{B_1,B_2,\cdots,B_n\}$都是 A 的划分。证明$\{A_i\cap B_j\mid i\in\{1,2,\cdots,m\},j\in\{1,2,\cdots,n\}\}$也是集合 A 的一个划分，且是 P_1 和 P_2 的加细。

7.29 已知 C 是复数集。在 C 上定义二元关系：对于任意的 $a+b\mathrm{i},c+d\mathrm{i}\in C$，$(a+b\mathrm{i},c+d\mathrm{i})\in R$ 当且仅当 $ac\geqslant 0$。证明 R 是 C 上的等价关系。

7.30 $\mathbf{N}$ 是自然数集，R 为 $\mathbf{N}\times\mathbf{N}$ 上的二元关系，且对于 $\forall(a,b),(c,d)\in\mathbf{N}\times\mathbf{N}$，$((a,b),(c,d))\in R$ 当且仅当 $ad=bc$。证明 R 为 $\mathbf{N}\times\mathbf{N}$ 上的等价关系。

7.31 设 R 是集合 A 上的一个对称的和传递的关系，如果对 A 中每一个元素 a，A 中就存在一个 b，使得$(a,b)\in R$，证明 R 是一个等价关系。

7.32 设 R 是集合 A 上的一个传递的和自反的关系，S 是 A 上的一个关系：$(a,b)\in S$ 当且仅当$(a,b)\in R$ 且$(b,a)\in R$。证明 S 是一个等价关系。

7.33 设 R 是集合 A 上的一个等价关系，$S=\{(a,b)\mid$存在 $c\in A$，使得$(a,c)\in R$，$(c,b)\in R\}$。证明 S 也是等价关系。

7.34 设 R 是集合 A 上的一个自反关系，证明：R 是等价关系当且仅当若$(a,b)\in R$ 且$(a,c)\in R$，则有$(b,c)\in R$。

7.35 设 R_1 是 A 上的等价关系，R_2 是 B 上的等价关系，且 $A\neq\varnothing$，$B\neq\varnothing$。关系 R 满足$((x_1,y_1),(x_2,y_2))\in R$ 当且仅当$(x_1,x_2)\in R_1$ 且$(y_1,y_2)\in R_2$。证明 R 为 $A\times B$ 上的等价关系。

7.36 设 R 是集合 A 上的一个二元关系，证明关系 R 的自反闭包的对称闭包的传递闭包是包含关系 R 的最小等价关系。

7.37 设 $A=\{a,b,c,d\}$，在下面列出的 A 上的诸二元关系中，哪些是偏序关系？若是偏序关系，画出相应的哈斯图。

(1) $R_1=\{(a,a),(b,b),(c,c),(d,d)\}$

(2) $R_2=\{(a,b),(b,c),(a,c)\}$

(3) $R_3=\{(a,a),(b,b),(c,c),(a,b),(b,c),(c,a)\}$

(4) $R_4=\{(a,a),(b,b),(c,c),(d,d),(a,c),(c,a)\}$

7.38 已知软件公司某项目中10个任务的哈斯图如图7.11所示。

(1) 采用拓扑排序求出所有任务的一个执行次序。

(2) 求出哈斯图中所有最长的反链。

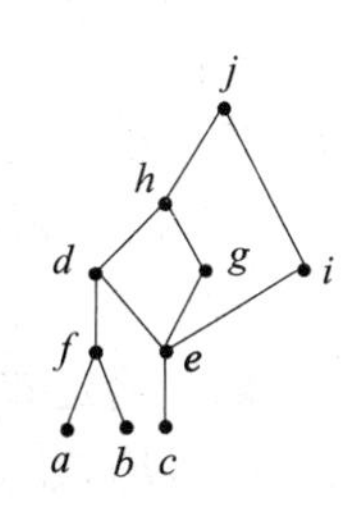

图7.11 题7.38图

7.39 图7.12为烹制中餐任务的哈斯图。安排任务顺序，并写出哈斯图中所有最长的反链。

7.40　在如图 7.13 所示的以哈斯图表示的诸二元关系中，哪些是格？

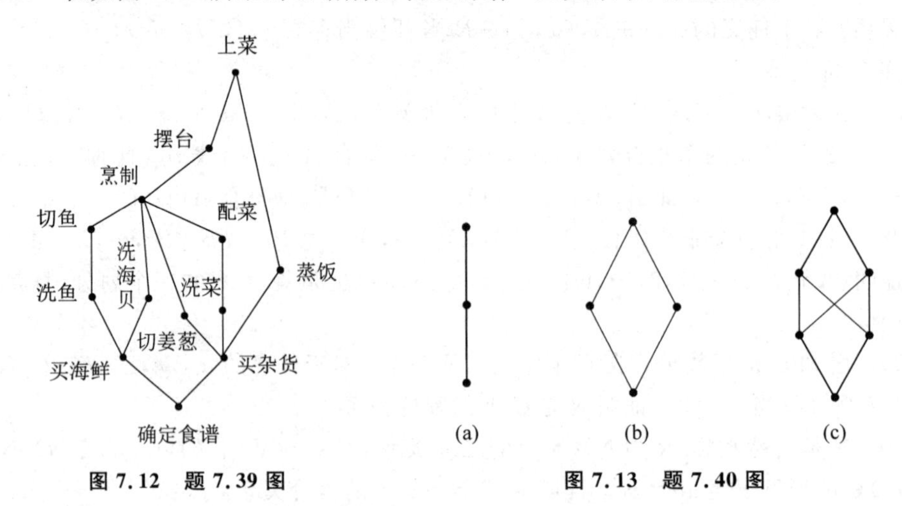

图 7.12　题 7.39 图　　　　图 7.13　题 7.40 图

7.41　设 $D=\{x|x\in\mathbf{N},x|30\}$，$R$ 是 D 上一个二元关系：对于任意的 $x,y\in D$，$(x,y)\in R$ 当且仅当 $x|y$。

(1) 写出 D。

(2) 写出 R。

(3) 画出偏序集 (D,R) 的哈斯图。

7.42　$R(A)$是定义在集合 A 上的所有关系的集合。如下定义 $R(A)$上的关系$\leqslant$：如果 $R_1\subseteq R_2$，则 $R_1\leqslant R_2$，这里 R_1 和 R_2 是 A 上的关系。证明$(R(A),\leqslant)$是偏序集。

7.43　证明有限偏序集一定有极小元。

7.44　证明有限格一定有最小元。

7.45　设 X 为一个非空集，R 是 X 上的一个二元关系。若 R 满足反自反性、反对称性和传递性，则称 R 为 X 上的严格序关系。设 S 为 X 上的一个偏序关系，证明 $S-\Delta_X$ 为 X 上的严格序关系。

7.46　设$(A_1,\leqslant_1)$和$(A_2,\leqslant_2)$是两个偏序集，记 $A=A_1\times A_2$。在 A 上定义二元关系$\leqslant$：对于任意的$(a_1,a_2),(b_1,b_2)\in A_1\times A_2$，$(a_1,a_2)\leqslant(b_1,b_2)$当且仅当 $a_1\leqslant_1 b_1$，$a_2\leqslant_2 b_2$。证明：

(1) $(A,\leqslant)$是偏序集。

(2) 若$(A_1,\leqslant_1)$和$(A_2,\leqslant_2)$是格，则$(A,\leqslant)$也是格。

7.47　已知论域 $U=\{e_1,e_2,e_3,e_4,e_5,e_6,e_7,e_8\}$，$R$ 为一族等价关系，$R=\{R_1,R_2,R_3\}$。$U/R_1=\{\{e_1,e_2,e_3\},\{e_4,e_5\},\{e_6,e_7,e_8\}\}$，$U/R_2=\{\{e_1,e_3,e_6\},\{e_4,e_7\},\{e_2,e_5,e_8\}\}$，$U/R_3=\{\{e_1,e_3\},\{e_2,e_4,e_7\},\{e_5,e_6,e_8\}\}$。计算 $U/\{R_1,R_2\}$、$U/\{R_2,R_3\}$和 $U/\{R_1,R_2,R_3\}$。

7.48　给定知识库 $K=(U,R)$，其中 $U=\{e_1,e_2,e_3,e_4,e_5,e_6,e_7,e_8\}$，$R$ 为一族等价关系，$U/R=\{E_1,E_2,E_3,E_4\}$，其中 $E_1=\{e_1,e_5,e_8\}$，$E_2=\{e_2,e_4,e_7\}$，$E_3=\{e_3\}$，$E_4=\{e_6\}$。分别计算集合$\{e_1,e_4,e_5,e_8\}$和集合$\{e_1,e_2,e_3,e_6,e_8\}$的上近似集、下近似集、正域和负域。

第 8 章 函数与集合的势

函数也叫映射。本章介绍函数的基本概念和性质，然后用函数作为工具讨论集合的势。

8.1 函数的基本概念

8.1.1 函数(映射)的定义

定义 8.1：设 A 和 B 是两个非空集合，f 是从 A 到 B 的一个二元关系，即 $f\subseteq A\times B$。若对于任意的 $\forall x\in A$，存在唯一的 $y\in B$，使得 $(x,y)\in f$，则称 f 是 A 到 B 的一个函数(映射)，记为

$$f: A\rightarrow B$$

也记为

$$A\xrightarrow{f}B$$

由第 7 章二元关系的定义知，二元关系可分为空、一对一、一对多、多对一和多对多 5 种关系。根据函数的定义知，函数实际上是一对一或多对一的二元关系。上述函数定义中的唯一性也可通过如下方式描述。

对于 $\forall x_1,x_2\in A$，若 $x_1=x_2$，就有 $f(x_1)=f(x_2)$，则对于任意的 $\forall x\in A$，存在唯一的 $y\in B$，使得 $(x,y)\in f$。

设 $f: A\rightarrow B$，若 $(x,y)\in f$，则记为 $f(x)=y$。$x\in A$ 称为象源，$y\in B$ 称为象源 x 在函数 f 下的象(或值)，A 称为定义域，B 称为 f 的陪域。

$f(A)$ 表示象集，$f(A)=\{f(x)\mid x\in A\}\subseteq B$。

设 $f: A\rightarrow B, A'\subseteq A$，则 $f(A')=\{f(x)\mid x\in A'\}\subseteq B$ 叫 A' 在 f 作用下的象集。若 $B'\subseteq B$，则集合 $f^{-1}(B')=\{x\in A\mid f(x)\in B'\}$ 叫 B' 的象源集(或原象集)。

设 $f: A\rightarrow B, A'\subseteq A$，可以定义一个 A' 到 B 的新函数 g，对于任意的 $x\in A'$，$g(x)=f(x)$。函数 $g: A'\rightarrow B$ 称为函数 $f: A\rightarrow B$ 在 A' 上的限制，记为 $g=f|_{A'}$。

下面看几个例子。

例 8.1：$A=\{a,b,c\}$，$B=\{0,1,2\}$。下列关系中哪些是 A 到 B 的函数？

$$f_1=\{(a,0),(b,1),(a,2)\}$$

$$f_2=\{(a,0),(b,1),(c,2)\}$$
$$f_3=\{(a,0),(b,0),(c,1)\}$$
$$f_4=\{(a,0),(b,1)\}$$

解：f_2 与 f_3 是从 A 到 B 的函数；f_1 不是函数，因为对于 $a\in A$，有两个象 0 和 2 与之对应，即使得 $(a,0),(a,2)\in f_1$；f_4 也不是函数，因为对于 $c\in A$，不存在与之对应的象，即不存在 $y\in B$，使得 $(c,y)\in f$。

例 8.2：设 $f: A\to B, A'\subseteq A, B'\subseteq B$，证明

(1) $f^{-1}(f(A'))\supseteq A'$

(2) $f(f^{-1}(B'))\subseteq B'$

证明：

(1) 对于任意的 $x\in A'$，则由象集定义知 $f(x)\in f(A')$，再由象源集定义知 $x\in f^{-1}(f(A'))$，故 $f^{-1}(f(A'))\supseteq A'$。

(2) 对于任意的 $x\in f(f^{-1}(B'))$，则由象集定义知，存在 $a\in f^{-1}(B')$，使得 $x=f(a)$。因为 $a\in f^{-1}(B')$，由象源集定义知 $f(a)\in B'$。又因为 $x=f(a)$，所以 $x\in B'$。

故 $f(f^{-1}(B'))\subseteq B'$。

例 8.2 说明，定义域中的一个子集的象集的象源集不小于该子集，而陪域中的一个子集的象源集的象集不大于该子集。一般地，有

$$f^{-1}(f(A'))\neq A'$$
$$f(f^{-1}(B'))\neq B'$$

例如，$A=\{a,b,c,d\}$，$B=\{1,2,3,4\}$，$f=\{(a,1),(b,1),(c,2),(d,3)\}$，$A'=\{b,c\}$，$B'=\{3,4\}$。

$$f^{-1}(f(A'))=\{a,b,c\}\neq A'$$
$$f(f^{-1}(B'))=\{3\}\neq B'$$

定义 8.2：设 $f: A\to B, g: C\to D$ 是两个函数，函数 f 和 g 相等，即 $f=g$ 当且仅当 $A=C, B=D$，且对于任意的 $x\in A$，有 $f(x)=g(x)$。

定义 8.3：所有从 A 到 B 的函数构成的集合称为 B 上 A，记为 $B^A=\{f\mid f: A\to B\}$。显然，如果 $|A|=m(\neq 0)$，$|B|=n(\neq 0)$，则 $|B^A|=n^m$。

例如，$A=\{a,b\}$，$B=\{1,2\}$，则 $B^A=\{f_1,f_2,f_3,f_4\}$。其中：

$$f_1=\{(a,1),(b,1)\}$$
$$f_2=\{(a,2),(b,2)\}$$
$$f_3=\{(a,1),(b,2)\}$$
$$f_4=\{(a,2),(b,1)\}$$

本章仅讨论一元函数 $y=f(x)$ 的相关概念和性质，对于 n 元函数 $f(x_1,x_2,\cdots,x_n)$，可以借助 n 元组的概念转换为一元函数来研究，即 $f(x)=f((x_1,x_2,\cdots,x_n))$，其中 $x=(x_1,x_1,\cdots,x_n)$。

下面通过程序设计中结构体的概念来解释多元函数的概念。

例如，已知一个多元函数如下：

```
void multifun(int x, float y, char z){
    …
  …x…    //x 的引用
  …y…    //y 的引用
  …z…    //z 的引用
    …
}
```

定义结构体如下：

```
typedef struct{
    int x;
    float y;
    char z;
}A;
```

上述多元函数可借助结构体定义为一元函数：

```
void multifun(A a){
    …
  …a.x…    //x 的引用
  …a.y…    //y 的引用
  …a.z…    //z 的引用
    …
}
```

8.1.2　函数的性质

定义 8.4：设函数 $f: A \to B$。

(1) 若对于 $\forall x_1, x_2 \in A$，若 $f(x_1)=f(x_2)$，就有 $x_1=x_2$，则称 f 是 A 到 B 的单射函数。

(2) 若对于 $\forall y \in B$，$\exists x \in A$，使得 $y=f(x)$，则称 f 是 A 到 B 的满射函数。

(3) 若 f 既是单射函数又是满射函数，则称 f 是双射函数，也叫一一对应函数。

由定义可得：

(1) 若 $f: A \to B$ 是满射函数，则有 $f(A)=B$。

(2) $f: A \to B$ 是单射函数当且仅当：对于 $\forall x_1, x_2 \in A$，若 $f(x_1)=f(x_2)$，则有 $x_1=x_2$；对于 $\forall x_1, x_2 \in A$，若 $x_1 \neq x_2$，则有 $f(x_1) \neq f(x_2)$。

(3) $f: A \to B$ 是满射函数当且仅当对于 $\forall y \in B$，$\exists x \in A$，使得 $y=f(x)$。

例 8.3：判断下列函数是否为单射、满射或双射。

(1) $f: \mathbf{N} \to \mathbf{N}, f(x)=2x$

(2) $f: \mathbf{Z} \to \mathbf{Z}, f(x)=x+3$

(3) $f: \mathbf{R} \to \mathbf{R}, f(x)=x(x-1)$

解：(1) 因为对于$\forall x_1, x_2 \in \mathbf{N}$，若$f(x_1)=f(x_2)$，则$2x_1=2x_2$，于是有$x_1=x_2$，所以$f$为单射。因为$1\in\mathbf{N}$，不存在$x\in\mathbf{N}$，使得$f(x)=1$，所以$f$不是满射。

(2) 对于$\forall x_1, x_2\in\mathbf{Z}$，若$f(x_1)=f(x_2)$，则有$x_1+3=x_2+3$，于是$x_1=x_2$，所以$f$为单射。又因为对于$\forall y\in\mathbf{Z}$，则存在$x=y-3\in\mathbf{Z}$，使得$f(x)=y-3+3=y$，所以$f$为满射。故$f$为双射。

(3) 对于$x_1=0, x_2=1$，显然有$f(x_1)=f(x_2)=0$，但$x_1\neq x_2$，所以f不是单射，更不是双射。又$-1\in\mathbf{R}$，但对于任意的$x\in\mathbf{R}$，$f(x)\neq -1$，所以f不是满射。

一般情况下，一个函数是满射和是单射之间没有必然联系，但当A和B都是有限集时，有如下定理。

定理 8.1：设$f: A\to B$，A和B都是有限集，且$|A|=|B|$，则f是单射当且仅当f是满射。

证明：若f是单射，则$|A|=|f(A)|$。因为$|A|=|B|$，所以$|f(A)|=|B|$。由f的定义知$f(A)\subseteq B$，由$|f(A)|=|B|$且B为有限集得$f(A)=B$，所以f是满射。

若f是满射，则$f(A)=B$，于是$|A|=|B|=|f(A)|$。又因为A为有限集，所以f是单射。

例 8.4：设f是A到B的函数，记为$f: A\to B$。定义新函数$g: B\to\mathscr{P}(A)$，且对于$\forall b\in B$，$g(b)=\{x\in A \mid f(x)=b\}$。证明如果$f$为满射，则$g$为单射。反之成立吗？

证明：用反证法证明。

对于$\forall b_1, b_2\in B$，若$b_1\neq b_2$，设$g(b_1)=g(b_2)$，由g的定义知$g(b_1)$、$g(b_2)$为A的子集。因为f是A到B的满射，所以由$b_1, b_2\in B$知，$\exists a_1, a_2\in A$，使得$f(a_1)=b_1$，$f(a_2)=b_2$，从而有$g(b_1)\neq\varnothing$，$g(b_2)\neq\varnothing$。由$g(b_1)=g(b_2)$知，$\exists x\in g(b_1)=g(b_2)$。由$g$的定义知，$f(x)=b_1$，$f(x)=b_2$，因此$b_1=b_2$，与$b_1\neq b_2$矛盾。故$g$为单射。

反之不成立。例如，$A=\{0,1\}$，$B=\{a,b,c\}$，$\mathscr{P}(A)=\{\varnothing,\{0\},\{1\},\{1,2\}\}$，$f$和$g$定义如下：

$f: A\to B$	$g: B\to\mathscr{P}(A)$
$0\to a$	$a\to\{0\}$
$1\to b$	$b\to\{1\}$
c	$c\to\varnothing$
	$\{1,2\}$

显然，g为单射，但f不是满射。

8.2 函数的复合和逆函数

8.2.1 函数的复合

函数是特殊的二元关系，所以二元关系的复合运算也可以定义在函数上。

定义 8.5：设 $f: A\to B, g: B\to C$ 是两个函数，f 与 g 的复合（合成）是一个从 A 到 C 的函数，记为 $g\circ f$，且对于任意的 $x\in A$ 有

$$g\circ f(x)=g(f(x))$$

首先看一个例子。

设 $A=\{0,1,2\}, B=\{x,y,z,t\}, C=\{a,b,c\}$。

$f: A\to B$	$g: B\to C$	$g\circ f: A\to C$
$0\to x$	$x\to a$	$0\to a$
$1\to y$	$y\to b$	$1\to b$
$2\to y$	$z\to b$	$2\to b$
	$t\to c$	

上述函数 $f: A\to B, g: B\to C$ 也可以用二元关系分别表示为

$$f=\{(0,x),(1,y),(2,y)\}$$

$$g=\{(x,a),(y,b),(z,b),(t,c)\}$$

若作为二元关系 f 与 g 的复合，应该有 $f\circ g=\{(0,a),(1,b),(2,b)\}$。容易看出，作为函数 f 与 g 的复合为 $g\circ f=\{(0,a),(1,b),(2,b)\}$，与二元关系的复合 $f\circ g$ 刚好相等。约定，若 f 和 g 均是函数，f 与 g 的复合，除非声明是作为二元关系的复合处理外，一律记为 $g\circ f$，其余情况记为 $f\circ g$。

显然，关于二元关系的复合满足结合律，函数关系复合也满足结合律。

定理 8.2：设 $f: A\to B, g: B\to C, h: C\to D$，则 $h\circ(g\circ f)=(h\circ g)\circ f$。

证明：对于 $\forall x\in A$，$h\circ(g\circ f)(x)=h(g\circ f(x))=h(g(f(x)))$ 且 $(h\circ g)\circ f(x)=h\circ g(f(x))=h(g(f(x)))$，因此 $h\circ(g\circ f)(x)=(h\circ g)\circ f(x)$，由函数相等的定义知 $h\circ(g\circ f)=(h\circ g)\circ f$。

定理 8.3：设 $f: A\to B, g: B\to C$。

(1) 如果 f 和 g 均是单射，则 $g\circ f$ 也是单射。

(2) 如果 f 和 g 均是满射，则 $g\circ f$ 也是满射。

(3) 如果 f 和 g 均是双射，则 $g\circ f$ 也是双射。

证明：

(1) 对于 $\forall x_1, x_2\in A$，若 $g\circ f(x_1)=g\circ f(x_2)$，则 $g(f(x_1))=g(f(x_2))$。因为 f 是 A 到 B 的函数，所以由 $x_1, x_2\in A$ 知 $f(x_1), f(x_2)\in B$。因为 g 是单射，所以有 $f(x_1)=f(x_2)$，又因为 f 是单射，所以有 $x_1=x_2$。因此 $g\circ f$ 是单射函数。

(2) 对任意的 $z\in C$，因为 g 是满射，所以存在 $y\in B$，使得 $g(y)=z$。又因为 f 是满射，所以由 $y\in B$ 知，存在 $x\in A$ 使得 $f(x)=y$。于是 $z=g(y)=g(f(x))=g\circ f(x)$。所以 $g\circ f$ 是满射函数。

(3) 由(1)和(2)知 $g\circ f$ 也是双射。

例 8.5：设 $f: A\to B, g: B\to C$，若 g 是 B 到 C 的单射，且 $g\circ f$ 是 A 到 C 的满射，则 f 是 A 到 B 的满射。

证明：对于 $\forall y\in B$，因为 g 是 B 到 C 的函数，所以存在唯一的 $z\in C$ 使得 $g(y)=z$。又

因为 $g\circ f$ 是 A 到 C 的满射，所以由 $z\in C$ 知，存在 $x\in A$ 使得 $g\circ f(x)=z$，于是 $g(f(x))=z=g(y)$。因为 g 是 B 到 C 的单射，所以 $y=f(x)$。

因此，f 是 A 到 B 的满射。

8.2.2 左可逆函数、右可逆函数和逆函数

下面讨论可逆的函数以及可逆函数的逆函数。

定义 8.6：设 $f: A\to B$，若存在函数 $g: B\to A$，使得 $g\circ f=\Delta_A$，则称 f 是左可逆函数，并称 g 是 f 的左逆函数。

设 $f: A\to B$，若存在函数 $g: B\to A$，使得 $f\circ g=\Delta_B$，则称 f 是右可逆函数，并称 g 是 f 的右逆函数。

若 f 既是左可逆函数，又是右可逆函数，则称 f 是可逆函数。

下面给出可逆函数的性质，并给出左可逆函数、右可逆函数和可逆函数的等价条件。

定理 8.4：设 $f: A\to B$，若 f 是可逆函数，则存在唯一的 $g: B\to A$，使得 $g\circ f=\Delta_A$ 且 $f\circ g=\Delta_B$。

证明：因为 $f: A\to B$ 是可逆函数，即 f 既是左可逆函数又是右可逆函数，由定义知，存在右逆函数 $g_1: B\to A$，存在左逆函数 $g_2: B\to A$，使得 $g_1\circ f=\Delta_A$ 且 $f\circ g_2=\Delta_B$。于是，

$$g_1=g_1\circ\Delta_B=g_1\circ(f\circ g_2)=(g_1\circ f)\circ g_2=\Delta_A\circ g_2=g_2$$

即存在 $g=g_1=g_2: B\to A$，使得公式 $g\circ f=\Delta_A$ 且 $f\circ g=\Delta_B$ 同时成立。由此证明也可以看出，g 是唯一的。

根据定理 8.4 知，对于可逆函数 f，存在唯一的函数 g 使得公式 $g\circ f=\Delta_A$ 且 $f\circ g=\Delta_B$ 同时成立，称 g 为 f 的逆函数。规定，用 f^{-1} 表示可逆函数 f 的逆函数，它满足 $f^{-1}\circ f=\Delta_A$ 且 $f\circ f^{-1}=\Delta_B$。并且显然有

$$f^{-1}=\{(x,y)\in B\times A\mid(y,x)\in f\}$$

注意，设 $f: A\to B$，$C\subseteq B$。对于可逆函数 f，存在唯一逆函数 f^{-1}，象源集 $f^{-1}(C)$ 可以理解为子集 C 在 f^{-1} 作用下的象集。对于非可逆函数 f，不存在逆函数 f^{-1}，象源集 $f^{-1}(C)$ 并非子集 C 在 f^{-1} 作用下的象集。

定理 8.5：设 $f: A\to B$，则

(1) f 是左可逆函数当且仅当 f 是单射。

(2) f 是右可逆函数当且仅当 f 是满射。

(3) f 是可逆函数当且仅当 f 是双射。

证明：(1) 先证必要性。因为 f 是左可逆函数，所以存在 $g: B\to A$，使得 $g\circ f=\Delta_A$。于是，对于任意的 $x_1,x_2\in A$，若 $f(x_1)=f(x_2)$，则有 $g(f(x_1))=g(f(x_2))$，即 $g\circ f(x_1)=g\circ f(x_2)$，所以 $\Delta_A(x_1)=\Delta_A(x_2)$，也即 $x_1=x_2$。所以 f 是单射。

再证充分性。假设 f 是单射。

对于任意的 $y\in B$，考察子集 $A'=\{x\in A\mid f(x)=y\}$。

若 $y\in f(A)$，则 $A'\neq\varnothing$，又 f 是单射，A' 中有且只有一个点 x_y，即 $A'=\{x_y\}$。

现定义一个从 B 到 A 的函数 g：

$$g(y)=\begin{cases} x_y & 若\ y\in f(A) \\ x' & 若\ y\notin f(A) \end{cases}$$

这里，任意取定 $x'\in A$。由定义知 $g: B\to A$ 是一个函数，且对于任意 $x\in A$，有

$$g\circ f(x)=g(f(x))=x=\Delta_A(x)$$

由函数相等的定义知 $g\circ f=\Delta_A$。所以，f 是左可逆函数。

(2) 先证必要性。因为 f 是右可逆函数，所以存在 $g: B\to A$，使得 $f\circ g=\Delta_B$。于是，对于任意的 $\forall y\in B$，有 $y=\Delta_B(y)=f\circ g(y)=f(g(y))$，即存在 $x=g(y)\in A$，使得 $f(x)=y$。故 f 是满射。

再证充分性。因为 f 是满射，所以对于任意的 $y\in B$，存在 $x\in A$，使得 $f(x)=y$，故 $A'=\{x\in A\mid f(x)=y\}\neq\varnothing$。现定义一个从 B 到 A 的函数 g：对于任意的 $y\in B$，$g(y)=x_y$，这里任意取定 $x_y\in A'$。由定义知，$g: B\to A$ 是一个函数，且对于任意的 $y\in B$，$f\circ g(y)=f(g(y))=f(x_y)=y=\Delta_B(y)$，由函数相等的定义知 $f\circ g=\Delta_B$。所以 f 是右可逆函数。

(3) 先证必要性。由(1)和(2)的结论是显然的。

再证充分性。因为 f 是双射函数，对于任意的 $y\in B$，子集 $A'=\{x\in A\mid f(x)=y\}$ 中有且只有一个点 x_y，即 $A'=\{x_y\}$。

现定义一个从 B 到 A 的函数 g：对于任意的 $y\in B$，$g(y)=x_y$。由定义知 $g: B\to A$ 是一个函数，且对于任意 $x\in A$，$g\circ f(x)=g(f(x))=x=\Delta_A(x)$，即有 $g\circ f=\Delta_A$，且对于任意 $y\in B$，$f\circ g(y)=f(g(y))=f(x_y)=y=\Delta_B(y)$，即有 $f\circ g=\Delta_B$。

所以，f 是可逆函数。

例 8.6：设 $f: \mathbf{N}\to\mathbf{N}$，对于任意的 $n\in\mathbf{N}$，$f(n)=2n+1$。f 是否左可逆？是否右可逆？是否可逆？若是，请给出左可逆函数、右可逆函数或逆函数，这样的逆函数能举出多少个？

解：显然 f 是单射，不是满射，也不是双射。由定理 8.5 知，f 是左可逆函数，仅有左可逆函数。例如，$g: \mathbf{N}\to\mathbf{N}$，且对于 $\forall n\in\mathbf{N}$，有

$$g(n)=\begin{cases} \dfrac{1}{2}(n-1) & 若\ n\ 是奇数 \\ 2 & 若\ n\ 是偶数 \end{cases}$$

显然，$g: \mathbf{N}\to\mathbf{N}$ 是 f 的一个左可逆函数。这样的左可逆函数可以举出无数个，实际上可以随意改变 g 在偶数点的值，就可以得到新的左可逆函数。

例 8.7：设 A 和 B 是两个非空集合，设 $f: A\to B$，在 A 上定义一个二元关系 R：对于任意的 $x,y\in A$，$(x,y)\in R$ 当且仅当 $f(x)=f(y)$，则

(1) R 是 A 上的一个等价关系。

(2) 一定存在一个单射函数 $\bar{f}: A/R\to B$，使得 $\bar{f}\circ\varphi=f$，其中，函数 $\varphi: A\to A/R$ 称为自然映射，对于任意的 $a\in A$，$\varphi(a)=[a]_R$。

证明：

(1) 先证 R 是 A 上的一个等价关系。

自反性：对于任意的 $x\in A$，由函数的定义知 $f(x)=f(x)$，因此 $(x,x)\in R$。

对称性：对于任意的 $x,y\in A$，若 $(x,y)\in R$，则有 $f(x)=f(y)$，即有 $f(y)=f(x)$，从而有 $(y,x)\in R$。

传递性：对于任意的 $x,y,z\in A$，若 $(x,y)\in R$，且 $(y,z)\in R$，则 $f(x)=f(y)$，且 $f(y)=f(z)$，从而有 $f(x)=f(z)$，因此 $(x,z)\in R$。

综上，R 是等价关系。

(2) 作函数 $\bar{f}: A/R\to B$，且对于 $\forall [a]_R\in A/R$，$\bar{f}([a]_R)=f(a)$。

首先必须证明 $\bar{f}$ 是一个函数，即每一个等价类的象是唯一确定的，即与等价类的代表元的选取无关。

对于 $\forall [a]_R,[b]_R\in A/R$，若 $[a]_R=[b]_R$，则 $a\in[b]_R$，从而有 $(a,b)\in R$，即 $f(a)=f(b)$，于是由 $\bar{f}$ 定义知，$\bar{f}([a]_R)=f(a)=f(b)=\bar{f}([b]_R)$。因此 $\bar{f}$ 是一个函数。

对于任意的 $x\in A$，显然有

$$\bar{f}\circ\varphi(x)=\bar{f}(\varphi(x))=\bar{f}([x]_R)=f(x)$$

由函数相等的定义知，$\bar{f}\circ\varphi=f$。

最后证明 $\bar{f}$ 是单射。若 $\forall [a]_R,[b]_R\in A/R$，$\bar{f}([a]_R)=\bar{f}([b]_R)$，则有 $f(a)=f(b)$，从而有 $(a,b)\in R$，即 $[a]_R=[b]_R$，所以 $\bar{f}$ 是单射。

8.3 无限集

8.3.1 势

一个集合的大小也就是一个集合所含有的不同元素的多少。对于一个有限集，前面已经规定用 $|A|$ 表示 A 中不同元素的个数。对无限集怎样考察大小呢？早在 1638 年，天文学家伽利略发现，在一定意义下，正整数集合

$$I_1=\{1,2,3,\cdots\}$$

和正整数的平方数的集合

$$I_2=\{1,4,9,\cdots\}$$

的元素一样多。因为，任给一个正整数 $n\in I_1$，则必有唯一的一个 $n^2\in I_2$，两者是一一对应的，说明 I_1 与 I_2 所含不同元素的数目相等。但是，另一方面 I_2 又是 I_1 的真子集。这一问题引起了伽利略和与他同时代的人的困惑。康托系统地研究了无穷集合大小的特征，提出了一一对应的概念，把两个集合能否建立一一对应作为它们的数目是否相同的标准。

定义 8.7：设 A 是一个集合，集合 A 所含有的不同元素的多少称为集合 A 的势（或称基数），记为 $\mathrm{card}(A)$ 或 $|A|$。

一般规定 $\mathrm{card}(A)$ 表示集合 A 的势，而对于有限集 A，用 $|A|$ 表示集合 A 的势。本书涉及有限集的情况较多，为统一起见，用 $|A|$ 表示集合 A 的势。

定义 8.8：设 A、B 是两个集合，若存在 $f: A\to B$，且 f 是双射函数，则称集合 A 与集合

B 的势相等，记为 $|A|=|B|$。

例 8.8：已知 $A=\{x\in R|0\leqslant x\leqslant 1\}$，$B=\{x\in R|0\leqslant x<1\}$，证明 $|A|=|B|$。

证明：建立 A 到 B 的函数 f 如下：

$$
\begin{aligned}
f:\ & A\to B\\
& 1\to\frac{1}{2}\\
& \frac{1}{2}\to\frac{1}{3}\\
& \vdots\\
& \frac{1}{n}\to\frac{1}{n+1}\\
& \vdots\\
& x\to x\quad x\notin\left\{1,\frac{1}{2},\frac{1}{3},\cdots\right\}
\end{aligned}
$$

显然 f 为双射。故 $|A|=|B|$。

例 8.9：设 A、B、C 和 D 为 4 个任意的集合，$|A|=|C|$，$|B|=|D|$，且 $A\cap B=C\cap D=\varnothing$，证明 $|A\cup B|=|C\cup D|$。

证明：因为 $|A|=|C|$，$|B|=|D|$，所以存在双射 $f: A\to C$，$g: B\to D$。

构造关系 $h\subseteq(A\cup B)\times(C\cup D)$，且对于任意的 $x\in A\cup B$，有

$$h(x)=\begin{cases}f(x) & 若\ x\in A\\ g(x) & 若\ x\in B\end{cases}$$

(1) h 为映射。

对于 $\forall x_1,x_2\in A\cup B$，若 $x_1=x_2$，由 $A\cap B=\varnothing$ 可知 $x_1,x_2\in A$ 或 $x_1,x_2\in B$。

若 $x_1,x_2\in A$，则由 h 的定义知 $h(x_1)=f(x_1)$，$h(x_2)=f(x_2)$。因为 f 是 A 到 C 的函数，所以由 $x_1=x_2$ 知 $f(x_1)=f(x_2)$，从而有 $h(x_1)=h(x_2)$。

若 $x_1,x_2\in B$，则由 h 的定义知 $h(x_1)=g(x_1)$，$h(x_2)=g(x_2)$。因为 g 是 B 到 D 的函数，所以由 $x_1=x_2$ 知 $g(x_1)=g(x_2)$，从而有 $h(x_1)=h(x_2)$。

故，h 为 $A\cup B$ 到 $C\cup D$ 的函数。

(2) h 为单射。

对于 $\forall x_1,x_2\in A\cup B$，若有 $h(x_1)=h(x_2)$，由并集的定义知，$x_1,x_2\in A$，或 $x_1,x_2\in B$，或 $x_1\in A$ 且 $x_2\in B$，或 $x_1\in B$ 且 $x_2\in A$。

先证 $x_1\in A$ 且 $x_2\in B$，或 $x_1\in B$ 且 $x_2\in A$ 不可能成立。

若 $x_1\in A$ 且 $x_2\in B$，由 $h(x_1)=h(x_2)$ 得，$f(x_1)=g(x_2)$，因为 f 是 A 到 C 的函数，g 是 B 到 D 的函数，所以 $f(x_1)\in C$，$g(x_2)\in D$，由 $f(x_1)=g(x_2)$ 知，$C\cap D\neq\varnothing$，与已知矛盾，故 $x_1\in A$ 且 $x_2\in B$ 不成立；同理可证，$x_1\in B$ 且 $x_2\in A$ 不成立。

若 $x_1,x_2\in A$，由 $h(x_1)=h(x_2)$ 得 $f(x_1)=f(x_2)$，因为 f 是 A 到 C 的单射，所以 $x_1=x_2$。

若 $x_1,x_2\in B$，由 $h(x_1)=h(x_2)$ 得 $g(x_1)=g(x_2)$，因为 g 是 B 到 D 的单射，所以

$x_1=x_2$。

综上，h 为 $A\cup B$ 到 $C\cup D$ 的单射。

(3) h 为满射。

对于 $\forall y\in C\cup D$，则由并集的定义知 $y\in C$ 或 $y\in D$。

若 $y\in C$，因为 f 是 A 到 C 的满射，所以 $\exists x\in A\subseteq A\cup B$，使得 $h(x)=f(x)=y$。

若 $y\in D$，因为 g 是 B 到 D 的满射，所以 $\exists x\in B\subseteq A\cup B$，使得 $h(x)=g(x)=y$。

故，h 为 $A\cup B$ 到 $C\cup D$ 的满射。

综上，h 为 $A\cup B$ 到 $C\cup D$ 的双射。

故，$|A\cup B|=|C\cup D|$。

8.3.2 有限集和无限集

定义 8.9：设 A 是一个非空集合，若存在 $n\in\mathbf{N}$，使得

$$|A|=|\{0,1,2,\cdots,n-1\}|$$

则称集合 A 是有限集，记为 $|A|=n$。如果 A 不是有限集，它就是无限集。

定理 8.6：自然数集 $\mathbf{N}$ 是无限集。

证明：用反证法，设存在 $n\in\mathbf{N}$，$|\mathbf{N}|=n$。则存在

$$f:\{0,1,2,\cdots,n-1\}\to\mathbf{N}$$

是双射。令 $k=\max\{f(0),f(1),f(2),\cdots,f(n-1)\}+1$，显然 $k\in\mathbf{N}$，对于任意的 $x\in\{0,1,2,\cdots,n-1\}$，$f(x)\neq k$。因此 f 不是满射函数，与 f 是双射函数矛盾。矛盾说明不存在 $n\in\mathbf{N}$，使得 $|\mathbf{N}|=n$，故 $\mathbf{N}$ 不是有限集，是无限集。

任何一个有限集的真子集的元素个数一定比原集合的元素个数要少，即，若 $A\subset B$，则 $|A|<|B|$。

但在无限集中，这个结论就不一定成立了。例如，$A=\{x\in\mathbf{N}\mid 存在\ k\in\mathbf{N},x=2k\}$，显然 A 是偶数集，它是自然数集 $\mathbf{N}$ 的真子集。令 $f:\mathbf{N}\to A$，对于任意的 $n\in\mathbf{N}$，$f(n)=2n$。

不难证明，f 是双射函数，于是有 $|\mathbf{N}|=|A|$。

8.3.3 可数无限集和不可数无限集

定义 8.10：设 A 是一个集合，若 $|A|=|\mathbf{N}|$，则称 A 为可数无限集，记为 $|A|=\aleph_0$（读作"阿列夫零"）。否则称为不可数无限集。

一个可数无限集 A 可以表示为 $A=\{a_1,a_2,\cdots,a_n,\cdots\}$。

例 8.10：试证明 $\mathbf{Z}$ 是可数无限集。

证明：构造 $\varphi:\mathbf{N}\to\mathbf{Z}$，且对于 $\forall x\in\mathbf{N}$，有

$$\varphi(x)=\begin{cases}-\dfrac{x+1}{2} & 若\ x\ 为奇数\\ \dfrac{x}{2} & 若\ x\ 为偶数\end{cases}$$

显然，φ是双射函数，于是有$|\mathbf{N}|=|\mathbf{Z}|$。

故，$\mathbf{Z}$是可数无限集。

例8.11：设A和B是两个可数集合，则$A\cup B$也是可数集合。

证明：因为A和B是两个可数集合，如果它们相交，可以用$B-A$来代替B。因为$A\cap(B-A)=\varnothing$，且$A\cup(B-A)=A\cup B$。不失一般性，可以假设A和B是不相交的。再者，不失一般性，如果两个集合之一是可数无限的而另一个是有限的，则可以假设B是那个有限集。

(1) 若A和B均为有限集，$A\cup B$也是有限集，因此$A\cup B$是可数集合。

(2) 若A是可数无限集，B是有限集，$A=\{a_1,a_2,\cdots,a_n,\cdots\}$，$B=\{b_1,b_2,\cdots,b_m\}$，可以把$A\cup B$的元素排列为$b_1,b_2,\cdots,b_m,a_1,a_2,\cdots,a_n,\cdots$，这意味着$A\cup B$是可数无限集。

(3) 若A和B均为可数无限集，则$A=\{a_1,a_2,\cdots,a_n,\cdots\}$，$B=\{b_1,b_2,\cdots,b_m,\cdots\}$。可以把$A\cup B$的元素排列为无限序列$a_1,b_1,a_2,b_2,\cdots,a_n,b_n,\cdots$，所以$A\cup B$是可数无限集。

定理8.7：设A是一个任意无限集，则A中存在一个可数无限子集，即存在子集$B\subseteq A$，使得$|B|=\aleph_0$。

证明：取$B=\varnothing$。在$A-B$中任取一个元素，记为$a_0\in A-B$，并将a_0置入B中，即有$B=\{a_0\}$。在$A-B$中任取一个元素，记为$a_1\in A-B$，并将a_1置入B中，即有$B=\{a_0,a_1\}$。依此类推，得到$B=\{a_0,a_1,a_2,\cdots,a_{n-1}\}$。在$A-B$中任取一个元素，记之为$a_n\in A-B$，并将$a_n$置入$B$中，即有$B=\{a_0,a_1,a_2,\cdots,a_{n-1},a_n\}$。因为$A$是无限集，以上工作可以一直进行下去，于是可以得到$B=\{a_0,a_1,a_2,\cdots,a_{n-1},a_n,\cdots\}\subseteq A$。

因此，可以建立双射函数f：$\mathbf{N}\rightarrow B$，且对于$\forall n\in\mathbf{N}$，$f(n)=a_n$。

所以，$|B|=\aleph_0$，且$B\subseteq A$。

定理8.8：A是无限集当且仅当A中存在真子集B，使$|B|=|A|$。

证明：先证必要性。假定A是无限集，由定理8.7知A中有子集$C\subseteq A$，使得$|C|=\aleph_0$。不妨设$C=\{a_1,a_2,\cdots,a_n,\cdots\}$。令$B=A-\{a_1\}$，则$B$是$A$的真子集，即$B\subset A$。构造函数$f$：$A\rightarrow B$，且对于$\forall x\in A$，有

$$f(x)=\begin{cases}x & 若\ x\in A-C\\ a_{i+1} & 若\ x=a_i\in C\end{cases}$$

显然，f是双射函数，故$|B|=|A|$。

再证充分性，用反证法。若A不是无限集，则A是有限集，令$|A|=n$，不妨设$A=\{a_1,a_2,\cdots,a_n\}$。显然，A的任何真子集与A之间不存在双射函数，与充分性条件矛盾。故A是无限集。

例8.12：A是无限集，B是可数无限集，证明$|A\cup B|=|A|$。

证明：因为A是无限集，所以由定理8.7知，存在一个可数无限集$C\subseteq A$。又因为B是可数无限集，所以$B\cup C$也是可数无限集，因此存在双射函数f：$C\rightarrow(B\cup C)$。构造函数φ：$A\rightarrow A\cup B$（即$(A-C)\cup C\rightarrow(A-C)\cup(B\cup C)$），且对于$\forall x\in A$，有

$$\varphi(x)=\begin{cases}f(x) & 若\ x\in C\\ x & 若\ x\in A-C\end{cases}$$

显然，φ为双射。

故，$|A\cup B|=|A|$。

定理 8.9：A和B是集合，若A是不可数无限集，且$A\subseteq B$，则B也是不可数无限集。

证明：设B是可数无限集，则B可以排列成$B=\{b_1,b_2,\cdots,b_n,\cdots\}$。在这个序列中，从$b_1$开始依次检查，将遇到的$A$中的第一个元素记为$a_1$，第二个记为$a_2$，因为$A$为无限集，则从$B$中可以得到$A$中元素的序列$A=\{a_1,a_2,\cdots,a_i,\cdots\}$，所以$A$是可数无限集。这与已知矛盾，因此$B$是不可数无限集。

例 8.13：证明实数集是不可数无限集。

解：设实数集是可数无限集，则集合$A=\{x\in\mathbf{R}\mid 0\leqslant x<1\}\subseteq\mathbf{R}$也是可数无限集。因为$|\mathbf{N}|=|A|$，所以存在双射函数$\varphi$: $\mathbf{N}\to A$，不失一般性，设

$$\varphi(0)=0.a_{00}a_{01}a_{02}\cdots$$
$$\varphi(1)=0.a_{10}a_{11}a_{12}\cdots$$
$$\varphi(2)=0.a_{20}a_{21}a_{22}\cdots$$
$$\vdots$$
$$\varphi(i)=0.a_{i0}a_{i1}\cdots a_{ii}\cdots$$
$$\vdots$$

其中，$a_{ij}\in\{0,1,2,3,4,5,6,7,8,9\}$。构造$b=0.b_0b_1b_2\cdots$，其中

$$b_i=\begin{cases}9-a_{ii} & 若\ a_{ii}\neq 9\\ 6 & 若\ a_{ii}=9\end{cases}$$

显然$0\leqslant b<1$，即$b\in A$，但对于任意的$i\in\mathbf{N}$，$a_{ii}\neq b_i$，故$\varphi(i)\neq b$。这与φ是满射矛盾，说明A不是可数无限集。又因为$A\subseteq\mathbf{R}$，所以由定理8.9知，实数集是不可数无限集。

例8.13中的证明方法是由乔治·康托尔于1879年引入的证明方法，即所谓的康托尔对角线法。

8.4 集合势大小的比较

8.3节讨论了两个集合势相等的概念，本节比较两个无限集的势的大小。

8.4.1 集合势的大小

定义 8.11：设A、B是两个集合，若存在f: $A\to B$是单射函数，则称集合A的势小于或等于集合B的势，记为$|A|\leqslant|B|$。若$|A|\leqslant|B|$，且$|A|\neq|B|$，则称集合A的势小于集合B的势，记为$|A|<|B|$。

由定义不难知，$|\mathbf{N}|<|\mathbf{R}|$。

例 8.14：若A是任意集合，则$|A|<|2^A|$。

证明：作φ: $A\to 2^A$，且对于$\forall x\in A$，$\varphi(x)=\{x\}$，显然，φ是一个函数，且是单射函数，故

有$|A| \leqslant |2^A|$。

下面证明$|A| \neq |2^A|$。

若$|A| = |2^A|$，则存在双射函数 $f: A \to 2^A$，且对于$\forall x \in A, f(x) \in 2^A$，即 $f(x) \subseteq A$。构造集合 $M = \{x \in A \mid x \notin f(x)\}$。由 M 的定义知$M \subseteq A$，即 $M \in 2^A$。

因为 f 是双射，所以存在 $a \in A$，使得 $f(a) = M$。

下面看一个矛盾现象，a 是一个元素，M 是一个集合，根据元素与集合的关系知 $a \in M$ 或者 $a \notin M$。

若 $a \in M$，因为 $f(a) = M$，所以 $a \in f(a)$，但由 M 的定义知 $a \notin M$，矛盾。

若 $a \notin M$，因为 $f(a) = M$，所以 $a \notin f(a)$，但由 M 的定义知 $a \in M$，矛盾。

即不存在 A 到 2^A 的双射函数 f。于是，$|A| \neq |2^A|$。

故，$|A| < |2^A|$。

此定理表明没有最大势的集合。

定理 8.10：设 A、B 和 C 是 3 个任意集合。若$|A| \leqslant |B|$且$|B| \leqslant |C|$，则$|A| \leqslant |C|$。

证明：因为$|A| \leqslant |B|$，则存在单射函数 $f: A \to B$；又因为$|B| \leqslant |C|$，则存在单射函数 $g: B \to C$。于是，$g \circ f: A \to C$ 也是单射，所以由定义 8.11 知，$|A| \leqslant |C|$。

8.4.2　伯恩斯坦定理

定理 8.11：设 A、B 是两个任意集合，若$|A| \leqslant |B|$，且$|B| \leqslant |A|$，则$|A| = |B|$。

此定理叫伯恩斯坦定理，对证明集合势相等很有用。由于证明复杂，在此省略。

例 8.15：有理数集 **Q** 是可数无限集。

证明：作 $f: \mathbf{N} \to \mathbf{Q}$，且对于任意的 $x \in \mathbf{N}, f(x) = x$。显然，$f$ 是单射，于是有$|\mathbf{N}| \leqslant |\mathbf{Q}|$。又 **Z** 是整数集，$|\mathbf{Z}| = |\mathbf{N}|$，且$|\mathbf{Z} \times \mathbf{Z}| = |\mathbf{N}|$。

构造 $\varphi: \mathbf{Q} \to \mathbf{Z} \times \mathbf{Z}$，对于任意有理数$\frac{q}{p} \in \mathbf{Q}$，其中 $p, q \in \mathbf{Z}(p > 0)$，$p$ 与 q 互质，令 $f: \frac{q}{p} \to (q, p)$，显然，$f$ 也是单射，所以$|\mathbf{Q}| \leqslant |\mathbf{Z} \times \mathbf{Z}|$。由于$|\mathbf{Z} \times \mathbf{Z}| = |\mathbf{N}|$，所以$|\mathbf{Q}| \leqslant |\mathbf{N}|$。由伯恩斯坦定理知 $|\mathbf{Q}| = |\mathbf{N}|$。

故有理数集 **Q** 是可数无限集。

8.5　鸽巢原理

所谓鸽巢原理也称为抽屉原理，通俗的讲法是：假设有几只鸽子住在几个鸽巢中，如果鸽子的数目比鸽巢数目多，那么一定会有一个鸽巢至少住了两只鸽子。

命题 8.1：设 A 和 B 是两个有限集，且$|A| > |B|$，对于从 A 到 B 的任意一个映射 $f: A \to B$，一定存在 $a_1 \neq a_2 \in A$，使得$f(a_1) = f(a_2)$。

命题 8.2：设 A 和 B 是两个有限集，且$|A| > |B|$，记

$$i=\left\lceil\frac{|A|}{|B|}\right\rceil$$

这里$\lceil x\rceil$为不小于x的最小整数。对于从A到B的任意一个映射$f: A\to B$,在A中必存在i个不同元素$a_1,a_2,\cdots,a_i$,使得

$$f(a_1)=f(a_2)=\cdots=f(a_i)$$

证明:采用反证法。若这个事实不存在,那么对于B中每一元素,最多是A中$i-1$个元素的象,则A中最多有元素$|B|(i-1)$个,即$|A|\leqslant|B|(i-1)$,因此

$$\frac{|A|}{|B|}\leqslant i-1$$

这与$i=\left\lceil\frac{|A|}{|B|}\right\rceil$矛盾。故命题成立。

下面给出一些例子。

例 8.16:任取 11 个整数,证明其中至少有两个整数,它们的差是 10 的倍数。

证明:设$x_1,x_2,\cdots,x_{11}$是任意选取的 11 个整数。任何整数被 10 除的余数只能是 0,1,2,…,9 之一,即有 10 个余数。11 个任意整数可以看作 11 只鸽子,10 个余数可以看作 10 个鸽巢,这 11 只鸽子飞到 10 个鸽巢中,一定有一个鸽巢中至少有两只鸽子,不妨设为x_i和x_j($1\leqslant i<j\leqslant 11$)。因为$x_i$和$x_j$被 10 除的余数相同,所以 10 能够整除它们的差x_i-x_j。故,命题得证。

例 8.17:在n^2+1个不同的整数的序列中,或者存在一个长度为$n+1$的递增子序列,或者存在一个长度为$n+1$的递减子序列。

证明:设n^2+1个不同的整数的序列为$x_1,x_2,\cdots,x_k,x_{k+1},\cdots,x_{n^2+1}$,从$x_k$开始的最长递增子序列的长度为$a_k$,从$x_k$开始的最长递减子序列的长度为$b_k$。每个$x_k$($k=1,2,\cdots,n^2+1$)都对应了$(a_k,b_k)$。若不存在长度为$n+1$的递增或递减子序列,则$a_k\leqslant n,b_k\leqslant n$。形如$(a_k,b_k)$的不同的点对至多有$n^2$对,而$x_k$有$n^2+1$个,根据鸽巢原理,必有$x_i$和$x_j$($1\leqslant i<j\leqslant n^2+1$)同时对应$(a_i,b_i)=(a_j,b_j)$。由于$x_i\neq x_j$,若$x_i>x_j$,则$a_i<a_j$;若$x_i<x_j$,则$a_i>a_j$。这与$(a_i,b_i)=(a_j,b_j)$矛盾。

综上,命题成立。

例 8.18:设x_1、x_2、x_3为 3 个任意的整数,y_1、y_2、y_3为x_1、x_2、x_3的任意一种排列,则x_1-y_1、x_2-y_2、x_3-y_3中至少有一个是偶数。

证明:根据鸽巢原理,x_1、x_2、x_3这 3 个数中至少有两个数,或同是奇数,或同是偶数。不妨设这两个数是x_1和x_2。

若x_1和x_2两个数同为奇数,于是x_1、x_2、x_3中最多有一个是偶数。因为y_1、y_2、y_3为x_1、x_2、x_3的任意一种排列,而x_1、x_2、x_3中最多有一个是偶数,故y_1和y_2中至少有一个是奇数。由于奇数与奇数之差是偶数,故x_1-y_1、x_2-y_2中至少有一个是偶数。结论得证。

若x_1和x_2两个数同是偶数,于是x_1、x_2、x_3中最多有一个是奇数。因为y_1、y_2、y_3为x_1、x_2、x_3的任意一种排列,而x_1、x_2、x_3中最多有一个是奇数,故y_1和y_2中至少有一个是偶数,由于偶数与偶数之差是偶数,故x_1-y_1、x_2-y_2中至少有一个是偶数。结论同样得证。

8.6 典型例题

例 8.19：**R** 是实数集，X 是 **R** 到 $[0,1]$ 的全体函数。若对于 $\forall f,g\in X$，定义 $(f,g)\in S$ 当且仅当 $\forall x\in[0,1]$，$f(x)-g(x)\geqslant 0$，证明 S 是 X 上的偏序关系。

证明：

(1) 自反性。对于 $\forall f\in X$ 且 $\forall x\in[0,1]$，显然有 $f(x)-f(x)=0\geqslant 0$，因此 $(f,f)\in S$。

(2) 反对称性。对于 $\forall f,g\in X$ 且 $\forall x\in[0,1]$，若 $(f,g)\in S$ 且 $(g,f)\in S$，则 $f(x)-g(x)\geqslant 0$ 且 $g(x)-f(x)\geqslant 0$，从而 $f(x)=g(x)$。由函数相等的定义知 $f=g$。

(3) 对于 $\forall f,g,h\in X$ 且 $\forall x\in[0,1]$，若 $(f,g)\in S$ 且 $(g,h)\in S$，则 $f(x)-g(x)\geqslant 0$ 且 $g(x)-h(x)\geqslant 0$，从而有 $f(x)-h(x)\geqslant 0$。由 S 的定义知 $(f,h)\in S$。

综上，S 是 X 上的偏序关系。

例 8.20：已知 A、B、C、D 是 4 个任意集合，$|A|=|C|$，$|B|=|D|$，证明 $|A\times B|=|C\times D|$。

证明：因为 $|A|=|C|$，$|B|=|D|$，则存在双射函数 $f: A\to C$ 和双射函数 $g: B\to D$。构造 $A\times B$ 到 $C\times D$ 关系 h，且对于 $\forall(a,b)\in A\times B$，有

$$h((a,b))=(f(a),g(b))$$

(1) h 为函数。

对于 $\forall(a_1,b_1),(a_2,b_2)\in A\times B$，若 $(a_1,b_1)=(a_2,b_2)$，则由有序对相等的定义知，$a_1=a_2$，$b_1=b_2$。因为 f 和 g 为函数，所以 $f(a_1)=f(a_2)$，$g(b_1)=g(b_2)$，从而有 $(f(a_1),g(b_1))=(f(a_2),g(b_2))$。于是

$$h((a_1,b_1))=(f(a_1),g(b_1))=(f(a_2),g(b_2))=h((a_2,b_2))$$

(2) h 为单射。

对于 $\forall(a_1,b_1),(a_2,b_2)\in A\times B$，若 $h((a_1,b_1))=h((a_2,b_2))$，则 $(f(a_1),g(b_1))=(f(a_2),g(b_2))$。根据有序对相等的定义知，$f(a_1)=f(a_2)$，$g(b_1)=g(b_2)$。因为 f 和 g 为单射，所以 $a_1=a_2$，$b_1=b_2$。再根据有序对相等的定义知 $(a_1,b_1)=(a_2,b_2)$。

(3) h 为满射。

对于 $\forall(c,d)\in C\times D$，有 $c\in C$，$d\in D$。因为 f 和 g 为满射，所以存在 $a\in A$，$b\in B$ 使得 $f(a)=c$，$g(b)=d$。于是存在 $(a,b)\in A\times B$ 使得 $h((a,b))=(f(a),g(b))=(c,d)$。

综上，h 为双射函数。

故，$|A\times B|=|C\times D|$。

例 8.21：若 f 是 A 到 B 的满射函数，则 $|B|\leqslant|A|$。

证明：设 f 是 A 到 B 的满射函数，则对于 $\forall y\in B$，有 $A_y=\{x\in A\mid f(x)=y\}$，且 $A_y\neq\varnothing$。现定义一个 B 到 A 的映射 g，使得

$$g(y)=x_y\in A_y\subseteq A$$

其中，x_y 是从非空集 A 中任意取定的一个元素。

显然，若 $y_1 \neq y_2$，则 $A_{y_1} \cap A_{y_2} = \varnothing$，因此从非空集 A_{y_1} 和 A_{y_2} 中任意选定的两个元素一定不相同，即有 $x_{y_1} \neq x_{y_2}$，也即 $g(y_1) \neq g(y_2)$。

因此，g 为 B 到 A 的单射，所以由定义知 $|B| \leqslant |A|$。

例 8.22：在边长为 2 的正方形内任取 17 个点，证明至少有两点间的距离小于或等于 $\sqrt{2}/2$。

证明：把边长为 2 的正方形等分为边长为 1/2 的 16 个小正方形，以这 16 个小正方形为 16 个鸽巢，以 17 个点为鸽子。若这 17 只鸽子飞向 16 个鸽巢，则总存在一个鸽巢，其中至少有 2 只鸽子，即至少有两点间的距离至多为 $\sqrt{2}/2$。因此，至少有两点间的距离小于或等于 $\sqrt{2}/2$。

例 8.23：对于有穷集合 A，证明 $|2^A| = 2^{|A|}$。

证明：对 $|A|$ 进行归纳证明。

(1) 基础：当 $|A| = 0$ 时，即 $A = \varnothing$，于是，$|2^A| = |\{\varnothing\}| = 1 = 2^0 = 2^{|A|}$。命题成立。

(2) 归纳：假设 $|A| = n$ 时结论成立，要证 $|A| = n+1$ 时结论成立。

不失一般性，设 $A = B \cup \{a\}$，其中 $a \notin B$，于是 $|A| = |B \cup \{a\}| = |B| + 1$。

根据幂集的定义可知，$2^A = 2^B \cup \{C \cup \{a\} \mid C \in 2^B\}$。由于 $a \notin B$，所以 $2^B \cap \{C \cup \{a\} \mid C \in 2^B\} = \varnothing$。显然，可以构造一个双射 $f: \{C \cup \{a\} \mid C \in 2^B\} \to 2^B$，使得 $f(C \cup \{a\}) = C$，所以 $|\{C \cup \{a\} \mid C \in 2^B\}| = |2^B|$。于是

$$
\begin{aligned}
|2^A| &= |2^B \cup \{C \cup \{a\} \mid C \in 2^B\}| \\
&= |2^B| + |\{C \cup \{a\} \mid C \in 2^B\}| \\
&= |2^B| + |2^B| \\
&= 2|2^B|
\end{aligned}
$$

显然，$|B| = n$。根据归纳假设知 $|2^B| = 2^{|B|}$，从而有

$$|2^A| = 2|2^B| = 2 \times 2^{|B|} = 2^{|B|+1} = 2^{|A|}$$

所以，$|A| = n+1$ 时命题成立。

(3) 由归纳法原理知，结论对任意有穷集合均成立。

习题

8.1 **N** 是自然数集，**R** 是实数集，以下给出的关系中哪些能构成函数关系？

(1) $\{(x_1, x_2) \mid x_1, x_2 \in \mathbf{N}, x_1 + x_2 < 20\}$

(2) $\{(y_1, y_2) \mid y_1, y_2 \in \mathbf{R}, y_2 = y_1^2\}$

(3) $\{(y_1, y_2) \mid y_1, y_2 \in \mathbf{R}, y_1 = y_2^4\}$

8.2 设 $X = \{-1, 0, 1\}^2$，并且把关系 f 定义为

$$f((x_1, x_2)) = \begin{cases} 0 & x_1 x_2 > 0 \\ x_1 - x_2 & x_1 x_2 \leqslant 0 \end{cases}$$

(1) f 是否为函数？

(2) f 的值域是什么?

8.3 设 $\mathbf{R}$ 是实数集,且对于 $\forall x \in \mathbf{R}$ 有函数 $f(x)=x+3, g(x)=2x+1, h(x)=x/2$。求 $g \circ f$、$f \circ f$、$f \circ h$、$h \circ f$、$f \circ g \circ h$。

8.4 设 A 和 B 是两个任意集合,且 $A, B \subseteq X$,f 是集合 X 到集合 Y 的映射。

(1) 证明 $f(A \cup B)=f(A) \cup f(B)$

(2) 证明 $f(A \cap B) \subseteq f(A) \cap f(B)$,并说明等号什么时候成立,即给出等号成立的必要条件,并证明之。

8.5 设 A 和 B 是两个非空集合,f 是从 A 到 B 的函数,$\varnothing \neq A' \subseteq A$。

(1) 证明 $f^{-1}(f(A')) \supseteq A$。

(2) 给出 $f^{-1}(f(A')) \supset A$ 的例子。

8.6 设 A 和 B 是两个非空集合,f 是从 A 到 B 的函数,$B' \subseteq B$。

(1) 证明 $f(f^{-1}(B')) \subseteq B'$。

(2) 给出 $f(f^{-1}(B')) \subset B'$的例子。

8.7 设 A 是一个非空集合,φ 是 A 到 A 的一个映射,$\varphi(\varphi^{-1}(A))$与 $\varphi^{-1}(\varphi(A))$是否相等?若肯定相等,请证明之;若不一定相等,请举例说明。

8.8 设 A 和 B 是两个非空集合,f 是从 A 到 B 的函数,$C \subseteq A, D \subseteq B$。证明

$$f(C \cap f^{-1}(D))=f(C) \cap D$$

8.9 设 A 和 B 是两个非空集合,f 是从 A 到 B 的函数,$S \subseteq B$。证明

$$f(f^{-1}(S))=S \cap f(A)$$

8.10 已知 $A=\{1,2,3\}$是一个集合。请给出一个 A 到 A 的函数 f,满足

(1) $f^2=f$

(2) $f \neq \Delta_A$

8.11 指出下列映射中哪些是单射,哪些是满射,哪些是双射。

(1) $f_1: \mathbf{R} \rightarrow \mathbf{R}, f_1(x)=2x-15$

(2) $f_2: \mathbf{R} \rightarrow \mathbf{R}, f_2(x)=x^2+2x-7$

(3) $f_3: \mathbf{N}^2 \rightarrow \mathbf{N}, f_3(x_1, x_2)=x_1^{x_2}$

8.12 已知 $A=\{1,2,3,4,5\}, B=\{a, b, c\}$,$f$ 是 A 到 B 的函数:

$$f(x)=a, 1 \leqslant x \leqslant 3; f(4)=b, f(5)=c$$

是否存在 B 到 A 的函数 f_1,使得 $f \circ f_1=\Delta_B$?若存在,请举例说明,并说明最多有几个。

8.13 设有函数 $f: \mathbf{Z} \rightarrow \mathbf{Z}$,对于任意的 $i \in \mathbf{Z}, f(i)=2i-1$。

(1) f 是否是单射、满射、双射?证明你的结论。

(2) f 是否有左可逆函数、右可逆函数、逆函数?若有,请具体给出一个,并说明有多少个。

8.14 已知 f 是 $\mathbf{N}$ 到 $\mathbf{N}$ 的映射,且对于 $\forall x \in \mathbf{N}$,有 $f(x)=2x$。f 是否有右可逆映射?是否有左可逆映射?若有,请给出一个具体例子。

8.15 设 A、B、C 是 3 个集合,f 是 A 到 B 的映射,g 是 B 到 C 的映射。

(1) 证明：若 $g\circ f$ 是 A 到 C 的单射，则 f 是 A 到 B 的单射。

(2) 请举出一个 $g\circ f$ 是 A 到 C 的单射但 g 不是 B 到 C 单射的例子。

8.16 设 A、B、C 是 3 个集合，f 是 A 到 B 的映射，g 是 B 到 C 的映射。

(1) 证明：若 $g\circ f$ 是 A 到 C 的满射，则 g 是 B 到 C 的满射。

(2) 给出一个反例，说明 $g\circ f$ 是满射，g 也是满射，但 f 不是满射。

8.17 **N** 是自然数集，请给出一个从 **N** 到 **N** 的映射，它是单射，但不是双射。

8.18 A 是一个集合。说明当 A 是什么样的集合时会存在 A 到 A 的映射且它是单射而不是满射，并举一个例子。

8.19 **N** 是自然数集，举一个从 **N** 到 **N** 的满射而不是双射的例子。

8.20 用势相等的定义证明下面两个集合等势。

$$A=\{x\in R\mid 0\leqslant x\leqslant 1\}$$

$$B=\{x\in R\mid 0<x<1\}$$

8.21 指出下列集合的势各是什么并简述理由。

(1) $A=\{(p,q)\mid p$、q 均为整数$\}$

(2) $B=\{(p,q)\mid p$、q 均为有理数$\}$

8.22 **N** 是自然数集，**Z** 是整数集，**Q** 是有理数集，**R** 是实数集，以下哪些是可数无限集？

(1) $A=\{2n\mid n\in \mathbf{N}\}$

(2) $B=\{x\in \mathbf{Z}\mid 2=x \bmod 5\}$

(3) $\mathbf{Q}\times\mathbf{Q}$

(4) $D=\{x+y\mathrm{i}\mid x,y\in \mathbf{Z}\}$，其中 $\mathrm{i}=\sqrt{-1}$，为虚数单位。

8.23 $A=\{n^7\mid n$ 为正整数$\}$，$B=\{n^{109}\mid n$ 为正整数$\}$，A、B、$A\cup B$、$A\cap B$、$A-B$ 的势各是什么？

8.24 A 和 B 都是可数无限集，说明 $A-B$ 的势可能有哪几种不同的情况，并举例说明你的结论。

8.25 A 是有限集，B 是可数无限集，证明 $A\times B$ 是可数无限集。

8.26 A 是有限集，B 是无限集，证明 $|A\cup B|=|B|$。

8.27 在边长为 1 的正方形内任意放置 9 个点，证明其中必存在 3 个点，使得由它们组成的三角形(可能是退化的)面积不超过 1/8。

8.28 证明：在任意选取的 $n+1$ 个整数中存在两个整数，它们的差能被 n 整除。

8.29 证明：在小于 2 或等于 $2n$ 的 $n+1$ 个正整数中存在两个正整数，它们是互素的。

8.30 运用鸽巢原理证明在任意 m 个相继的整数中存在一个整数能被 m 整除。

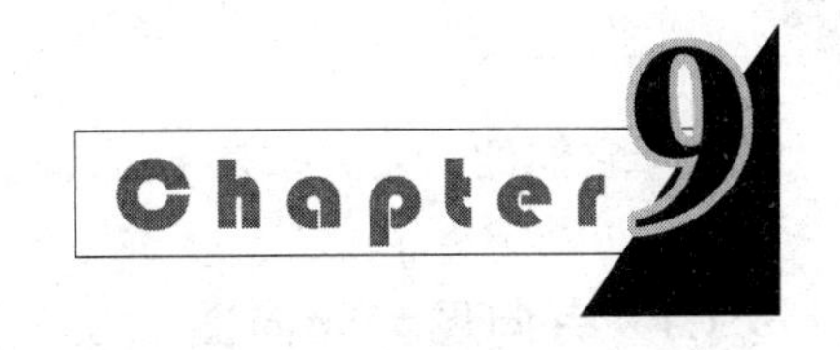

第9章 图 论

图论是以离散对象的二元关系结构为研究对象。现实中的许多问题,如电网络问题、交通网络问题、运输的优化问题、社会学中某类关系的研究,都可以用图这类数学模型进行研究和处理。在计算机科学的许多领域中,如开关理论与逻辑设计、人工智能、形式语言与自动机、操作系统、编译程序、信息检索、Petri网和复杂网络等方面,图和图的理论也有很多重要的应用。本章主要介绍图论的基本概念、基本理论及其典型应用。

9.1 图的基本概念

有很多实际问题,可以抽象为有关离散对象的集合以及集合中的二元关系的问题。例如,一个人要把他带的一条狗、一只羊和一袋菜用一条小船摆渡到河的对岸。由于这个船非常小,每次摆渡这个人只能将狗、羊和菜之一带过去。但是,不能把狗和羊,也不能把羊和菜单独留在河的同一岸,他和狗、羊、菜怎样到达对岸?为了回答这个问题,首先建立一个集合,这个集合以被允许出现的情形为元素。例如,人、狗、羊和菜在河的开始一岸的情形记为元素(人狗羊菜,0),元素(0,人狗羊菜)表示到了河的另一岸。而(菜,人狗羊),(狗,人羊菜)……表示允许出现的各种局面。对于任意的两种局面,若这个人进行一次摆渡能从一个局面变为另一个局面,这两个局面之间就有关系R,即得到了集合上的一个二元关系。显然这个关系是对称的,用一个图表示这件事。在这个图中每一个局面对应图的一个顶点,若两个局面之间有关系R,则用一条线段把这两个局面对应的顶点相连接。由于R是对称的,用直线而不是射线连接,表示两个顶点之间可以来回走。图9.1就是按题意构造的图。

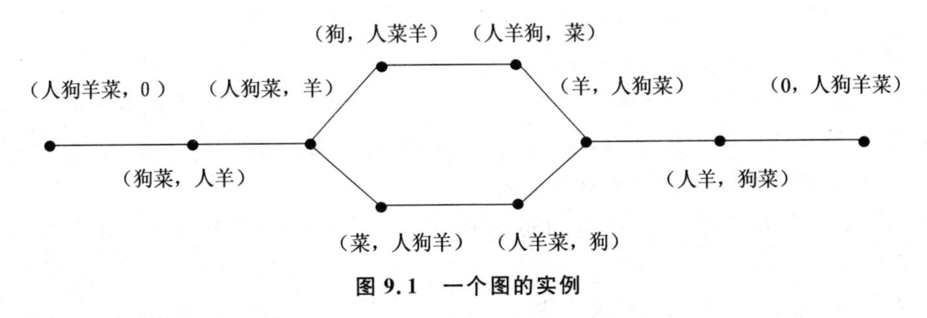

图9.1 一个图的实例

由上例不难看出,在讨论离散对象和二元关系中的许多问题时,用图来表示这些对象以及关于它们的二元关系是十分方便的。这就很自然地促使人们对图的理论进行研究。

9.1.1 有向图和无向图

下面给出有向图和无向图的定义，首先定义有向图。

定义 9.1：称有序二元组 $G=(V,E)$ 是一个有向图。其中 V 是一个非空有限集合，E 是 V 上的二元关系，称 V 为顶点集，E 为边集。

例如，在微机系统中，通常数据在中央处理器(CPU)和存储器(memory)之间可以双向流动，而数据从输入设备到存储器和从存储器到输出设备是单向流动。图 9.2 就是一个有向图，其中箭头表示数据是如何流动的。

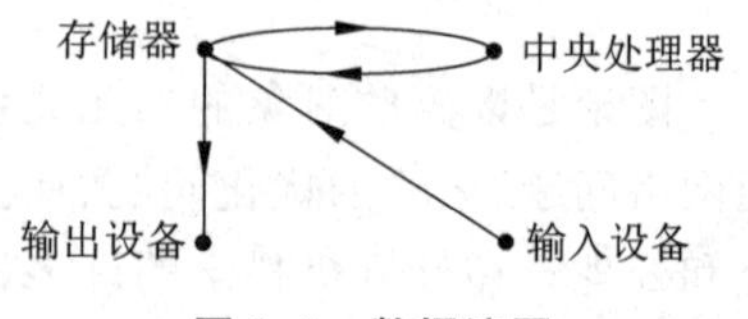

图 9.2 数据流图

设 $G=(V,E)$ 是一个有向图，其中 V 为顶点集，E 为边集。若 $(a,b)\in E$，称 (a,b) 为图 G 中的一条边，我们说边 (a,b) 关联顶点 a 和 b，顶点 a 称为该边的始点，顶点 b 称为该边的终点，并称 a 和 b 相邻。若一个顶点没有任何边关联于它，称该顶点为孤立点。若一条边的始点和终点是同一顶点，称该边为自环。

本章主要研究的是无向图。在定义无向图之前，先要把前面介绍的集合理论进行一点修改，一个集合就是一些不同对象的总体。然而有许多时候，人们遇到的不是不同对象的总体。例如，谈及一个班级学生名字的总体，可是，一个班里可能有两个或多个学生同名。为此，约定一个多重集是一些对象的总体，但这些对象不必不同。例如 $\{1,1,1,2,2,3\}$、$\{1,1,1\}$、$\{1,2,3\}$ 等都可以看成多重集。在多重集里，一个元素的重数是它在该多重集里出现的次数。如，在多重集 $\{1,1,1,2,2,3\}$ 中，1 的重数为 3，2 的重数为 2，3 的重数为 1，一个元素 a，在集合中没有出现，我们可以规定它的重数为 0。集合仅是多重集中重数仅为 0 和 1 的特殊情况。下面我们定义无向图。

定义 9.2：一个二元组 $G=(V,E)$ 是一个无向图，其中 V 是一个非空有限集合，E 是边集，E 的元素为 V 中仅含两个元素的多重子集。

$G=(V,E)$ 是一个无向图，$\{v,u\}\in E$，称 $\{v,u\}$ 是 G 中的一条边，V 称为顶点集，E 称为边集。设 $e=\{v,u\}$ 是 G 中的一条边，v 和 u 称为边 e 的两个顶点，称边 e 关联 v 和 u，也称 v 邻接 u 或 u 邻接 v。若 $u=v$，称 $\{v,u\}$ 为 G 中的自环。对于任意的 $u\in V$，若不存在任何边关联 u，则称顶点 u 是孤立点。

可以把有向图和无向图的概念作进一步推广。一个图，可以是有向图或无向图，其边集若是多重集，称这样的图为多重图，也称图。一个图(也就是多重图)中重数大于 1 的边称为多重边，称有这样的边的图为有多重边的图。

若一个图没有多重边，没有自环，也没有孤立点，称为简单图，若不声明是简单图，就泛指图或多重图。

例 9.1：已知图 $G=(V,E)$，其中 $V=\{v_1,v_2,v_3,v_4,v_5\}$，$E=\{\{v_1,v_2\},\{v_2,v_3\},\{v_3,v_3\},\{v_3,v_4\},\{v_2,v_4\},\{v_4,v_5\},\{v_2,v_5\},\{v_2,v_5\}\}$。

采用"图"这一名称，是因为它可以用图形来表示，图中每个顶点用一个点来表示，每条边用一条线来表示，此线刚好连接代表边的端点的两个顶点。图9.3是例9.1的图。

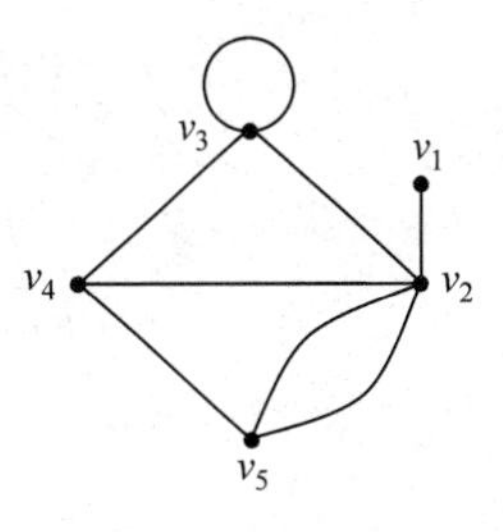

图9.3　图的例子

一个简单图，若任意一对不同的顶点之间都有一条边相连，称为完全图。一个有$n(n\in \mathbf{N})$个顶点的完全图在同构的意义下是唯一的，记为K_n。n个顶点的完全图共有$n(n-1)/2$条边。图9.4给出了K_1、K_2、K_3、K_4和K_5。

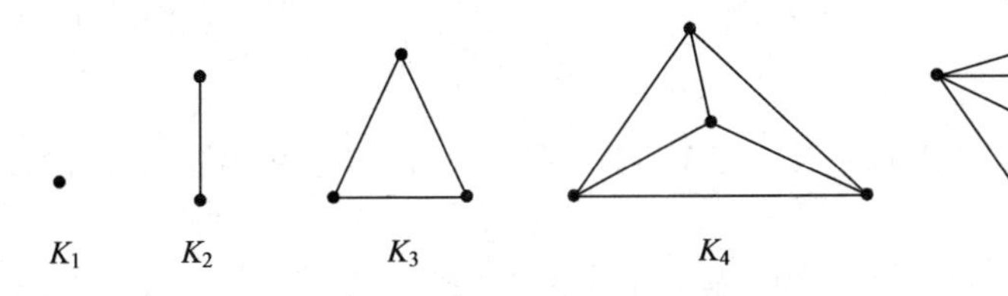

图9.4　完全图K_1、K_2、K_3、K_4、K_5

9.1.2　图的同构、子图和补图

给定图$G=(V,E)$，图9.5给出了它的图形，但是，显然一个图的画法并不是唯一的。为了避免仅仅由于画法不同，或者仅仅由于顶点的标号不同，而把两个实质相同的图看成两个不同的图，下面建立同构的概念。

定义9.3：$G_1=(V_1,E_1)$和$G_2=(V_2,E_2)$是两个图，若存在函数$f:V_1\to V_2$，f是双射，且若定义函数$g:E_1\to E_2$，对于任意的$\{v_1,v_2\}\in E_1$，$g(\{v_1,v_2\})=\{f(v_1),f(v_2)\}$，$g$也是一个双射，则称图$G_1$和图$G_2$是同构的两个图，并称$f$为图的同构映射，记为$G_1\cong G_2$。

两个同构的图在本书中认为是一样的图。例如，图9.5中(a)和(b)就是两个同构的图。

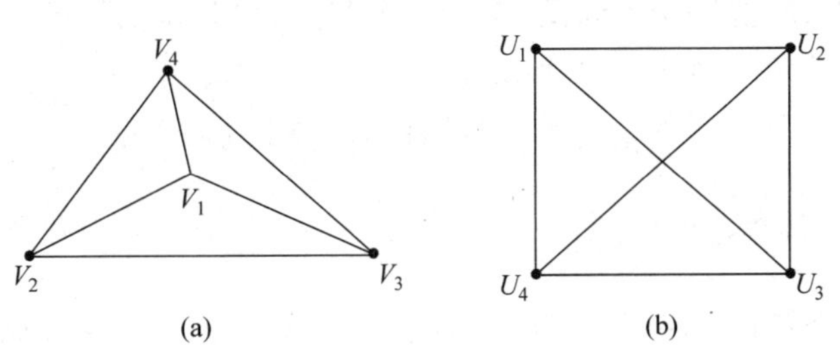

图9.5　两个同构的图

定义9.4：$G=(V,E)$，$H=(V',E')$是两个图。若$V'\subseteq V$且$E'\subseteq E$，则称H是G的子图。若$V'\subsetneqq V$或$E'\subsetneqq E$，称H是G的真子图。若H是G的子图且$V'=V$，称H是G的生成子图。例如，图9.6(b)是图9.6(a)的子图，也是真子图；图9.6(c)是图9.6(a)的生成子图。

定义9.5：设$G=(V,E)$是一个图，它没有自环和多重边。令$\overline{G}=(V,E')$，其中$E'=\{\{u,v\}\mid u\neq v,u,v\in V,\{u,v\}\notin E\}$，称$\overline{G}$为$G$的补图。例如，图9.6(d)是图9.6(a)的补图。

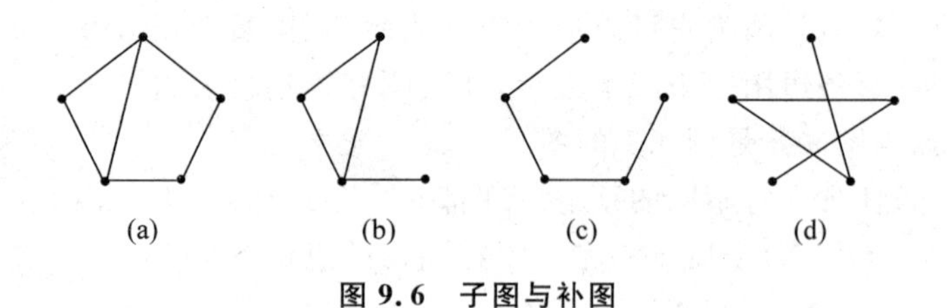

图 9.6　子图与补图

9.1.3　顶点的度

$G=(V,E)$是一个图，对于每一个 $v\in V$，称关联顶点 v 的边数为顶点 v 的度数，记为 $d(v)$。

定理 9.1(**握手定理**)：设 $G=(V,E)$是一个无向图，则

$$\sum_{v\in V} d(v) = 2 \mid E \mid$$

其中$|E|$表示图的边数。

证明：任何一个图，在其中增加一条边，则总度数增加 2 度。从没有边开始，由于没有一条边，故总度数为 0；然后把$|E|$条边分别加进图中，总度数增加了 $2|E|$。命题得证。

例 9.2：设 $G=(V,E)$是一个无向图，$|V|=n$，$|E|=6n$。若存在一个度数为 12 的顶点，一个度数为 11 的顶点，则 G 中至少存在一个顶点，其度数大于或等于 13。

证明：设 G 中所有顶点的度数均小于或等于 12，则根据握手定理知

$$12n=2|E|=\sum_{v\in V} d(v)\leqslant 1\times 12+1\times 11+12(n-2)=12n-1<12n\text{，矛盾。}$$

故 G 中至少存在一个顶点，其度数大于或等于 13。

推论：任何一个无向图，度数为奇数的顶点有偶数个。

证明：设 $G=(V,E)$是一个无向图。$V_1=\{v\in V \mid d(v)\text{是奇数}\}$，$V_2=\{v\in V \mid d(v)\text{是偶数}\}$，显然$\{V_1,V_2\}$是 V 的一个划分。所以

$$\sum_{v\in V} d(v) = \sum_{v\in V_1} d(v) + \sum_{v\in V_2} d(v)$$

由于 $\sum_{v\in V_2} d(v)$ 是一个偶数，所以 $\sum_{v\in V_1} d(v) = \sum_{v\in V} d(v) - \sum_{v\in V_2} d(v)$，其中 $\sum_{v\in V} d(v)=2|E|$ 也是一个偶数，偶数减去偶数仍然是偶数，故 $\sum_{v\in V_1} d(v)$ 是偶数。若$|V_1|$是奇数，则 $\sum_{v\in V_1} d(v)$ 是奇数个奇数相加，其和也是奇数，产生矛盾，所以$|V_1|$为偶数。

例 9.3：有 211 个人在一起欢聚。若已知每个人至少和 7 个人握过手，则至少有一个人不止和 7 个人握过手。用图论语言解释之。

解：设 211 个人为 211 个顶点，建立顶点集 $V=\{v_1,v_2,\cdots,v_{211}\}$，对于其中的任意两个人 v_i 和 $v_j(i\neq j)$，若 v_i 和 v_j 握过手，则$\{v_i,v_j\}\in E$，得到边集 E，从而有一个无向图 $G=(V,E)$。设每一个人仅与 7 个人握过手，则 $d(v)=7$，而此时图 G 中奇数度的顶点是 211 个，即是奇数个，与推论矛盾。说明至少有一个人不止和 7 个人握过手。

例 9.4：图 9.7(a)和(b)是两个无向图，判断它们是否同构并说明理由。

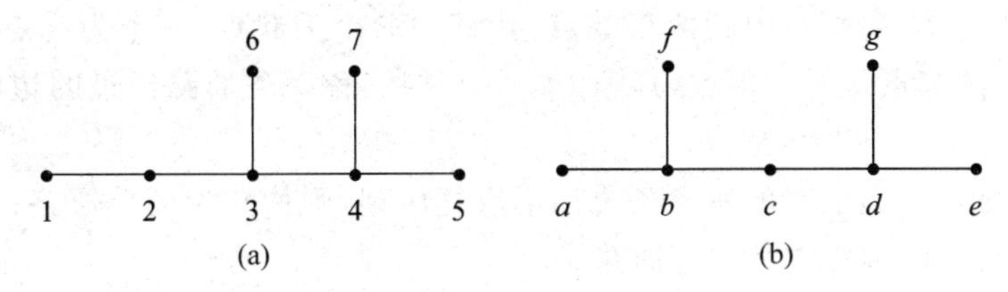

图 9.7 非同构的图

解：图 9.7 中(a)和(b)不同构，下面给出理由。

若(a)和(b)同构，则一定存在一个同构映射。设 f 是同构映射，即 $f: V_1 \to V_2$ 的双射，其中 $V_1=\{1,2,3,4,5,6,7\}$，$V_2=\{a,b,c,d,e,f,g\}$。不难从图同构定义中知，f 是图的同构映射，一定有 $d(v_i)=d(f(v_i))$。即图 9.7(a)中的两个 3 度顶点必须和图 9.7(b)中的两个 3 度顶点对应，无论怎样搭配，不失一般性，设 $f(3)=b$，$f(4)=d$。因为 $\{3,4\}\in E_1$，但 $\{b,d\}\notin E_2$，即 f 不能保证相应的边集的一一对应。故 f 不是图的同构映射。

本节对无向图的子图和同构的定义可以自然地转移到有向图中。

若一个有向图去掉边的方向以后所得无向图是完全图，则称之为有向完全图。有向图顶点度数的定义要复杂一点。

定义 9.6：设 $G=(V,E)$ 是一个有向图，$v\in V$。称以 v 为起点的边的条数为 v 的出度，记为 $d_{出}(v)$；以 v 为终点的边的条数为 v 的入度，记为 $d_{入}(v)$。

定理 9.2：$G=(V,E)$ 是一个有向图，则

$$\sum_{v\in V} d_{出}(v) = \sum_{v\in V} d_{入}(v) = |E|$$

此定理结论比较明显，作如下说明。任何一个有向图，在其中增加一条边，则出度和入度各增加 1 度。从没有边开始，由于没有一条边，故总出度数和总入度数均为 0；然后把 $|E|$ 条边分别加进图中，总出度数和总入度数增加 $|E|$。所以，

$$\sum_{v\in V} d_{出}(v) = \sum_{v\in V} d_{入}(v) = |E|$$

9.2 图中的通路、图的连通性和图的矩阵表示

9.2.1 通路、回路和连通性

在图的研究中，通路和回路是两个重要的概念，而图是否具有连通性则是图的一个基本特征。

定义 9.7：设 $G=(V,E)$ 是一个无向图，一个顶点的序列 $(v_{i_1}, v_{i_2}, \cdots, v_{i_s})$ 称为图 $G=(V,E)$ 中的一条通路，若 $v_{i_j}\in V(1\leqslant j\leqslant s)$，且 $\{v_{i_j}, v_{i_{j+1}}\}\in E$，其中 $1\leqslant j\leqslant s-1$。一条通路也

可以用边的序列来表示，若$(e_{i_1},e_{i_2},\cdots,e_{i_t})$是图$G$中的一条通路，则有$e_{i_j}\in E$，其中$1\leqslant j\leqslant t$，且适当地规定边$e_{i_j}(1\leqslant j\leqslant t)$中的两个端点，让其中一个为起点，一个为终点，可以使边e_{i_j}的终点与边$e_{i_{j+1}}$的起点是同一顶点，其中$1\leqslant j\leqslant t-1$。称一条通路经过的边的多少为这条通路的长度。

定义 9.8：如果一条通路的每一条边都不重复出现，则称它为简单通路；如果它的每一个顶点都不重复出现，则称它为初等通路。

对于任意的$u,v\in V$，定义从u到v的最短通路的长度为u到v的距离，记为$d(u,v)$。

定义 9.9：设$(v_{i_1},v_{i_2},\cdots,v_{i_s})$是$G$中的一条通路，若$v_{i_1}=v_{i_s}$，则这条通路为$G$中的一条回路。若一个回路中边不重复出现，则称为简单回路；若一个回路中顶点不重复出现，则称为初等回路，又称为圈。一条回路的长度就是这条回路经过的边的条数。

在图 9.8 中，$(v_1,v_2,v_3,v_4,v_5,v_6,v_7,v_8)$表示一条从$v_1$到$v_8$的通路；若用边序列表示，则该条通路表示为$(e_2,e_3,e_5,e_7,e_9,e_{12},e_{11})$。这条通路是初等通路，也是简单通路；通路$(v_1,v_2,v_5,v_6,v_4,v_5,v_8)$是简单通路，但不是初等通路；通路$(v_1,v_2,v_5,v_8)$是一条初等通路；$(v_2,v_4,v_5,v_6,v_4,v_3,v_2)$是一个简单回路，但不是圈；$(v_3,v_2,v_5,v_6,v_4,v_3)$是一个圈。

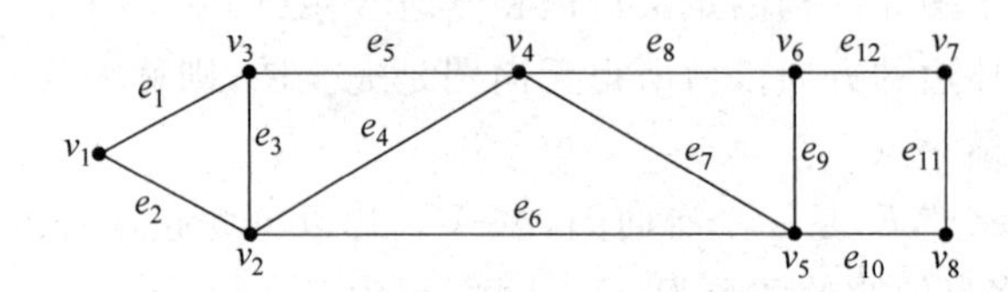

图 9.8　通路的例图

定理 9.3：设$G=(V,E)$是一个无向图。$v_1,v_2\in V$。若G中存在一条v_1到v_2的通路，则一定存在一条从v_1到v_2的初等通路。

证明：设$S=\{n\in\mathbf{N}|G$中存在一条长为n的从v_1到v_2的通路$\}$。由题意知$S\neq\varnothing$，又$S\subseteq\mathbf{N}$，由自然数集的非空子集有最小数知，存在$n_0\in S$，对于任意$n\in S$，$n_0\leqslant n$。设$(v_1,v_{i_1},v_{i_2},\cdots,v_{i_{n_0-1}},v_2)$是$G$中一条从$v_1$到$v_2$、长度为$n_0$的通路，则这条通路即是初等通路。若$(v_1,v_{i_1},v_{i_2},\cdots,v_{i_{n_0-1}},v_2)$不是初等通路，一定存在$i_j$和$i_k$，不失一般性，设$n_0-1\geqslant k>j\geqslant 1$，$i_j=i_k$，或者$v_1=v_{i_j}$，或者$v_2=v_{i_j}$。我们讨论第一种情况。显然$(v_1,v_{i_1},v_{i_2},\cdots,v_{i_j},v_{i_{k+1}},\cdots,v_{i_{n_0-1}},v_2)$也是$G$中一条从$v_1$到$v_2$的通路，且长度为$n_0-k+j<n_0$，与$n_0$最小矛盾。这说明$(v_1,v_{i_1},v_{i_2},\cdots,v_{i_{n_0-1}},v_2)$是初等通路。

推论：$G=(V,E)$是一个无向图，$|V|=n$。如果G中存在一条从v_1到v_2的通路，那么一定存在一条从v_1到v_2、长度小于或等于$n-1$的通路。

此推论由定理 9.3 可以直接得到。因为由定理 9.3 知，G中存在一条从v_1到v_2的初等通路，G中$|V|=n$，最多有n个顶点，所以G中初等通路最长为$n-1$。

定义 9.10：$G=(V,E)$是一个无向图，若G中任意两个不同的顶点之间在G中都有通路存在，则称G是一个连通图，否则称G为不连通图。

定义 9.11：图G的连通分量是G的连通子图，并且它不是G的另一连通子图的一个子图，也就是说图 G 的连通分量是 G 的极大连通子图。

图 9.9 为无向图 G 及其 3 个连通分量。

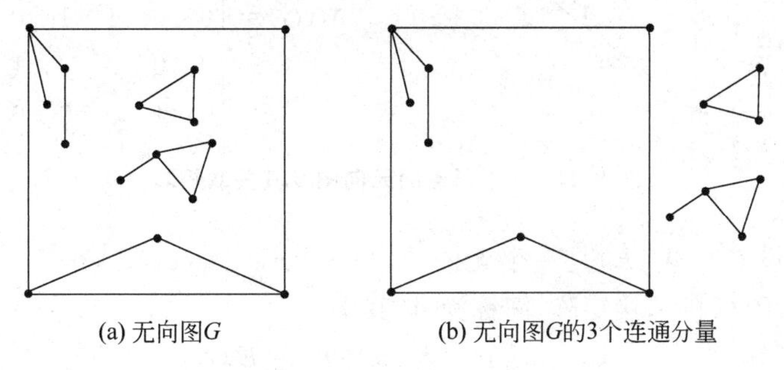

(a) 无向图G　　(b) 无向图G的3个连通分量

图 9.9　无向图 G 及其连通分量

以上所述的无向图中的通路与回路概念可以自然地转移到有向图中。关于连通性，有向图要复杂一些。

如果一个有向图去掉边的方向以后所得无向图是连通的，则称该有向图是连通图。

如果一个有向图任意两点之间都有单向通路，则称为单侧连通图。

如果一个有向图任意两点之间都有双向通路，则称为强连通图。

例如，图 9.10(a)是连通图，但不是单侧连通图；图 9.10(b)是单侧连通图，但不是强连通图；图 9.10(c)是强连通图。

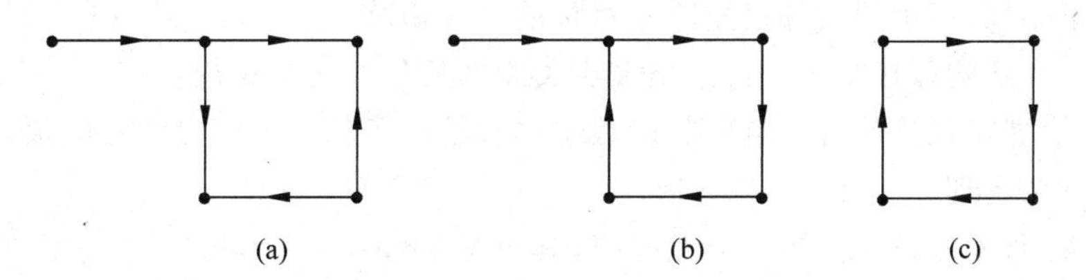

(a)　　(b)　　(c)

图 9.10　有向图连通性示例

9.2.2　图的矩阵表示

图形表示是图的一种表示方法，它的优点是直观、易于理解。图也可以用矩阵来表示。

定义 9.12：设 $G=(V,E)$ 是一个无向图，$|V|=n$，$|E|=m$，$V=\{v_1,v_2,\cdots,v_n\}$，$E=\{e_1,e_2,\cdots,e_m\}$，则称 $n\times m$ 矩阵 $\boldsymbol{M}(G)=(m_{ij})_{n\times m}$ 为图 G 的关联矩阵，其中

$$m_{ij}=\begin{cases}1 & \text{当 } v_i \text{ 与边 } e_j \text{ 关联时}\\ 0 & \text{当 } v_i \text{ 与边 } e_j \text{ 不关联时}\end{cases}$$

图 9.11 给出了一个无向图及其关联矩阵。其中，行从上至下依次为 v_1、v_2、v_3、v_4、v_5，列从左至右依次为 e_1、e_2、e_3、e_4、e_5、e_6、e_7、e_8。

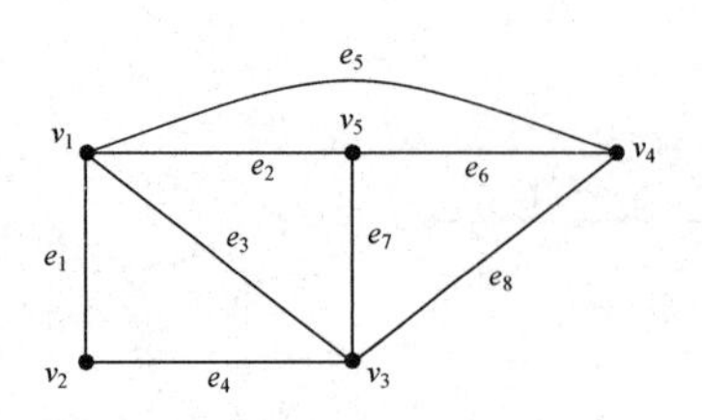

$$M(G)=\begin{bmatrix}1&1&1&0&1&0&0&0\\1&0&0&1&0&0&0&0\\0&0&1&1&0&0&1&1\\0&0&0&0&1&1&0&1\\0&1&0&0&0&1&1&0\end{bmatrix}$$

图 9.11　5 个顶点的无向图及其关联矩阵

定义 9.13：设 $G=(V,E)$ 是一个无向图，$|V|=n$，$V=\{v_1,v_2,\cdots,v_n\}$，则称 n 阶矩阵 $\boldsymbol{A}(G)=(\alpha_{ij})_{n\times n}$ 为图 G 的邻接矩阵，简称为 $\boldsymbol{A}$，其中

$$\alpha_{ij}=\begin{cases}1 & 当\{v_i,v_j\}\in E 时\\0 & 当\{v_i,v_j\}\notin E 时\end{cases}$$

例如，图 9.11 的邻接矩阵如下，其中，行从上至下依次为 v_1、v_2、v_3、v_4、v_5，列从左至右依次为 v_1、v_2、v_3、v_4、v_5。

$$\boldsymbol{A}=\begin{bmatrix}0&1&1&1&1\\1&0&1&0&0\\1&1&0&1&1\\1&0&1&0&1\\1&0&1&1&0\end{bmatrix}$$

由定义不难知，一个图的邻接矩阵是对称的 0-1 矩阵。

下面对一个图的邻接矩阵可以给出多少关于图的信息给予讨论。

首先，一个邻接矩阵的每一行(列)的数字之和给出了相应行(列)的对应顶点的度数。

下面看一个定理。

定理 9.4：设 $G=(V,E)$ 是一个无向图，其中 $V=\{v_1,v_2,\cdots,v_n\}$。$\boldsymbol{A}$ 是 G 的邻接矩阵。对于任意的自然数 l，设矩阵 $\boldsymbol{A}^l=(\alpha_{ij}^{(l)})_{n\times n}$，则 $\alpha_{ij}^{(l)}$ 给出了所有的从 v_i 到 v_j 的长度为 l 的通路的条数。若 $\alpha_{ij}^{(l)}=0$，则说明从 v_i 到 v_j 没有长度为 l 的通路。

证明：对 l 用归纳法。

当 $l=1$ 时，由邻接矩阵的定义，结论显然成立。

假设 $l=k$ 时结论成立。

当 $l=k+1$ 时，设 $\boldsymbol{A}^k=(\alpha_{ij}^{(k)})_{n\times n}$，则

$$\boldsymbol{A}^{k+1}=(\alpha_{ij}^{(k+1)})_{n\times n}=\boldsymbol{A}^k\cdot\boldsymbol{A}=(\alpha_{ij}^{(k)})_{n\times n}\cdot(\alpha_{ij})_{n\times n}$$

由矩阵乘法定义有

$$\alpha_{ij}^{(k+1)}=\sum_{h=1}^{n}\alpha_{ih}^{(k)}\cdot\alpha_{hj}$$

对于任意的 $h(1\leqslant h\leqslant n)$，$\alpha_{hj}=1$，表示 v_h 到 v_j 相邻接，即 $\{v_h,v_j\}\in E$。若 $\alpha_{ih}^{(k)}\neq 0$，则表示所有的从 v_i 到 v_h 的长度为 k 的通路的条数。而其中任何一条从 v_i 到 v_h 的长度为 k 的通路加上边 $\{v_h,v_j\}$ 就得到一条从 v_i 到 v_j 的长为 $k+1$ 的通路。若 $\alpha_{hj}=0$ 或 $\alpha_{ih}^{(k)}=0$，表示从 v_i 经 k 步到 v_h，再走一步到 v_j，这样的从 v_i 到 v_j 的长为 $k+1$ 的通路不存在。综上，$\alpha_{ij}^{(k+1)}$ 给

出了所有从 v_i 到 v_j 的长度为 $k+1$ 的通路的总数。

令 $\widetilde{\mathbf{A}}=\mathbf{A}+\mathbf{A}^2+\cdots+\mathbf{A}^{n-1}=(\widetilde{\alpha}_{ij})_{n\times n}$。称 $\widetilde{\mathbf{A}}$ 为可达矩阵。即对于任意的 v_i、v_j，$v_i\neq v_j$，若存在从 v_i 到 v_j 的通路，由定理 9.3 的推论知，存在一条长度最多为 $n-1$ 的通路，即，存在 $l\in\mathbf{N}$，$1\leqslant l\leqslant n-1$，使得 $\alpha_{ij}^{(l)}\geqslant 1$，则 $\widetilde{\alpha}_{ij}\geqslant 1$。一个图是连通的当且仅当可达矩阵的元素除对角线外均不是 0。

对于图 9.11 给出的图，可以求出

$$\mathbf{A}^2=\begin{bmatrix}4&1&3&2&2\\1&2&1&2&2\\3&1&4&2&2\\2&2&2&3&2\\2&2&2&2&3\end{bmatrix}\quad \mathbf{A}^3=\begin{bmatrix}8&7&9&9&9\\7&2&7&4&4\\9&7&8&9&9\\9&4&9&6&7\\9&4&9&7&6\end{bmatrix}\quad \mathbf{A}^4=\begin{bmatrix}34&17&33&26&26\\17&14&17&18&18\\33&17&34&26&26\\26&18&26&25&24\\26&18&26&24&25\end{bmatrix}$$

$$\widetilde{\mathbf{A}}=\mathbf{A}+\mathbf{A}^2+\mathbf{A}^3+\mathbf{A}^4=\begin{bmatrix}46&26&46&38&38\\26&18&26&24&24\\46&26&46&38&38\\38&24&38&34&34\\38&24&38&34&34\end{bmatrix}$$

由 $\mathbf{A}^4$ 和定理 9.4 知，从 v_2 到 v_3 的长度为 4 的通路有 17 条，从 v_3 到 v_4 的长度为 4 的通路有 26 条。由 $\widetilde{\mathbf{A}}$ 知，该图为连通图。

对于有向图，也可以给出其关联矩阵和邻接矩阵。

定义 9.14：设 $G=(V,E)$ 是一个有向图，$|V|=n$，$|E|=m$，$V=\{v_1,v_2,\cdots,v_n\}$，$E=\{e_1,e_2,\cdots,e_m\}$，则称 $n\times m$ 矩阵 $\mathbf{M}(G)=(m_{ij})_{n\times m}$ 为图 G 的关联矩阵，其中

$$m_{ij}=\begin{cases}1 & \text{当 } v_i \text{ 是 } e_j \text{ 的起点时}\\0 & \text{当 } v_i \text{ 与边 } e_j \text{ 不关联时}\\-1 & \text{当 } v_i \text{ 是 } e_j \text{ 的终点时}\end{cases}$$

例如，图 9.12 是一个有向图。

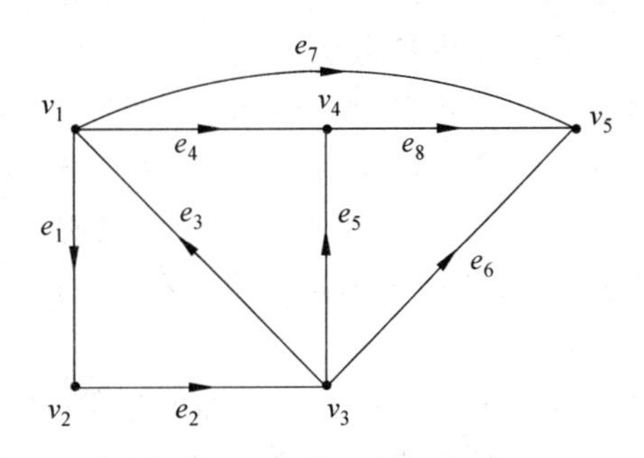

图 9.12　5 个顶点的有向图示例

其关联矩阵如下，其中行从上至下依次为 v_1、v_2、v_3、v_4、v_5，列从左至右依次为 e_1、e_2、e_3、e_4、e_5、e_6、e_7、e_8。

$$\boldsymbol{M}(G)=\begin{bmatrix}1 & 0 & -1 & 1 & 0 & 0 & 1 & 0\\ -1 & 1 & 0 & 0 & 0 & 0 & 0 & 0\\ 0 & -1 & 1 & 0 & 1 & 1 & 0 & 0\\ 0 & 0 & 0 & -1 & -1 & 0 & 0 & 1\\ 0 & 0 & 0 & 0 & 0 & -1 & -1 & -1\end{bmatrix}$$

定义 9.15：设 $G=(V,E)$是一个有向图，$|V|=n$，$V=\{v_1,v_2,\cdots,v_n\}$，则称 n 阶矩阵 $\mathbf{A}(G)=(\alpha_{ij})_{n\times n}$为图 G 的邻接矩阵，简称为 $\mathbf{A}$，其中

$$\alpha_{ij}=\begin{cases}1 & 当(v_i,v_j)\in E 时\\ 0 & 当(v_i,v_j)\notin E 时\end{cases}$$

例如，图 9.12 的邻接矩阵如下，其中，行从上至下依次为 v_1、v_2、v_3、v_4、v_5，列从左至右依次为 v_1、v_2、v_3、v_4、v_5。

$$\mathbf{A}=\begin{bmatrix}0 & 1 & 0 & 1 & 1\\ 0 & 0 & 1 & 0 & 0\\ 1 & 0 & 0 & 1 & 1\\ 0 & 0 & 0 & 0 & 1\\ 0 & 0 & 0 & 0 & 0\end{bmatrix}$$

从邻接矩阵可以看出，某个顶点的出度等于该顶点对应行元素值之和；某个顶点的入度等于该顶点对应列元素值之和。类似地也可求出有向图的可达矩阵。

9.3 带权图与带权图中的最短通路

在把一个实际问题转化为一个抽象图时，往往出于许多原因需要在图的顶点或边上标注一些附加信息。例如，一个表示运输的图，其每一条边上可以写上一个数，它表示由这条边连接的两个顶点间的距离，或者表示两个顶点间运输的费用，等等。一个带权图规定为一个有序四元组(V,E,f,g)，或有序三元组(V,E,f)或(V,E,g)。其中 V 是顶点集，E 是边集，f 是定义在 V 上的函数，g 是定义在 E 上的函数，f 和 g 可以称为权函数。对于每一个顶点或边 x，$f(x)$和 $g(x)$可以是一个数字、符号或是某种量。

例如，设 $G=(V,E,W)$是一个带权图，其中 W 是边集 E 到 $\mathbf{R}^+=\{x\in\mathbf{R}\mid x>0\}$的一个函数。通常称 $W(e)(e\in E)$为边 e 的长度。实际上它也可以有其他的意义。例如，e 是一段公路，$W(e)$可以是公路的维修费、公路的每小时运输量和公路间的距离等。图 9.13 给出我国部分公路交通网络图。

本节的主要问题是：如果 $G=(V,E,W)$是一个如上定义的带权图，如何找出 V 中某一顶点到另一顶点的最短路？路的长度即路所经过的边的长度之和。下面介绍 Dijkstra 算法。

首先介绍这个算法的指导思想。设 $v_0,z\in V$，要求从 v_0 到 z 的最短路的长。先把 V 分成两个子集：一个设为 T，$T=\{v\in V\mid v_0 到 v 的最短路的长已求出\}$；另一个是 $P=V-T$。

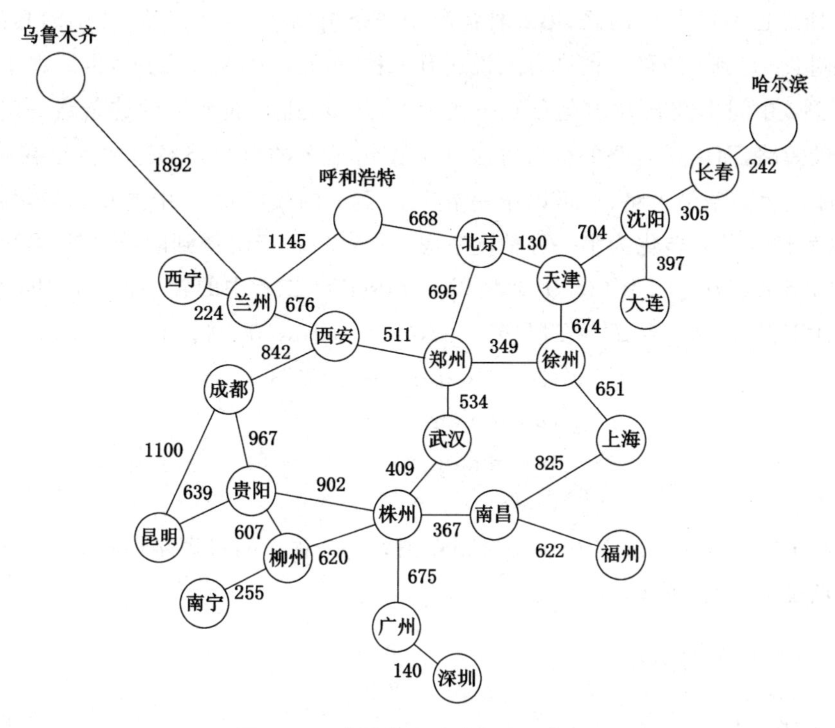

图 9.13　我国部分公路交通网络图

显然 $T\neq\varnothing$，因为至少 $v_0\in T$。不断地扩大 T，直到 $z\in T$。

对于任意的 $t\in P$，设 $l(t)$表示从 v_0 仅经过 T 中的顶点到 t 的最短路的长。若不存在这样的路，置 $l(t)=\infty$。称 $l(t)$为 t 关于 T 的指标。

例如，在图 9.14(a)中，设 $T=\{a\}$，则 $P=\{b,c,d,e,z\}$。$l(b)=1$，$l(c)=4$，$l(d)=\infty$，$l(e)=\infty$，$l(z)=\infty$。

令 $l(t_1)=\min\{l(t)\mid t\in P\}$，则 $l(t_1)$是从 v_0 到 t_1 的最短路的长。下面证明这个结论。

若存在从 v_0 到 t_1 的通路，其长小于 $l(t_1)$，这条路一定包含了 P 中的顶点，设 $t_2\in P$ 且 t_2 是从 v_0 到 t_1 的长度小于 $l(t_1)$的通路中遇到的 P 中的第一个点，则有一条从 v_0 到 t_2 仅经过 T 中的点的通路，其长度小于 $l(t_1)$，则由 $l(t_2)$的定义知 $l(t_2)<l(t_1)$，与假设 $l(t_1)=\min\{l(t)\mid t\in P\}$矛盾。

由上，可以令 $T'=T\cup\{t_1\}$，$P'=P-\{t_1\}$。重新做上面的工作，直到 $z\in T$。

这里有一个问题：如何寻找一个有效的方法来计算 $l(t)$（$t\in P$）？设 T 和 P 已知，而且对于每一个 $t\in P$，$l(t)$也已算出，$l(t_1)$也找出。令 $T'=T\cup\{t_1\}$，$P'=P-\{t_1\}$，设 $l'(t)$表示仅经过 T'中的点、从 v_0 到 t 的最短路的长。下面给出一个从 $l(t)$求 $l'(t)$的计算式：

$$l'(t)=\min\{l(t),l(t_1)+W(\{t_1,t\})\}$$

若图中$\{t_1,t\}\notin E$，则 $W(\{t_1,t\})=\infty$。

下面证明这个结论。

从 v_0 到 t 且不含 P'中顶点的最短路只有两种可能的情况：第一种情况是一条既不包

含 P'中的顶点也不包含 t_1 的路；第二种情况是一条由 v_0 到 t_1 不包含 P'中的其他顶点，然后由 t_1 经过$\{t_1,t\}$到 t 的路。也许有人说还有一种，就是一条从 v_0 到 t_1，再回到 T 中某一顶点 t'，由 t'到 t 中间不经 P'中其他顶点。实际上，从 v_0 到 t_1 再到 t'的这条路一定不短于从 v_0 到 t'的最短路，而由最短路的构造方法可知从 v_0 到 t'的最短路经过的点全在 T 中，所以即使有可能产生一条最短路，也可以用一条从 v_0 到 t'的仅经过 T 中的点的最短路取代，也就是说，这种情况可以转化为第一种情况考虑。由第一种情况得到的结果是 $l(t)$，由第二种情况得到的结果是 $l(t_1)+W(\{t_1,t\})$，所以 $l'(t)$应该取二者中的较小值。例如，图 9.14(a)由前面的计算得 $t_1=b$。令 $T'=T\cup\{b\}=\{a,b\}$，$P'=\{c,d,e,z\}$。有

$$
\begin{aligned}
l'(c) &= \min\{4,1+2\} = 3\\
l'(d) &= \min\{\infty,1+7\} = 8\\
l'(e) &= \min\{\infty,1+5\} = 6\\
l'(z) &= \infty
\end{aligned}
$$

下面给出在带权图中求 V 中某一个顶点到另一个顶点的最短路径的 Dijkstra 算法。

设起点是 v_0，终点是 z。

```
procedure Dijkstra(G){
    T:={v₀};P:=V-T;
    for 对 P 中的每个顶点 t
        l(t)=W({v₀,t});                          //其中,若{v₀,t}∉E,则 W({v₀,t})=∞
    x:=P 中关于 T 有最小指标的顶点;
    while(x≠z){
        T':=T∪{x};
        P':=P-{x};
        for 对 P'中的每个顶点 t
            l'(t):=min{l(t),l(x)+W({x,t})};    //计算它关于 T'的指标
        T:=T';
        P:=P';
        x:=P 中关于 T 有最小指标的顶点;
    }
    return 最短路长度;
}
```

在具体使用 Dijkstra 算法时，除了希望找出最短路的长度外，还希望求出这条最短路的路径。

图 9.14 给出了一个计算的全过程的例子。$G=(V,E,W)$由图 9.14(a)给出。求从 a 到 z 的最短路的长。令 $T=\{a\}$，$P=V-T$，计算 P 中每一点关于 T 的指标。见图 9.14(b)，$l(b)=\min\{l(x)\mid x\in P\}=1$，令 $T'=T\cup\{b\}$，$P'=P-\{b\}$，计算 P'中每一点关于 T'的指标。图 9.14(c)～(f)给出了从 a 到 z 的最短路的长度为 9，最短路的路径为(a,b,c,e,d,z)。

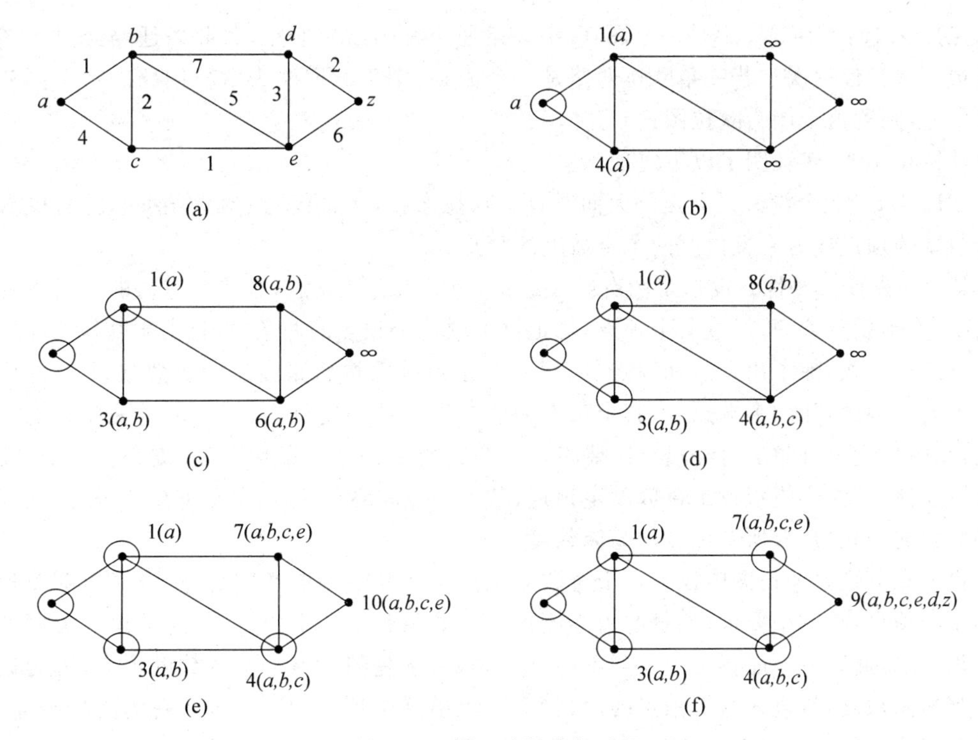

图 9.14　最短路的求解过程

9.4　欧拉图

18 世纪初，在当时德国哥尼斯堡(Konigsberg)城的普雷格尔(Pregel)河上有 7 座桥，哥尼斯堡的地图如图 9.15(a)所示。它也可以表示为图 9.15(b)，其中图的边表示桥，而顶点表示岛和河的两岸。当地人经常在桥上散步，有人提出，从岛和河岸的某一处出发是否能找到一条通过每一座桥一次且仅一次的通路。这个问题也相当于在图 9.15(b)中找一条通过每条边一次且仅一次的通路。1736 年，欧拉(L. Euler)解决了这个问题。从此，欧拉成为图论之父。

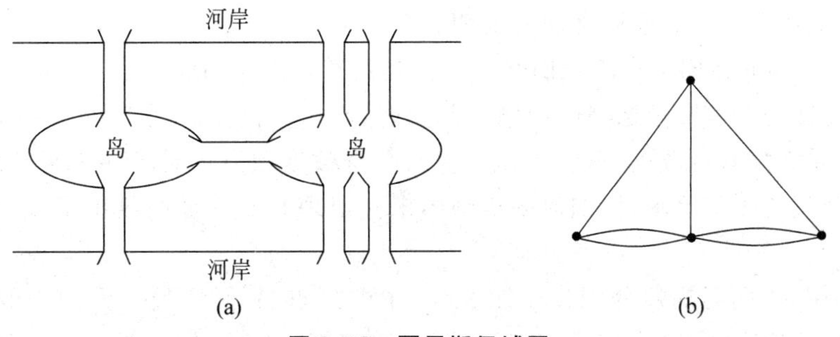

图 9.15　哥尼斯堡城图

定义 9.16：$G=(V,E)$是一个图，G 中一条通路称为欧拉通路，若此条通路经过了图中每条边一次且仅一次。若一条欧拉通路是一个回路，则称此回路为欧拉回路。一个图若有欧拉回路，则称这个图为欧拉图。

欧拉在 1736 年证明了以下定理。

定理 9.5：一个没有孤立点的无向图具有欧拉通路，当且仅当它是连通的，并且或者没有奇数度的顶点或者有且仅有两个奇数度的顶点。

证明：先证必要性。设这个图有欧拉通路，由于没有孤立点，显然是连通的。沿着欧拉通路走，除出发点外，每经过一个顶点，要走过关联这个顶点的两条边，且由于欧拉通路每条边仅能走过一次，除了出发点和终点外，每一个顶点被欧拉通路经过的次数乘以 2，即该顶点的度数。因此，除两个端点外，其余顶点为偶数度。从出发点出发时，走过关联它的一条边，若途中再走过，同样，每经过一次要走过关联它的两条边。若出发点不是终点，则出发点是奇数度顶点，同样终点也是奇数度定顶点；若出发点和终点一致，最后回到出发点，又仅走过关联它的一条边，故所有顶点均为偶数度。

再证充分性。假设图中仅有两个奇数度顶点。从其中一个奇数度顶点出发，随意地经过图中的顶点，有一个要求，走过的边不能再走。如果到了一个顶点，与这个顶点关联的边全部被走过，此时就不能再走了。到不能再走时，一定是到了另一个奇数度顶点，因为途中的点都是偶数度，有进入这个顶点的边，就会有走出这个顶点的边。若所有的边均走完了，则这条路一定是欧拉通路。否则，擦去所有走过的边，剩下的子图中每一个顶点全是偶数度。在剩下的子图中任取一个不是 0 度但已在第一次经过的顶点，从它出发，仍随意地走，要求同上。此时若不能走了，一定回到了出发点，原因也是途中每个顶点是偶数度，只有出发点，原来虽也是偶数，但出发时，走过一条边后，剩下的是奇数条边了。此时，重新把这两条通路变为一条通路，从奇数度顶点出发，沿第一次的路径前进；当走过第二次路径的出发点时，停止走第一次路径的路，而先沿着第二次路径前进；把第二次路径走完，回到第一次路径中，再沿第一次路径走到其终点。这样的一条通路仍保证了每条边仅走过一次，但确实增加了长度。若走完了所有的边，则此通路即欧拉通路；若还有边没有走完，重复第二条路径的走法，由于原图的连通性，所以对于有没有走完的边，一定存在已经被走过的顶点还有没有走完的边，一直这样进行下去，由于图中的边是有限的，若干步之后，一定可以走完所有的边，产生一条欧拉通路。

若原图均为偶数度顶点，可以任选一个顶点出发，显然，由上面的证明可知，走到不能再走时，一定回到出发点。其余同上面的证明。

推论：一个连通无向图有欧拉回路当且仅当所有顶点均为偶数度。

一个无向图是否有欧拉通路的问题与此图能否一笔画是同一个问题。一个图若能够一笔画，则此图要么没有奇数度顶点，要么仅有两个奇数度顶点。对于一个复杂图，能够利用欧拉定理判断其能否一笔画，但如何一笔画出来？定理 9.5 的证明给出了找出这种画法的具体方法。

例 9.5：甲、乙两只蚂蚁分别位于图 9.16 中的顶点 A 和 B 处。设图中的边长是相等的。甲和乙进行比赛：从它们所在的顶点出发，走过图中所有的边，最后到达顶点 C 处。如果它们的速度相同，谁先到达目的地？

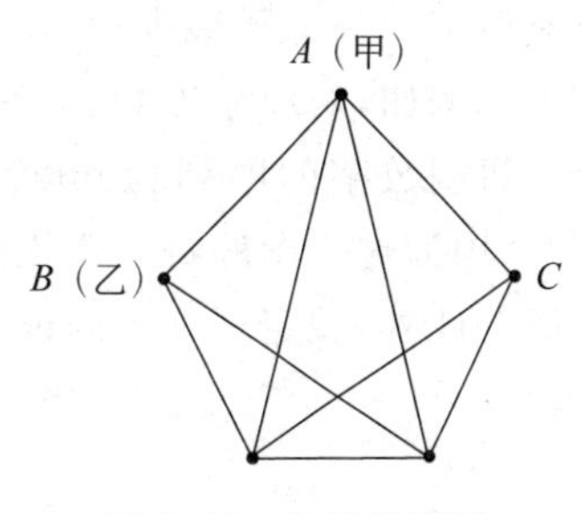

图 9.16 蚂蚁比赛图

解：乙先到达目的地。因为 B 和 C 是图中仅有的两个奇数度顶点，所以根据欧拉通路的充要条件知 B 到 C 仅需经过每条边一次且仅一次。而甲在偶数度顶点，如果要走过图中所有的边，必要先到达奇数度顶点，才能保证走的路最短，所以甲比乙至少要多走一条边。

无向图的欧拉通路、欧拉回路、欧拉图的定义可以直接推广到有向图中，对于有向图也有类似的定理。

定理 9.6：一个有向图有欧拉回路，当且仅当它是连通的，并且每一个顶点的入度与出度相等。一个有向图有欧拉通路，当且仅当它是连通的，并且满足以下两个条件之一：或者每一顶点的出度等于入度；或者除两个顶点外，其余各顶点出度等于入度，这两个顶点一个入度比出度多 1，另一个入度比出度少 1。

例 9.6：在模数转换问题中，一个转鼓的表面分为 16 个扇形段，如图 9.17(a)所示。鼓的位置信息利用终端 a、b、c、d 的二进制信号表示。转鼓的扇形段由导体材料(阴影区)和非导体材料(空白区)组成。终端 a、c 和 d 接地，而终端 b 不接地。为了把鼓的 16 个不同位置在终端用二进制信号表示出来，这些扇形段必须按照这样一种方式构成，即应使任何 4 个依次相连的扇形段中，每两个的导电和不导电的状态都不相同。设二进制数字 0 表示一个导电扇形段，二进制数字 1 表示一个不导电扇形段。确定导电和不导电扇形段的这种排列是否存在，若存在，求出这样一个排列。这个问题可以重述如下：把 16 个二进制数字排成一个环形，使得 4 个依次相连的数字所组成的 16 个序列均不同。

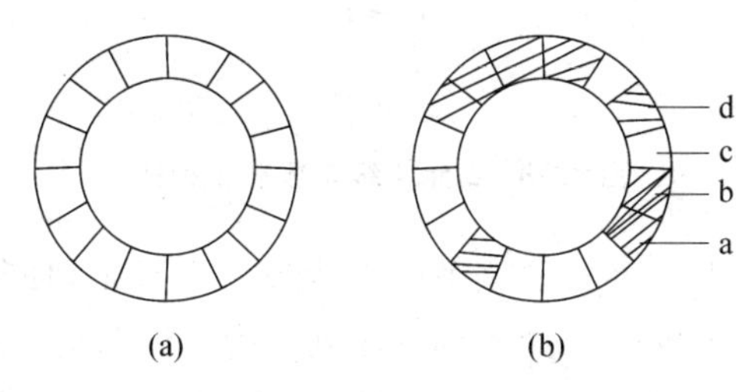

图 9.17 模数转换问题

这样一种排列是存在的。绘出一个具有 8 个顶点的有向图，这些顶点分别标以 3 位二进制数 000、001、010、011、100、101、110、111，从标有 $a_1a_2a_3$ 的顶点到标有 $a_2a_3 0$ 的顶点和标有 $a_2a_3 1$ 的顶点各有一条有向边，如图 9.18 所示。这样的图称为 2 元 4 级布鲁英(De Bruijn)序列图。此外，将图的每一条边标上一个 4 位的二进制数，具体说，从顶点 $a_1a_2a_3$ 到顶点 $a_2a_3 0$ 的边标上 $a_1a_2a_3 0$，而从顶点 $a_1a_2a_3$ 到顶点 $a_2a_3 1$ 的边标上 $a_1a_2a_3 1$。因为这 8 个顶点标上 8 个不同的 3 位二进制的数，所以这些边也标上 16 个不同的 4 位二进制数。因此，在这个图中的一条路上，任意两条相邻的边的标号，必然为 $a_1a_2a_3a_4$ 和 $a_2a_3a_4a_5$ 的形式，就是第一条边标号的末 3 位数与第二条边标号的 3 位数相同。因为这个图中 16 条边都是用不同的二进制的数来标识的，由此得出，对应于这个图的一个欧拉回路，就存在 16 个二进制数字的一个环形排列，在这个排列里，所有 4 个依次相连的数字组成的 16 个序列各不相同。例如，对应于欧拉回路($e_0, e_1, e_2, e_5, e_{10}, e_4, e_9, e_3, e_6, e_{13}, e_{11}, e_7, e_{15}, e_{14}, e_{12}, e_8$)的 16 个二进制数字的序列为 0000101001101111(把序列的两端连起来，就得到了一个环形排列)。因为这个图的每一个顶点的入度和出度都等于 2，根据定理 9.6，这个图显然存在欧拉回路。此外，按定理 9.5 的证明中所提出的构造步骤，就能找出该图的一条欧拉回路。

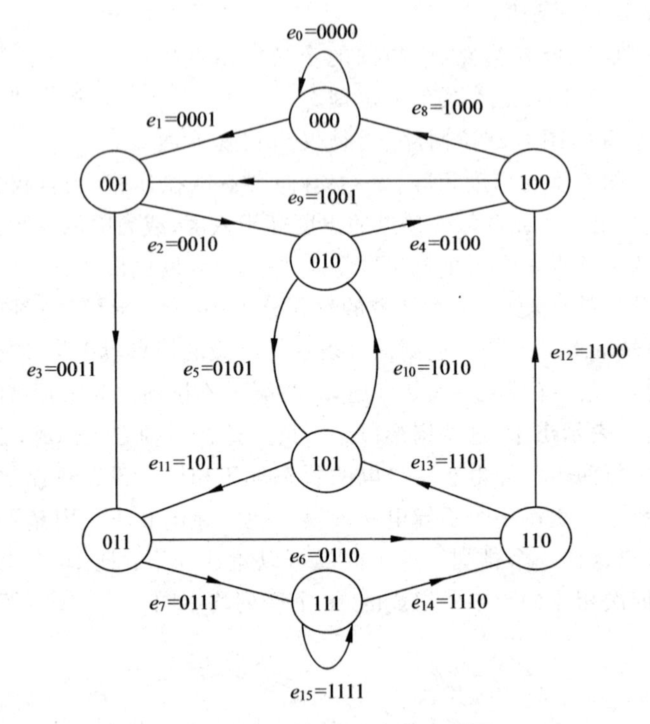

图 9.18　2 元 4 级布鲁英序列图

类似地，可以证明，能把 2^n 个二进制数字排列成一个环形，使得这个排列里，任何 n 个依次相连的数字构成的序列共有 2^n 个不同的序列。为了证明这一推论，构思一个具有 2^{n-1} 个顶点的有向图，这些顶点标以 2^{n-1} 个 $n-1$ 位的二进制数，并且以标有 $a_1a_2a_3\cdots a_{n-1}$ 的顶点到标有 $a_2a_3\cdots a_{n-1}0$ 的顶点和标有 $a_2a_3\cdots a_{n-1}1$ 的顶点各有一条边，这两条边分别标上 $a_1a_2a_3\cdots a_{n-1}0$ 和 $a_1a_2a_3\cdots a_{n-1}1$。显然这样一个图存在欧拉回路，而这个欧拉回路就对应于 2^n 个二进制数字所组成的一个环形排列。

9.5　哈密顿图

19 世纪中期威廉·哈密顿爵士(Sir William Hamilton)在给他的一位朋友的一封信中描述了一个数学游戏：一个人在正十二面体的任意 5 个相邻顶点上插上 5 根大头针，形成一个圈，见图 9.19(a)，问能否把这个圈扩大，包含十二面体的每一个顶点一次且仅一次？

答案是肯定的，把正十二面体的一面(即正五边形 $ABCDE$)沿着棱线剪掉，然后将该十二面体的其余部分张开，并把它压平在一个平面上，图 9.19(b)中的黑粗线就是这个问题的答案。人们以后就把这样的圈命名为哈密顿圈。

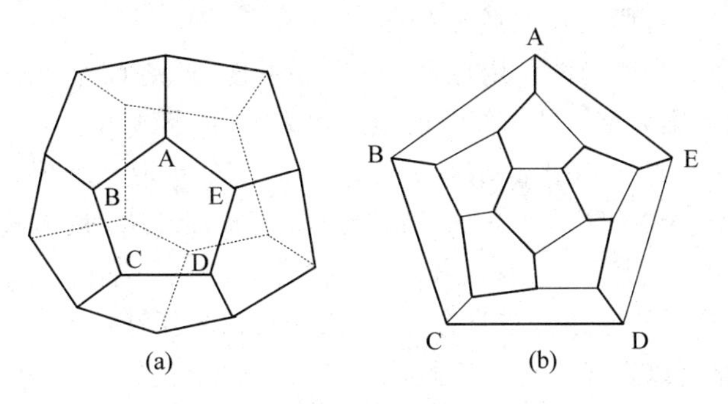

图 9.19　正十二面体和哈密顿圈

定义 9.17：设 $G=(V,E)$是一个图，G 中一条通路若通过每一个顶点一次且一次，称这条通路为哈密顿通路。G 中一个圈，若通过每一个顶点一次且仅一次，称这个圈为哈密顿圈。一个图若存在哈密顿圈，就称为哈密顿图。

与欧拉图的情况相反，到目前为止尚不知道判定一个图是否是哈密顿图的充要条件，而且这个问题是图论中主要的未解决问题之一。

下面给出一个必要条件。

定理 9.7：若 $G=(V,E)$是一个哈密顿图，则对于 V 的每一个非空子集 S，均有

$$W(G-S)\leqslant|S| \tag{9.1}$$

其中 $W(G-S)$表示图 G 擦去属于 S 中的顶点后剩下子图的连通分枝的个数。

证明：设 C 是图 G 中的哈密顿圈，对于 V 的任意一个非空子集 S，显然有

$$W(C-S)\leqslant|S|$$

其中 $C-S$ 表示图 G 仅由哈密顿圈 C 中的边组成的子图擦去 S 中的顶点后所得子图。$W(C-S)$表示这样的子图的连通分枝的个数。

显然，$W(G-S)\leqslant W(C-S)\leqslant|S|$。

定理得证。

图 9.20(a)中有 9 个顶点，删去用圆圈标示的 3 个顶点，剩下 4 个连通分枝(见图 9.20(b))，所以不满足式(9.1)。从而由定理 9.7 知，这个图为非哈密顿图。彼德逊(Petersen)

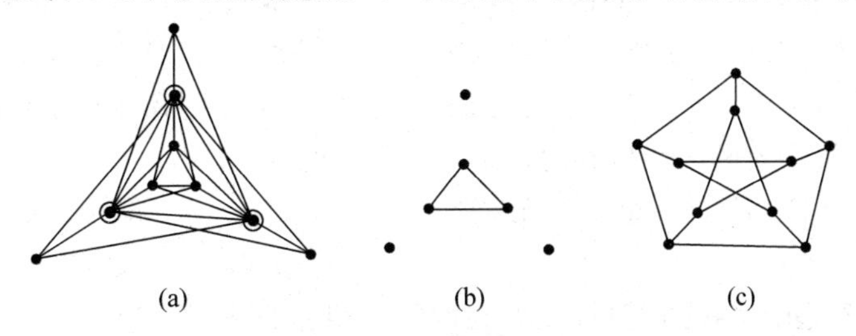

图 9.20　两个非哈密顿图的例子

图(见图 9.20(c))也不是哈密顿图,但是却不能由定理 9.7 推出。

下面给出一个图是哈密顿图的充分条件。

定理 9.8:设$G=(V,E)$是一个简单无向图,$|V|=n\geqslant 3$,若对于任意两个不相邻的顶点$u,v\in V$,$d(u)+d(v)\geqslant n$,那么 G 是哈密顿图。

证明:首先证明 G 是连通图。用反证法,若 G 不连通,则 G 至少分成两个不连通的部分,其中一部分的顶点集为 V_1,另一部分的顶点集为 V_2。令$|V_1|=n_1$,$|V_2|=n_2$,则 $n_1+n_2=n$。在 V_1 中取一个顶点 $v_1(\in V_1)$,$d(v_1)\leqslant n_1-1$,在 V_2 中取一个顶点 $v_2(\in V_2)$,$d(v_2)\leqslant n_2-1$,则 $d(v_1)+d(v_2)\leqslant n_1+n_2-2<n-1$,与已知矛盾,所以 G 是连通图。

下面证明 G 中有哈密顿圈。设$(v_1,v_2,\cdots,v_p)$是 G 中的一条初等通路,且 v_1 与 v_p 仅与通路中的顶点相邻,这样的通路肯定是存在的,因为可以从任意一条边发展成这样的路。下面证明这条初等通路可以变成一个哈密顿圈。若 v_1 与 v_p 相邻,则问题解决了。否则设 v_1 仅与 $v_{i_1},v_{i_2},\cdots,v_{i_k}$ 相邻,其中 $2\leqslant i_j\leqslant p-1$。若 v_p 和 $v_{i_1-1},v_{i_2-1},\cdots,v_{i_k-1}$ 中任意一个顶点相邻,不失一般性,设 v_p 与 v_{i_j-1} 相邻,则$(v_1,v_2,\cdots,v_{i_j-1},v_p,v_{p-1},\cdots,v_{i_j},v_1)$是一个仅包含 $v_1,v_2,\cdots,v_p$ 的哈密顿圈,见图 9.21。而这样的 v_{i_j-1} 顶点一定存在,否则 $d(v_1)=k$,而 $d(v_p)\leqslant p-k-1$,即 $d(v_1)+d(v_p)\leqslant p-1$,与已知矛盾。

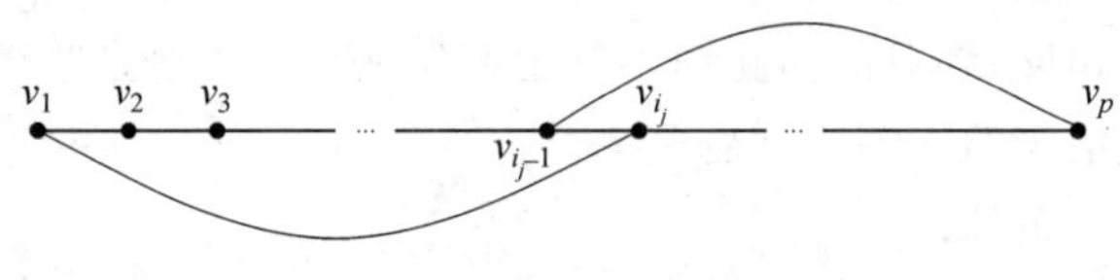

图 9.21 定理 9.8 的图

若 $p=n$,则定理得证。若 $p<n$,取一个与哈密顿圈中某一顶点相邻不在哈密顿圈中的点 v_x,由于图 G 是连通的,这样的顶点一定存在。设 v_x 与 v_i 相邻,则$(v_x,v_i,v_{i+1},\cdots,v_{i-1})$是 G 中的一条初等通路,即加上边$\{v_x,v_i\}$,去掉哈密顿圈中的边$\{v_i,v_{i-1}\}$。可以把这条初等通路扩展成类似于$(v_1,v_2,\cdots,v_p)$通路所具有的性质,但此时通路的长增加了。用上面的方法可把这条通路变成一个哈密顿圈,继续下去直到得到一个包含所有顶点的哈密顿圈为止。

例 9.7:设有 $2n(n\geqslant 2)$个人参加宴会,每个人至少认识其中的 n 个人。要使大家围坐在一起时,每个人的两旁坐着的均是与他相识的人,应该怎样安排座位?用图论语言解释之。

解:设 $2n$ 个人为 $2n$ 个顶点,建立顶点集 $V=\{v_1,v_2,\cdots,v_{2n}\}$,对于任意的两个人 v_i 和 $v_j(i\neq j)$,若他们认识,则在两点间画一条边$\{v_i,v_j\}$,构成边集 E,从而构成图 $G=(V,E)$。因为每个人至少认识其中的 n 个人,所以每个顶点的度数$\geqslant n$。对于任意的两个不相邻的顶点 u 和 v,$d(u)+d(v)\geqslant 2n$。根据哈密顿图的充分条件知,G 中存在哈密顿圈。故按哈密顿圈就座,就能使得每个人的两旁坐着的均是与他相识的人。

例 9.8:设$G=(V,E)$是一个简单无向图,$|V|=n$,$|V|=m$。若 $m>C_{n-1}^2+1$,则 G 为哈密顿图。

证明:设 G 不是哈密顿图,则 G 中存在两个不相邻的顶点 u 和 v,$d(u)+d(v)\leqslant n-1$。根据图的定义知,子图 $G-\{u,v\}$的边数$\leqslant(n-2)(n-3)/2$。从而有 $m\leqslant(n-2)(n-3)/2+$

$n-1=(n^2-5n+6+2n-2)/2=(n-1)(n-2)/2+1=C_{n-1}^2+1$，与 $m>C_{n-1}^2+1$ 矛盾。

故，G 为哈密顿图。

类似于定理 9.8，还可以得到以下定理。

定理 9.9：设 $G=(V,E)$ 是一个简单图，若对于 V 中任意两个不相邻的顶点 $u,v\in V$，$d(u)+d(v)\geqslant n-1$，其中 $|V|=n$，则 G 中有哈密顿通路。

例 9.9：考虑在 7 天内安排 7 门课程的考试，使得同一位教师所承担的两门课程的考试不排在接连的两天中。证明，如果所有教师承担的课程都不多于 4 门，则符合上述要求的考试安排总是可能的。

解：设 7 门课程的考试对应 7 个顶点，构成顶点集 $V=\{v_1,v_2,\cdots,v_7\}$，对于任意的两门课程考试 v_i 和 $v_j(i\neq j)$，若它们由不同的教师讲授，则在两点间画一条边 $\{v_i,v_j\}$，构成边集 E，从而构成图 $G=(V,E)$。因为每个教师所承担的课程数不超过 4 门，所以每个顶点 v 的度数 $\geqslant 7-4=3$。对于任意的两个不相邻的顶点 u 和 v，$d(u)+d(v)\geqslant 6$，由定理 9.9 知，G 总是包含一条哈密顿通路，它对应 7 门课程考试的一个适当的安排。

哈密顿路与哈密顿圈的概念同样可以在有向图中定义，下面给出有向图中的一个结果。

定理 9.10：一个有向完全图总存在哈密顿通路。

证明：设 $(v_1,v_2,\cdots,v_p)$ 是有向图中的一条初等通路，显然，这样的通路肯定是存在的，最差的情况是仅有一条边的通路。若这条通路包含了 G 中所有的顶点，则即为所求的哈密顿通路。否则设 v_x 是不在这条路上一个顶点。若 $(v_x,v_1)\in E$，则把 v_x 扩展到原来的初等通路中，得到一条扩大了的初等通路。相反，若 $(v_x,v_1)\notin E$，则 $(v_1,v_x)\in E$，看 (v_x,v_2) 是否是 E 中的边。若 $(v_x,v_2)\in E$，则 $(v_1,v_x,v_2,v_3,\cdots,v_p)$ 是一条扩大了的初等通路；若 $(v_x,v_2)\notin E$，则 $(v_2,v_x)\in E$，看 (v_x,v_3) 是否是 E 中的边……发展下去结果有两个：其一，存在一个 $v_i(1\leqslant i\leqslant p-1)$，$(v_{i-1},v_x)\in E$，$(v_x,v_i)\in E$，则 $(v_1,v_2,\cdots,v_{i-1},v_x,v_i,\cdots,v_p)$ 是一条扩大了的初等通路；其二，对于所有的 i，$1\leqslant i\leqslant p$，$(v_i,v_x)\in E$，则 $(v_1,v_2,\cdots,v_p,v_x)$ 是一条扩大了的初等通路。

同样，可以把不在初等通路上的顶点全部扩展进去，得到一条哈密顿通路。

下面给出一个哈密顿回路的应用实例——旅行商问题(Travelling Salesman Problem，TSP)，又译为旅行推销员问题、货郎担问题，它是数学领域中著名难题之一。

人们在日常生活中就会遇到这问题，例如：

(1) 校车的司机从学校开车出来，到不同的街道去接学生，应怎样安排行程，使走的路程最短，并且可以接到所有的孩子回到学校去？

(2) 为了跑业务，需要乘飞机飞往几个城市，应怎样安排行程，走遍要去的城市，最后回到原出发地，而又能省钱？

旅行商问题看似容易，可是人们目前还没有找出一个行之有效并能迅速提供解答的方法。

人们认为这类问题的大型实例不能用精确算法求解，而只能采用近似算法。

下面介绍一个称为最邻近算法的方法。

(1) 任选一个顶点作为始点，在与该点相关联的边中选权值最小的一条边，把这条边作为所求的哈密顿圈中的一条路，这条边的两个端点称为被访问过的顶点。

(2) 设 x 是表示刚加入路中的一条边上的新访问过的顶点。若存在未被访问过的顶点，在 x 和未被访问过的顶点之间的边中找出权值最小的一条边，把这条边加入路中，这条边的另一个顶点是新访问过的顶点。

(3) 若不存在未被访问过的顶点，就将新访问过的顶点与始点之间的边加入这条路，得到一个哈密顿圈；否则执行(2)。

图 9.22(a)给出了一个带权的完全图。图 9.22(b)～(f)给出了以 a 为始点，用最邻近算法构造哈密顿圈的一个全过程。注意，这个哈密顿圈总长为 40；而从顶点 e 出发求出的哈密顿圈总长为 37，这是最短哈密顿圈。

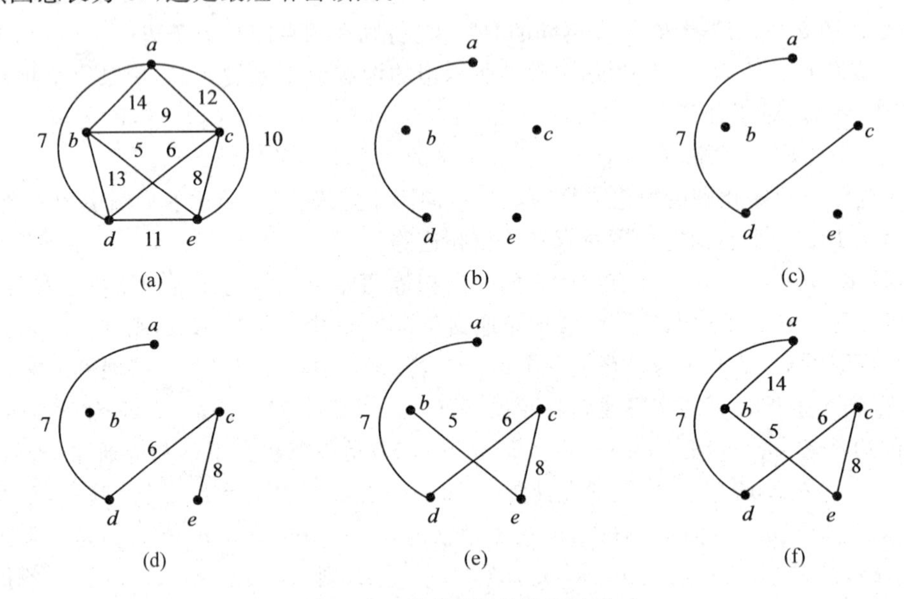

图 9.22　最邻近算法求解过程

9.6　二部图

某高校准备分派 n 个教师 $t_1,t_2,\cdots,t_n$ 讲授 m 门课程 $c_1,c_2,\cdots,c_m$。已知这些教师每个人都能胜任一门或几门课程。如何找到一种合理的安排，使每个教师都能讲授其所胜任的课程是本节主要讨论的问题。

定义 9.18：设 $G=(V,E)$ 是一个图，若存在顶点集 V 的一个划分 $\{V_1,V_2\}$，使得对于任意的 $e\in E$，存在 $v_1\in V_1,v_2\in V_2$，使得 $\{v_1,v_2\}=e$，就说 (V_1,V_2) 是图 G 的顶点的二分类，称图 G 为二部图，或称二分图，也称偶图，又称 G 为具有二分类 (V_1,V_2) 的偶图。

$G=(V,E)$ 是一个简单二部图，(V_1,V_2) 是 G 的二分类，若对于任意的 $v_1\in V_1,v_2\in V_2$，有 $\{v_1,v_2\}\in E$，就说 G 是一个完全二部图。设 $|V_1|=n,|V_2|=m$，记 G 为 $k_{n,m}$，图 9.23 给出了

两个完全二部图 $k_{2,3}$ 和 $k_{3,3}$。

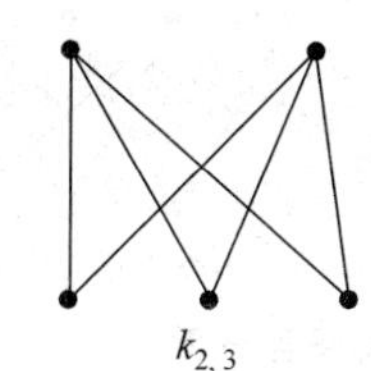

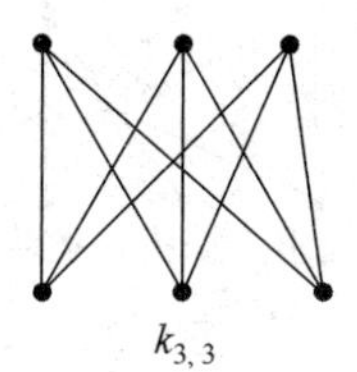

图 9.23　两个完全二部图

定理 9.11：一个图 G 是二部图当且仅当它的所有回路的长度均是偶数。

证明：先证必要性。设 G 是二部图，(V_1,V_2) 是它的二分类。令 $(v_{i_0},v_{i_1},\cdots,v_{i_{l-1}},v_{i_0})$ 是 G 中的一条长度为 l 的回路，不失一般性，设 $v_{i_0}\in V_1$，因此，由二部图的定义知 v_{i_2}，$v_{i_4},\cdots,v_{i_{l-2}}\in V_1$，而 $v_{i_1},v_{i_3},\cdots,v_{i_{l-1}}\in V_2$，所以 $l-1$ 是奇数，故 l 是偶数。

再证充分性。

先假设 G 是连通的，取定 $v_0\in V$，定义 V 的两个子集如下：$V_1=\{v_i\mid v_i$ 到 v_0 的距离是偶数$\}$，$V_2=\{v_i\mid v_i$ 到 v_0 的距离是奇数$\}$，任取 $e=\{v_i,v_j\}\in E$。若 $v_i,v_j\in V_1$，由 V_1 的定义知，从 v_i 到 v_0 有一条初等通路，其长为偶数，而从 v_0 到 v_j 也有一条初等通路，其长也为偶数，再加上边 $\{v_i,v_j\}$ 得到一条回路，此回路的长度是偶数＋偶数＋1，即为奇数，与题设矛盾。这说明 v_i 与 v_j 不可能同时属于 V_1。同样可以证明 v_i 与 v_j 不可能同时属于 V_2。因此 (V_1,V_2) 是 G 的一个二分类，即 G 是一个二部图。

如果 G 不连通，设 G 为 k 个独立的连通分枝(子图)，对于 G 的每一个连通分枝，由上面的证明可以得到其二分类，分别设为 $(V_1^{(1)},V_2^{(1)})$，$(V_1^{(2)},V_2^{(2)})$，$\cdots$，$(V_1^{(k)},V_2^{(k)})$。则令 $V_1^{(1)}\cup V_1^{(2)}\cup\cdots\cup V_1^{(k)}=V_1$，$V_2^{(1)}\cup V_2^{(2)}\cup\cdots\cup V_2^{(k)}=V_2$，因此 G 是一个具有二分类 (V_1,V_2) 的二部图。

定义 9.19：设无向图 $G=(V,E)$，(V_1,V_2) 是 G 的一个二分类，$M\subseteq E$。若 M 中任意两条边都不相邻，则称 M 为 G 的一个匹配，并把 M 中的边所关联的两个顶点称为在 M 下是匹配的。若在 M 中再加入任何一条边就不匹配了，称 M 为极大匹配。边数最多的极大匹配称为 G 的最大匹配。

设 M 为 G 的一个匹配，若 V_1 中的每个顶点都是 M 中边的端点或 $|M|=|V_1|$，则称 M 是从 V_1 到 V_2 的完全匹配。若 G 中的每个顶点都是 M 中边的端点，则称 M 为 G 的完全匹配。

例 9.10：已知第一组软件工作人员为{Alice，Mary，John，Mark}，第二组软件工作人员为{Nancy，Jane，Ana，Sun}。两组需完成相同的 4 种工作，其工作的集合为{需求，架构，实现，测试}。两组人员的任务分配如图 9.24 所示。

图 9.24 中{(Alice，需求)，(Mary，测试)}、{(Alice，测试)，(Mary，实现)，(Mark，需求)，(John，架构)}、{(Nancy，架构)，(Jane，实现)，(Sun，测试)}、{(Nancy，架构)，(Jane，需求)，(Sun，测试)}等是该图的匹配。其中{(Alice，测试)，(Mary，实现)，(Mark，需求)，(John，架构)}是极大匹配，也是 V_1 到 V_2 的完全匹配，也是左侧的图的完全匹配。

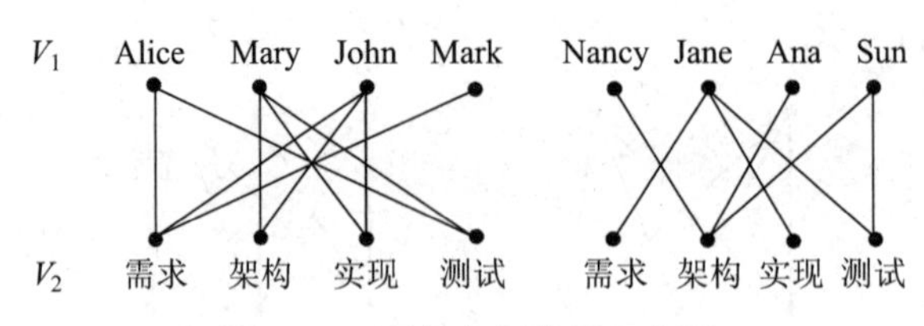

图 9.24　两组人员的任务分配

{(Nancy,架构),(Jane,需求),(Sun,测试)}是右侧的图的极大匹配,但右侧的图中不存在任何完全匹配。

定理 9.12(Hall 定理):设 $G=(V,E)$ 为一个二部图,(V_1,V_2) 是 G 的一个二分类,且 $|V_1|\leqslant|V_2|$。G 中存在从 V_1 到 V_2 的完全匹配当且仅当 V_1 中任意 $k(k=1,2,\cdots,|V_1|)$ 个顶点至少邻接 V_2 中的 k 个顶点。

该定理证明较为复杂,有兴趣的读者可参考相关书籍。

定理 9.13(t 条件):设 $G=(V,E)$ 为一个二部图,(V_1,V_2) 是 G 的一个二分类。若 V_1 中每个顶点至少关联 $t(t>0)$ 条边,而 V_2 中的每个顶点至多关联 t 条边,则 G 中存在 V_1 到 V_2 的完全匹配。

证明:由于 V_1 中每个顶点至少关联 $t(t>0)$ 条边,所以 V_1 中任意 k 个顶点至少邻接 V_2 中的 kt 个顶点。由于 V_2 中的每个顶点至多关联 t 条边,所以 V_1 中任意 k 个顶点至少邻接 V_2 中的 k 个顶点。由定理 9.12 知,G 中存在 V_1 到 V_2 的完全匹配。

例 9.11:某大学计算机学院有 6 个教师,分别是 Alice、John、Mark、Tom、Smith、Peter。每个教师被分配讲授以下 6 门课程之一:离散数学、数据结构、操作系统、人工智能、程序设计和机器学习。假设 Alice 能够胜任离散数学、操作系统和人工智能,John 能够胜任数据结构和操作系统,Mark 能够胜任操作系统、人工智能和机器学习,Tom 能够胜任离散数学和数据结构,Smith 能够胜任人工智能,Peter 能够胜任数据结构、程序设计和机器学习。

(1) 构建 6 个教师和他们能够胜任课程的二部图模型。

(2) 使用 Hall 定理判断是否存在一种分配方案,使每个教师都能分配到其能够胜任的一门课程。

(3) 如果存在上述分配方案,请给出该方案。

解:

(1) 6 个教师和他们能够胜任课程的二部图模型如图 9.25 所示。

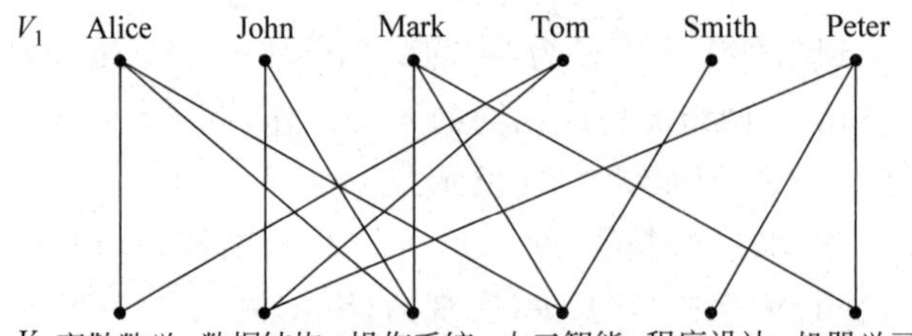

图 9.25　例 9.11 的二部图模型

(2) 因为由图 9.25 知 V_1 中的任意 k 个顶点至少邻接 V_2 中的 k 个顶点，所以由 Hall 定理知，存在一种分配方案，使每个教师都能分配到其能够胜任的一门课程。

(3) {(Alice，操作系统)，(John，数据结构)，(Mark，机器学习)，(Tom，离散数学)，(Smith，人工智能)，(Peter，程序设计)}是其中的一种分配方案。

例 9.12：已知 $G=(V,E)$ 为一个二部图，$|V|=n$，$|E|=m$。证明 $m\leqslant n^2/4$。

证明：设 (V_1,V_2) 为二部图的顶点二分类，令 $|V_1|=n_1$，则 $|V_2|=n-n_1$。根据二部图的性质知

$$m\leqslant n_1\times(n-n_1)=nn_1-n_1^2=\frac{n^2}{4}-\frac{n^2}{4}+nn_1-n_1^2=\frac{n^2}{4}-(n_1-\frac{n}{2})^2\leqslant\frac{n^2}{4}$$

例 9.13：有几堆石头，两个选手轮流移动石头，一个合法的移动包括从其中一堆取走一块或多块石头，而不去移动其余几堆石头，不能进行合法移动的选手告负。已知开局时有 3 堆石头，每堆各有 2 块石头，画出取石头游戏的有向二部图，并说明应怎样选择最优策略。

解：设 a_{ijk} 和 b_{ijk} 表示 3 堆石头数分别为 i、j、k 时下次轮到选手 a 和 b 的情况。二部图模型如图 9.26 所示(注意边有方向，称该类型的图为有向二部图)。

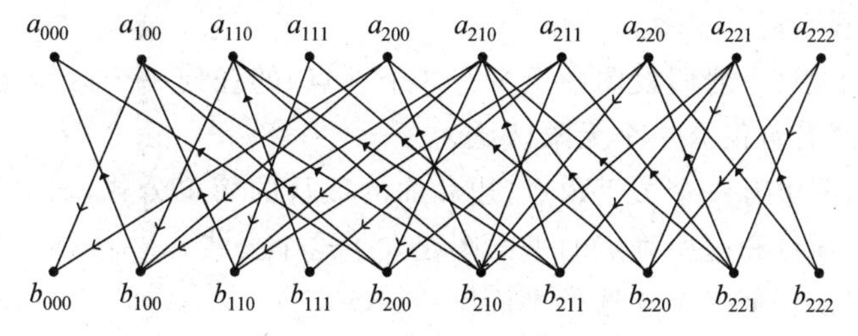

图 9.26 取石头游戏二部图模型

由二部图模型知，最优策略是：a 要争取到 $\{b_{000},b_{110},b_{220}\}$ 的情形就能取胜，b 要争取到 $\{a_{000},a_{110},a_{220}\}$ 的情形就能取胜。即先取者第一次取两块石头，以后各次如取法无误，先取者必是取胜者。

9.7 平面图与平面图的着色

制作电路板时必须把电路除接点外的导线不相交地印制在电路板上，这就提出了一个怎样将图各边不相交地画在一个平面上的问题，也就是平面图的问题。

9.7.1 平面图

定义 9.20：一个图 $G=(V,E)$ 如果能够画在一个平面上，除顶点外，它的边彼此不相交，这种图称为平面图，反之称为非平面图。

把一个平面图 G 画在一个平面上，使得它的边仅在顶点相交，这样的一种画法称为 G

的一个平面嵌入。图 9.27(b)表示图 9.27(a)中的平面图的一个平面嵌入。

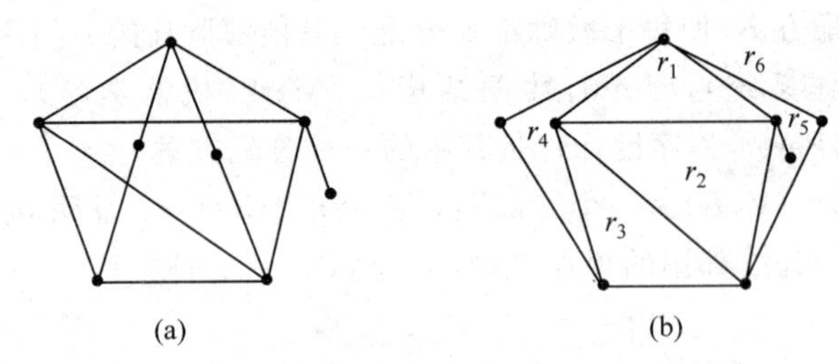

图 9.27 平面图及其平面嵌入的例子

把一个平面图画在一个平面上，使它的边仅在顶点相交，然后，用剪刀沿各边将平面图剪开，于是一个平面分成了若干个小片，每个小片叫平面的一个区域，也就是一个平面图的区域是由图中的边围成的，且不能再分成更小的区域。如果区域的面积是有限的，称它为有限区域；如果区域的面积是无限的，称它为无限区域。如图 9.27(b)所示，整个平面分成了 6 个区域，r_1、r_2 和 r_3 分别由 3 条边围成，r_4 由 4 条边围成，r_5 和 r_6 各由 5 条边围成。r_6 是无限区域，其余是有限区域。

显然，一个简单图(一般假设图中至少有 3 个顶点)的任何一个区域至少要由 3 条边围成，任何一个平面图有且仅有一个无限区域。

在连通的平面图中有一个关于顶点、边和面的数目的简单公式，名为欧拉公式，因为欧拉首先对多面体的顶点和边所确定的平面图建立了这个公式。

定理 9.14：对于任何一个连通的平面图 $G=(V,E)$，$|V|=n$，$|E|=m$，则有 $n-m+r=2$。其中 r 代表 G 的区域数。

证明：对边数 m 用归纳法。

当 $m=1$，即 G 仅有一条边时，由于 G 是连通图，故图 G 的顶点数只能是 1 或 2。若 $n=1$，仅有一个自环，此时 $n=1,m=1,r=2$，满足 $n-m+r=2$，命题成立；若 $n=2$，此时 G 有两个顶点，这两个顶点之间有一条边，则 $r=1$，满足 $n-m+r=2$，命题也成立。

所以，当 $m=1$ 时命题成立。

假设 $m=k$ 时命题成立。当 $m=k+1$ 时，若 G 中存在一个度数为 1 的顶点，设为 v_0，在 G 中擦去顶点 v_0，得一个新图 G'，此时新图 G' 比 G 少了一条关联 v_0 的边，即 G' 有 k 条边，由归纳假定 $n'-m'+r'=2$。其中 n' 为 G' 中的顶点数，m' 为 G' 中的边数，r' 为 G' 含有的区域数。但 $n=n'+1,m=m'+1$，而 $r=r'$，所以有 $n-m+r=2$。

若 G 中没有度数为 1 的顶点，则 G 中一定有回路。我们擦去回路中的一条边，得到一个新图 G'，则有 $n=n',m=m'+1,r=r'+1$，其中 n'、m'、r' 分别为 G' 的顶点数、边数、区域数。由归纳假设，在 G' 中有 $n'-m'+r'=2$，所以也有 $n-m+r=2$。

命题得证。

必须强调指出，欧拉公式仅适用于连通的平面图。但是，用欧拉公式直接判定一个连通图是否是平面图是很难的，因为在没有把这个图的各条边不相交地画在一个平面上时，无法知道区域数 r 是多少。下面应用欧拉公式证明两个有用的定理。

首先看一个命题。

命题：$G=(V,E)$是一个简单平面图，$|E|=m$，r为区域数。若平面图的每个区域至少由k条边围成，则$2m\geqslant kr$。

证明：因为平面图的每个区域至少由k条边围成，所以围成r个区域的总边数$\geqslant kr$。又因为一条边最多关联两个区域，而度数为1的顶点邻接的边仅关联一个区域，所以围成r个区域的总边数$\leqslant 2m$，故$2m\geqslant kr$。

定理9.15：对于任何一个简单的无向连通平面图$G=(V,E)$，$|V|=n(n\geqslant 3)$，$|E|=m$，有$m\leqslant 3n-6$。

证明：由于G是简单无向图，则任何一个区域至少由3条边围成，所以由上面的命题知$2m\geqslant 3r$，其中r是区域数，即$r\leqslant 2m/3$。因为G为简单的无向连通平面图，$n-m+r=2$，所以有$n-m+2m/3\geqslant 2$，即有$m\leqslant 3n-6$。

下面应用定理9.15来判定K_5不是平面图。K_5(见图9.28)中有$n=5$，$m=10$，$3\times 5-6=9$，$m>9$，所以K_5不是平面图。$K_{3,3}$中有$n=6$，$m=9$，$3\times 6-6=12$，$m<12$。但是否能肯定$K_{3,3}$是平面图呢？定理9.15仅是必要条件，并不充分。由图9.28可知$K_{3,3}$不是平面图。仔细分析不难看出，在$K_{3,3}$中每一个区域都是被4条边围成的。为此，给出下面的定理。

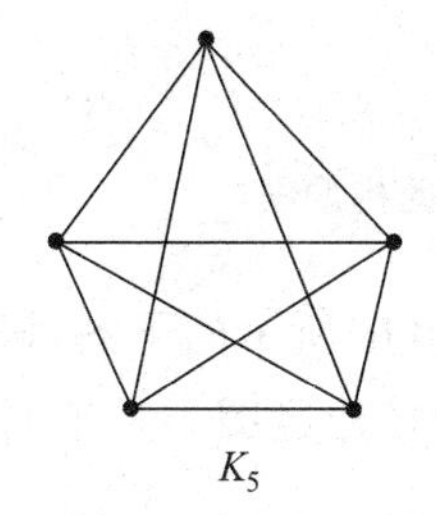

K_5

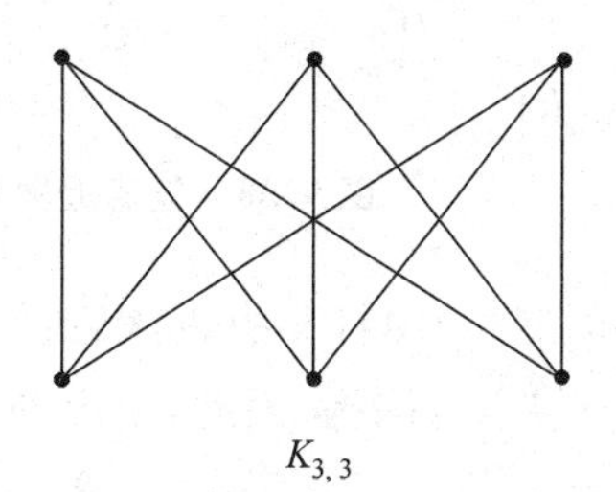

$K_{3,3}$

图9.28 K_5和$K_{3,3}$

定理9.16：对于任何一个每个回路至少由4条边组成的简单的连通平面图$G=(V,E)$，$|V|=n$，$|E|=m$，有$m\leqslant 2n-4$。

证明：因为每个回路至少由4条边组成，所以由上面的命题知$2m\geqslant 4r$，其中r是区域数。所以$r\leqslant m/2$，由欧拉公式$n-m+r=2$得$n-m+m/2\geqslant 2$，即$m\leqslant 2n-4$。

由定理9.16来判定$K_{3,3}$不是平面图。因为在$K_{3,3}$中$n=6$，$m=9$，$2\times 6-4=8$，$m>8$，故$K_{3,3}$不是平面图。

定理9.15和定理9.16都是必要条件。数学家库拉道夫斯基(Kuratowski)在1930年给出了判定一个图是平面图的充要条件。这个定理证明太复杂，有兴趣的读者可参考相关书籍。

先介绍一个概念。若在两个图G_1与G_2中加上或去掉一些2度顶点后，G_1与G_2是同构的两个图，称这两个图在2度顶点内同构(也称为同胚)。例如，图9.29(a)和(b)就是两个在2度顶点内同构的图，其中，图9.29(b)中的点表示加上的2度顶点。

定理9.17：一个图若不包含与K_5或$K_{3,3}$在2度顶点内同构的子图当且仅当它是平面图。K_5或$K_{3,3}$也称库拉道夫斯基图。

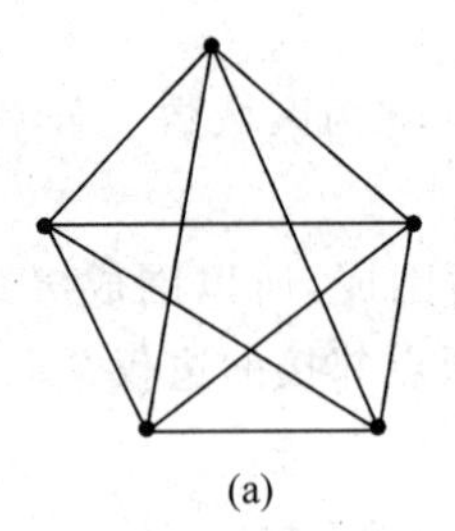

(a)

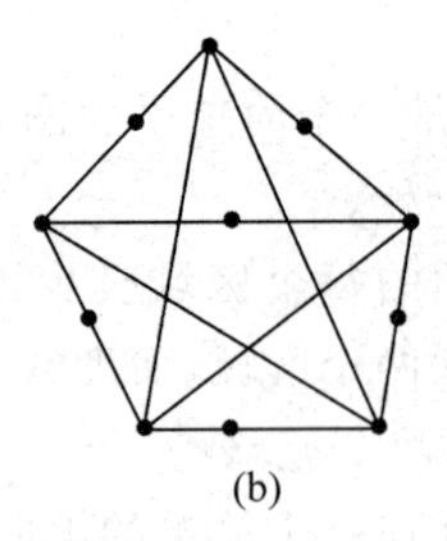

(b)

图 9.29　两个在 2 度顶点内同构的图

例 9.14：证明彼德逊图(如图 9.30(a)所示)不是平面图。

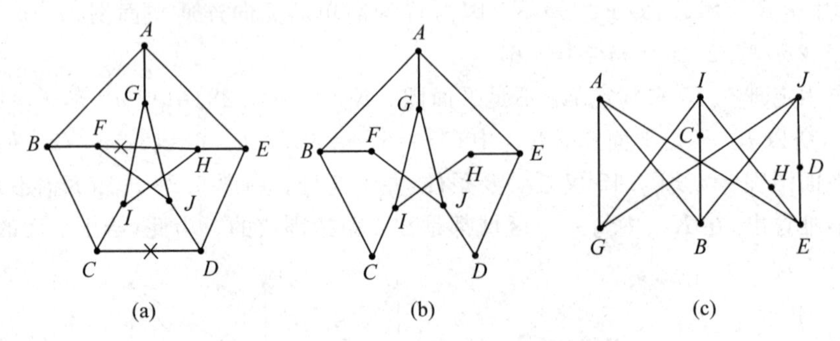

图 9.30　彼德逊图及与 $K_{3,3}$ 同构的图

证明：删除图 9.30(a)中打叉的边，得到如图 9.30(b)所示的子图，该图与图 9.30(c)同构。显然图 9.30(c)与 $K_{3,3}$ 同构，因此，由定理 9.17 知彼德逊图不是平面图。

9.7.2　平面图的着色

一个平面图的任意两个区域若有一条公共边，则称这两个区域是相邻的。平面图的着色问题表述如下：对平面图的所有区域着色，至少要用几种不同颜色才能使得任何两个相邻区域有不同的颜色？在 100 多年前，英国青年 Guthrie 提出：任何连通的平面图都可以用最多 4 种颜色对每一个区域着色，使相邻区域颜色不同。到目前为止，没有找到一种平面图一定要用 5 种颜色着色的，但是又无法用数学方法证明这个猜测的正确性。1976 年美国伊利诺伊大学的两位教授——阿佩尔(Appel)和海肯(Haken)宣布，他们用计算机证明了这个问题。对数学家来说，总还是希望能找到数学方法的证明。

一个图对其每一个顶点着上一种颜色，使得相邻的两个顶点颜色不同。如果它至少需 n 种颜色才能完成着色，就称这个图为 n 色图，记 $\chi(G)=n$。读者自然会提出一个问题，是否可以把平面图的区域着色问题转化为平面图的顶点着色问题？答案是肯定的。为了解决这个问题，先介绍平面图的对偶图的概念。

设 G 是一个连通平面图。G 已经被嵌入某一平面内，把平面分为 n 个区域，在每一个区域内取定一点 r_i 代表这个区域，若 r_i 和 r_j 是两个区域，它们之间有若干条公共边，对每一条公共边，画一条连接 r_i 和 r_j 并与这条公共边相交的线（直线或曲线），有多少条公共边就画多少条这样的线，就得到一个新图，记为 G^*，称之为图 G 的对偶图。从画法知，G 和 G^* 有相同的边数。

例 9.15：图 9.31 中的实线表示图 G，它的对偶图 G^* 用虚线表示。注意图 G 和 G^* 中的 1 度顶点和自环是怎样处理的。

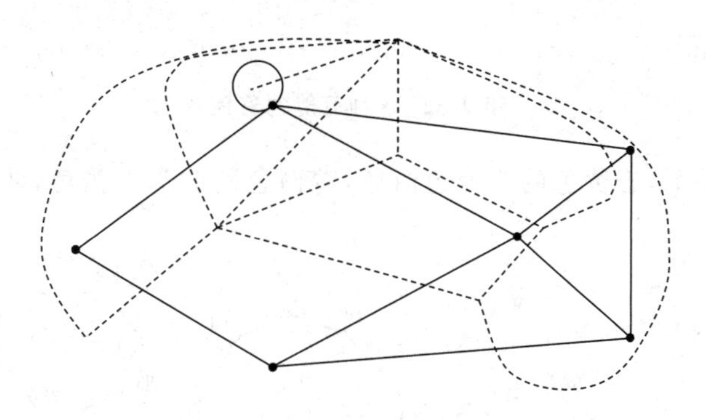

图 9.31 对偶图的构造

显然，为 G 中的每个区域着色对应于为 G^* 中的每个顶点着色，反之亦然。而且 G^* 与 G 同是连通的平面图。

定理 9.18：任何一个简单的连通平面图都是 5 色图。

首先，证明 G 中一定存在一个顶点，其度数小于或等于 5。用反证法，若每一个顶点度数均大于 5，则根据握手定理知，$2|E|=\sum d(v)\geqslant 6|V|$，即 $|E|\geqslant 3|V|$。但 G 是简单的连通平面图，由定理 9.15 知，$|E|\leqslant 3|V|-6$，显然与 $|E|\geqslant 3|V|$ 矛盾。这说明原图至少有一个顶点度数小于或等于 5。

下面对图的顶点用归纳法来证明定理 9.18。

当 $n=|V|\leqslant 5$ 时，结论显然成立。

假设图的顶点数小于或等于 $n-1$ 时定理成立。

下面看有 n 个顶点的图。

由前面知，此图一定有一个顶点记为 v_0，$d(v_0)\leqslant 5$。从图 G 中擦去 v_0 得 G 的一个子图，它有 $n-1$ 个顶点，且是连通的平面图，可以用 5 种颜色着色。对它进行着色，用红、白、黄、蓝、黑 5 种颜色刚好为这个子图的每一个顶点着上一种颜色，且相邻顶点颜色不同。

若 $d(v_0)<5$，或 $d(v_0)=5$ 且与 v_0 相邻的这些点仅着了 4 种颜色，则 v_0 可着第 5 种颜色，定理成立，见图 9.32(a)和(b)。

若 $d(v_0)=5$ 且与 v_0 相邻的 5 个顶点着的是 5 种不同颜色，如图 9.32 (c)所示。在这种情况下，v_1 着黄色，与 v_1 相邻的其余顶点中一定有着白色的，否则 v_1 可以改着白色，而 v_0 着黄色，定理得证。设 v_{i_1} 和 v_1 相邻，且 v_{i_1} 着白色，与 v_{i_1} 相邻的顶点中一定有着黄色的，否则 v_{i_1} 着黄色，v_1 着白色，v_0 着黄色……由此可以得到图中一条黄白两色顶点交错的线。这条线若最后可以通到 v_3，则得到一条从 v_1 到 v_3 的封闭的黄白交错的回路（包括 v_0），如图 9.33(a)所示；也有可能这条线无论怎样都走不到 v_3，如图 9.33(b)所示。此时可以把这

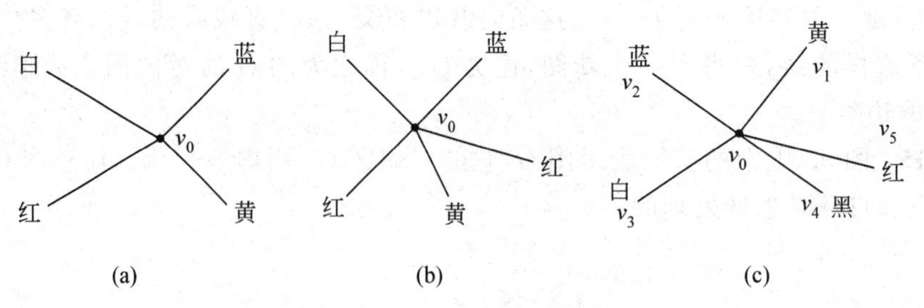

图 9.32　3 种可能的着色

条线的顶点颜色改一下，着黄色的改为着白色，着白色的改为着黄色，此时 v_0 可着黄色，如图 9.33(c)所示。

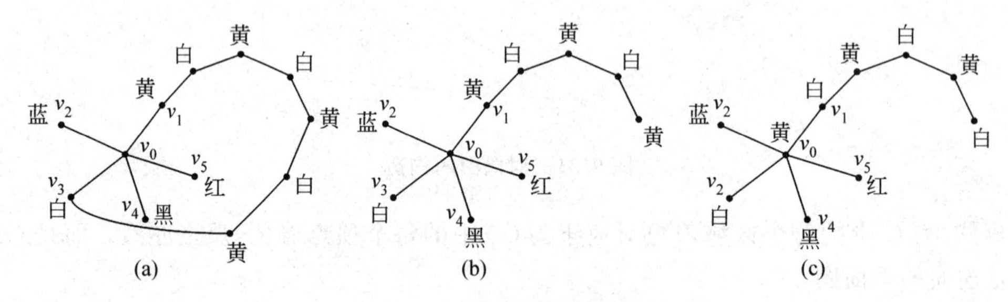

图 9.33　黄白交错着色图

如果黄白交错的线走到 v_3，如图 9.33(a)所示，此时看 v_2 与 v_5，如法炮制，从 v_2 出发产生蓝红交错线。若蓝红交错线无论怎样都走不到 v_5，如图 9.34(a)所示，此时可以改动这一条线上顶点的颜色，把着红色改为着蓝色，着蓝色的改为着红色。此时 v_0 可着蓝色，如图 9.34(b)所示。

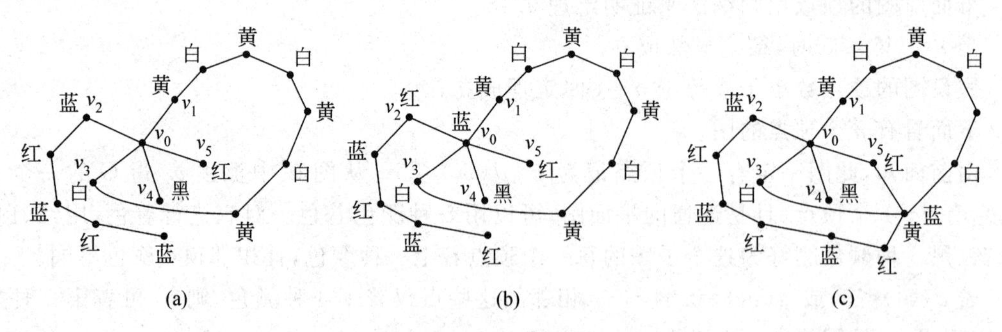

图 9.34　蓝红交错着色图

如果蓝红交错线也走到 v_5，即得到一条从 v_2 到 v_5 的封闭的蓝红交错的回路(包括 v_0)，如图 9.34(c)所示。此时，黄白交错线与蓝红交错线一定相交。因为是平面图，交点也是顶点，则交点着色产生矛盾，即交点在黄白交错线上应着白色或黄色，在蓝红交错线上又应着红色或蓝色。这说明此情况不可能发生。定理得证。

9.8 典型例题

例 9.16：若无向图 G 中恰有两个奇数度顶点，证明这两个奇数度顶点必连通。

证明：假设 G 中两个奇数度顶点 u 和 v 不连通，则 u 和 v 分别处在 G 的两个不连通的分枝 G_1 和 G_2 中，因而 G_1 和 G_2 作为独立的图时，均只有一个奇数度顶点，从而知 G_1 和 G_2 中顶点的度数之和均为奇数，与握手定理矛盾。故两个奇数度顶点必连通。

例 9.17：设图 $G=(V,E)$ 有 n 个顶点，$5n$ 条边，且存在一个度数为 9 的顶点，证明：G 中至少有一个顶点的度数大于或等于 11。

证明：设 G 中所有顶点的度数均小于或等于 10，则根据握手定理知

$$10n = 2\mid E\mid = \sum d(v) \leqslant 9\times 1 + 10(n-1) = 10n - 1 < 10n$$

矛盾，故 G 中至少有一个顶点的度数大于或等于 11。

例 9.18：某工厂生产由 8 种不同颜色的纱织成的双色布。已知在一批双色布中，每种颜色至少与其他 4 种颜色相搭配。证明可以从这批双色布中找出 4 种，它们由 8 种不同颜色的纱织成。试用图论的语言证明之。

证明：以 8 种不同颜色的纱为 8 个顶点，构成顶点集 $V=\{v_1,v_2,\cdots,v_8\}$，若两种颜色 v_i、$v_j(i\neq j)$ 相搭配，则在两点间画一条边，构成边集 E，从而构成图 $G=(V,E)$。因为每种颜色至少与其他 4 种颜色相搭配，则每个顶点的度数大于或等于 4，对于任意两个不相邻的顶点 u 和 v，$d(u)+d(v)\geqslant 8$，则由哈密顿图的充分条件知，G 为哈密顿图，存在哈密顿圈 $(v_{i_1},v_{i_2},v_{i_3},v_{i_4},v_{i_5},v_{i_6},v_{i_7},v_{i_8},v_{i_1})$，则可以从这批双色布中找出 4 种双色布 (v_{i_1},v_{i_2})，(v_{i_3},v_{i_4})，(v_{i_5},v_{i_6})，(v_{i_7},v_{i_8})，它们由 8 种不同颜色的纱织成。

例 9.19：设 $G=(V,E)$ 是无向连通图，证明若 G 中有割点或桥，则 G 不是哈密顿图。

证明：

(1) 设 v 是连通图 G 中的割点，则 $S=\{v\}$ 为 G 中的点的割集，于是 $W(G-S)\geqslant 2>1=|S|$，与哈密顿图的必要条件矛盾，故 G 不是哈密顿图。

(2) 设 $e=\{u,v\}$ 为 G 中的一个桥，若 u 和 v 的度数均为 1，则 G 为两个顶点的完全图 K_2，K_2 不是哈密顿图。若 u 和 v 中至少有一个顶点其度数大于或等于 2，不妨设 $d(u)\geqslant 2$。由于 e 与 u 关联，且 e 为桥，所以删除 u 后，G 至少产生两个连通分支，故 u 为割点。由(1)可知 G 不是哈密顿图。

例 9.20：$G=(V,E)$ 是一个图，若 G 中每个顶点的度数均大于或等于 3，证明不存在有 7 条边的连通简单平面图。

证明：设存在一个有 7 条边的连通简单平面图，令 G 有 n 个顶点、m 条边和 r 个面，且 $m=7$。根据欧拉公式 $n-m+r=2$ 知 $n+r=9$。

因为 G 为连通简单平面图，每个平面至少由 3 条边围成，所以 $2m\geqslant 3r$，$r\leqslant 2m/3=14/3$，故 $r\leqslant 4$。又因为 G 中每个顶点的度数均大于或等于 3，则根据握手定理知 $14=2m=$

$2|E|=\sum d(v)\geqslant 3n$，故 $n\leqslant 4$。于是，$n+r\leqslant 8<9$，与 $n+r=9$ 矛盾。

故不存在有 7 条边的连通简单平面图。

例 9.21：设 $G=(V,E)$ 是一个简单的连通无向平面图，且 $|V|\geqslant 3$。证明 G 中至少存在 3 个顶点，其度数小于或等于 5。

证明：设 G 中最多只有两个顶点，它们的度数均小于或等于 5，其度数分别为 x 和 y，则 $1\leqslant(x+y)/2\leqslant 5$。根据握手定理知，$2|E|=\sum d(v)\geqslant x+y+6(|V|-2)$，于是 $|E|\geqslant 3|V|+(x+y)/2-6>3|V|-6$。因为 G 是一个简单的连通无向平面图，则 $|E|\leqslant 3|V|-6$，与 $|E|>3|V|-6$ 矛盾，故 G 中至少存在 3 个顶点，其度数小于或等于 5。

例 9.22：$G=(V,E)$ 是一个简单连通图。且 G 是一个二部图（偶图），相应地顶点分类为 (V_1,V_2)，且 $|V_1|\neq|V_2|$。证明 G 不是哈密顿图。

证明：设 G 是哈密顿图，因为 $|V_1|\neq|V_2|$，则 $|V_1|>|V_2|$ 或 $|V_1|<|V_2|$。不妨设 $|V_1|>|V_2|$。根据二部图的定义知，$W(G-V_2)=|V_1|>|V_2|$。与哈密顿图的必要条件矛盾，故 G 不是哈密顿图。

习题

9.1 设 $V=\{u,v,w,x,y\}$，画出图 $G=(V,E)$，其中，

(1) $E=\{(u,v),(u,x),(v,w),(v,y),(x,y)\}$。

(2) $E=\{(u,v),(v,w),(w,x),(w,y),(x,y)\}$。

再求各个顶点的度数。

9.2 设 G 是具有 4 个顶点的完全图。

(1) 写出 G 的所有生成子图。

(2) G 的所有互不同构的子图有多少？

9.3 一个无向简单图如果同构于它的补图，则称这个图为自互补图。

(1) 画出 5 个顶点的自互补图。

(2) 证明一个自互补图一定只有 $4k$ 或 $4k+1$ 个顶点（k 是整数）。

9.4 画出两个不同构的简单无向图，每一个图都仅有 6 个顶点，且每个顶点都是 3 度，并指出这两个图为什么不同构。

9.5 证明任意两个同构的无向图一定有一个同样的顶点度序列。顶点度序列是一组按大小排列的正整数，每一个数对应某一个顶点的度数。

9.6 图 9.35 中所给的(a)与(b)是否同构？为什么？

9.7 有 9 个人在一起打乒乓球，已知他们每人至少和另外 3 个人各打过一场球，则一定有一个人不止和 3 个人打过球。用图论语言解释这件事。

9.8 证明一个无向图的奇数度的顶点一定有偶数个。

9.9 设 δ、Δ 分别是图 $G=(V,E)$ 中顶点的最小度数和最大度数。$|V|=n$，$|E|=m$，证

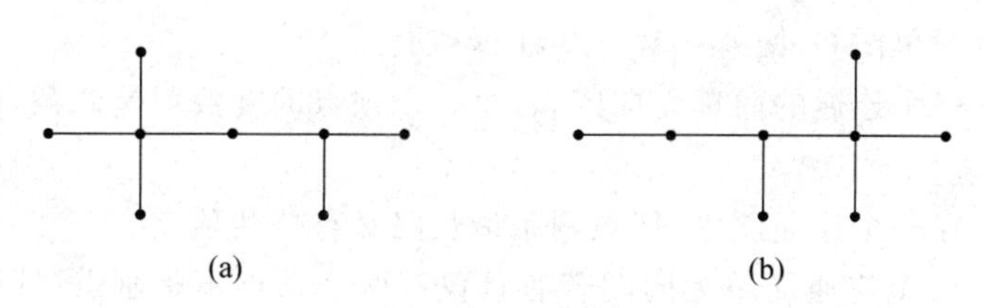

图 9.35 题 9.6 图

明 $\delta\leqslant 2m/n\leqslant\Delta$。

9.10 证明：在不少于 2 个人的人群中，至少有两个人在这群人中朋友数相同。

9.11 设 $G=(V,E)$是一个简单无向图，$|V|=n$，$|E|=m$。证明：若$|E|>(n-1)(n-2)/2$，则 G 是连通图。

9.12 设 $G=(V,E)$是一个简单图。证明：若 G 不连通，则 G 的补图$\bar{G}$一定连通。

9.13 已知关于 a、b、c、d、e、f 和 g 这 7 个人的下述事实：

a 说英语。

b 说英语和西班牙语。

c 说英语、意大利语和俄语。

d 说日语和西班牙语。

e 说德语和意大利语。

f 说法语、日语和俄语。

g 说法语和德语。

上述 7 个人中是否任意两人都能交谈(如果必要，可由其余 5 人所组成的译员链帮忙)？为什么？

9.14 $(d_1,d_2,\cdots,d_n)$是一个非负整数的 n 元数组，若存在一个 n 个顶点的简单无向图，使得其顶点的度分别是 $d_1,d_2,\cdots,d_n$，则称这个 n 元数组是可图的。

(1) 证明(4,3,2,2,1)是可图的。

(2) 证明(3,3,3,1)是不可图的。

9.15 一个简单连通的无向图的中心定义为具有这样性质的一个顶点，即这个顶点到其余顶点之间的最大距离是最小的(两点间距离为两点间最短通路的边的数目)。

(1) 举出仅有一个中心的图的例子。

(2) 举出不止一个中心的图的例子。

(3) 若 G 是一棵树，且 G 有两个中心，则这两个中心一定邻接。

9.16 G 是一个简单图，$G=(V,E)$，G 中顶点度数的最小值$\delta(G)\geqslant|V|-2$。证明：欲使此图不连通，至少擦去 $\delta(G)$个顶点(即点连通度 $k(G)=\delta(G)$)。

9.17 $G=(V,E)$是一个简单图，$\delta=\min\{d(v)\mid v\in V\}$，$k$ 是图 G 的连通度。即表示从图 G 中至少擦去 k 个顶点，图才不连通。由连通度的定义可知，若图是不连通的，则 $k=0$。若 $k=1$，表示图中有一个顶点，从图 G 中擦去此顶点后，图就不连通了。

(1) 证明：若 $\delta(G)\geqslant|V|-3$，则 $k>\delta$。

(2) 找出一个简单图 G,使 $\delta \geqslant |V|-3$,且 $k<\delta$。

9.18 证明：一个连通的简单无向图,若每一个顶点的度数均是偶数,则此图不存在仅有一条边的割集。

9.19 证明：在一个连通图中,任意两条最长路必有公共顶点。

9.20 证明：一个连通简单无向图若有且仅有两个顶点不是割点(即除这两个不是割点的顶点外,若擦去任何另外的一点,图就不连通了),则此图是一条直线。

9.21 证明：若一个无向图没有孤立点,也没有奇数度顶点,则它必包含回路。

9.22 $G=(V,E)$是一个简单连通图。证明：若 G 中每个顶点的度数都大于 1,则 G 中有回路。

9.23 $G=(V,E)$是一个简单无向图,且 G 是一个二部图,且每一个顶点的度数都是 3,(V_1,V_2)是 G 顶点集的一个划分。证明$|V_1|=|V_2|$。

9.24 $G=(V,E)$是简单图,证明以下 3 个命题等价。

(1) G 是一个顶点 2 着色的图。

(2) G 是一个二部图。

(3) G 的所有回路都是由偶数条边组成的。

9.25 图 9.36 中哪个图是欧拉图？哪个图是哈密顿图？哪个图有欧拉通路？哪个图有哈密顿通路？

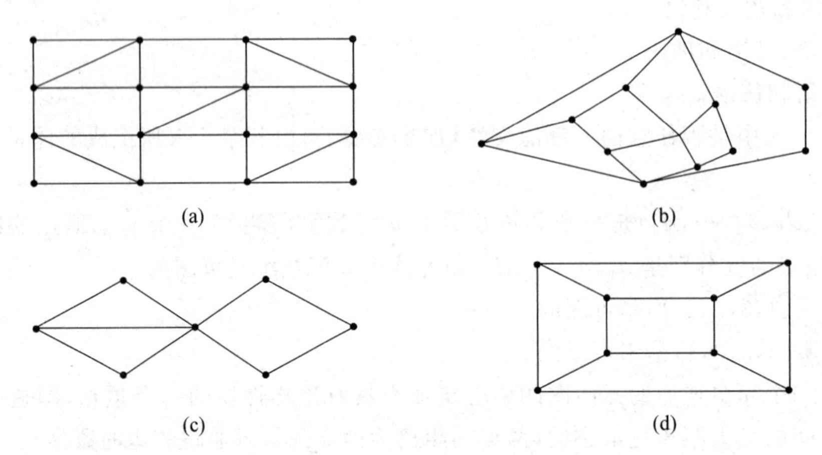

图 9.36 题 9.25 图

9.26 当 n 是什么数时,完全图 K_n 是欧拉图？请说明理由。

9.27 (1) 画一个欧拉图,但不是哈密顿图。

(2) 画一个哈密顿图,但不是欧拉图。

(3) 画一个有哈密顿通路的非哈密顿图。

(4) 画一个有哈密顿通路但无哈密顿圈的欧拉图。

9.28 一个连通图中有一个顶点,若擦去这个顶点后,图就不连通了,称之为割点。请画一个欧拉图,但不是哈密顿图,且没有割点。

9.29 画一个有 7 个顶点的简单无向图,满足以下条件：

(1) 它有哈密顿通路。

(2) 它不是哈密顿图。

(3) 它不是欧拉图。

(4) 它能一笔画。

9.30 证明一个无向图若有 $2m$ 个奇数顶点，则此图至少要 m 笔才能画，且能用 m 笔画。

9.31 如果可能，请画一个顶点是偶数、边是奇数的欧拉图；如果不可能，说明理由。

9.32 画一个欧拉图，它是简单无向图，它有偶数条边，但有奇数个顶点。

9.33 证明一个欧拉图不存在割边，即不存在一条边，擦去此边后，原图变成不连通的两部分。

9.34 如果对一个无向图中的每一条边定一个方向，使所得有向图是强连通的，那么称这个图为可定向的。证明任何一个哈密顿图是可定向的。

9.35 设 $G=(V,E)$ 是一个简单连通图。$e\in E$ 是 G 中的一条边，若从图 G 中擦去边 e，则 G 不连通，说边 e 是 G 中的桥。证明：若 G 是哈密顿图，则 G 中无任何一条边是桥。

9.36 设 $G=(V,E)$ 是一个简单连通图。$v\in E$ 是 G 中的一个顶点，若从图 G 中擦去顶点 v，则 G 不连通，说 v 是 G 中的割点。证明：若 G 是哈密顿图，则 G 中没有一个顶点是割点。

9.37 岛上有 5 位年轻男子和 5 位年轻女子，每位男子都愿意娶岛上的某些女子，而每位女子都愿意嫁给任何一位愿意娶她的男子。假设：John 愿意娶 Alice 和 Mary，Tom 愿意娶 Alice、Jones 和 Uma，Mark 愿意娶 Alice 和 Ana，Bell 愿意娶 Mary 和 Ana，Peter 愿意娶 Alice 和 Ana。

(1) 给出该假设的二部图模型。

(2) 使用 Hall 定理说明岛上是否存在年轻男子和年轻女子的匹配，使得每个年轻男子都能和他想娶的年轻女子进行匹配。

9.38 取石头游戏规则如下：有几堆石头，两个选手轮流移动石头，一个合法的移动包括从其中一堆取走一块或多块石头，而不去移动其余堆中的所有石头，不能进行合法移动的选手告负。已知开局分别有 3 块、2 块和 1 块石头的 3 堆石头。试画出取石头游戏的有向二部图，并说明应怎样选择最优策略。

9.39 有 40 个人围着一张圆桌而坐，边会餐边交流《王者荣耀》游戏心得。已知这 40 个人中，每个人至少和其余的 20 人打过《王者荣耀》游戏。是否有一种坐法，使每个人左、右两人都和他打过《王者荣耀》游戏？请说明原因。

9.40 有 12 个人围坐于圆桌开会。已知这 12 个人中的任意两个人能认识其余的 10 个人。是否有一种坐法，使每一个人都认识各自的左、右邻座。

9.41 设 $G=(V,E)$ 是一个无向连通图。做一个新图 $G'=(V,E')$，$\{v_1,v_2\}\in E'$，当且仅当在原图 G 中有一条从 v_1 到 v_2 的哈密顿通路。若 G 与 G' 同构，则图 G 叫自哈密顿路图。请画出两个不同构的自哈密顿路图，它们各有 4 个顶点。

9.42 画两个最简单的不同构的非平面图。

9.43　画两个有 6 个顶点的图，它们都是非平面图，但互不同构。

9.44　画一个有 8 个顶点的简单连通图，让它和它的补图都是平面图。

9.45　设 $G=(V,E)$ 是一个简单无向图。证明：若 $|V|\geqslant 11$，则 G 或者 G 的补图 $\overline{G}$ 是非平面图。

9.46　证明小于 30 条边的简单连通平面图至少有一个顶点的度数小于或等于 4。

9.47　设图 G 的每一个面至少由 $k(k\geqslant 3)$ 条边围成，则 $m\leqslant\frac{k(n-2)}{k-2}$，其中 m、n 分别是 G 的边数和顶点数。

9.48　证明具有 6 个顶点、12 条边的简单连通平面图的每一个面都由 3 条边组成。

9.49　一个简单连通平面图有 8 个顶点、18 条边。此图嵌入平面后，会把平面分成几个小区域？

9.50　设 $G=(V,E)$ 是一个简单的连通无向平面图，且 $|V|\geqslant 3$。证明 G 中至少存在两个顶点，其度数小于或等于 5。

9.51　若平面图 G 的对偶图同构于 G，则称 G 是自对偶图。证明：若具有 n 个顶点和 m 条边的平面图是自对偶图，则 $m=2(n-1)$。

9.52　设 $G=(V,E)$ 是有 $k(k\geqslant 2)$ 个连通分支的平面图，$|V|=n$，$|E|=m$。若 G 的每个面至少由 $f(f\geqslant 3)$ 条边围成，则 $m\leqslant\frac{f}{f-2}(n-k-1)$。

9.53　设简单平面图 G 中顶点数为 7，边数为 15，证明 G 是连通图。

Chapter 10

第 10 章　树和有序树

树是不包含简单回路的连通图。1857 年,英国数学家亚瑟·凯莱利用树的概念研究了有机化学中的同分异构体,从而加快了树的理论的发展。树在算法分析和数据结构等领域中有广泛的应用。

10.1　树的基本概念

本章研究一类特殊的图。

定义 10.1:一个无向图若连通且不含回路,则称它为一棵树,记为 $T=(V,E)$。T 是一棵树,T 中度数为 1 的顶点称为树叶,度数大于 1 的顶点称为分枝点。

以树为模型的应用领域非常广泛,例如计算机文件系统、组织机构和家谱等。图 10.1 给出两个典型的树模型。

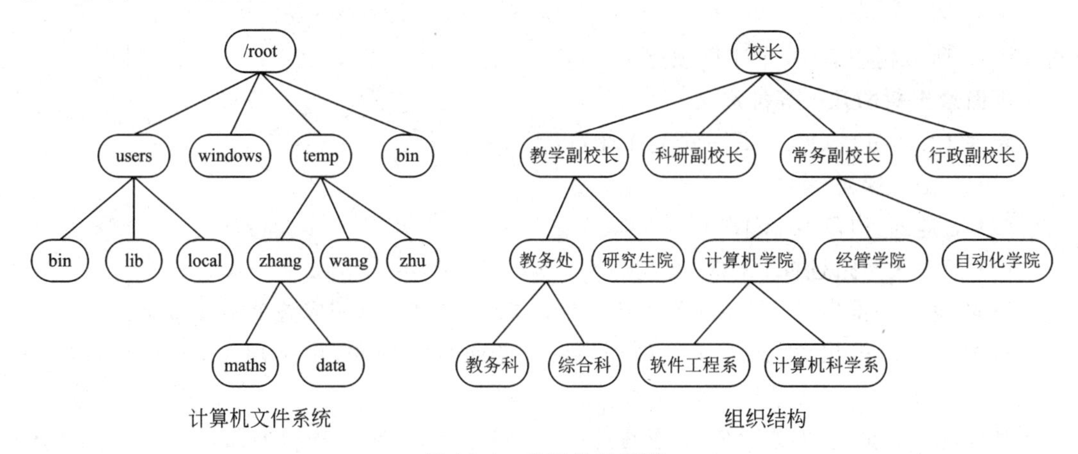

图 10.1　典型的树模型

例 10.1:画出所有 5 个顶点的树。

解:如图 10.2 所示。

下面来看这类图的一些性质。

定理 10.1:设 $T=(V,E)$是一棵树,则有 $|E|=|V|-1$。

证明:对顶点集 V 的元素个数进行归纳证明。

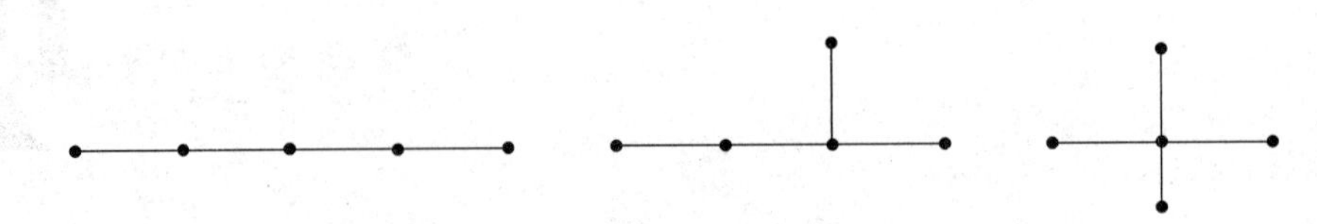

图 10.2　5 个顶点的树

当$|V|=1$时，T是一个仅有一个顶点且没有边的图。可以把它看作一棵树，显然满足$|E|=|V|-1$。

假设$|V|\leqslant k$时命题成立。

考察$|V|=k+1$时的情况。因为树中无回路，所以从T中去掉任何一条边，都会使T变成具有两个连通分支的非连通图。这两个连通分支也必然是树，设为$T_1=(V_1,E_1)$和$T_2=(V_2,E_2)$。显然，$|V_1|\leqslant k$，$|V_2|\leqslant k$。根据归纳假设有$|E_1|=|V_1|-1$，$|E_2|=|V_2|-1$。因为$|V|=|V_1|+|V_2|$，$|E|=|E_1|+|E_2|+1$，所以$|E|=|V|-1$。

定理得证。

推论：任何一棵至少含有两个顶点的树至少有两片树叶。

证明：设$T=(V,E)$是一棵树，若T中最多只有一片树叶，则根据握手定理及定理 10.1 知$2|E|=\sum d(v)\geqslant 1+2(|V|-1)=2|E|+1>2|E|$，出现矛盾，故$T$中至少有两片树叶。

例 10.2：已知一棵树有 5 个 5 度顶点、3 个 3 度顶点和 3 个 2 度顶点，它有几个 1 度顶点？

解：设它有x个 1 度顶点，则根据握手定理及定理 10.1 知

$$5\times 5+3\times 3+3\times 2+1\times x=2(5+3+3+x-1)$$

得$x=10$，所以树中有 10 个 1 度顶点。

下面给出树的几个等价定义。

定理 10.2：$T=(V,E)$是一个简单图，以下 3 条等价。

(1) T是一棵树。

(2) T连通且$|E|=|V|-1$。

(3) T中无回路且$|E|=|V|-1$。

证明：由(1)推出(2)；由(2)推出(3)；再由(3)推出(1)，以完成整个定理的证明。

首先，由(1)推出(2)。T是一棵树，即T连通且无回路，由定理 10.1 知，有$|E|=|V|-1$。

其次，由(2)推出(3)。已知T连通且$|E|=|V|-1$。若T中有回路，擦去回路中的一条边，T仍连通；继续这样的工作，直到T中无回路，由于顶点与边都是有限集，这样的工作一定可以在有限步内终止。设从T中共擦去l条边，由于每次擦去的边都是回路中的边，不影响T的连通性，所以剩下的子图T'是连通且无回路的图，即一棵树，由定理 10.1 知，$|E'|=|V'|-1$，其中V'、E'分别是T'的顶点集和边集。由T'的产生知，有$|V'|=|V|$，$|E'|=|E|-l$，所以$|V|-1=|E|-l$，由于$|E|=|V|-1$，所以$l=0$，即原图无回路。

最后，由(3)推出(1)。已知T中无回路且$|E|=|V|-1$。若T不连通，设T有k个独

立的连通分枝 $T_1,T_2,\cdots,T_k$，其中 $T_i=(V_i,E_i)(1\leqslant i\leqslant k)$。对于每一个 $i(1\leqslant i\leqslant k)$，$T_i$ 是连通的且无回路，故 T_i 是树，由定理 10.1 知，$|E_i|=|V_i|-1(1\leqslant i\leqslant k)$，又

$$\sum_{i=1}^{k}|V_i|=|V|,\quad \sum_{i=1}^{k}|E_i|=|E|$$

所以 $|E|=|V|-k$。由于已知 $|E|=|V|-1$，故 $k=1$，即 T 是连通图。

10.2 连通图的生成树和带权连通图的最小生成树

假设一个连通图表示的是一个地下建筑群，它的每一个顶点表示一座地下建筑，顶点之间的边表示连接建筑物的地道。要求在这个地下城中通电，也就是在这些地道中选出一部分布设电线。显然，以被选出的这些地道为边，以全部建筑物为顶点，所得子图是连通的，且不含有回路，另外，还希望能确定这些地道中的一部分，在关闭这些地道后，将使某些建筑物与另一些建筑物之间的通道被隔断。本节将研究一个连通图中满足上述要求的边的子集。

定义 10.2：设 $G=(V,E)$ 是一个连通图，G 的一个生成子图若本身是一棵树，称它为 G 的一棵生成树。

定理 10.3：任何连通图都有生成树。

证明：设 $G=(V,E)$ 是一个简单连通图，若 G 中无回路，则 G 本身是 G 的一棵生成树。

若 G 中有回路，擦去回路中一条边，原图仍连通。若再有回路，再擦去回路中一条边，直到 G 中无回路为止，因为 G 中顶点与边均为有限数，故上述工作一定可以在有限步内结束。G 的这个无回路的连通子图就是 G 的一棵生成树。

例 10.3：设 $G=(V,E)$ 是一个连通图，如图 10.3 所示，图 10.3 中粗线即为 G 中的一棵生成树。显然，G 若有生成树，一般不唯一。

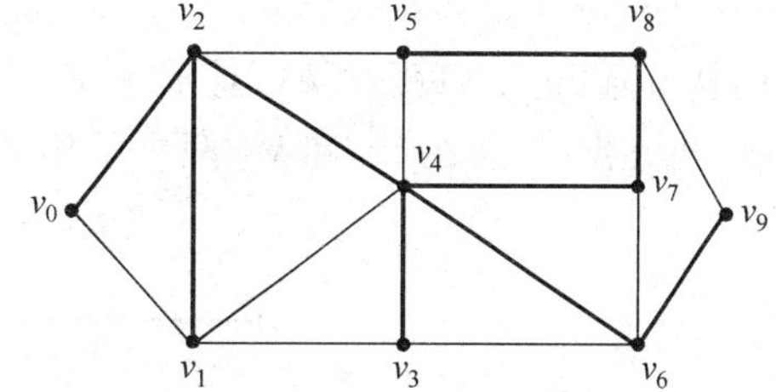

图 10.3 连通图的生成树

设 $G=(V,E)$ 是一个图，$T_G=(V,E')$ 是 G 的一棵生成树。称 $e\in E'$ 为 T_G 的枝，称 $e\in E$ 但 $e\notin E'$ 为 T_G 的弦。

设 $|V|=n$，T_G 有 $n-1$ 个枝。例如，图 10.3 中，$\{v_0,v_2\}$、$\{v_2,v_1\}$、$\{v_2,v_4\}$、$\{v_4,v_7\}$、$\{v_4,v_6\}$、$\{v_4,v_3\}$、$\{v_7,v_8\}$、$\{v_8,v_5\}$、$\{v_6,v_9\}$ 为 9 个枝，$\{v_0,v_1\}$、$\{v_1,v_3\}$、$\{v_1,v_4\}$、$\{v_2,v_5\}$、$\{v_5,v_4\}$、$\{v_3,v_6\}$、$\{v_7,v_6\}$、$\{v_8,v_9\}$ 为 8 个弦。

对于 T_G 中的每一个弦，对应于 G 中的唯一的一个回路。G 中所有的弦所对应的回路组成了 G 关于 T_G 的基本回路系统。

弦 $\{v_0,v_1\}$ 对应的回路为 (v_0,v_1,v_2,v_0)，弦 $\{v_2,v_5\}$ 对应的回路为 $(v_2,v_5,v_8,v_7,v_4,v_2)$。$G$ 中有 8 根弦，对应的 8 个回路组成了 T_G 的基本回路系统。

定义 10.3：设 $G=(V,E)$ 是一个图，S 是边集 E 的一个子集，从 G 中擦去 S 中的边，则 G 的连通分枝个数增加了，而从 G 中擦去 S 的任何真子集，G 连通分枝个数不变，则称 S 为

G 的割集。

例如,图 10.3 中边集$\{\{v_0,v_1\},\{v_0,v_2\}\}$和$\{\{v_5,v_8\},\{v_4,v_7\},\{v_4,v_6\},\{v_3,v_6\}\}$均为割集。

设 $G=(V,E)$是一个图,$T_G=(V,E')$是 G 的一棵生成树。$e=\{u_0,v_0\}\in E'$是 T_G 的枝。令 $V_1=\{v\in V|v=u_0$ 或在 T_G 中 v 与 u_0 之间有不经过边 e 的通路$\}$,$V_2=\{v\in V|v=v_0$ 或在 T_G 中 v 与 v_0 之间有不经过边 e 的通路$\}$,则$\{\{u,v\}|u\in V_1,v\in V_2\}$是 G 的割集。这样的割集叫 G 关于 T_G 的基本割集。所有的这样的基本割集组成了基本割集系统。图 10.3 中$\{\{v_2,v_5\},\{v_2,v_4\},\{v_1,v_4\},\{v_1,v_3\}\}$是枝$\{v_2,v_4\}$对应的基本割集。

下面给出关于简单的无向连通图的生成树、割集、回路之间的关系的几个定理。

定理 10.4:一个连通图的任何一个回路与任意一棵生成树的补至少有一条公共边。

证明:如果有一个回路,它与一棵生成树的补没有公共边,即回路中的边全是生成树的枝,与一棵树不含回路矛盾,这说明一个回路与一棵生成树的补至少有一条公共边。

定理 10.5:一个连通图的任何一个割集与任意一棵生成树至少有一条公共边。

证明:一个割集如果与某一棵生成树没有公共边,即,从图中擦去这个割集后,图中还有一棵生成树,即子图仍连通,与割集的定义矛盾。

定理 10.6:一个连通图的每一个回路与每一个割集有偶数条公共边。

证明:设 E'是一个割集,擦去 E'后图 G 的顶点分为两个不连通的部分,分别为 V_1 和 V_2,如图 10.4 所示。设 C 为图中的一个回路,$C=(v_1,v_2,\cdots,v_n,v_1)$。假定回路中的边按回路行进方向定向,使其成为有向边,若有$\{v_{i_1},v_{i_1+1}\},\{v_{i_2},v_{i_2+1}\},\cdots,\{v_{i_k},v_{i_k+1}\}$是回路中的 k 条边,沿回路行进方向 v_{i_j} 到 $v_{i_j+1}(1\leqslant j\leqslant k)$,其中 $v_{i_1},v_{i_2},\cdots,v_{i_k}\in V_1,v_{i_1+1},v_{i_2+1},\cdots,v_{i_k+1}\in V_2$,则一定存在$\{v_{l_1},v_{l_1+1}\},\{v_{l_2},v_{l_2+1}\},\cdots,\{v_{l_k},v_{l_k+1}\}$也是回路中的边,沿回路行进方向从 v_{l_j} 到 $v_{l_j+1}(1\leqslant j\leqslant k)$,且 $v_{l_j}\in V_2(1\leqslant j\leqslant k),v_{l_j+1}\in V_1(1\leqslant j\leqslant k)$。否则回路 C 的起点 v_1 与终点 v_1 各在 V_1 和 V_2 两个子集之一中,与 C 是一个回路矛盾。

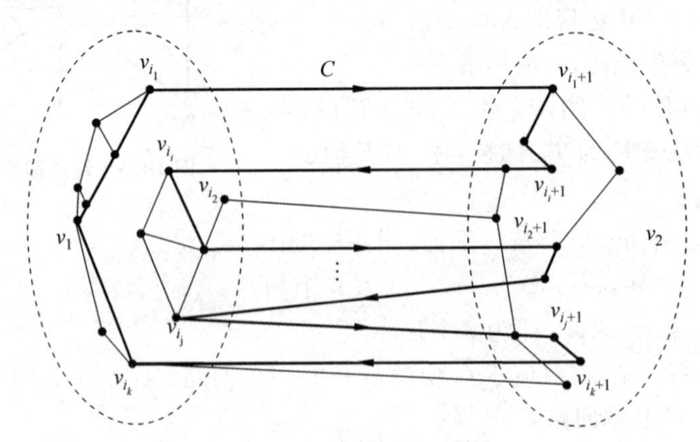

图 10.4 定理 10.6 用图

定理 10.7:设 $G=(V,E)$是一个简单连通图,$T_G=(V,E')$是 G 的一棵生成树。设 $D=\{e_1,e_2,\cdots,e_k\}$是一个基本割集,其中 e_1 是生成树 T_G 的枝,$e_2,e_3,\cdots,e_k$ 是弦,那么 e_1 包含在

与 $e_i(i=2,3,\cdots,k)$ 对应的基本回路中，而且在其他的基本回路中都不含有 e_1。

证明：设 C 是对应于弦 $e_i(2\leqslant i\leqslant k)$ 的基本回路。因为 $e_i\in C\cap D$，又由定理 10.6 知割集与回路的交是偶数条边，所以必有 $e_j\in C\cap D$，而 $j\neq i$。$e_j\in C$，C 中除 e_i 是弦，其余边全是枝，因为 $j\neq i$，所以 e_j 是枝，又 $e_j\in D$，D 中仅 e_1 是枝，所以 $j=1$。因此，e_1 包含在与 $e_i(i=2,3,\cdots,k)$ 对应的基本回路中。

另一方面，设 C' 是不是 D 中的弦对应的一个基本回路，若 e_1 是 C' 中的边，$e_1\in C'\cap D$，但 D 中没有任何弦在 C' 中，即仅有 $e_1\in C'\cap D$，与 C' 与 D 必须有偶数条公共边矛盾。所以，在其他的基本回路中都不含有 e_1。

类似地，有以下定理。

定理 10.8：设 $G=(V,E)$ 是一个简单连通图，$T_G=(V,E')$ 是 G 的一棵生成树。设 $C=\{e_1,e_2,\cdots,e_k\}$ 是一个基本回路，其中 e_1 是弦，其余 $e_2,e_3,\cdots,e_k$ 是枝，那么 e_1 包含在对应于 $e_i(i=2,3,\cdots,k)$ 的基本割集中，而且在任何其他的基本割集中都不含 e_1。

定义 10.4：设 $G=(V,E,\varphi)$ 是一个带权连通图，φ: $E\to\mathbf{R}^+$。$\mathbf{R}^+=\{x\in\mathbf{R}\mid x>0\}$。$T_G=(V,E')$ 是 G 中的一棵生成树，记

$$\varphi(T_G)=\sum_{e\in E}\varphi(e)$$

表示 T_G 的权值。称 $\varphi(T_G)$ 值最小的 T_G 为带权图 G 的最小生成树。

求带权图 G 的最小生成树的算法有 Prim 算法和 Kruskal 算法两种。

算法 10.1：Prim 算法

```
procedure Prim(G: n个顶点的带权无向图){
    T=∅;
    for i:=1 to n-1
        e:=与 T中顶点相关联且添加到 T中不形成回路的权值最小的边;
        T:=T∪{e};
    endfor
    return T{T是 G的最小生成树}
}
```

算法 10.2：Kruskal 算法

```
procedure Kruskal(G: n个顶点的带权无向图){
    T=∅;
    for i:=1 to n-1
        e:=G中权值最小且添加到 T中不形成回路的边;
        T:=T∪{e};
    endfor
    return T{T是 G的最小生成树}
}
```

例 10.4：图 10.5(a)给出了一个带权图，而图 10.5(b)给出了利用上述两种算法求出的最小生成树。

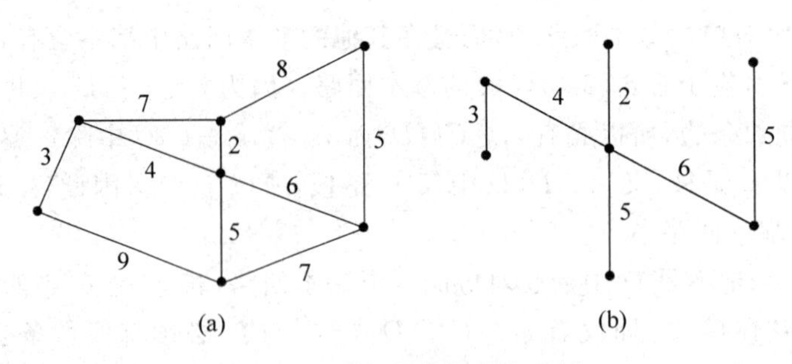

图 10.5　带权图的最小生成树

10.3　有序树

10.3.1　根树

图 10.6 给出了一个公司的内部组织结构。本节主要研究这一类有向图。

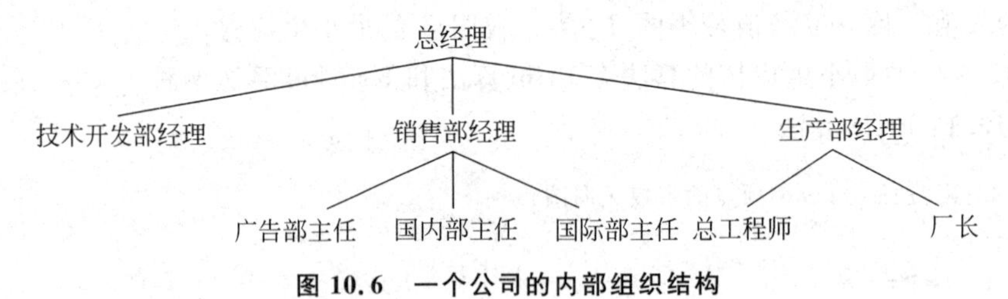

图 10.6　一个公司的内部组织结构

定义 10.5：一个有向图，若去掉边的方向，所得无向图是一棵树，则称这个有向图为有向树。

本节研究的是一类特殊的有向树。设 $T=(V,E)$ 是一棵有向树，若仅有一个顶点的入度为 0，其余的顶点的入度均为 1，这样一棵有向树称为根树。入度为 0 的顶点称为树根，出度为 0 的顶点称为树叶，出度不为 0 的顶点称为分枝点。图 10.6 中的图就是一棵根树(注意边的方向向下，图 10.6 中省略了有向边的方向)。一个家族的家谱也是一棵树。

设 $T=(V,E)$ 是一棵根树。$e=(v,u)\in E$，称 v 是 u 的父亲，u 是 v 的儿子。$v_1,v_2\in V$，若存在一条从 v_1 到 v_2 的通路，则称 v_1 是 v_2 的祖先，v_2 是 v_1 的后代。若 $(v_0,v_1),(v_0,v_2)\in E$，称 v_1 与 v_2 是兄弟。$v_0\in V$，v_0 是 T 中的一个分支点，所谓以 v_0 为根的子树是指 T 的一个子图 T'，它以 v_0 和 v_0 的全部的后代为顶点，以从 v_0 出发的所有通路经过的边为边。例如，图 10.7(a)和(b)就分别是图 10.6 中的以销售部经理和生产部经理为根的子树。

一棵根树，为简单起见，往往把它画成一个无向图，约定每一条边的箭头都指向下方，这样就可以不画出箭头。例如，图 10.8 中(a)和(b)表示的是同一棵根树。

定义 10.6：一棵根树，若每一个从分枝点出发的边分别标以整数 $1,2,\cdots,k$，则称其为有序树。

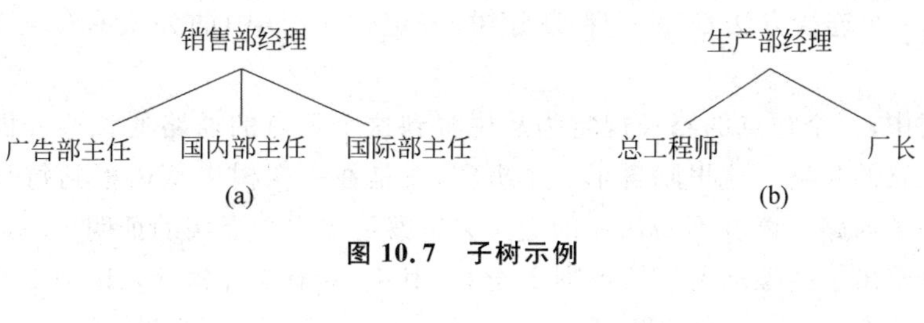

图 10.7 子树示例

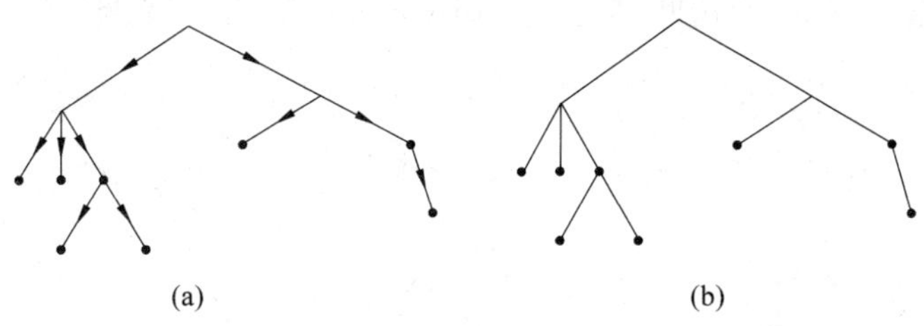

图 10.8 两棵等价的树

需要说明的是，从一棵有序树的每个分枝点出发的边的标号并不要求是连续的。从一个分枝点出发的边，若被标上 i，则称这条边是这个分枝点的 i 子树。从一个分枝点出发的 3 条边若分别标上 1、3、4，则称这个点没有第 2 子树。

如果一棵有序树的每个分枝点最多有 m 个儿子，称这棵有序树为 m-分树。若一棵 m-分树的每一个分枝点恰好有 m 个儿子，称这样的 m-分树为正则 m-分树。在 m-分树中，最主要的是 2-分树。对于 2-分树，它的每一个分枝点的第 1 子树和第 2 子树又分别叫左子树和右子树。例如，图 10.9 给出了有 8 个选手参加的淘汰赛的赛程安排，它正好是一棵正则 2-分树。

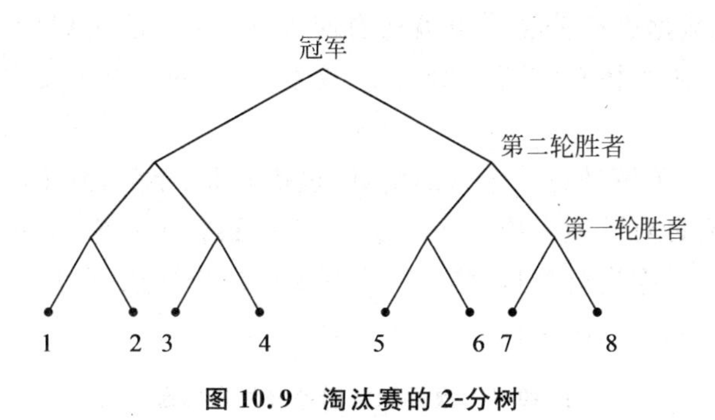

图 10.9 淘汰赛的 2-分树

定理 10.9：一棵正则 m-分树的分枝点的个数为 i，树叶的个数为 t，则有

$$(m-1)i = t-1$$

证明：总共有 i 个分枝点，每个分枝点有 m 个儿子，故总的儿子数目为 mi。而所有的儿子就是全部顶点减去根，即为 $i+t-1$。从而 $mi=i+t-1$，所以有 $(m-1)i=t-1$。

例 10.5：用带 4 个插座的接线板连接 19 个灯到一个总插座上，至少需要多少个接线板？

解：任何一个连接方法都是一棵 4-分树，按定理 10.9 中的公式有$(4-1)i\geqslant 19-1$，$i=6$。

在一棵树中，一个顶点的路长规定为从树根到这个顶点的通路的长。一棵树的高度即为该树中最长路的长度。这里隐含了一个事实，就是在一棵树中从树根到每一个顶点有且仅有唯一的一条通路。读者不妨从树的定义去考察给出这个事实的证明。

图 10.10 给出了两棵高为 3 的正则 2-分树，其中(a)有 4 片树叶，(b)有 8 片树叶。高为 h 的正则 m-分树最多有 m^h 片树叶，最少有 $m+(m-1)(h-1)$片树叶。

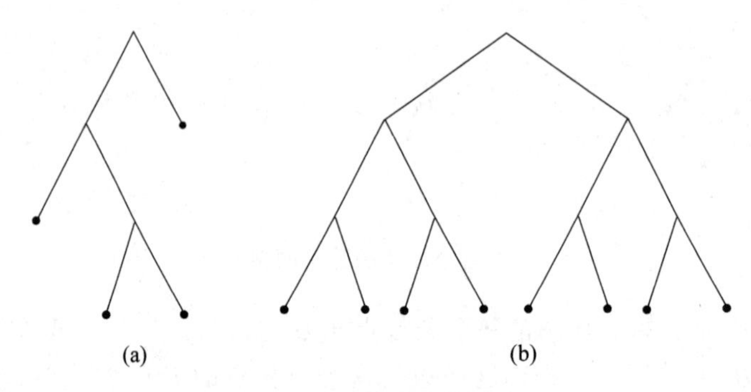

图 10.10　2-分树的树叶

10.3.2　根树的应用

1. 决策树

决策树(decision tree)是一种简单但是广泛使用的分类器。通过训练数据构建决策树，可以高效地对未知的数据进行分类。决策树有两大优点：①决策树模型可读性好，有助于人工分析；②效率高，决策树只需要一次构建，反复使用，每一次预测的最大计算次数不超过决策树的深度。

例 10.6：银行希望能够通过一个人的信息(包括职业、年龄、收入、学历)去判断他是否有贷款意向，从而更有针对性地完成工作。表 10.1 是银行现在掌握的部分用户信息，目标是通过对表 10.1 中的数据进行分析，建立一个预测用户贷款意向的模型。图 10.11 给出了对应表 10.1 的用户贷款意向决策树。

表 10.1　银行掌握的部分用户信息

职　业	年　龄	收入(元)	学　历	贷 款 否
教师	29	8000	本科	是
白领	30	10 000	博士	是
白领	40	12 000	硕士	否
教师	45	15 000	博士	否
教师	36	13 000	硕士	是

续表

职业	年龄	收入(元)	学历	贷款否
医生	28	9000	硕士	否
医生	36	12 000	博士	是
白领	28	6000	本科	否
教师	50	16 000	本科	否
医生	37	13 000	硕士	是
医生	40	12 000	硕士	否

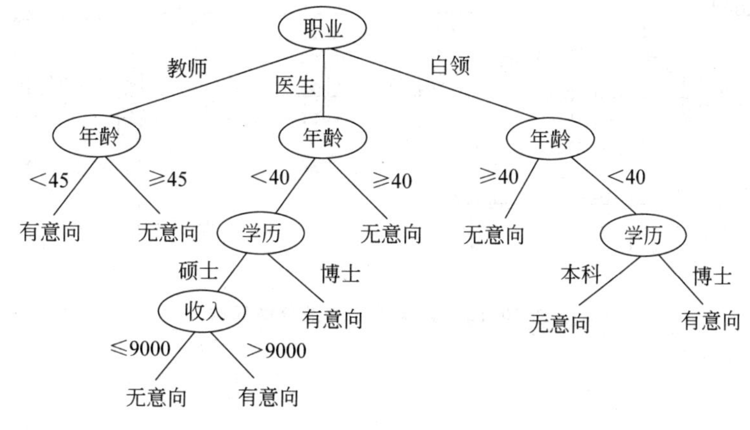

图 10.11 用户贷款意向决策树

利用图 10.11 所示的决策树，银行就可根据用户的相关信息判断用户的贷款意向。例如，若某客户的信息为{职业，年龄，收入，学历}={教师，36，10 000，本科}，则将信息输入上述决策树，就可以预测该用户有贷款意向；若某客户信息为{职业，年龄，收入，学历}={医生，36，8000，硕士}，则将信息输入上述决策树，就可以预测该用户无贷款意向。

2. 博弈树

由于动态博弈参与者的行动有先后次序，因此可以依次将参与者的行动展开成一个树结构，称为博弈树。博弈树是扩展型的一种形象化表述，它能给出有限博弈的几乎所有信息。其基本组成包括顶点、枝和信息集。顶点包括决策顶点和终点顶点两类。决策顶点是参与者采取行动的始点；终点顶点是博弈行动路径的终点；枝是从一个决策顶点到它的直接后续顶点的连线，每一个枝代表参与者的一个行动选择。博弈树上的所有决策顶点分割成不同的信息集。

博弈的初始格局是初始顶点。在博弈树中，“或”顶点和“与”顶点是逐层交替出现的。己方扩展的顶点之间是“或”关系，对方扩展的顶点之间是“与”关系。双方轮流地扩展顶点。所有己方获胜的终局都是本原问题，对应的顶点是可解顶点；所有使对方获胜的终局所对应的节点都认为是不可解顶点。

例 10.7：井字游戏是一种在 3×3 格子上进行的连珠游戏，由两个游戏者轮流在格子里留下○和×标记(一般来说先手者为×)。最先在任意一条直线上成功排列 3 个标记的一方获胜。图 10.12 给出了井字游戏的部分博弈树。在博弈过程中，两个游戏者都遵循最优策略。所谓最优策略，就是一组规则，这些规则说明一个游戏者如何移动才能赢得游戏。第一个游戏者的最优策略就是把自己的得分最大化的策略，第二个游戏者的最优策略就是把对手得分最小化的策略。

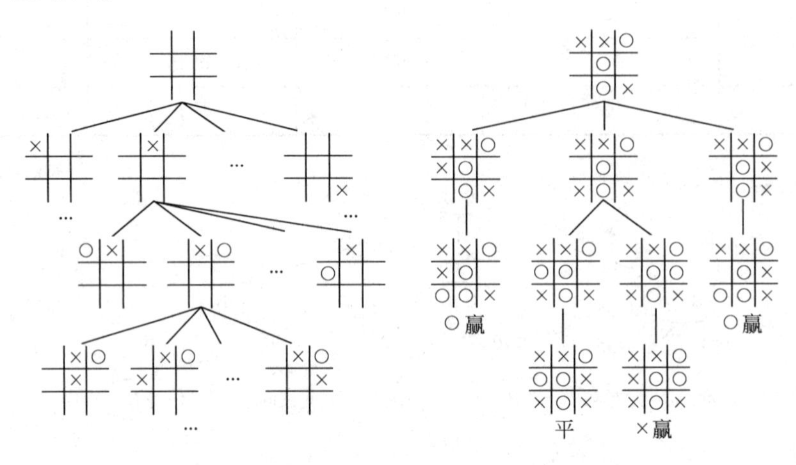

图 10.12 井字游戏的部分博弈树

10.4 前缀码和最优 2-分树

10.4.1 前缀码

本节讨论在英文的编码通信中用 0 和 1 表示英文字母的问题。因为字母表中的 26 个字母必须用 0 和 1 组成的序列来表示，故它们可以用长度为 5 位($2^4<26<2^5$)的序列表示出来。要传递一条信息，只要传递用来表示组成信息的字母序列的一个 0、1 字符串即可。在接收端，把这个 0、1 字符串分为长度为 5 位的序列，就可以识别出这些序列对应的字母。

然而，众所周知，英文中的字母的使用频度是不同的。例如，字母 e 和 t 比字母 q 和 z 使用得更频繁。因此，人们希望把经常使用的字母用较短的序列来表示，而把不经常使用的字母用较长的序列来表示。这样一来，整个 0、1 字符串的长度就会缩短。然而，当用各种不同长度的序列来表示字母时，在接收端就存在如何把一个 0、1 字符串划分为对应字母序列的问题。例如，若用序列 00 表示字母 e，用 01 表示字母 t，用 0001 表示字母 w，那么，如果在接收端收到的 0、1 字符串是 0001，就不能确定传递的内容是 et 还是 w。

即

$$00 = e$$

$$01 = t \quad 0001 = et/w$$

$$0001 = w$$

定义 10.7：如果序列 $a_1a_2\cdots a_m$ 和 $b_1b_2\cdots b_m$ 相同，则称序列 $a_1a_2\cdots a_m$ 是序列 $b_1b_2\cdots b_mb_{m+1}\cdots b_n$ 的前缀。

定义 10.8：对于序列的一个集合来说，若这个集合中的任何一个序列都不是另一个序列的前缀，则这个集合称为前缀码。

例如，集合{000,001,01,10,11}是前缀码，而集合{10,110,101,0001}不是前缀码。

如果用一个前缀码中的序列来表示英文字母，可以证明，把收到的 0、1 字符串正确地划分为表示信息的字母序列是能做到的。

定理 10.10：任何一棵 2-分树的树叶可以得到一个前缀码。

证明：设 T 是一棵 2-分树，对每一个分枝点引出的左、右两条边分别标以 0 和 1，可以仅有一条边。对于每一片树叶，可以标定一个 0 和 1 序列，这个序列是从树根到这片树叶的通路上的边的标号所构成的。由于通路的唯一性，边的标号也是唯一的。显然，没有一片树叶的标定序列是另一片树叶的标定序列的前缀，因此任何一棵 2-分树的树叶对应的序列的集合是一个前缀码。

例如，图 10.13 表示的 2-分树的树叶的标定序列集合 A={001,010,011,10,110}就是一个前缀码。

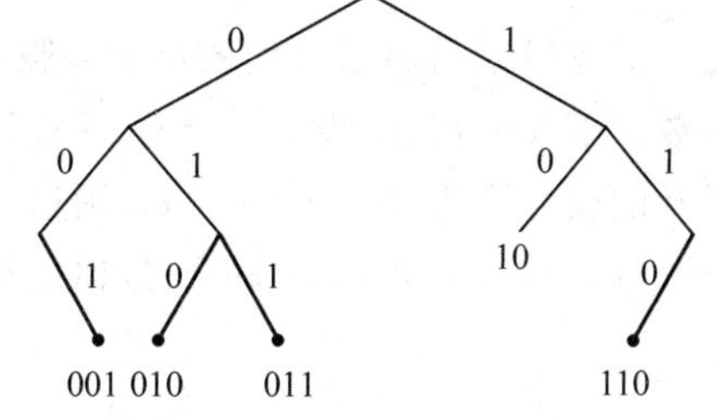

图 10.13　前缀码和对应的 2-分树

定理 10.11：任何一个前缀码都对应一棵 2-分树。

证明：设定一个前缀码 A，设 A 中最长的码字为 h。画出一棵高为 h，有 2^h 片树叶的正则 2-分树。对每个分枝点出发的两条边分别标上 0 和 1，对每一个顶点（包括树叶和分枝点）标上一个 0 和 1 的序列，这个序列是从根到这个顶点的通路上的边的标号序列，然后擦去一些顶点，使得且仅使得顶点标号序列在前缀码 A 中对应的顶点为树叶，这样得到一棵新的 2-分树，其树叶的标号序列的集合即为前缀码 A。

图 10.14(b)给出了对应于前缀码 A={01,10,001,110}的 2-分树。

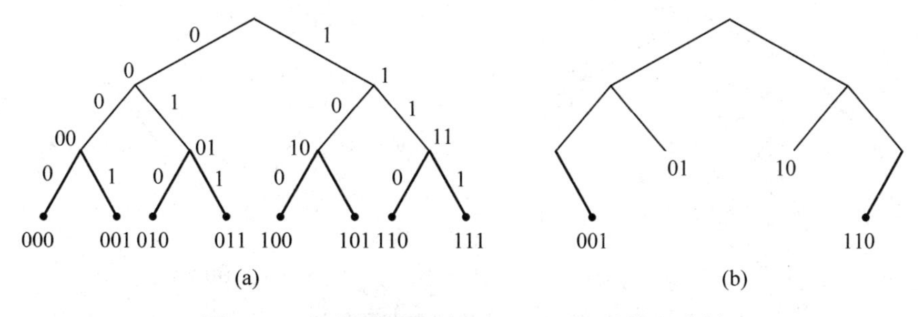

图 10.14　对应前缀码{01,10,001,110}的 2-分树

下面说明如何利用 2-分树把收到的 0、1 字符串划分为前缀码中的码字。按照接收到的0、1字符串的顺序，从2-分树的根开始，沿着树中的边向下走。例如，字符串的第一个字为0，从根开始，从树根出发沿标0的边往下走，到一个分枝点，若字符串的第二个字为1，沿着从这个分枝点出发的标1的边再往下走到下一个点。每走到一个分枝点，如果遇到的字符串中的字符为0，就沿着从这个分枝点出发标0的边往下走；如果遇到的字符串中的字符为1，就沿着从这个分枝点出发标1的边往下走。当到达一片树叶时，就切分出字符串中被走过的一段字符串，得到了一个前缀码中的码字。然后，再回到树根继续处理其余的字符串，直到走完整个字符串。

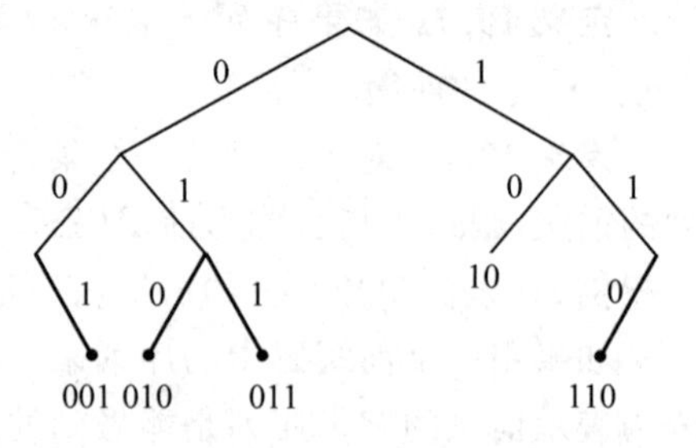

图 10.15　一个前缀码对应的2-分树

例如，已知一个前缀码对应的2-分树如图10.15所示。

字符串11001000110010001110对应的划分为

$$110|010|001|10|010|001|110$$

10.4.2　最优2-分树

上述讨论引出了下面的问题：假如有一组权 $w_1,w_2,\cdots,w_t$。所谓一组权可以是一组正实数。不失一般性，设 $w_1\leqslant w_2\leqslant\cdots\leqslant w_t$。对于一棵有 t 片树叶的2-分树，如果分配给它的树叶的权分别为 $w_1,w_2,\cdots,w_t$，则这棵2-分树称为树叶权 $w_1,w_2,\cdots,w_t$ 的2-分树。定义树叶权为 $w_1,w_2,\cdots,w_t$ 的2-分树的权为

$$\sum_{i=1}^{t} w_i l(w_i)$$

其中 $l(w_i)$ 是具有权为 w_i 的树叶的路长。

定义10.9：一棵树 T 的权用 $W(T)$ 表示。在树叶权为 $w_1,w_2,\cdots,w_t$ 的所有2-分树中，具有最小权的一棵2-分树称为最优树。最优树也称为赫夫曼(Huffman)树。

例如，对给定的权5、6、7、12，图10.16(a)是一棵最优树(请读者验证图10.14(b)的树不是最优的)。

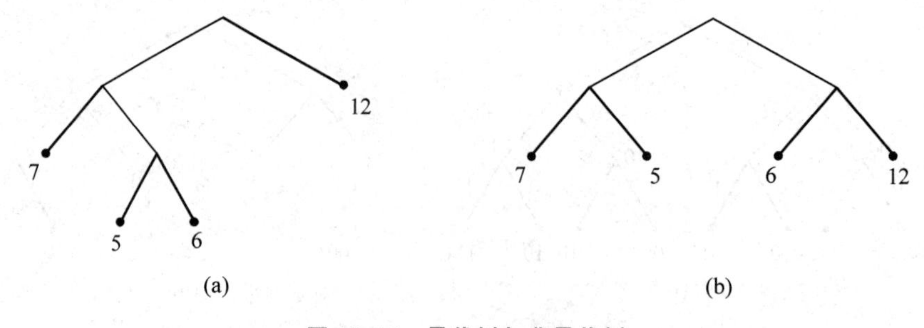

图 10.16　最优树与非最优树

求带权最优树有一个较好的算法，称为赫夫曼算法。它的指导思想是把求带 n 个权的

最优树变为求带 $n-1$ 个权的最优树。下面首先给出该算法的理论根据。

定理 10.12：存在一棵树叶权 $w_1,w_2,\cdots,w_n$ 的最优 2-分树，权为 w_1 和 w_2 的二片树叶是兄弟。

证明：显然树叶权 $w_1,w_2,\cdots,w_n$ 的最优 2-分树一定存在，设 T 是一棵这样的 2-分树。a 是 T 中通路最长的分支点，a 的两个儿子 a_1 和 a_2 分别带权 w_x 和 w_y。由于 T 是最优的，所以每一个分枝点都有两个儿子，否则这个分枝点可以去掉，让它的儿子代替它，仍是一个带权的 2-分树，但树 T 的权减小了。设 $w_x \leqslant w_y$，则有 $w_1 \leqslant w_x, w_2 \leqslant w_y$。让 a_1 的权为 w_1，让权为 w_1 的树叶的权为 w_x；让 a_2 的权为 w_2，让权为 w_2 的树叶的权为 w_y，得到一棵新的树叶权 $w_1,w_2,\cdots,w_n$ 的 2-分树，设为 T'，显然 $l(w_1) \leqslant l(w_x), l(w_2) \leqslant l(w_y)$，所以 $W(T') \leqslant W(T)$。由于 T 是最优的，所以 $W(T')=W(T)$。而 T' 是一棵带权最优 2-分树且权为 w_1 和 w_2 的两片树叶是兄弟。

定理 10.12 表明，从一棵带权最优 2-分树一定可以得到一棵权最小的两片树叶是兄弟的最优树。所以，可以设 T 是一棵树叶权 $w_1,w_2,\cdots,w_n$ 的最优 2-分树，且权为 w_1 和 w_2 的两片树叶是兄弟。把权为 w_1 和 w_2 的两片树叶去掉，让它们的父亲变成一片权为 w_1+w_2 的树叶，这时得到一棵树叶权 $w_1+w_2,w_3,\cdots,w_n$ 的 2-分树，记为 $\hat{T}$。显然有 $W(\hat{T})=W(T)-w_1-w_2$。

定理 10.13：设 T' 是一棵树叶权 $w_1+w_2,w_3,\cdots,w_n$ 的最优树，将权为 w_1+w_2 的树叶变为分枝点，让它的两个儿子的权分别为 w_1 和 w_2，得到一棵树叶权 $w_1,w_2,\cdots,w_n$ 的 2-分树，记为 T，则 T 是最优树。

证明：由已知条件知，$W(T)=W(T')+w_1+w_1$。若 T 不是最优树，设 T^* 是一棵树叶权 $w_1,w_2,\cdots,w_n$ 的最优树，且 $W(T^*)<W(T)$，且 T^* 中权为 w_1 和 w_2 的两片树叶是兄弟。从 T^* 可以由上述方法得到 $\hat{T}^*$，它是树叶权 $w_1+w_2,w_3,\cdots,w_n$ 的 2-分树，且有 $W(\hat{T}^*)=W(T^*)-w_1-w_2$。

因为 T' 是树叶权 $w_1+w_2,w_3,\cdots,w_n$ 的最优树，所以 $W(T') \leqslant W(\hat{T}^*)=W(T^*)-w_1-w_2$，而 $W(T')=W(T)-w_1-w_2$，联立两式得 $W(T) \leqslant W(T^*)$，与 $W(T^*) \leqslant W(T)$ 矛盾，说明 T 是最优树。

根据赫夫曼树的定义，一棵 2-分树要使其带权路径长度最小，必须让权值大的顶点靠近根，而权值小的顶点远离根。据此，赫夫曼树的构造算法如下：

(1) 根据给定的 n 个权值的集合 $\{w_1,w_2,\cdots,w_n\}$ 构造 n 棵 2-分树的集合 $F=\{T_1,T_2,\cdots,T_n\}$，其中每棵 2-分树 T_i 中只有一个权值为 w_i 的根，其左子树、右子树均为空。

(2) 在 F 中选取两棵根的权值最小的 2-分树，分别作为左子树和右子树，构造一棵新的 2-分树，且将新的 2-分树的根的权值置为其左、右子树的根的权值之和。

(3) 在 F 中删除作为左子树和右子树的两棵 2-分树，同时将新得到的 2-分树加入到 F 中。

(4) 重复(2)和(3)，直到 F 中只有一棵 2-分树为止，这棵 2-分树就是赫夫曼树。

图 10.17 给出了树叶权值集合为 $W=\{29,7,8,14,23,11,3,5\}$ 的赫夫曼树的构造过程，其带权路径长度为 271。赫夫曼树的形状可以不同，但不同形状的赫夫曼树的带权路径

长度一定相同，且是所有带权路径长度中的最小值。

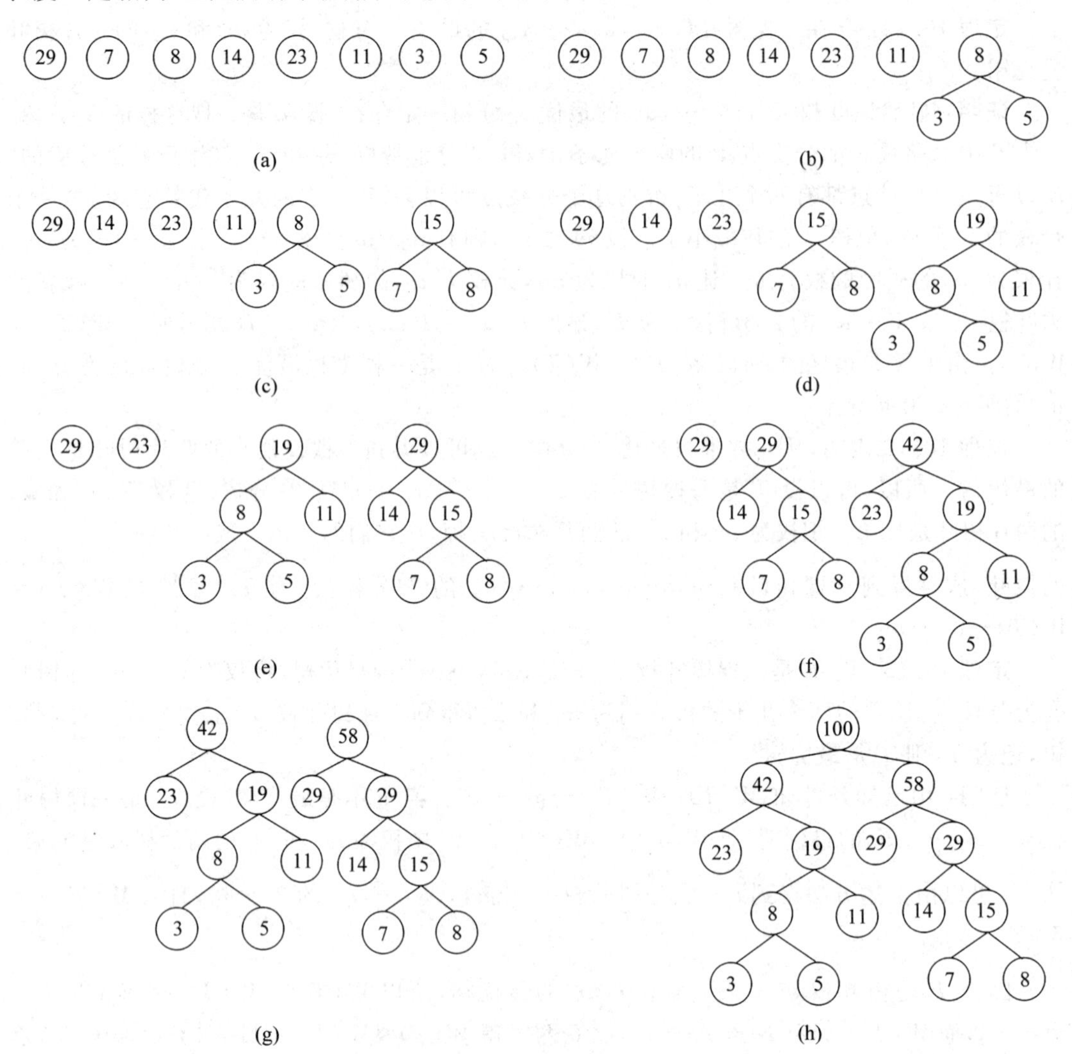

图 10.17 赫夫曼树构造过程示例

10.4.3 赫夫曼编码

在数据通信中，经常需要将传送的文字转换成由二进制字符 0、1 组成的字符串（也称为编码）。例如，假设要传送的电文为 ABACCDA，电文中只含有 A、B、C、D 这 4 种字符，若这 4 种字符采用等长编码，如编码 A(00)、B(01)、C(10)和 D(11)，其中括号中的 0、1 字符串为字母的编码，则电文的代码为 00010010101100，长度为 14。

在传送电文时，总是希望传送时间尽可能短，这就要求电文代码尽可能短。显然，这种编码方案产生的电文代码还可以再缩短。如果在编码时考虑字符出现的频率，让出现频率高的字符采用尽可能短的编码，出现频率低的字符采用稍长的编码，构造一种不等长编码，则电文的代码总长度就可能更短。例如编码 A(1)、B(000)、C(01)、D(001)，电文为 ABACCDA 的代码为 1000101010011，长度为 13。

为设计电文总长最短的编码方式，可通过构造以字符使用频率作为权值的赫夫曼树。具体做法如下：设需要编码的字符集合为$\{a_1,a_2,\cdots,a_n\}$，它们在电文中出现的次数或频率集合为$\{w_1,w_2,\cdots,w_n\}$，以 $a_1,a_2,\cdots,a_n$ 作为树叶，以 $w_1,w_2,\cdots,w_n$ 作为它们的权值，构造一棵赫夫曼树，规定赫夫曼树中左分支代表 0，右分支代表 1，则从根到每片树叶所经过的路径分支组成的 0 和 1 的序列便为该树叶对应字符的编码，称之为赫夫曼编码。赫夫曼编码算法如下：

```
procedure Huffman(C:具有频率 wi 的字符 ai (i=1,2,…,n)){
    F:=n 棵仅有根的 2-分树的集合,每个根 ai 有权 wi;
    while F不是 2-分树 {
        用 F中满足 W(T)≥W(T')的权最小的 2-分树 T和 T'构成具有新树根的一棵 2-分树,
        这棵 2-分树以 T为左子树,以 T'为右子树;
        用 0标记树根到 T的新边,用 1标记树根到 T'的新边;
        把 W(T)+W(T')作为新 2-分树根的权。
    }
    return {符号 ai 的赫夫曼编码是从树根到 ai 的唯一通路上的边的标号组成的};
}
```

例 10.8：已知要编码的字符集为$\{a,b,c,d,e,f\}$，它们在电文中出现的次数或频率集合为$\{6,2,4,3,7,1\}$，求出该字符集的赫夫曼编码。

解：利用赫夫曼编码算法求出的最优 2-分树如图 10.18 所示。

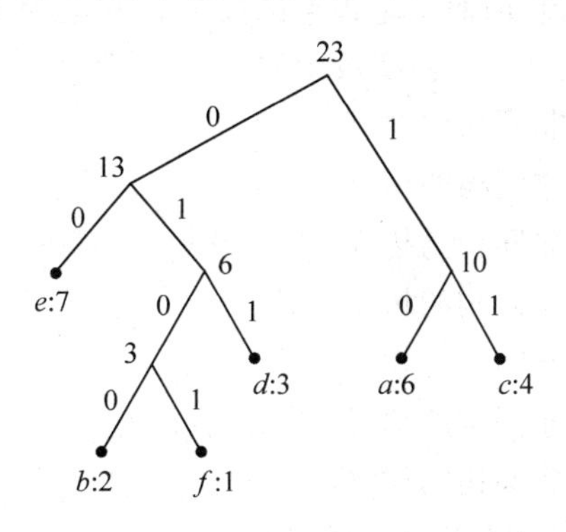

图 10.18　赫夫曼编码图

字符集为$\{a,b,c,d,e,f\}$的编码集为$\{10,0100,11,011,00,0101\}$。

10.5 典型例题

例 10.9：已知 $G=(V,E)$ 是一个无向图，且 $|V|=n$，$|E|=m$，该无向图是由 $r(r\geqslant 2)$ 棵树组成的森林（所谓森林是指由若干棵不相交的树构成的集合），证明 $m+r=n$。

证明：设 $G=(V,E)$ 表示的森林的 r 棵树为 $T_1,T_2,\cdots,T_r$，每棵树对应的顶点数分别为 $n_1,n_2,\cdots,n_r$，边数分别为 $m_1,m_2,\cdots,m_r$，根据树的性质知，对于 $\forall i\in\{1,2,\cdots,r\}$，$m_i=n_i-1$，从而有

$$m=\sum_{i=1}^{n}m_i=\sum_{i=1}^{n}(n_i-1)=n-r$$

故，$m+r=n$。

例 10.10：设 e 为无向连通图 G 中的一条边，且 e 不为环和桥。证明：存在一棵生成树以 e 为枝，也存在一棵生成树以 e 为弦。

证明：由于 e 不为桥，因而 e 必在某些回路中出现。又因为 e 不为环，所以 e 所在回路的长度均大于或等于 2。

在用去回路法构造生成树时，无论 e 在哪个回路中出现，删除一条边时都不删除 e，这样构造的生成树中必以 e 为枝。

在用去回路法构造生成树时，找到一个含有 e 的回路 C，将 e 从 C 中删除，当构造生成树时，树中不含有 e，从而 e 成为生成树的弦。

例 10.11：画出具有 7 个顶点的所有非同构的树。

解：要画出的树有 6 条边，因而 7 个顶点的度数之和应为 12。由于每个顶点的度数均大于或等于 1，因而可以产生以下 7 种度数序列：

1 1 1 1 1 1 6，产生 1 棵非同构的树 T_1。

1 1 1 1 1 2 5，产生 1 棵非同构的树 T_2。

1 1 1 1 1 3 4，产生 1 棵非同构的树 T_3。

1 1 1 1 2 2 4，产生 2 棵非同构的树 T_4、T_5。

1 1 1 1 2 3 3，产生 2 棵非同构的树 T_6、T_7。

1 1 1 2 2 2 3，产生 3 棵非同构的树 T_8、T_9、T_{10}。

1 1 2 2 2 2 2，产生 1 棵非同构的树 T_{11}。

7 个顶点的所有非同构的树如图 10.19 所示。

例 10.12：证明一棵树是二部图（偶图）。$T=(V,E)$，(V_1,V_2) 是 T 作为二部图的顶点分类，$|V_1|\geqslant|V_2|$，则 V_1 中至少有一片树叶。

证明：树中无回路，即所有回路的长度为 0，0 为偶数。由二部图的充要条件知，一棵树是二部图。

设 V_1 中没有树叶，则 V_1 中所有顶点的度数均大于或等于 2。根据握手定理、二部图的定义及树的性质知

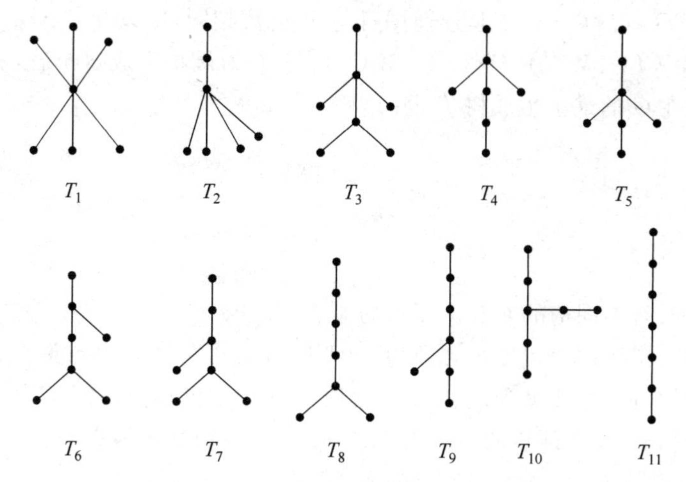

图 10.19　7个顶点的所有非同构的树

$$2|E|=\sum d(v)\geqslant 2|V_1|+2|V_1|\geqslant 2|V_1|+2|V_2|$$
$$=2(|V_1|+|V_2|-1)+2=2|E|+2>2|E|$$

出现矛盾，故 V_1 中至少有一片树叶。

例 10.13：取石头游戏规则如下：有几堆石头，两个选手轮流移动石头，一个合法的移动包括从其中一堆取走一块或多块石头，而不去移动其余堆中的所有石头，不能进行合法移动的选手告负。已知开局分别有1块、2块和2块石头的3堆石头。画出取石头游戏的博弈树，并给出获胜选手的标记（如果第一个选手获胜，终结顶点标为+1；如果第二个选手获胜，则终结顶点标为−1）。

解：取石头游戏的博弈树如图10.20所示。

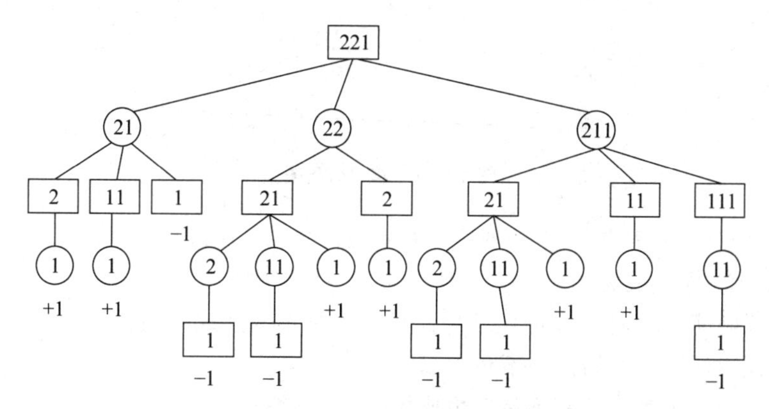

图 10.20　取石头游戏的博弈树

例 10.14：设 $G=(V,E)$ 是一个无向带权连通图，且各边的权值不相等，$V=V_1\cup V_2$，$V_1\cap V_2=\varnothing$，且 $V_1\neq\varnothing$，$V_2\neq\varnothing$，证明 V_1 与 V_2 之间的最小边一定在 G 的最小生成树 T 上。

证明：设 e 是 V_1 与 V_2 之间的最小边，若 e 不在生成树 T 上，则 e 为弦。从而 $T+e$ 对应唯一的回路 C。因为 T 为最小生成树，所以 C 上除 e 之外一定有 V_1 与 V_2 之间的另一边

e'，使得$W(e')>W(e)$。$T+e-e'$是连通图且与 T 边数相同，所以 $T+e-e'$也是生成树。但 $W(T+e-e')=W(T)+W(e)-W(e')<W(T)$，与 T 为最小生成树矛盾，所以 V_1 与 V_2 之间的最小边一定在 G 的最小生成树 T 上。

习题

10.1　画出所有不同构的有 3 个顶点的树。

10.2　证明一棵树的顶点度数之和为 $2(|V|-1)$，其中 V 是顶点集。

10.3　一棵树有 3 个 2 度顶点、6 个 3 度顶点、8 个 4 度顶点，有几个 1 度顶点？

10.4　一棵树有 n_2 个顶点的度数为 2，有 n_3 个顶点的度数为 3……有 n_k 个顶点的度数为 k，有几个顶点度数为 1？

10.5　证明：一棵树若有 3 片树叶，则至少有一个顶点度数大于或等于 3。

10.6　设 $T=(V,E)$是一棵树，证明：若 T 仅有两个 1 度顶点，则 T 是一条直线。

10.7　证明正整数序列$(d_1,d_2,\cdots,d_n)$是一棵树的度序列当且仅当

$$\sum_{i=1}^{n} d_i = 2(n-1)$$

10.8　设 $T=(V,E)$是一个简单无向图。证明 T 是一棵树当且仅当 T 中任意两点仅有唯一的简单通路。

10.9　求图 10.21 所示的图的最小生成树。

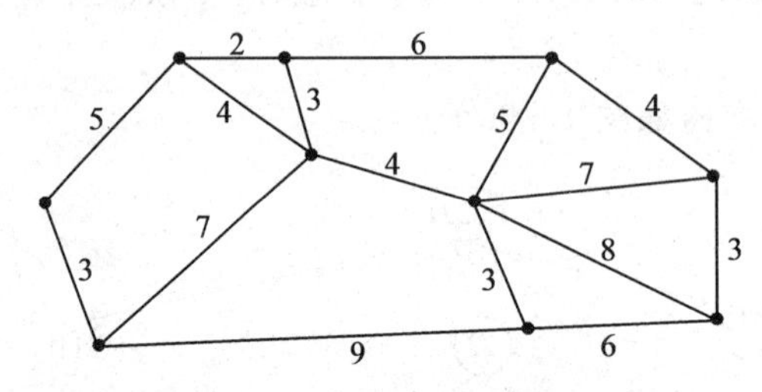

图 10.21　题 10.9 图

10.10　设 $G=(V,E)$是一个连通图，$v\in V$，$d(v)=1$，$e\in E$ 是关联定点 v 的一条边。证明 e 一定是任何一棵生成树的枝。

10.11　证明简单连通图 G 的任一条边都可以是某一生成树的枝。

10.12　证明任何生成树的补不包含割集。

10.13　证明一个割集的补不包含生成树。

10.14　设 $G=(V,E)$是一个连通图且 $e\in E$，证明 e 为 G 的割边当且仅当 e 包含在 G 的每棵生成树中。

10.15　证明一棵正则 2-分树必有奇数个顶点。

10.16　已知银行现在掌握的客户信息如表 10.2 所示，目标是通过对表 10.2 中的数据

进行分析，建立一个预测用户贷款意向的模型。给出对应于表 10.2 的决策树，并根据客户信息{职业，年龄，收入，学历}={公务员，36，10 000，硕士}和{职业，年龄，收入，学历}={医生，45，14 000，本科}分别预测他们的贷款意向。

表 10.2　题 10.16 表

职　业	年　龄	收入(元)	学　历	贷　款　否
教师	29	8000	本科	否
白领	30	10 000	博士	是
白领	41	12 000	硕士	否
教师	35	15 000	博士	是
公务员	28	13 000	硕士	否
教师	36	13 000	硕士	是
医生	28	9000	硕士	否
医生	36	12 000	博士	是
公务员	50	15 000	本科	否
白领	28	6000	硕士	是
公务员	28	8000	本科	否
教师	50	16 000	本科	否
公务员	35	10 000	硕士	是
医生	37	13 000	硕士	是
医生	40	10 000	硕士	否

10.17　分别画出从图 10.22 所示的 4 个局面开始的井字游戏的博弈树。

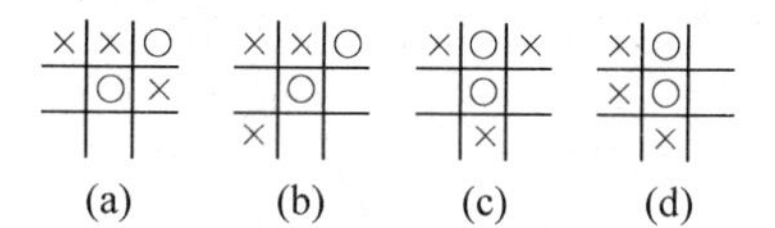

图 10.22　题 10.17 图

10.18　分别画出下列取石头游戏的博弈树。

(1) 有 1 块石头和 3 块石头的两堆石头。

(2) 有 1 块石头、2 块石头和 3 块石头的 3 堆石头。

10.19　如果取石头游戏遵循最优策略，分别画出题 10.18 要求的取石头游戏的博弈树。

10.20　给定树叶权为 1，4，9，16，25，36，49，64，87，100。

(1) 构造一棵带权最优 2-分树(二叉树)。

(2) 构造一棵带权最优 3-分树(三叉树)。

10.21　画一棵树叶权为3,5,5,7,9,11,13,14的最优2-分树。

10.22　判定下面字符串集合中哪些是前缀码,哪些不是前缀码。若是前缀码,构造相应的2-分树;若不是前缀码,说明理由。

(1) {0,10,110,1111}

(2) {1,01,001,000,0110}

(3) {10,110,1110,011}

(4) {1,11,101,001,0011}

10.23　已知要编码的字符集为$\{a,b,c,d,e,f,g,h\}$,它们在电文中出现的次数或频率集合为{5,6,2,4,3,7,1,8}。求出该字符集的赫夫曼编码。

Chapter 11

第11章 群 和 环

数学中研究数的部分属于代数学的范畴。代数学包含了算术、初等代数、高等代数、数论、抽象代数。人们发现不同对象上的运算可以有共同的性质，从20世纪初以来形成了抽象代数，也称为近世代数。抽象代数的源头可以追溯到20世纪伽罗瓦(Galois)提出的群的概念。在抽象代数中，被研究的对象和其上的运算称为一个代数系统。代数系统的研究方法和成果在构造可计算数学模型、基本技术融合、刻画抽象数据结构、程序设计和编码理论中均有巨大的理论和实际意义。群是最基本、最重要的代数系统。

11.1 代数运算的基本概念

在普通代数里，计算的对象是数，有自然数、整数、有理数、实数以及复数，而计算的方法是加、减、乘、除和乘方。随着数学本身的进步和自然科学的许多部门的发展，人们发现，可以对一些不是数的事物用类似普通计算的方法来加以计算。在线性代数里可以看到很多这样的例子，例如，对于向量、矩阵、线性变换等都可以进行运算，在第6章介绍的集合运算也是一例。本节将给出代数运算的定义。

11.1.1 代数运算

定义 11.1：设 A、B、C 是3个任意的非空集合。若“$*$”是 $A\times B$ 到 C 一个的映射，即

$$*: A\times B\rightarrow C$$

则称“$*$”为 $A\times B$ 到 C 的一个代数运算。

按照这个定义，一个代数运算只是一种特殊的映射。给出 A 中的任意一个元素 a 和 B 中的任意一个元素 b，可以通过这个代数运算得到唯一的一个结果，即存在唯一的 $c\in C$，使得 $*((a,b))=c$。由于代数运算是一种特殊的映射，描写它的符号也可以特殊一点。记 $*((a,b))=c$ 为

$$a*b=c$$

例 11.1：$\mathbf{N}$ 是自然数集，$\mathbf{Z}$ 是整数集，$\mathbf{Q}$ 是有理数集。

普通加法“$+$”是一个 $\mathbf{N}\times\mathbf{N}$ 到 $\mathbf{N}$ 的代数运算。

普通乘法“$\times$”是一个 $\mathbf{N}\times\mathbf{N}$ 到 $\mathbf{N}$ 的代数运算。

普通减法"−"是一个 **N**×**N** 到 **Z** 的代数运算。

例 11.2：**N** 是自然数集，定义 **N**×**N** 到 **N** 的一个映射"∗"：对于任意的 $m,n\in\mathbf{N}$，有

$$m * n = m^n + mn$$

例 11.3：设 $A=\{$黑，白$\}$。定义一个 $A\times A$ 到 A 的映射"∗"：

$$(\text{黑},\text{白}) \to \text{白}$$
$$(\text{白},\text{黑}) \to \text{白}$$
$$(\text{白},\text{白}) \to \text{黑}$$
$$(\text{黑},\text{黑}) \to \text{黑}$$

"∗"是一个 $A\times A$ 到 A 的运算。

在此例中，集合 A 是有限集，可以用一个表(称为运算表)对代数运算进行说明，如表 11.1 所示。

表 11.1　A 上的运算表

∗	黑	白
黑	黑	白
白	白	黑

对于类似于例 11.2 与例 11.3 中的代数运算，下面给出一个定义。

定义 11.2：设 A 是任意非空集合。若"∗"是 $A\times A$ 到 A 的一个运算，即

$$* : A\times A \to A$$

则称 ∗ 是集合 A 上的一个代数运算或二元运算。

若对于 A 中的任意两个元素 $a,b\in A$，都有 $a*b\in A$，则称"∗"是集合 A 上的闭运算，也说集合 A 对运算"∗"是封闭的。

11.1.2　交换律、结合律

一个代数运算是可以任意规定的，并不一定有多大意义。当然，人们定义一个代数运算，一般都会有实际的意义，人们还希望一个代数运算适合某些常见的规律。这通常指交换律和结合律。

定义 11.3：设 A 是一个非空集合，"∗"是 A 上的一个代数运算。若对于 A 中任意的两个元素 a 和 b，都有

$$a*b = b*a$$

则称 ∗ 满足交换律。

显然，实数集 **R** 上的普通加法、减法、乘法等代数运算中，加法与乘法是满足交换律的，而减法则不满足交换律。

定义 11.4：设 A 是一个非空集合，"∗"是 A 上的一个代数运算。若对于 A 中任意的 3 个元素 a、b 和 c，都有

$$(a*b)*c = a*(b*c)$$

则称 $*$ 满足结合律。

例 11.4：**Z** 是整数集，“$*$”是 **Z** 上的一个二元运算，对于任意的 $a,b\in \mathbf{Z}$，$a*b=a+b-10$。证明“$*$”是可交换的二元运算和可结合的二元运算。

证明：对于任意的 $a,b\in \mathbf{Z}$，因为 $a*b=a+b-10=b+a-10=b*a$，所以“$*$”是可交换的二元运算。

对于任意的 $a,b,c\in \mathbf{Z}$，因为

$$\begin{aligned}a*(b*c) &= a*(b+c-10) = a+(b+c-10)-10\\&=(a+b-10)+c-10=(a*b)+c-10\\&=(a*b)*c\end{aligned}$$

所以，“$*$”是可结合的二元运算。

例 11.5：**N** 是自然数集，在 **N** 上定义二元运算“$*$”：对于任意的 $a,b\in \mathbf{N}$，$a*b=a+3b$。证明：“$*$”不满足交换律且不满足结合律。

证明：举反例说明。取 $a=1,b=3$，由于 $a*b=1*3=1+3\times3=10$，$b*a=3*1=3+3\times1=6$。显然 $1*3\neq3*1$，故“$*$”不满足交换律。

取 $a=1,b=3$ 和 $c=2$，由于

$$(a*b)*c=(1*3)*2=(1+3\times3)*2=10*2=10+3\times2=16$$

$$a*(b*c)=1*(3*2)=1*(3+3\times2)=1*9=1+3\times9=28$$

显然，$(a*b)*c\neq a*(b*c)$，所以，“$*$”不满足结合律。

例 11.6：设 A 是一个非空集合，$A^A=\{f\mid f: A\to A\}$，即对于任意 $f\in A^A$，f 是 A 到 A 的一个映射。在 A^A 上定义一个运算“$\circ$”，即映射的复合运算：对于任意的 $f,g\in A^A$，$f\circ g$ 为 A 到 A 的一个映射，记为

$$f\circ g:\quad A\to A$$

且对于 $\forall x\in A$，$f\circ g(x)=f(g(x))$。

由定义知，“$\circ$”是封闭的，且由定理 8.2 知，“$\circ$”是可结合的。但“$\circ$”不满足交换律。

例如，若 $A=\{1,2\}$，定义 f 和 g 如下：

$$f:\ A\to A \qquad\qquad g:\ A\to A$$
$$1\to 1 \qquad\qquad 1\to 2$$
$$2\to 1 \qquad\qquad 2\to 2$$

于是，$f\circ g(1)=f(g(1))=f(2)=1$，$g\circ f(1)=g(f(1))=g(1)=2$。显然，$f\circ g(1)\neq g\circ f(1)$，所以，$f\circ g\neq g\circ f$。即，当 A 是多于一个元素的集合时，“$\circ$”不是 A^A 上的可交换的二元运算。

11.1.3 n 元运算

下面把二元运算推广为 $n(n\geqslant1)$ 元运算。

定义 11.5：设 A、B 是两个非空集合，$n\geqslant1$ 是正整数，“$*$”为 A^n 到 B 的一个映射，即

$$*: A^n \rightarrow B$$

则称“$*$”为集合 A^n 到 B 上的一个 n 元运算。

一般地，对于集合 A 上的一个 n 元运算“$*$”，今后除非特别声明，通常可理解为取 $B=A$，即“$*$”就是 A^n 到 A 的一个 n 元运算：

$$*: A^n \rightarrow A$$

例如，设 A 是一个集合，2^A 是 A 的幂集合，集合的补运算是 2^A 上的一个一元运算。

11.2 代数系统和半群

11.2.1 代数系统

定义 11.6：设 S 是一个非空集合，“$*$”是 S 上的一个代数运算，若将集合 S 以及 S 上的代数运算“$*$”封装在一起，记为

$$(S, *)$$

则称之为一个代数系统。

一般地，设 $*_1, *_2, \cdots, *_n$ 是 S 上的 n 个代数运算。若将集合 S 以及 S 上的 n 个代数运算 $*_1, *_2, \cdots, *_n$ 封装在一起，记为

$$(S, *_1, *_2, \cdots, *_n)$$

则也称之为一个代数系统。

从代数系统的概念可以看出，面向对象程序设计中类的概念来自代数系统。下面通过一个例子来说明代数系统与类的关联性。

代数系统是将一组值的集合和其上的一组运算封装在一起，其形式定义为$(S, *_1, *_2, \cdots, *_n)$；面向对象程序设计的类是指属性和方法的封装。两者关联性分析如下：

```
class A{                              //类
   private:
      int x;   ⎫
      float y; ⎬一组值的集合,对应属性 S={x,y,z,…}
      char z;  ⎪
      …        ⎭
   public:
      int getx(){return x;}           //方法 1 对应运算 *1
      float gety(){return y;}         //方法 2 对应运算 *2
      char getz(){return z;}          //方法 3 对应运算 *3
      …
   };
```

上述类的定义可以理解为代数系统$(\{x,y,z,\cdots\}, *_1, *_2, *_3, \cdots)$。

本章主要讨论只有一个代数运算的代数系统，即由集合 S 和 S 上的一个二元运算“$*$”

组成的代数系统$(S,*)$。

11.2.2 同态映射和同构映射

定义 11.7：设$(S_1,*)$,$(S_2,\cdot)$是两个代数系统，“$*$”是S_1上的一个二元运算，“$\cdot$”是S_2上的一个二元运算。设f是S_1到S_2的一个映射，即$f: S_1 \to S_2$。若对于S_1中的任意两个元素x_1、x_2，有

$$f(x_1 * x_2) = f(x_1) \cdot f(x_2)$$

则称映射f是S_1到S_2的同态映射。进一步，若f是单射，则称f是单一同态映射；若f是满射，则称f是满同态映射；若f是双射，则称f是同构映射。

若两个代数系统之间存在一个同构映射，则称这两个代数系统是同构的。

下面举几个例子。

例 11.7：设$(S,*)$是一个代数系统，其中，$S=\{0,1,2\}$，S中的二元运算$*$的定义如表11.2所示。$(\mathbf{I},+)$是另一代数系统，其中$\mathbf{I}$为正整数集，$+$为正整数集上的普通加法运算。

表 11.2 S上的运算表

*	0	1	2
0	0	1	2
1	1	0	1
2	0	2	1

证明$(\mathbf{I},+)$和$(S,*)$是两个同态的代数系统。

证明：令f是$\mathbf{I}$到S的一个映射，且对于$\forall x \in \mathbf{I}$，有

$$f(x) = \begin{cases} 0, & 若\ x\ 为偶数 \\ 1, & 若\ x\ 为奇数 \end{cases}$$

对于$\forall x_1, x_2 \in \mathbf{I}$，分3种情形讨论如下：

(1) 若x_1和x_2均为偶数，则$f(x_1)=0$，$f(x_2)=0$，$f(x_1+x_2)=0$，于是$f(x_1+x_2)=0=0*0=f(x_1)*f(x_2)$。

(2) 若x_1和x_2均为奇数，则$f(x_1)=1$，$f(x_2)=1$，$f(x_1+x_2)=0$，于是$f(x_1+x_2)=0=1*1=f(x_1)*f(x_2)$。

(3) 若x_1和x_2一奇一偶，不失一般性，设x_1是奇数，x_2是偶数，则$f(x_1)=1$，$f(x_2)=0$，$f(x_1+x_2)=1$，于是$f(x_1+x_2)=1=1*0=f(x_1)*f(x_2)$。

由同态映射的定义知，f是$\mathbf{I}$到S的一个同态映射。

故，$(\mathbf{I},+)$和$(S,*)$是两个同态的代数系统。

例 11.8：$(S,*)$是一个代数系统，其中，$S=\{0,1\}$，S中的二元运算“$*$”的定义如表11.3所示。$(\mathbf{I},+)$是另一代数系统，其中$\mathbf{I}$为正整数集，$+$为正整数集上的普通加法运算。

表 11.3　S 上的运算表

*	0	1
0	0	1
1	1	0

令 g 是 $\mathbf{I}$ 到 S 的一个映射，且对于 $\forall x \in \mathbf{I}$，有

$$g(x) = \begin{cases} 0, & 若\ x\ 为偶数 \\ 1, & 若\ x\ 为奇数 \end{cases}$$

类似于例 11.7 的证明方法，g 是 $\mathbf{I}$ 到 S 的同态映射；由于 g 是 $\mathbf{I}$ 到 S 的满射，所以 g 是 $\mathbf{I}$ 到 S 的满同态映射；由于 g 不是 $\mathbf{I}$ 到 S 的单射，所以 g 不是 $\mathbf{I}$ 到 S 的单同态映射。

例 11.9：$(\mathbf{Z},+)$ 是一个代数系统，其中 $\mathbf{Z}$ 为整数集，$+$ 是 $\mathbf{Z}$ 上普通的加法运算；$(A,\times)$ 是一个代数系统，其中 $A=\{-1,1\}$，$\times$ 是 A 上的普通乘法运算。

讨论下列映射的性质：

(1) φ_1 是 $\mathbf{Z}$ 到 A 的映射，且对于 $\forall x \in \mathbf{Z}, \varphi_1(x)=1$。

(2) φ_2 是 $\mathbf{Z}$ 到 A 的映射，且对于 $\forall x \in \mathbf{Z}, \varphi_2(x)=-1$。

解：

(1) $\forall x_1, x_2 \in \mathbf{Z}$，有

$$\varphi_1(x_1+x_2)=1$$
$$\varphi_1(x_1)\times\varphi_1(x_2)=1\times 1=1$$

显然，$\varphi_1(x_1+x_2)=\varphi_1(x_1)\times\varphi_1(x_2)$，故 φ_1 是 $\mathbf{Z}$ 到 A 的同态映射。由于 φ_1 既不是单射，也不是满射，所以 φ_1 不是单一同态，也不是满同态。

(2) 当 $x_1=1, x_2=2$ 时，有

$$\varphi_2(x_1)=\varphi_2(1)=-1, \quad \varphi_2(x_2)=\varphi_2(2)=-1$$

于是

$$\varphi_2(x_1+x_2)=\varphi_2(1+2)=\varphi_2(3)=-1$$
$$\varphi_2(x_1)\times\varphi_2(x_2)=\varphi_2(1)\times\varphi_2(2)=(-1)\times(-1)=1$$

显然，$\varphi_2(x_1+x_2)\neq\varphi_2(x_1)\times\varphi_2(x_2)$，故 φ_2 不是 $\mathbf{Z}$ 到 A 的同态映射。

例 11.9 说明两个代数系统之间既可以建立同态映射，也可以建立非同态的映射。两个代数系统之间只要存在一个同态映射，就说这两个代数系统是同态的。

定理 11.1：设 $(S_1,*)$，$(S_2,\cdot)$ 是两个代数系统，“$*$”是 S_1 上的一个二元运算，“$\cdot$”是 S_2 上的一个二元运算。设 f 是 S_1 到 S_2 的一个满同态映射。则下列结论成立：

(1) 若“$*$”满足交换律，则“$\cdot$”也满足交换律。

(2) 若“$*$”满足结合律，则“$\cdot$”也满足结合律。

证明：已知 f 是 S_1 到 S_2 的一个满同态映射。

(1) 对于任意 $y_1, y_2 \in S_2$，因为 f 是 S_1 到 S_2 的满射，所以存在 $x_1, x_2 \in S_1$，使得 $f(x_1)=y_1$，$f(x_2)=y_2$，于是由同态性与“$*$”满足交换律，可得

$$y_1\cdot y_2=f(x_1)\cdot f(x_2)=f(x_1*x_2)=f(x_2*x_1)=f(x_2)\cdot f(x_1)=y_2\cdot y_1$$

即“·”满足交换律。

(2) 对于任意 $y_1, y_2, y_3 \in S_2$，因为 f 是 S_1 到 S_2 的满射，所以存在 $x_1, x_2, x_3 \in S_1$，使得 $f(x_1)=y_1, f(x_2)=y_2, f(x_3)=y_3$，于是由同态性与“$*$”满足结合律，可得

$$\begin{aligned}(y_1 \cdot y_2) \cdot y_3 &= (f(x_1) \cdot f(x_2)) \cdot f(x_3) = f(x_1 * x_2) \cdot f(x_3)\\ &= f((x_1 * x_2) * x_3) = f(x_1 * (x_2 * x_3))\\ &= f(x_1) \cdot f(x_2 * x_3) = f(x_1) \cdot (f(x_2) \cdot f(x_3))\\ &= y_1 \cdot (y_2 \cdot y_3)\end{aligned}$$

即“·”也满足结合律。

11.2.3 半群与含幺半群

下面研究一个特殊的代数系统。

定义 11.8：设$(S, *)$是一个代数系统，“$*$”是非空集合 S 上的一个代数运算。若

(1)“$*$”具有封闭性，即“$*$”是 S 上的闭运算。

(2)“$*$”满足结合律。

则称$(S, *)$是一个半群。

在自然数集 $\mathbf{N}$ 上可以定义不同的代数运算，构成的代数系统可以是半群，也可以不是半群。

(1) $(\mathbf{N}, +)$表示自然数集和加法封装构成的代数系统，是一个半群。

(2) $(\mathbf{N}, \times)$表示自然数集和乘法封装构成的代数系统，是一个半群。

(3) $(\mathbf{N}, -)$表示自然数集和减法封装构成的代数系统，不是半群。因为减法运算可以看成是 $\mathbf{N}\times\mathbf{N}$ 到 $\mathbf{Z}$ 的一个代数运算，不满足闭运算。

例 11.10：$\mathbf{N}$ 为自然数集，“Δ”是 $\mathbf{N}$ 上的二元运算，且对于 $\forall n, m \in \mathbf{N}$，$m\Delta n = m + n + mn$。证明$(\mathbf{N}, \Delta)$是半群。

证明：

(1) 闭运算：对于 $\forall n, m \in \mathbf{N}$，显然有 $m\Delta n = m + n + mn \in \mathbf{N}$。

(2) 结合律：对于 $\forall n, m, l \in \mathbf{N}$，有

$$\begin{aligned}m\Delta(n\Delta l) &= m\Delta(n + l + nl)\\ &= m + (n + l + nl) + m(n + l + nl)\\ &= (m + n + mn) + l + (m + n + mn)l\\ &= (m\Delta n) + l + (m\Delta n)l\\ &= (m\Delta n)\Delta l\end{aligned}$$

故，$(\mathbf{N}, \Delta)$是半群。

定义 11.9：设$(S, *)$是一个代数系统。

(1) 若存在 $e_{右} \in S$，使得对于任意的 $x \in S$，有 $x * e_{右} = x$，则称 $e_{右}$ 是右幺元。

(2) 若存在 $e_{左} \in S$，使得对于任意的 $x \in S$，有 $e_{左} * x = x$，则称 $e_{左}$ 是左幺元。

(3) 若存在一个元素 $e \in S$，它既是左幺元，又是右幺元，则称 e 是幺元。

幺元又称单位元。

定理 11.2 设$(S,*)$是一个代数系统，若它既有左幺元，又有右幺元，则左幺元等于右幺元。若有幺元，则幺元唯一。

证明：设$e_{左},e_{右}\in S$分别是左幺元和右幺元，则有

$$e_{左}=e_{左}*e_{右}=e_{右}$$

若有$e_1,e_2\in S$，且均是幺元，则有

$$e_1=e_1*e_2=e_2$$

通常用e表示幺元。

定义 11.10：称含有幺元的半群为含幺半群。

不难看出0是半群$(\mathbf{N},+)$的幺元，而1是半群$(\mathbf{N},\times)$的幺元。$(\mathbf{N},+)$和$(\mathbf{N},\times)$都是含幺半群。

设A是一个任意的集合，2^A是A的幂集合，集合的并运算$\cup$是2^A上的一个二元运算，由集合运算性质知，并运算是2^A上的闭运算，且满足结合律，所以$(2^A,\cup)$是一个半群。$\varnothing\in 2^A$，显然是幺元，即$(2^A,\cup)$也是含幺半群，$\varnothing$是幺元。

定义 11.11：设$(S,*)$是一个半群，$\varnothing\neq A\subseteq S$，若$(A,*)$本身是一个半群，则称$(A,*)$是$(S,*)$的子半群。

考察半群$(S,*)$的一个非空子集$A\subseteq S$是否是S的子半群，按定义需考察两条，即"$*$"是否是A上封闭的二元运算，"$*$"是否是A上可结合的二元运算。由于$A\subseteq S$，因为"$*$"是S上可结合的二元运算，所以"$*$"也是子集A上的可结合的二元运算。所以仅需考察"$*$"是否是A上的闭运算。

由前描述知，$(\mathbf{N},+)$、$(\mathbf{N},\times)$都是半群。令

$$A=\{0,1\};$$
$$B=\{x\mid x=4i,\quad i\in\mathbf{N}\};$$
$$C=\{x\mid x=5i,\quad i\in\mathbf{N}\}。$$

显然，$(B,+)$和$(C,+)$都是$(\mathbf{N},+)$的子半群；但$(A,+)$不是$(\mathbf{N},+)$的子半群，因为$1+1\notin A$。$(A,\times)$、$(B,\times)$和$(C,\times)$都是$(\mathbf{N},\times)$的子半群。

11.3 群的基本概念

群是近世代数中最基本、也是最重要的概念。在建立群的概念之前，先建立一个关于逆元的概念。

11.3.1 逆元

定义 11.12：设$(S,*)$是一个代数系统，$e\in S$是幺元，$a\in S$。

(1) 若存在$b\in S$，使得$a*b=e$，则称b是a的右逆元。

(2) 若存在 $d \in S$,使得 $d * a = e$,则称 d 是 a 的左逆元。

(3) 若存在 $a' \in S$,使得 a'既是 a 的左逆元,又是 a 的右逆元,则称 a'是 a 的逆元。

下面给出逆元的定理。

定理 11.3:设$(S, *)$是一个代数系统,$*$ 满足结合律,$e \in S$ 是幺元,$a \in S$ 是任意的元素。

(1) 若 a 既有左逆元,又有右逆元,则 a 的左逆元等于右逆元,即为 a 的逆元。

(2) a 的逆元若存在,则唯一。

证明:

(1) 设 d、b 分别是 a 的左、右逆元,则有 $d * a = e$ 和 $a * b = e$。于是

$$d = d * e = d * (a * b) = (d * a) * b = e * b = b$$

(2) 设 d、b 分别是 a 的两个逆元,则有 $d * a = e$ 和 $a * b = e$。于是

$$d = d * e = d * (a * b) = (d * a) * b = e * b = b$$

设$(S, *)$是一个代数系统,$e \in S$,对于 S 中的任意元素 a,若 a 有逆元,则记为 a^{-1},即 a^{-1}为 a 的逆元,它满足

$$a * a^{-1} = e, \quad a^{-1} * a = e$$

11.3.2 群的定义

定义 11.13:$(S, *)$是一个代数系统,若$(S, *)$满足

(1)“$*$”是 S 上的闭运算。

(2)“$*$”满足结合律。

(3) 存在幺元 $e \in S$。

(4) 对于 S 中的任意元素 a,存在逆元 $a^{-1} \in S$。

则称$(S, *)$是一个群。

由群的定义,不难知道:

(1) $(\mathbf{N}, +)$是含幺半群,幺元为 0,但不是群。因为 $1 \in \mathbf{N}$,但不存在 $x \in \mathbf{N}$,使得 $x + 1 = 0$。然而,$(\mathbf{Z}, +)$、$(\mathbf{Q}, +)$和$(\mathbf{R}, +)$都是群。

(2) $(\mathbf{Z}, \times)$是含幺半群,幺元为 1,但不是群。因为 $0 \in \mathbf{Z}$,但不存在 $x \in \mathbf{Z}$,使得 $x \times 0 = 1$。

例 11.11:设$(G, *)$是一个群,取定 $a \in G$,“Δ”为 G 上的二元运算,且对于 $\forall x, y \in G$,有 $x \Delta y = x * a * y$。证明(G, Δ)为群。

证明:

(1) 闭运算:对于 $\forall x, y \in G$,因为$(G, *)$为群,且由 $a \in G$ 知,$x \Delta y = x * a * y \in G$。

(2) 结合律:对于 $\forall x, y, z \in G$,因为$(G, *)$为群,且由 $a \in G$ 知,

$$\begin{aligned} x\Delta(y\Delta z) &= x\Delta(y * a * z) = x * a * (y * a * z) \\ &= (x * a * y) * a * z = (x\Delta y) * a * z \\ &= (x\Delta y)\Delta z \end{aligned}$$

(3) 幺元为 a^{-1}。因为对于 $\forall x \in G$,有 $x\Delta a^{-1}=x*a*a^{-1}=x*(a*a^{-1})=x*e=x$。同理,$a^{-1}\Delta x=x$。

(4) 逆元:对于 $\forall x\in G$,其逆元为 $a^{-1}*x^{-1}*a^{-1}$。因为

$$
\begin{aligned}
x\Delta(a^{-1}*x^{-1}*a^{-1}) &= x*a*(a^{-1}*x^{-1}*a^{-1}) \\
&= x*(a*a^{-1})*(x^{-1}*a^{-1}) \\
&= (x*e)*(x^{-1}*a^{-1}) \\
&= (x*x^{-1})*a^{-1} \\
&= e*a^{-1} = a^{-1}
\end{aligned}
$$

同理,$(a^{-1}*x^{-1}*a^{-1})\Delta x=a^{-1}$。

综上,(G,Δ)为群。

例 11.12:已知$(G,\cdot)$是一个群,$(S,*)$是一个代数系统。f 是 G 到 S 的一个满射,且对于 $\forall g_1,g_2\in G$,有 $f(g_1\cdot g_2)=f(g_1)*f(g_2)$。证明$(S,*)$是一个群。

证明:

(1) 闭运算:对于 $\forall x,y\in S$,因为 f 是 G 到 S 的一个满射,所以 $\exists g_1,g_2\in G$,使得 $f(g_1)=x,f(g_2)=y$。因为$(G,\cdot)$是群,所以由 $g_1,g_2\in G$ 知,$g_1\cdot g_2\in G$。于是,由已知条件知

$$x*y=f(g_1)*f(g_2)=f(g_1\cdot g_2)\in S$$

(2) 结合律:对于 $\forall x,y,z\in S$,因为 f 是 G 到 S 的一个满射,所以 $\exists g_1,g_2,g_3\in G$,使得 $f(g_1)=x,f(g_2)=y,f(g_3)=z$。因为$(G,\cdot)$是群,所以由已知条件知

$$
\begin{aligned}
x*(y*z) &= f(g_1)*(f(g_2)*f(g_3)) = f(g_1)*f(g_2\cdot g_3) \\
&= f(g_1\cdot(g_2\cdot g_3)) = f((g_1\cdot g_2)\cdot g_3) \\
&= f(g_1\cdot g_2)*f(g_3) = (f(g_1)*f(g_2))*f(g_3) \\
&= (x*y)*z
\end{aligned}
$$

(3) 幺元:设$(G,\cdot)$的幺元为 e,则 $f(e)\in S$ 为$(S,*)$的幺元。

对于 $\forall x\in S$,因为 f 是 G 到 S 的一个满射,所以 $\exists g\in G$,使得 $f(g)=x$。又因为$(G,\cdot)$为群,所以

$$x*f(e)=f(g)*f(e)=f(g\cdot e)=f(g)=x$$

同理,$f(e)*x=x$。

(4) 逆元:对于 $\forall x\in S$,因为 f 是 G 到 S 的一个满射,所以 $\exists g\in G$,使得 $f(g)=x$。又因为$(G,\cdot)$是群,由 $g\in G$ 知 $g^{-1}\in G$,从而知 $f(g^{-1})\in S$ 是 x 的逆元。因此

$$x*f(g^{-1})=f(g)*f(g^{-1})=f(g\cdot g^{-1})=f(e)$$

同理,$f(g^{-1})*x=f(e)$。

综上,$(S,*)$为群。

例 11.13:设 $A=\{a_1,a_2,a_3,a_4,a_5,a_6\}$,$A$ 上的运算 $*$ 由表 11.4 给出。

表 11.4 6 个元素的运算表

*	a_1	a_2	a_3	a_4	a_5	a_6
a_1	a_1	a_2	a_3	a_4	a_5	a_6
a_2	a_2	a_1	a_5	a_6	a_3	a_4
a_3	a_3	a_6	a_1	a_5	a_4	a_2
a_4	a_4	a_5	a_6	a_1	a_2	a_3
a_5	a_5	a_4	a_2	a_3	a_6	a_1
a_6	a_6	a_3	a_4	a_2	a_1	a_5

由表 11.4 不难看出，$*$ 是 A 上的闭运算。显然，a_1 是幺元。

可以验证，对于 $\forall x,y,z\in A$，有 $x*(y*z)=(x*y)*z$，即 $*$ 满足结合律，且有 $a_2^{-1}=a_2, a_3^{-1}=a_3, a_4^{-1}=a_4, a_5^{-1}=a_6, a_6^{-1}=a_5$，故 $(A,*)$ 是一个群。

定理 11.4：设 $(G,*)$ 是一个群，则

(1) 对于 $\forall g\in G$，$(g^{-1})^{-1}=g$。

(2) 对于 $\forall g_1,g_2\in G$，$(g_1*g_2)^{-1}=g_2^{-1}*g_1^{-1}$。

证明：

(1) 因为 $g*g^{-1}=g^{-1}*g=e$，由逆元的定义可以直接得到 $(g^{-1})^{-1}=g$。

(2) 因为

$$(g_1*g_2)*(g_2^{-1}*g_1^{-1}) = g_1*(g_2*g_2^{-1})*g_1^{-1} = g_1*e*g_1^{-1} = g_1*g_1^{-1} = e$$

且

$$(g_2^{-1}*g_1^{-1})*(g_1*g_2) = g_2^{-1}*(g_1^{-1}*g_1)*g_2 = g_2^{-1}*e*g_2 = g_2^{-1}*g_2 = e$$

由逆元的定义知，$(g_1*g_2)^{-1}=g_2^{-1}*g_1^{-1}$。

例 11.14：设 $(G,*)$ 是一个群，R 是 G 上的一个二元关系，且对于 $\forall x,y\in G$，$(x,y)\in R$ 当且仅当 $\exists\theta\in G$，使得 $y=\theta*x*\theta^{-1}$。证明 R 是 G 上的等价关系。

证明：

(1) 自反性：对于 $\forall x\in G$。因为 $(G,*)$ 为一个群，所以 $\exists\theta=e\in G$，使得 $x=e*x*e^{-1}=\theta*x*\theta^{-1}$。由 R 的定义知，$(x,x)\in R$。

(2) 对称性：对于 $\forall x,y\in G$，若 $(x,y)\in R$，则 $\exists\theta\in G$，使得 $y=\theta*x*\theta^{-1}$。因为 $(G,*)$ 为一个群，所以 $\exists\theta_1=\theta^{-1}\in G$，使得

$$\theta^{-1}*y*\theta = \theta^{-1}*(\theta*x*\theta^{-1})*\theta = (\theta^{-1}*\theta)*x*(\theta^{-1}*\theta) = e*x*e = x$$

即有 $x=\theta^{-1}*y*(\theta^{-1})^{-1}=\theta_1*y*\theta_1^{-1}$，由 R 的定义知，$(y,x)\in R$。

(3) 传递性：对于 $\forall x,y,z\in G$，若 $(x,y)\in R$，$(y,z)\in R$，则由 R 的定义知，$\exists\theta_1,\theta_2\in G$，使得 $y=\theta_1*x*\theta_1^{-1}$，$z=\theta_2*y*\theta_2^{-1}$。因为 $(G,*)$ 是一个群，所以由 $\theta_1,\theta_2\in G$ 知，$\exists\theta=\theta_2*\theta_1\in G$，使得

$$z = \theta_2 * y * \theta_2^{-1} = \theta_2 * (\theta_1 * x * \theta_1^{-1}) * \theta_2^{-1} = (\theta_2 * \theta_1) * x * (\theta_1^{-1} * \theta_2^{-1})$$
$$= (\theta_2 * \theta_1) * x * (\theta_2 * \theta_1)^{-1} = \theta * x * \theta^{-1}$$

由 R 的定义知，$(x,z) \in R$。

综上，R 是 G 上的等价关系。

定义 11.14：设 $(S, \cdot)$ 是一个代数系统。对于任意的 $x,y,z \in S$，

- 如果 $x \cdot y = x \cdot z$，那么 $y = z$，则称"·"运算满足左消去律。
- 如果 $y \cdot x = z \cdot x$，那么 $y = z$，则称"·"运算满足右消去律。

定理 11.5：设 $(G, \cdot)$ 是一个群，则"·"运算分别满足左、右消去律。

证明：对于任意的 $x,y,z \in G$，若 $x \cdot y = x \cdot z$，因为 $(G, \cdot)$ 是群，所以 $x^{-1} \cdot (x \cdot y) = x^{-1} \cdot (x \cdot z)$，从而有 $(x^{-1} \cdot x) \cdot y = (x^{-1} \cdot x) \cdot z$，$e \cdot y = e \cdot z$，因此 $y = z$。故"·"运算满足左消去律。

若 $y \cdot x = z \cdot x$，因为 $(G, \cdot)$ 是群，所以 $(y \cdot x) \cdot x^{-1} = (z \cdot x) \cdot x^{-1}$，从而有 $y \cdot (x \cdot x^{-1}) = z \cdot (x \cdot x^{-1})$，$y \cdot e = z \cdot e$，因此 $y = z$。故"·"运算满足右消去律。

11.3.3 群的同态、同构

定义 11.15：设 $(G, \cdot)$ 和 $(A, *)$ 是两个群，f 是 G 到 A 的一个映射。若对于任意的 x，$y \in G$，有

$$f(x \cdot y) = f(x) * f(y)$$

则称 f 是 G 到 A 的群同态映射。进一步，若 f 是单射，则称 f 是单一同态；若 f 是满射，则称 f 是满同态；若 f 是双射，则称 f 是同构映射，并称群 $(G, \cdot)$ 和 $(A, *)$ 是两个同构的群。

例 11.15：设 $(G, \cdot)$ 和 $(A, *)$ 是两个任意的群，e_2 是群 $(A, *)$ 的幺元。现定义 $\varphi: G \to A$，且对于任意的 $x \in G$，$\varphi(x) = e_2$。证明 φ 是 G 到 A 的群同态映射。

证明：对于任意的 $x,y \in G$，因为 $(G, \cdot)$ 和 $(A, *)$ 为群，所以由 $x,y \in G$ 知 $x \cdot y \in G$。根据 φ 的定义有

$$\varphi(x \cdot y) = e_2 = e_2 * e_2 = \varphi(x) * \varphi(y)$$

所以，φ 是 G 到 A 的群同态映射。

定义 11.16：设 $(G, \cdot)$ 是一个群，f 是 G 到 G 的一个映射。若 f 是同态映射，称 f 为群 G 上的自同态映射。若 f 是同构映射，称 f 为群 G 上的自同构映射。

例 11.16：$\mathbf{Z}_6 = \{\bar{0}, \bar{1}, \bar{2}, \bar{3}, \bar{4}, \bar{5}\}$，$\oplus$ 为 $\mathbf{Z}_6$ 上的二元运算，且对于 $\bar{x}, \bar{y} \in \mathbf{Z}_6$，有

$$\bar{x} \oplus \bar{y} = \begin{cases} \overline{x+y}, & x+y < 6 \\ \overline{x+y-6}, & x+y \geqslant 6 \end{cases}$$

可以验证 $(\mathbf{Z}_6, \oplus)$ 是一个群。现定义映射 $f: \mathbf{Z}_6 \to \mathbf{Z}_6$ 和 $g: \mathbf{Z}_6 \to \mathbf{Z}_6$ 如下：

$$f:\begin{array}{l}\bar{0}\to\bar{0}\\ \bar{1}\to\bar{5}\\ \bar{2}\to\bar{4}\\ \bar{3}\to\bar{3}\\ \bar{4}\to\bar{2}\\ \bar{5}\to\bar{1}\end{array}\qquad g:\begin{array}{l}\bar{0}\to\bar{0}\\ \bar{1}\to\bar{2}\\ \bar{2}\to\bar{4}\\ \bar{3}\to\bar{0}\\ \bar{4}\to\bar{2}\\ \bar{5}\to\bar{4}\end{array}$$

显然,f 是一个自同构映射,g 是一个自同态映射。

定理 11.6:设$(G,\cdot)$和$(A,*)$是两个任意的群,f 是 G 到 A 的一个群同态映射。

(1) 对于$(G,\cdot)$的幺元 e_1 和$(A,*)$的幺元 e_2,有 $f(e_1)=e_2$。

(2) 对于 $\forall x\in G$,有 $f(x^{-1})=(f(x))^{-1}$。

证明:

(1) 因为$(G,\cdot)$和$(A,*)$是两个任意的群,且 f 是 G 到 A 的一个群同态映射,所以

$$f(e_1)*e_2=f(e_1)=f(e_1\cdot e_1)=f(e_1)*f(e_1)$$

根据群的左消去律,有 $f(e_1)=e_2$。

(2) 对于 $\forall x\in G$,因为$(G,\cdot)$和$(A,*)$是两个任意的群,且 f 是 G 到 A 的一个群同态映射,所以

$$f(e_1)=f(x\cdot x^{-1})=f(x)*f(x^{-1})=e_2=f(x)*(f(x))^{-1}$$

根据群的左消去律,有 $f(x^{-1})=(f(x))^{-1}$。

例 11.17:已知$(G,\cdot)$是一个群,$\forall g\in G$,f_g 是 G 到 G 的映射,且对于 $\forall x\in G$,$f_g(x)=g\cdot x$。

(1) 证明 f_g 是 G 到 G 的双射。

(2) 令 $A=\{f_g\mid g\in G, f_g$ 为如上定义的 G 到 G 的映射$\}$,"$\circ$"是映射的复合运算。证明$(A,\circ)$是一个群。

证明:

(1) 单射:对于 $x,y\in G$,若 $f_g(x)=f_g(y)$,则由 f_g 的定义知 $g\cdot x=g\cdot y$。因为$(G,\cdot)$是群,且群满足左消去律,所以 $x=y$。

满射:对于 $\forall y\in G$,因为$(G,\cdot)$是一个群,且 $g\in G$,所以 $\exists x=g^{-1}\cdot y\in G$,使得 $f_g(x)=g\cdot(g^{-1}\cdot y)=(g\cdot g^{-1})\cdot y=e\cdot y=y$。

综上,f_g 是 G 到 G 的双射。

(2) 闭运算:对于 $\forall f_{g_1},f_{g_2}\in A$,由 A 的定义知,$g_1,g_2\in G$。因为$(G,\cdot)$是一个群,所以 $g_1\cdot g_2\in G$。对于 $\forall x\in G$,有

$$f_{g_1\cdot g_2}(x)=(g_1\cdot g_2)\cdot x=g_1\cdot(g_2\cdot x)=g_1\cdot(f_{g_2}(x))=f_{g_1}(f_{g_2}(x))=f_{g_1}\circ f_{g_2}(x)$$

由函数相等的定义知,$f_{g_1}\circ f_{g_2}=f_{g_1\cdot g_2}\in A$。

结合律:由定理 8.2 知,函数的复合满足结合律。

幺元:设 e 是群$(G,\cdot)$的幺元,则 f_e 是$(A,\circ)$的幺元。因为对于 $\forall f_g\in A$,且对于

$\forall x \in G$,有

$$f_g \circ f_e(x) = f_g(f_e(x)) = f_g(e \cdot x) = f_g(x)$$

由函数相等的定义知,$f_g \circ f_e = f_g$。同理可证,$f_e \circ f_g = f_g$。

逆元:对于$\forall f_g \in A$,由 A 定义知,$g \in G$。因为$(G,\cdot)$是群,所以 $g^{-1} \in G$。$f_{g^{-1}}$ 为 f_g 的逆元。因为对于$\forall x \in G$,有

$$f_g \circ f_{g^{-1}}(x) = f_g(f_{g^{-1}}(x)) = f_g(g^{-1} \cdot x) = g \cdot (g^{-1} \cdot x) = (g \cdot g^{-1}) \cdot x = e \cdot x = f_e(x)$$

由函数相等的定义知,$f_g \circ f_{g^{-1}} = f_e$。同理可证,$f_{g^{-1}} \circ f_g = f_e$。

综上,$(A,\circ)$是一个群。

11.3.4 无限群、有限群、交换群和元的阶

定义 11.17:设$(G,\cdot)$是一个群。

(1) 若 G 是无限集,则称$(G,\cdot)$是无限群。

(2) 若 G 是有限集,且$|G|=n$,则称$(G,\cdot)$是 n 阶有限群。

(3) 对于 G 中的任意两个元素 $a,b \in G$,若有

$$a \cdot b = b \cdot a$$

则称$(G,\cdot)$是交换群,又称之为阿贝尔(Abel)群。

定义 11.18:设$(G,\cdot)$是一个群,$g \in G$。若存在一个正整数 n,使得

$$\underbrace{g \cdot g \cdot \cdots \cdot g}_{n个g} = g^n = e$$

且对于任意的正整数 $m(m<n)$,有

$$g^m \neq e$$

则称 g 是一个 n 阶元,或称 n 为 g 的阶,记为 $o(g)=n$。

若对于任意的正整数 n,有

$$g^n \neq e$$

则称 g 是无限阶元,记为 $o(g)=\infty$。

在整数加群$(\mathbf{Z},+)$中,对于任意的 $a \in \mathbf{Z}(a \neq 0)$,因为对于任意的正整数 n,有

$$\underbrace{a + a + \cdots + a}_{n个a} = na \neq 0$$

所以,$o(a)=\infty$。

在模 6 的整数加群$(\mathbf{Z}_6,\oplus)$中,有

$$\underbrace{\bar{1} + \bar{1} + \cdots + \bar{1}}_{6个\bar{1}} = \bar{0}$$

$$\bar{2} + \bar{2} + \bar{2} = \bar{0}$$

$$\bar{3} + \bar{3} = \bar{0}$$

$$\bar{4} + \bar{4} + \bar{4} = \bar{0}$$

$$\underbrace{\bar{5}+\bar{5}+\cdots+\bar{5}}_{6个\bar{5}}=\bar{0}$$

所以，$o(\bar{1})=6, o(\bar{2})=3, o(\bar{3})=2, o(\bar{4})=3, o(\bar{5})=6$。

定理 11.7：设$(G,\cdot)$是一个交换群，对于任意的$a,b\in G$，有$(a\cdot b)^n=a^n\cdot b^n$。

证明：对于任意的$a,b\in G$，因为$(G,\cdot)$是一个交换群，所以

$$(a\cdot b)^n=\underbrace{(a\cdot b)\cdot(a\cdot b)\cdot\cdots\cdot(a\cdot b)}_{n个(a\cdot b)}=\underbrace{(a\cdot a\cdot\cdots\cdot a)}_{n个a}\cdot\underbrace{(b\cdot b\cdot\cdots\cdot b)}_{n个b}=a^n\cdot b^n$$

定理 11.8：设$(G,\cdot)$是一个有限群。$a\in G$，且$o(a)=n$。证明$a^k=e$当且仅当$n|k$。

证明：必要性：设$n\nmid k$，则$k=nm+r$，其中$0<r<n$。因为$a^k=e$，所以

$$e=a^k=a^{nm+r}=a^{nm}\cdot a^r=(a^n)^m\cdot a^r=e^m\cdot a^r=e\cdot a^r=a^r$$

与$o(a)=n$矛盾。故$n|k$。

充分性：因为$n|k$，且$o(a)=n$，所以$k=nm$。于是

$$a^k=a^{nm}=(a^n)^m=e^m=e$$

例 11.18：设$(G,\cdot)$是一个交换群，对于任意的$a,b\in G$，若$o(a)=m, o(b)=n$，且$(n,m)=1$，则

$$o(a\cdot b)=mn$$

证明：因为$(G,\cdot)$是一个交换群，且$o(a)=m, o(b)=n$，所以

$$(a\cdot b)^{mn}=a^{mn}\cdot b^{mn}=(a^m)^n\cdot(b^n)^m=e^n\cdot e^m=e\cdot e=e$$

对于任意正整数k，若$(a\cdot b)^k=e$，则

$$(a\cdot b)^{kn}=((a\cdot b)^k)^n=e^n=e$$

且

$$(a\cdot b)^{kn}=a^{kn}\cdot b^{kn}=a^{kn}\cdot(b^n)^k=a^{kn}\cdot e^k=a^{kn}\cdot e=a^{kn}$$

所以$a^{kn}=e$。已知$o(a)=m$，故由定理11.8知$m|kn$，又$(n,m)=1$，所以$m|k$。

同理可证$n|k$。又因为$(n,m)=1$，因此$mn|k$。

综上所述，$o(a\cdot b)=mn$。

例 11.19：设$(G,\cdot)$是一个群，f是G到G的同态映射，证明对于$\forall a\in G$，$f(a)$的阶不大于a的阶。

证明：令$o(a)=n$，则$a^n=e$。因为$(G,\cdot)$是一个群，且f是G到G的同态映射，所以

$$(f(a))^n=\underbrace{f(a)\cdot f(a)\cdot\cdots\cdot f(a)}_{n个f(a)}=f(\underbrace{a\cdot a\cdot\cdots\cdot a}_{n个a})=f(a^n)=f(e)=e$$

由阶的定义知，$f(a)$的阶不大于n，即$f(a)$的阶不大于a的阶。

群是只有一种代数运算的代数系统，可以看到，一个代数运算用什么符号来表示，这并不是一个关键问题，可以由我们自由决定，有时可以用“$*$”，有时可以用“$\cdot$”或“$+$”或“$\oplus$”等。对于一个一般的群，不一定可交换，即未必满足交换律，以后常用“$\cdot$”(读作“点乘”)来表示它所具有的二元运算，称该群为乘法群。“群G”即表示一个群$(G,\cdot)$，其中“$\cdot$”运算是泛指的，绝不是数的乘法运算。

通常称一个交换群为加法群，并用“$+$”来表示它的二元运算，此时的“$+$”绝不是数的加

法运算，也是泛指一个满足交换律的二元运算。在一个加法群$(G,+)$中，用“0”表示幺元，对于任意的$g\in G$，其逆元记为$-g$。

11.4 群的几个等价定义

群是一个最重要的代数系统，对于群，从不同的角度出发，可以得到几个不同的定义。

定理 11.9：设$(G,\cdot)$是一个半群。若

(1) 存在$e\in G$是G中的左幺元。

(2) 对于任意的$g\in G$，存在左逆元$g'\in G$，使得$g'\cdot g=e$。

则$(G,\cdot)$是一个群。

证明：对于任意的$g\in G$，存在左逆元$g'\in G$，使得$g'\cdot g=e$。由$g'\in G$知，又存在$g''\in G$，使得$g''\cdot g'=e$。于是有

$$\begin{aligned} g\cdot g' &= e\cdot(g\cdot g') = (g''\cdot g')\cdot(g\cdot g') = g''\cdot(g'\cdot g)\cdot g' \\ &= g''\cdot e\cdot g' = g''\cdot(e\cdot g') = g''\cdot g' = e \end{aligned}$$

即有

$$g\cdot g' = e$$

于是

$$g\cdot e = g\cdot(g'\cdot g) = (g\cdot g')\cdot g = e\cdot g = g$$

即e是右幺元，所以e是幺元。

进而由$g\cdot g'=e$和$g'\cdot g=e$两式知，g'就是g的逆元，即$g'=g^{-1}$。

综上所述，$(G,\cdot)$是一个群。

定理 11.9 表明，群的定义条件可以减弱，但实际上表面减弱的定义与原定义是等价的。为了方便起见，仍用原定义条件。

定理 11.10：设$(G,\cdot)$是一个半群，则$(G,\cdot)$是群当且仅当对于G中任意两个元素a和b来说，方程$a\cdot x=b$和$y\cdot a=b$在G中有解。

证明：先证必要性。设a和b是G中任意两个元素，因为$(G,\cdot)$是群，所以$a^{-1}\in G$。从而$\exists a^{-1}\cdot b, b\cdot a^{-1}\in G$，使得

$$a\cdot(a^{-1}\cdot b) = (a\cdot a^{-1})\cdot b = e\cdot b = b$$

$$(b\cdot a^{-1})\cdot a = b\cdot(a^{-1}\cdot a) = b\cdot e = b$$

即，$a^{-1}\cdot b$是$a\cdot x=b$的一个解，$b\cdot a^{-1}$是$y\cdot a=b$的一个解。

再证充分性。对于任意元素$a\in G$，由已知条件$y\cdot a=b$在G中有解知，存在$e\in G$，使得$e\cdot a=a$。

对于任意元素$g\in G$，由已知条件$a\cdot x=g$在G中有解知，存在$b\in G$，使得$a\cdot b=g$。于是

$$e\cdot g = e\cdot(a\cdot b) = (e\cdot a)\cdot b = a\cdot b = g$$

故e是G中的左幺元。

又，对于 G 中任意元素 g，由已知条件 $y \cdot g=e$ 在 G 中有解知，存在 $g' \in G$，使得

$$g' \cdot g = e$$

故 g' 是 g 的左逆元。

最后，由定理 11.9 知 $(G, \cdot)$ 是一个群。

$\mathbf{N}$ 是自然数集，在含幺半群 $(\mathbf{N}, +)$ 中，对于任意的 $a,b \in \mathbf{N}$，方程 $x+a=b$ 在 $\mathbf{N}$ 中不一定有解。把自然数集扩大为整数集 $\mathbf{Z}$ 后，在 $(\mathbf{Z}, +)$ 中对于任意的 $a,b \in \mathbf{Z}$，方程 $x+a=b$ 在 $\mathbf{Z}$ 中一定有解。

定理 11.10 给出了群的又一个等价定义。对于有限群，还可以有一个更简单的定理。

定理 11.11：设 G 是一个非空有限集，$(G, \cdot)$ 是一个半群。若"$\cdot$"满足左、右消去律，即对于任意的 $a,b,c \in G$，满足：

- 如果 $a \cdot b=a \cdot c$，那么 $b=c$；
- 如果 $b \cdot a=c \cdot a$，那么 $b=c$。

则 $(G, \cdot)$ 是一个群。

证明：先证对于 G 中任意两个元素 a 和 b，方程 $a \cdot x=b$ 在 G 中有解。

不妨设 $G=\{g_1, g_2, \cdots, g_n\}$，则 $a \cdot G=\{a \cdot g_1, a \cdot g_2, \cdots, a \cdot g_n\}$

由于"$\cdot$"是封闭的，所以 $a \cdot G \subseteq G$。

作 G 到 $a \cdot G$ 的映射 f：$G \rightarrow a \cdot G$，且对于 $\forall g_i \in G$，$f(g_i)=a \cdot g_i (1 \leqslant i \leqslant n)$。显然，$f$ 是满射。

若 $\forall g_i, g_j \in G$，若 $f(g_i)=f(g_j)$，即 $a \cdot g_i=a \cdot g_j$，则由左消去律知，$g_i=g_j$，故 f 是单射。

因此，f 是双射，从而有 $|a \cdot G|=|G|$。

又因为 G 是有限集，且 $a \cdot G \subseteq G$，所以 $a \cdot G=G$。

因为 $b \in G$，所以 $b \in a \cdot G$，即存在 $g \in G$，使得 $b=a \cdot g$。也就是说 $a \cdot x=b$ 在 G 中有解 g。

同理可证，$y \cdot a=b$ 在 G 中也有解。

最后由定理 11.10 知，$(G, \cdot)$ 是群。

11.5 变换群和置换群

设 A 是一个任意的非空集合，A^A 是以 A 到 A 的所有映射为元素的集合，即

$$A^A = \{f \mid f: A \rightarrow A\}$$

对于任意的 $f,g \in A^A$，$f \circ g$ 是映射 f 与映射 g 的复合映射，由映射复合的定义知，$f \circ g \in A^A$。

$\Delta_A=\{(x,x) \mid x \in A\} \in A^A$，由映射复合的定义知

$$f \circ \Delta_A = \Delta_A \circ f = f$$

即 Δ_A 是幺元。

又因为映射的复合运算满足结合律，所以 $(A^A, \circ)$ 是一个含幺半群。

11.5.1 变换群

定义 11.19：设 A 是一个非空集合，G 是由 A 到 A 的一些映射构成的集合，若 G 是关于运算"$\circ$"构成的一个群，则称 $(G,\circ)$ 是集合 A 上的一个变换群。

例 11.20：令 $\bigcup(A^A)=\{f\in A^A\mid f$ 为双射$\}$，则 $(\bigcup(A^A),\circ)$ 是集合 A 上的一个变换群。

证明：

(1) 闭运算：对于任意的 $f,g\in\bigcup(A^A)$，因为 f 和 g 都是 A 上的双射，所以由定理 8.3 知 $f\circ g$ 也是双射，因此 $f\circ g\in\bigcup(A^A)$。

(2) 结合律：由第 8 章定理知，"$\circ$"也是 $\bigcup(A^A)$ 上的可结合的二元运算。

(3) 幺元：显然，$\Delta_A\in\bigcup(A^A)$ 是幺元。

(4) 逆元：对于任意的 $f\in\bigcup(A^A)$，因为 f 是双射，所以存在 $f^{-1}\in\bigcup(A^A)$，使得

$$f\circ f^{-1}=f^{-1}\circ f=\Delta_A$$

综上所述，$(\bigcup(A^A),\circ)$ 是一个群。

对于任意的 $f\in\bigcup(A^A)$，称 f 为集合 A 上的一个变换。

例 11.21：$\mathbf{R}$ 是实数集，$G=\{f_{a,b}\mid a\neq 0,a,b\in\mathbf{R}$，对于 $\forall x\in\mathbf{R},f_{a,b}(x)=ax+b\}$，则 $(G,\circ)$ 是实数集 $\mathbf{R}$ 上的一个变换群。

证明：

(1) 闭运算：对于任意的 $f_{a,b},f_{c,d}\in G$，由 G 的定义知，$a\neq 0,c\neq 0,a,b,c,d\in\mathbf{R}$。对于任意的 $x\in\mathbf{R}$，有

$$f_{a,b}\circ f_{c,d}(x)=f_{a,b}(f_{c,d}(x))=f_{a,b}(cx+d)=a(cx+d)+b=acx+ad+b$$

因为 $a\neq 0,c\neq 0$，所以 $ac\neq 0,ac,ad+b\in\mathbf{R}$，所以

$$f_{a,b}\circ f_{c,d}(x)=f_{ac,ad+b}(x)$$

由函数相等的定义知 $f_{a,b}\circ f_{c,d}=f_{ac,ad+b}\in G$。

(2) 结合律：因为"$\circ$"是映射的复合运算，所以"$\circ$"是可结合的二元运算。

(3) 幺元：$f_{1,0}\in G$ 为幺元。因为对于任意的 $f_{a,b}\in G$，且对于 $\forall x\in\mathbf{R}$，有

$$f_{a,b}\circ f_{1,0}(x)=f_{a,b}(f_{1,0}(x))=f_{a,b}(1x+0)=f_{a,b}(x)$$

由函数相等的定义知 $f_{a,b}\circ f_{1,0}=f_{a,b}$。同理可证 $f_{1,0}\circ f_{a,b}=f_{a,b}$。

(4) 逆元：对于任意的 $f_{a,b}\in G$，因为 $a\neq 0$，且 $a,b\in\mathbf{R}$，所以 $\frac{1}{a}\neq 0$，且 $\frac{1}{a},-\frac{1}{a}b\in\mathbf{R}$，于是 $f_{\frac{1}{a},-\frac{1}{a}b}$ 为 $f_{a,b}$ 的逆元。因为，对于 $\forall x\in\mathbf{R}$，有

$$\begin{aligned}f_{\frac{1}{a},-\frac{1}{a}b}\circ f_{a,b}(x)&=f_{\frac{1}{a},-\frac{1}{a}b}(f_{a,b}(x))=f_{\frac{1}{a},-\frac{1}{a}b}(ax+b)\\&=\frac{1}{a}(ax+b)+(-\frac{1}{a}b)=x+0=f_{1,0}(x)\end{aligned}$$

由函数相等的定义知，$f_{\frac{1}{a},-\frac{1}{a}b}\circ f_{a,b}=f_{1,0}$。同理可证，$f_{a,b}\circ f_{\frac{1}{a},-\frac{1}{a}b}=f_{1,0}$。

综上所述，$(G,\circ)$ 是实数集 $\mathbf{R}$ 上的一个变换群。

11.5.2 置换群

定义 11.20：设 A 是一个非空有限集。

(1) 称 A 上的一个变换群为 A 上的一个置换群。

(2) 对于任意的 $f\in \bigcup(A^A)$，称 f 为集合 A 上的一个置换。

下面针对非空有限集 A 深入讨论置换群($\bigcup(A^A)$，$\circ$)。

定义 11.21：设 $A=\{1,2,\cdots,n\}$，从集合 A 到 A 的一个双射 σ 称为 A 的一个 n 阶置换。记为

$$\sigma=\begin{bmatrix}1 & 2 & \cdots & n\\ \sigma(1) & \sigma(2) & \cdots & \sigma(n)\end{bmatrix}$$

称 n 阶置换$\begin{bmatrix}1 & 2 & \cdots & n\\ 1 & 2 & \cdots & n\end{bmatrix}$为恒等置换。

例 11.22：设 $A=\{1,2,3\}$，则

$\begin{bmatrix}1 & 2 & 3\\ 1 & 2 & 3\end{bmatrix}$，$\begin{bmatrix}1 & 2 & 3\\ 1 & 3 & 2\end{bmatrix}$，$\begin{bmatrix}1 & 2 & 3\\ 2 & 3 & 1\end{bmatrix}$，$\begin{bmatrix}1 & 2 & 3\\ 2 & 1 & 3\end{bmatrix}$，$\begin{bmatrix}1 & 2 & 3\\ 3 & 1 & 2\end{bmatrix}$，$\begin{bmatrix}1 & 2 & 3\\ 3 & 2 & 1\end{bmatrix}$

是 A 上的 6 个置换。

定义 11.22：设 $A=\{1,2,\cdots,n\}$，称($\bigcup(A^A)$，$\circ$)为 n 次对称群，记为 S_n，即

$$S_n=\bigcup(A^A)$$

定理 11.12：设 $A=\{1,2,\cdots,n\}$，则 $|S_n|=n!$。

证明：对于任意的 $\sigma\in S_n$，σ 可以表示如下：

$$\sigma=\begin{bmatrix}1 & 2 & \cdots & n\\ \sigma(1) & \sigma(2) & \cdots & \sigma(n)\end{bmatrix}$$

因为 σ 是双射，所以，$\sigma(1),\sigma(2),\cdots,\sigma(n)$ 是 $1,2,\cdots,n$ 的一种全排列，共 $n!$ 个排列，因此 $|S_n|=n!$。

定义 11.23：设 $\sigma,\tau\in S_n$，$\circ$ 是 S_n 上的二元运算，$\sigma\circ\tau$ 表示对 A 中元素先进行 τ 置换，接着应用 σ 置换。

例如，$A=\{1,2,3,4\}$，两个置换如下：

$$\sigma=\begin{bmatrix}1 & 2 & 3 & 4\\ 2 & 3 & 1 & 4\end{bmatrix},\quad \tau=\begin{bmatrix}1 & 2 & 3 & 4\\ 2 & 3 & 4 & 1\end{bmatrix}$$

有

$$\sigma\circ\tau=\begin{bmatrix}1 & 2 & 3 & 4\\ 2 & 3 & 1 & 4\end{bmatrix}\circ\begin{bmatrix}1 & 2 & 3 & 4\\ 2 & 3 & 4 & 1\end{bmatrix}=\begin{bmatrix}1 & 2 & 3 & 4\\ 3 & 1 & 4 & 2\end{bmatrix}$$

$$\tau\circ\sigma=\begin{bmatrix}1 & 2 & 3 & 4\\ 2 & 3 & 4 & 1\end{bmatrix}\circ\begin{bmatrix}1 & 2 & 3 & 4\\ 2 & 3 & 1 & 4\end{bmatrix}=\begin{bmatrix}1 & 2 & 3 & 4\\ 3 & 4 & 2 & 1\end{bmatrix}$$

在计算中，利用下面的方法，可以很快求得结果：

$$\begin{bmatrix}1&2&3&4\\2&3&1&4\end{bmatrix}\circ\begin{bmatrix}1&2&3&4\\2&3&4&1\end{bmatrix}=\begin{bmatrix}2&3&4&1\\3&1&4&2\end{bmatrix}\circ\begin{bmatrix}1&2&3&4\\2&3&4&1\end{bmatrix}=\begin{bmatrix}1&2&3&4\\3&1&4&2\end{bmatrix}$$

再看一个算例：

$$\begin{bmatrix}1&2&3&4\\2&3&4&1\end{bmatrix}\circ\begin{bmatrix}1&2&3&4\\2&3&1&4\end{bmatrix}=\begin{bmatrix}2&3&1&4\\3&4&2&1\end{bmatrix}\circ\begin{bmatrix}1&2&3&4\\2&3&1&4\end{bmatrix}=\begin{bmatrix}1&2&3&4\\3&4&2&1\end{bmatrix}$$

定义 11.24 （k-循环置换） 设 $A=\{1,2,\cdots,n\}$，$\{i_1,i_2,\cdots,i_k\}\subseteq A$，设 $\sigma\in S_n$，若 $\sigma(i_1)=i_2$，$\sigma(i_2)=i_3$，$\cdots$，$\sigma(i_k)=i_1$，且 $\sigma(i_l)=i_l(i_l\notin\{i_1,i_2,\cdots,i_k\})$，即 A 中其他元素保持不变，则称 σ 为一个 k-循环置换，简称为 k-循环，记为

$$\sigma=(i_1i_2\cdots i_k)=(i_2i_3\cdots i_ki_1)=(i_3i_4\cdots i_1i_2)=\cdots=(i_ki_1i_2\cdots i_{k-1})$$

例如，在 S_6 中有

$$\sigma=\begin{bmatrix}1&2&3&4&5&6\\5&4&2&1&3&6\end{bmatrix}=(15324)=(53241)=(32415)=(24153)=(41532)$$

$$\tau=\begin{bmatrix}1&2&3&4&5&6\\1&2&3&4&5&6\end{bmatrix}=(1)=(2)=(3)=(4)=(5)=(6)$$

一个任意的置换当然不一定是一个 k-循环置换。例如：

$$\sigma=\begin{bmatrix}1&2&3&4&5&6\\3&1&2&5&4&6\end{bmatrix}$$

就不是一个循环置换，然而它可以表示为循环置换的乘积：

$$\sigma=\begin{bmatrix}1&2&3&4&5&6\\3&1&2&5&4&6\end{bmatrix}=\begin{bmatrix}1&2&3&4&5&6\\3&1&2&4&5&6\end{bmatrix}\circ\begin{bmatrix}1&2&3&4&5&6\\1&2&3&5&4&6\end{bmatrix}=(132)(45)$$

定理 11.13：设 $\sigma\in S_n$，则 σ 可以写成若干个互相没有共同数字的(不相交的)k-循环置换的乘积。

证明：设 $A=\{1,2,\cdots,n\}$，$S_n=\bigcup(A^A)$。

对于任意给定的 $\sigma\in S_n$，对于任意的 $\forall i\in A$，若 $\sigma(i)=i$，称 i 为在 σ 下不动的元素，否则称 i 为在 σ 下变动的元素。对在 σ 作用下变动的元素个数采用归纳法来证明。

当变动的元素个数为 0 时，σ 是恒等置换，即 $\sigma=(1)$，定理成立。

假定当变动的元素个数小于或等于 $r-1(r\leqslant n)$ 时定理都是成立的。下面考察当变动的元素个数为 r 时定理是否成立。

任取一个在 σ 作用下变动的元素，令其为 i_1，不妨设

$$\sigma(i_1)=i_2,\quad \sigma(i_2)=i_3,\quad \cdots$$

由于 A 总共仅有 n 个不同元素，故有限步内一定会出现一个 i_k，使得

$$\sigma(i_k)\in\{i_1,i_2,\cdots,i_{k-1}\}$$

若 $\sigma(i_k)=i_j$，且 $2\leqslant j\leqslant k-1$，因为 $\sigma(i_k)=i_j$，且 $i_{j-1}\neq i_k$，与 σ 是单射(双射)矛盾，所以 $\sigma(i_k)=i_1$。

若 $k=r$，则 $\sigma=(i_1i_2\cdots i_k)$。

若 $k<r$，令 $\sigma_1\in S_n$，则

$$\sigma_1(i)=\sigma(i),\quad 1\leqslant i\leqslant n,\quad 且\quad i\notin\{i_1,i_2,\cdots,i_k\}$$

$$\sigma_1(i) = i, \quad i \in \{i_1, i_2, \cdots, i_k\}$$

显然，$(i_1 i_2 \cdots i_k)$是一个 k-循环，其变动元素的集合为$\{i_1, i_2, \cdots, i_k\}$。由于 σ 是单射(双射)，所以对于任意的 $i \notin \{i_1, i_2, \cdots, i_k\}$，$\sigma(i) \notin \{i_1, i_2, \cdots, i_k\}$，故有$\sigma_1(i) \notin \{i_1, i_2, \cdots, i_k\}$，即$\sigma_1$ 的变动元素集与$(i_1 i_2 \cdots i_k)$的变动元素集的交集是空集。

对于任意的 $i \in A$，若 $i = i_j \in \{i_1, i_2, \cdots, i_k\}$，$\sigma_1(i_j) = i_j$，而

$$((i_1 i_2 \cdots i_k) \circ \sigma_1)\mid_{i=i_j} = (i_1 i_2 \cdots i_k)\mid_{i=i_j} = \sigma(i)$$

若 $i \notin \{i_1, i_2, \cdots, i_k\}$，则$\sigma_1(i) = \sigma(i) \notin \{i_1, i_2, \cdots, i_k\}$，而

$$((i_1 i_2 \cdots i_k) \circ \sigma_1)\mid_{i} = (i_1 i_2 \cdots i_k)\mid_{\sigma(i)} = \sigma(i)$$

所以有

$$(i_1 i_2 \cdots i_k) \circ \sigma_1 = \sigma$$

在σ_1 作用下变动元素的个数为 $r-k \leqslant r-1$，由归纳假定，σ_1 可以写成若干个互相没有共同数字的循环置换的乘积，即 σ 也可以写成若干个互相没有共同数字的循环置换的乘积。

S_3 的 6 个元素可用循环置换表示如下：

$$\begin{bmatrix}1&2&3\\1&2&3\end{bmatrix}=(1) \quad \begin{bmatrix}1&2&3\\1&3&2\end{bmatrix}=(23) \quad \begin{bmatrix}1&2&3\\2&1&3\end{bmatrix}=(12)$$

$$\begin{bmatrix}1&2&3\\2&3&1\end{bmatrix}=(123) \quad \begin{bmatrix}1&2&3\\3&1&2\end{bmatrix}=(132) \quad \begin{bmatrix}1&2&3\\3&2&1\end{bmatrix}=(13)$$

例 11.23：S_4 的全体元素用循环置换分类表示如下：

$$\begin{bmatrix}1&2&3&4\\1&2&3&4\end{bmatrix}=(1)$$

$$\begin{bmatrix}1&2&3&4\\2&1&3&4\end{bmatrix}=(12) \quad \begin{bmatrix}1&2&3&4\\3&2&1&4\end{bmatrix}=(13) \quad \begin{bmatrix}1&2&3&4\\4&2&3&1\end{bmatrix}=(14)$$

$$\begin{bmatrix}1&2&3&4\\1&4&3&2\end{bmatrix}=(24) \quad \begin{bmatrix}1&2&3&4\\1&2&4&3\end{bmatrix}=(34)$$

$$\begin{bmatrix}1&2&3&4\\2&3&1&4\end{bmatrix}=(123) \quad \begin{bmatrix}1&2&3&4\\3&1&2&4\end{bmatrix}=(132) \quad \begin{bmatrix}1&2&3&4\\3&2&4&1\end{bmatrix}=(134)$$

$$\begin{bmatrix}1&2&3&4\\4&2&1&3\end{bmatrix}=(143) \quad \begin{bmatrix}1&2&3&4\\2&4&3&1\end{bmatrix}=(124) \quad \begin{bmatrix}1&2&3&4\\4&1&3&2\end{bmatrix}=(142)$$

$$\begin{bmatrix}1&2&3&4\\1&3&4&2\end{bmatrix}=(234) \quad \begin{bmatrix}1&2&3&4\\1&4&2&3\end{bmatrix}=(243)$$

$$\begin{bmatrix}1&2&3&4\\2&3&4&1\end{bmatrix}=(1234) \quad \begin{bmatrix}1&2&3&4\\2&4&1&3\end{bmatrix}=(1243) \quad \begin{bmatrix}1&2&3&4\\3&1&4&2\end{bmatrix}=(1342)$$

$$\begin{bmatrix}1&2&3&4\\4&3&1&2\end{bmatrix}=(1423) \quad \begin{bmatrix}1&2&3&4\\4&1&2&3\end{bmatrix}=(1432)$$

$$\begin{bmatrix}1&2&3&4\\2&1&4&3\end{bmatrix}=(12)(34) \quad \begin{bmatrix}1&2&3&4\\3&4&1&2\end{bmatrix}=(13)(24)$$

$$\begin{bmatrix}1&2&3&4\\4&3&2&1\end{bmatrix}=(14)(23)$$

用 k-循环置换来表示置换比较简单，且能表明每一个置换的特性。例如，在例 11.23 中可以由这种表示方法看出，S_4 的元素可以分成 5 类，每一类元素的性质一定相同。

11.6 循环群

设 $(G,\cdot)$ 是一个群，$g\in G$。

显然有 $g^2\in G, g^3\in G,\cdots$，即对于任意的正整数 n，有 $g^n\in G$。

显然有 $g^{-1}\in G, g^{-2}\in G,\cdots$，即对于任意的正整数 n，有 $g^{-n}\in G$。

规定 $g^0\in G$ 是 G 中的幺元。

综上所述，对于任意整数 $n\in\mathbf{Z}$，$g^n\in G$。

显然，$(\{g^n\mid n\in\mathbf{Z}\},\cdot)$ 是一个群。

定义 11.25：设 $(G,\cdot)$ 是一个群，$g\in G$。若 G 中每一个元素都是 g 的乘方，则称 G 为循环群，称 g 为生成元，并且用符号 $G=(g)$ 表示，即 $G=(g)=\{g^n\mid n\in\mathbf{Z}\}$。

注意，为简便起见，在本节讨论循环群 G 时，常忽略代数运算符号"·"。

定理 11.14：设 $G=(g)$ 是一个循环群，如果 $o(g)=n$，则 $|G|=n$，且

$$G=(g)=\{g^0=e,g,g^2,\cdots,g^{n-1}\}$$

证明：对于任意的 $m\in\mathbf{Z}(m\geqslant n)$，存在 $q,r\in\mathbf{Z}$，$0\leqslant r<n$，使得 $m=qn+r$。有

$$g^m=g^{qn+r}=g^{qn}\cdot g^r=e\cdot g^r=g^r\in G$$

这说明 G 至多有 n 个元素。

对于任意的 $i,j\in\mathbf{Z}$，$0\leqslant i<j\leqslant n-1$，若 $g^i=g^j$，则 $g^{j-i}=e$，而 $0\leqslant j-i<n$，与 $o(g)=n$ 矛盾，所以 $g^i\neq g^j$，即 G 中任何两个元素都不相同，所以 $|G|=n$，且

$$G=(g)=\{g^0=e,g,g^2,\cdots,g^{n-1}\}$$

定义 11.26：设 $G=(g)$ 是一个循环群。

(1) 若 $o(g)=n$，则称 G 是 n 阶有限循环群。

(2) 若 $o(g)=\infty$，则称 G 是无限循环群。

定理 11.15：设 $(G,\cdot)$ 是由 g 生成的循环群。

(1) 若 G 是 n 阶有限循环群，则 G 中含有 $\Phi(n)$ 个生成元，且对于小于或等于 n 且与 n 互素的正整数 r，g^r 是 G 的生成元。其中，$\Phi(n)$ 是指小于或等于 n 且与 n 互素的正整数的个数。

(2) 若 G 是无限循环群，则 G 只有两个生成元 g 和 g^{-1}。

证明：

(1) 只需证明对于任意的正整数 $r(r\leqslant n)$，g^r 是 G 的生成元当且仅当 r 和 n 互素。

充分性：若 r 和 n 互素，且 $r\leqslant n$，则存在整数 u 和 v 使得 $ur+vn=1$。于是对于 $\forall i\in\mathbf{Z}$，

$$g^i=g^{i(ur+vn)}=g^{iur}\cdot g^{ivn}=g^{iur}\cdot e=(g^r)^{iu}$$

所以，g^r 是 G 的生成元。

必要性：设 g^r 是 G 的生成元，则 $o(g^r)=n$。设 r 和 n 的最大公约数是 d，则存在整数

t 使得 $r=dt$。因此有 $(g^r)^{\frac{n}{d}}=(g^{dt})^{\frac{n}{d}}=(g^n)^t=e$。由定理 11.8 知，$n\left|\frac{n}{d}\right.$，从而有 $d=1$。

综上所述，G 中含有 $\Phi(n)$ 个生成元，且对于小于或等于 n 且与 n 互素的正整数 r，g^r 是 G 的生成元。

(2) 因为 g 是无限循环群 $(G,\cdot)$ 的生成元，所以对于 $\forall a\in G$，$a=g^i=(g^{-1})^{-i}$，因此，g^{-1} 也是群 $(G,\cdot)$ 的生成元。

假设 h 也是群 $(G,\cdot)$ 的生成元，对于 G 中元素 g，存在整数 s，使得 $g=h^s$。对于 $h\in G$，由于 g 是群 G 的生成元，所以存在整数 t，使得 $h=g^t$。于是 $g=h^s=g^{ts}$。由群满足消去律知 $g^{ts-1}=e$。因为 G 是无限循环群，所以 $ts-1=0$。从而有 $s=t=1$ 或 $s=t=-1$，即 $h=g$ 或 $h=g^{-1}$。

故，G 只有两个生成元 g 和 g^{-1}。

例如，$(\mathbf{Z},+)$ 是无限循环群，其生成元为 1 和 -1；$(\mathbf{Z}_8,\oplus)$ 是一个 8 阶有限循环群，其生成元为 $\bar{1}$、$\bar{3}$、$\bar{5}$ 和 $\bar{7}$ 共 4 个。

定理 11.16：任何一个无限循环群同构于整数加群，任何一个 n 阶有限循环群同构于模 n 的整数加群。

证明：

(1) 设 $G=(g)$ 是无限循环群。

作映射 φ: $\mathbf{Z}\to G$，对于任意的 $i\in\mathbf{Z}$，$\varphi(i)=g^i$，其中 $(\mathbf{Z},+)$ 是整数加群。
显然，φ 是一个满射。

对于任意的 $i_1,i_2\in\mathbf{Z}$，若 $\varphi(i_1)=\varphi(i_2)$，即 $g^{i_1}=g^{i_2}$，则有 $g^{i_1-i_2}=g^0=e$。

因为 $G=(g)$ 是一个无限循环群，对于任意的 $i\in\mathbf{Z}$，若 $i\neq 0$，则 $g^i\neq e$，所以 $i_1-i_2=0$，即 $i_1=i_2$，故 φ 是一个单射。

又因为对于任意的 $i_1,i_2\in\mathbf{Z}$，有 $\varphi(i_1+i_2)=g^{i_1+i_2}=g^{i_1}\cdot g^{i_2}=\varphi(i_1)\cdot\varphi(i_2)$，故 φ 是一个同态映射。

综上所述，φ 是同构映射，所以任何一个无限循环群同构于整数加群。

(2) 设 $G=(g)$ 是一个 n 阶有限循环群，则由定理 11.14 知

$$G=(g)=\{g^0=e,g,g^2,\cdots,g^{n-1}\}$$

作映射 φ: $\mathbf{Z}_n\to G$，对于任意的 $\bar{x}\in\mathbf{Z}_n$，$\varphi(\bar{x})=g^x$，其中 $\mathbf{Z}_n=\{\bar{0},\bar{1},\cdots,\overline{n-1}\}$，$(\mathbf{Z}_n,\oplus)$ 是一个 n 阶有限循环群。

显然，φ 是一个满射，也是一个单射，故 φ 是一个双射。

容易证明，对于任意的 $\bar{x},\bar{y}\in\mathbf{Z}_n$，有

$$\varphi(\bar{x}\oplus\bar{y})=\varphi(\bar{x})\cdot\varphi(\bar{y})$$

故 φ 是一个同态映射。

综上所述，φ 是同构映射，所以任何一个 n 阶有限循环群同构于模 n 的整数加群。

11.7 子群

Z是整数集,“+”是整数的加法运算。显然,(**Z**,+)是一个群。令 $A=\{3x \mid x\in \mathbf{Z}\}$,集合 A 是所有以 3 的倍数为元素的集合,显然 $A\subseteq \mathbf{Z}$。A 关于整数的加法运算构成的一个代数系统。$(A,+)$是一个群,它是(**Z**,+)的子群。

11.7.1 子群的定义

定义 11.27:设$(G,\cdot)$是一个群,$\varnothing\neq A\subseteq G$,若$(A,\cdot)$也是一个群,则称$(A,\cdot)$是$(G,\cdot)$的子群。有时,也可简单地说 A 是 G 的子群。

例 11.24:$(\mathbf{Z}_6,\oplus)$是一个模 6 的整数加群,$\mathbf{Z}_6=\{\bar{0},\bar{1},\bar{2},\bar{3},\bar{4},\bar{5}\}$。

$A_1=\{\bar{0}\}$,$(A_1,\oplus)$是$(\mathbf{Z}_6,\oplus)$的子群,简称 A_1 是 $\mathbf{Z}_6$ 的子群。

不难发现,$A_2=\{\bar{0},\bar{3}\}$,$A_3=\{\bar{0},\bar{2},\bar{4}\}$,也是 $\mathbf{Z}_6$ 的子群。并且 $\mathbf{Z}_6$ 的子群仅为 A_1、A_2、A_3 和 $\mathbf{Z}_6$ 本身。

例 11.25:$(S_3,\circ)$是 3 次对称群,$S_3=\{(1),(12),(13),(23),(123),(132)\}$。

S_3 的所有子群为$\{(1)\}$、$\{(1),(12)\}$、$\{(1),(23)\}$、$\{(1),(13)\}$、$\{(1),(123),(132)\}$和 S_3。

11.7.2 子群的判定定理

利用子群的定义去判定一个非空子集是否是一个子群较麻烦,下面给出若干判定定理。

定理 11.17:设$(G,\cdot)$是一个群,$\varnothing\neq A\subseteq G$,若

(1) 对于任意的 $a,b\in A$,有 $a\cdot b\in A$。

(2) 对于任意的 $a\in A$,有 $a^{-1}\in A$。

则$(A,\cdot)$是$(G,\cdot)$的子群。

证明:显然,由给定的条件(1)知,“·”是 A 上的闭运算。

因为$(G,\cdot)$是一个群,显然“·”是 G 上可结合的二元运算,而 $A\subseteq G$,所以“·”也是 A 上可结合的二元运算。

因为 $A\neq\varnothing$,所以存在 $a\in A$,由已知条件(2),有 $a^{-1}\in A$,所以 $e=a\cdot a^{-1}\in A$,即 A 中有幺元。

又由已知条件(2),A 中每个元素都有逆元。

综上所述,$(A,\cdot)$是一个群,由定义知$(A,\cdot)$是$(G,\cdot)$的子群。

例 11.26:设$(G,\cdot)$是一个群,令 $A=\{g\in G \mid 对于\ \forall x\in G,x\cdot g=g\cdot x\}$,则$(A,\cdot)$是$(G,\cdot)$的子群。

证明：

(1) 因为$(G,\cdot)$是一个群，$e\in G$为G的幺元，对于$\forall x\in G$，有$e\cdot x=x=x\cdot e$，所以$e\in A\neq\varnothing$。

(2) 对于$\forall a,b\in A\subseteq G$，则由$A$的定义知，对于任意的$x\in G$，有$a\cdot x=x\cdot a$，$b\cdot x=x\cdot b$。因为$(G,\cdot)$是一个群，所以

$$(a\cdot b)\cdot x=a\cdot(b\cdot x)=a\cdot(x\cdot b)=(a\cdot x)\cdot b=(x\cdot a)\cdot b=x\cdot(a\cdot b)$$

所以，由A的定义知，$a\cdot b\in A$。

(3) 对于任意的$a\in A\subseteq G$，由A定义知，对于任意的$x\in G$，有$a\cdot x=x\cdot a$。因为$(G,\cdot)$是一个群，所以

$$a^{-1}\cdot(a\cdot x)\cdot a^{-1}=a^{-1}\cdot(x\cdot a)\cdot a^{-1}$$

从而有

$$(a^{-1}\cdot a)\cdot(x\cdot a^{-1})=(a^{-1}\cdot x)\cdot(a\cdot a^{-1})$$

于是

$$x\cdot a^{-1}=a^{-1}\cdot x$$

由A的定义知，$a^{-1}\in A$。

由定理11.17知，$(A,\cdot)$是$(G,\cdot)$的子群。

定理11.18：设$(G,\cdot)$是一个群，$\varnothing\neq A\subseteq G$，则$(A,\cdot)$是$(G,\cdot)$的子群当且仅当对于任意的$a,b\in A$，有$a\cdot b^{-1}\in A$。

证明：

(1) 必要性：对于任意的$a,b\in A$，因为$(A,\cdot)$是$(G,\cdot)$的子群，所以$b^{-1}\in A$。又因为群满足闭运算，所以由$a,b^{-1}\in A$得$a\cdot b^{-1}\in A$。

(2) 充分性：因为$A\neq\varnothing$，所以$\exists a\in A$，由已知条件知$e=a\cdot a^{-1}\in A$。对于$\forall b\in A$，由$e,b\in A$知$b^{-1}=e\cdot b^{-1}\in A$。

对于$\forall a,b\in A$，由上知$b^{-1}\in A$。根据已知条件，由$a,b^{-1}\in A$得$a\cdot b=a\cdot(b^{-1})^{-1}\in A$。由定理11.17知$(A,\cdot)$是$(G,\cdot)$的子群。

例11.27：已知$(H,\cdot)$和$(K,\cdot)$是群$(G,\cdot)$的子群，证明$(H\cap K,\cdot)$是群$(G,\cdot)$的子群。

证明：因为$(H,\cdot)$和$(K,\cdot)$是群$(G,\cdot)$的子群，且e为G的幺元，所以$e\in H$，且$e\in K$。于是$e\in H\cap K\neq\varnothing$，且$H\cap K\subseteq G$。

对于$\forall a,b\in H\cap K$，有$a,b\in H$和$a,b\in K$。因为$(H,\cdot)$和$(K,\cdot)$是群$(G,\cdot)$的子群，所以由定理11.18知$a\cdot b^{-1}\in H$和$a\cdot b^{-1}\in K$。于是$a\cdot b^{-1}\in H\cap K$。

由定理11.18知，$(H\cap K,\cdot)$是群$(G,\cdot)$的子群。

定理11.19：设$(G,\cdot)$是一个群，$\varnothing\neq A\subseteq G$，且$A$为有限集，则$(A,\cdot)$是$(G,\cdot)$的子群当且仅当对于任意的$a,b\in A$，有$a\cdot b\in A$。

证明：必要性显然。

充分性：对于$\forall a\in A$，因为A为G的非空子集，且"$\cdot$"对A满足闭运算，所以，对于$\forall n\in\mathbf{Z}$，有$a^n\in A$。又因为A为有限集，所以必存在$i<j$使得$a^i=a^j$。于是$e=a^{j-i-1}\cdot a\in$

A,同理 $a \cdot a^{j-i-1}=e$。所以 $a^{-1}=a^{j-i-1}\in A$。

由定理 11.17 知,$(A,\cdot)$是$(G,\cdot)$的子群。

11.8 子群的陪集

本节利用群的一个子群对群进行划分,然后由此推出几个重要定理。

11.8.1 按子群划分的剩余类

Z 是整数集,n 是一个整数,把全体整数按被 n 除的余数分成剩余类,这一工作在 7.6 节已经做过了。现在,从另一个观点来考察这一问题。

$(\mathbf{Z},+)$是整数加法群。设 $A=\{nh|h\in\mathbf{Z}\}$,其中 n 是一个整数。

对于 A 中的任意的两个元素 $a=nh,b=nk$,根据 A 定义知 $h,k\in\mathbf{Z}$,于是 $h+k\in\mathbf{Z}$,$-h\in\mathbf{Z}$,故

$$a+b=n(h+k)\in A$$
$$a^{-1}=-nh\in A$$

由定理 11.17 知,A 是 **Z** 的一个子群。

把整数集 **Z** 分成剩余类时所利用的等价关系 R 是如下规定的:对于任意的 $a,b\in\mathbf{Z}$,$(a,b)\in R$ 当且仅当 $n|a-b$。

显然,$n|(a-b)$也就是存在整数 k,使得 $a-b=nk$,即 $a-b\in A$;反之,若 $a-b\in A$,也就有 $n|(a-b)$。所以,可以如下规定上面的二元关系 R:$(a,b)\in R$ 当且仅当 $a-b\in A$。

这样,也可以说,整数加群 **Z** 的剩余类是利用子群 A 来划分的。

下面把这一工作推广到一般情况。

11.8.2 右陪集

定义 11.28:设$(G,\cdot)$是一个群,$(H,\cdot)$是$(G,\cdot)$的一个子群,$a\in G$。称 $H\cdot a=\{h\cdot a|h\in H\}$为子群 H 的右陪集。

例 11.28:设 $G=S_3=\{(1),(12),(13),(23),(123),(132)\}$,$H=\{(1),(12)\}$,显然 H 是 S_3 的子群。有

$$H\circ(1)=\{(1),(12)\}$$
$$H\circ(13)=\{(13),(132)\}$$
$$H\circ(23)=\{(23),(123)\}$$

且

$$H\circ(12)=H\circ(1)$$
$$H\circ(123)=H\circ(23)$$

$$H \circ (132) = H \circ (13)$$

这样，子群 H 把整个群 $G=S_3$ 分成 $H\circ(1)$、$H\circ(13)$、$H\circ(23)$ 这 3 个不同的右陪集，它们刚好是 G 的一个划分。

下面研究右陪集与等价类之间的关系，先看以下定理。

定理 11.20：设 $(H,\cdot)$ 是群 $(G,\cdot)$ 的一个子群，在 G 上定义一个二元关系～，对于任意 $a,b\in G$，$a\sim b$ 当且仅当 $a\cdot b^{-1}\in H$，则～是 G 上的等价关系，且 $[a]_\sim=H\cdot a$。

证明：先证明～是 G 上的等价关系。

(1) 自反性：对于任意的 $a\in G$，因为 H 是 G 的一个子群，所以由定理 11.18 知，$e=a\cdot a^{-1}\in H$。由二元关系～的定义知 $a\sim a$。

(2) 对称性：对于任意的 $a,b\in G$，若 $a\sim b$，则 $a\cdot b^{-1}\in H$。因为 H 是 G 的一个子群，所以 $(a\cdot b^{-1})^{-1}=b\cdot a^{-1}\in H$。由二元关系～的定义知 $b\sim a$。

(3) 对于任意的 $a,b,c\in G$，若 $a\sim b,b\sim c$，则 $a\cdot b^{-1}\in H,b\cdot c^{-1}\in H$。因为 H 是 G 的一个子群，所以 $(a\cdot b^{-1})\cdot(b\cdot c^{-1})=a\cdot(b^{-1}\cdot b)\cdot c^{-1}=a\cdot c^{-1}\in H$。由二元关系～的定义知 $a\sim c$。

综上，～是 G 上的一个等价关系。利用这个等价关系，可以得到 G 的一个划分：

$$G/\sim=\{[a]_\sim \mid a\in G\}$$

再证 $[a]_\sim=H\cdot a$。

(1) 对于任意的 $x\in[a]_\sim$，由等价类的定义知 $x\sim a$。根据～的定义得 $x\cdot a^{-1}\in H$，即存在 $h\in H$，使得 $x\cdot a^{-1}=h$。于是 $x=h\cdot a\in H\cdot a$，所以 $[a]_\sim\subseteq H\cdot a$。

(2) 对于任意的 $x\in H\cdot a$，存在 $h\in H$，使得 $x=h\cdot a$，所以 $x\cdot a^{-1}=h\in H$。由～的定义得 $x\sim a$，根据等价类的定义知 $x\in[a]_\sim$，所以 $H\cdot a\subseteq[a]_\sim$。

综上所述，$[a]_\sim=H\cdot a$。

例 11.29：设 $G=\mathbf{Z}_6=\{\bar{0},\bar{1},\bar{2},\bar{3},\bar{4},\bar{5}\}$，由前可知 $(\mathbf{Z}_6,\oplus)$ 是模 6 加群。$H=\{\bar{0},\bar{2},\bar{4}\}$ 是 G 的子群。根据右陪集的定义知

$$H\oplus\bar{0}=\{\bar{0},\bar{2},\bar{4}\}$$

$$H\oplus\bar{1}=\{\bar{1},\bar{3},\bar{5}\}$$

$$H\oplus\bar{2}=\{\bar{0},\bar{2},\bar{4}\}$$

$$H\oplus\bar{3}=\{\bar{1},\bar{3},\bar{5}\}$$

$$H\oplus\bar{4}=\{\bar{0},\bar{2},\bar{4}\}$$

$$H\oplus\bar{5}=\{\bar{1},\bar{3},\bar{5}\}$$

根据等价关系的定义有

$$\begin{aligned}\sim=\{&(\bar{0},\bar{0}),(\bar{1},\bar{1}),(\bar{2},\bar{2}),(\bar{3},\bar{3}),(\bar{4},\bar{4}),(\bar{5},\bar{5}),\\&(\bar{0},\bar{2}),(\bar{0},\bar{4}),(\bar{2},\bar{0}),(\bar{4},\bar{0}),(\bar{2},\bar{4}),(\bar{4},\bar{2}),\\&(\bar{1},\bar{3}),(\bar{3},\bar{5}),(\bar{1},\bar{5}),(\bar{3},\bar{1}),(\bar{5},\bar{3}),(\bar{5},\bar{1})\}\end{aligned}$$

相应的等价类为

$$[\bar{0}]_{\sim}=[\bar{2}]_{\sim}=[\bar{4}]_{\sim}=\{\bar{0},\bar{2},\bar{4}\}$$

$$[\bar{1}]_{\sim}=[\bar{3}]_{\sim}=[\bar{5}]_{\sim}=\{\bar{1},\bar{3},\bar{5}\}$$

于是，有以下结论：

$$G/\sim=\{[\bar{0}]_{\sim},[\bar{1}]_{\sim}\}=\{\{\bar{0},\bar{2},\bar{4}\},\{\bar{1},\bar{3},\bar{5}\}\}$$

$$G/H=\{H\oplus\bar{0},H\oplus\bar{1}\}=\{\{\bar{0},\bar{2},\bar{4}\},\{\bar{1},\bar{3},\bar{5}\}\}$$

例 11.30：若$(H,\cdot)$是群$(G,\cdot)$的一个子群，$H\cdot a$和$H\cdot b$是两个右陪集，则$H\cdot a\cap H\cdot b=\varnothing$或$H\cdot a=H\cdot b$。

证明：设$H\cdot a\cap H\cdot b\neq\varnothing$，则$\exists x\in H\cdot a$且$x\in H\cdot b$。根据右陪集的定义知，$\exists h_1,h_2\in H$，使得$h_1\cdot a=x=h_2\cdot b$。因为$(H,\cdot)$是群$(G,\cdot)$的一个子群，所以$a=h_1^{-1}\cdot h_2\cdot b$，$b=h_2^{-1}\cdot h_1\cdot a$。

对于$\forall y\in H\cdot a$，则$\exists h\in H$，使得$y=h\cdot a=h\cdot(h_1^{-1}\cdot h_2\cdot b)$。因为$(H,\cdot)$是群$(G,\cdot)$的一个子群，所以由$h,h_2,h_1^{-1}\in H$知$h\cdot h_1^{-1}\cdot h_2\in H$，于是$y=(h\cdot h_1^{-1}\cdot h_2)\cdot b\in H\cdot b$。因此，$H\cdot a\subseteq H\cdot b$。

同理可证，$H\cdot b\subseteq H\cdot a$。

故，$H\cdot a=H\cdot b$。

11.8.3 左陪集

定义 11.29：设$(G,\cdot)$是一个群，$(H,\cdot)$是$(G,\cdot)$的一个子群，$a\in G$。称$a\cdot H=\{a\cdot h|h\in H\}$为子群$H$的左陪集。

例 11.31：设$G=S_3=\{(1),(12),(13),(23),(123),(132)\}$，$H=\{(1),(12)\}$，显然$H$是$S_3$的子群。有

$$(1)\circ H=\{(1),(12)\}$$
$$(13)\circ H=\{(13),(123)\}$$
$$(23)\circ H=\{(23),(132)\}$$

且

$$(12)\circ H=(1)\circ H$$
$$(123)\circ H=(13)\circ H$$
$$(132)\circ H=(23)\circ H$$

这样，子群H把整个群$G=S_3$分成$(1)\circ H$、$(13)\circ H$和$(23)\circ H$这3个不同的左陪集，它们刚好也是G的一个划分，然而这和由右陪集得到的划分并不相同。

定理 11.21：设$(H,\cdot)$是群$(G,\cdot)$的一个子群，在G上定义一个二元关系$\sim$，对于任意$a,b\in G$，$a\sim b$当且仅当$b^{-1}\cdot a\in H$，则$\sim$是G上的等价关系，且$[a]_{\sim}=a\cdot H$。

证明过程类似于定理 11.20 的证明。

例 11.32：设$(G,\cdot)$是一个群，$(H,\cdot)$是$(G,\cdot)$的一个子群，定义$A=\{x\in G|x\cdot H=$

$H \cdot x\}$，证明$(A, \cdot)$是$(G, \cdot)$的一个子群。

证明：(1) 因为$(H, \cdot)$是群$(G, \cdot)$的子群，e为幺元，所以$e \cdot H = H \cdot e$，从而有$e \in A \neq \varnothing$，且$A \subseteq G$。

(2) 对于任意的$a, b \in A$，有$a \cdot H = H \cdot a$，$b \cdot H = H \cdot b$，从而有$b^{-1} \cdot (b \cdot H) \cdot b^{-1} = b^{-1} \cdot (H \cdot b) \cdot b^{-1}$，进一步有$H \cdot b^{-1} = b^{-1} \cdot H$，于是$(a \cdot b^{-1}) \cdot H = a \cdot (b^{-1} \cdot H) = a \cdot (H \cdot b^{-1}) = (a \cdot H) \cdot b^{-1} = (H \cdot a) \cdot b^{-1} = H \cdot (a \cdot b^{-1})$，由$A$的定义知$a \cdot b^{-1} \in A$。

由子群的判定定理知$(A, \cdot)$是$(G, \cdot)$的子群。

11.8.4 拉格朗日定理

引理 11.1：设$(G, \cdot)$是一个群，$(H, \cdot)$是$(G, \cdot)$的一个子群，则对于任意的$a, b \in G$，有

$$H \cdot a = H \cdot b \quad \text{当且仅当} \quad a^{-1} \cdot H = b^{-1} \cdot H$$

证明：先证必要性。

若$H \cdot a = H \cdot b$，则存在$h_1, h_2 \in H$，使得$h_1 \cdot a = h_2 \cdot b$，因为$(H, \cdot)$是$(G, \cdot)$的一个子群，所以$a \cdot b^{-1} = h_1^{-1} \cdot h_2 \in H$。从而有$b \cdot a^{-1} = (a \cdot b^{-1})^{-1} \in H$，于是$\exists h' \in H$，使得$b \cdot a^{-1} = h'$，于是$a^{-1} = b^{-1} \cdot h'$。

对于任意$a^{-1} \cdot h \in a^{-1} \cdot H$，其中$h \in H$，因为$a^{-1} = b^{-1} \cdot h'$，所以$a^{-1} \cdot h = (b^{-1} \cdot h') \cdot h = b^{-1} \cdot (h' \cdot h) \in b^{-1} \cdot H$。因此，$a^{-1} \cdot H \subseteq b^{-1} \cdot H$。

同理，$b^{-1} \cdot H \subseteq a^{-1} \cdot H$。

故，$a^{-1} \cdot H = b^{-1} \cdot H$。

仿必要性的证明，可以证明充分性。

一个子群的左右陪集有一个共同点，见下面的定理。

定理 11.22：设G是一个群，H是它的一个子群，则

$$|\{a \cdot H \mid a \in G\}| = |\{H \cdot a \mid a \in G\}|$$

证明：令$S_l = \{a \cdot H | a \in G\}$，$S_r = \{H \cdot a | a \in G\}$。作$\varphi$：$S_r \to S_l$，且对于$\forall H \cdot a \in S_r$，$\varphi(H \cdot a) = a^{-1} \cdot H$。

(1) 首先证明定义是合理的。由于映射φ是在商集合上定义的，要证明映射φ与等价类的代表元的选取无关。

对于任意的$H \cdot a, H \cdot b \in S_r$，若$H \cdot a = H \cdot b$，由引理 11.1 知$a^{-1} \cdot H = b^{-1} \cdot H$，即$\varphi(H \cdot a) = \varphi(H \cdot b)$。因此$\varphi$是一个从$S_r$到$S_l$的映射，定义是合理的。

(2) φ是满射：对于任意的$a \cdot H \in S_l$，存在$H \cdot a^{-1} \in S_r$，使得

$$\varphi(H \cdot a^{-1}) = (a^{-1})^{-1} \cdot H = a \cdot H$$

(3) φ是单射：对于任意的$H \cdot a, H \cdot b \in S_r$，若$\varphi(H \cdot a) = \varphi(H \cdot b)$，则$a^{-1} \cdot H = b^{-1} \cdot H$。由引理 11.1 知$H \cdot a = H \cdot b$。

由(2)、(3)知，φ是双射。

因此，$|\{a \cdot H | a \in G\}| = |\{H \cdot a | a \in G\}|$。

定义 11.30：一个群G的一个子群H的左陪集(右陪集)的个数称为H在G中的指数，记为$[G:H]$。

因为左陪集和右陪集的对称性，仅对左陪集进行讨论，结论完全适用于右陪集。

引理 11.2：设G是一个群，H是G的一个子群，则对于任意的$a\in G$，有$|H|=|a\cdot H|$。

证明：令φ是H到$a\cdot H$的映射，且对于$\forall h\in H$，有$\varphi(h)=a\cdot h$。显然，φ是满射。

对于任意的$h_1,h_2\in H$，若$\varphi(h_1)=\varphi(h_2)$，则$a\cdot h_1=a\cdot h_2$。因为群满足左消去律，所以$h_1=h_2$。因此，$\varphi$是单射。

因此，$|H|=|a\cdot H|$。

定理 11.23(拉格朗日定理)：设G是一个有限群，H是G的一个子群，则$|G|=|H|\cdot[G:H]$。

证明：设$[G:H]=k$，$a_1,a_2,\cdots,a_k$分别为H的k个左陪集的代表元，由定理 11.21 知

$$G=\bigcup_{i=1}^{k}[a_i]_\sim=\bigcup_{i=1}^{k}a_i\cdot H$$

由引理 11.2 知

$$|G|=\left|\bigcup_{i=1}^{k}a_i\cdot H\right|=\sum_{i=1}^{k}|a_i\cdot H|=k|H|=|H|\cdot[G:H]$$

推论 11.1：设G是一个有限群，$|G|=n$，则对于任意的$a\in G$，有$o(a)|n$。

证明：令$H=(a)$，则H是G的子群。由定理 11.23 知$|H||n$，又因为$o(a)=|H|$，所以$o(a)|n$。

例 11.33：对称群$S_3=\{(1),(12),(13),(23),(123),(132)\}$的每个元素的阶分别是

$$o((1))=1$$
$$o((12))=2$$
$$o((13))=2$$
$$o((23))=2$$
$$o((123))=3$$
$$o((132))=3$$

它们都是群的阶$|S_3|=6$的因子。

推论 11.2：素数阶的群是循环群。

证明：设G是一个有限群，因为$|G|=n$是一个素数，所以$n\geqslant 2$。从而知，存在$a\in G$，使得$a\neq e$，即$o(a)\neq 1$。由推论 11.1 知，$o(a)|n$。因为n是素数，且$o(a)\neq 1$，所以$o(a)=n$，因此$G=(a)$，即G是一个循环群。

例 11.34：在由群$(G,\cdot)$的一个子群$(H,\cdot)$所确定的左陪集中只有一个左陪集是子群。

证明：设G的幺元为e，因为$e\cdot H=H$，所以H为G的一个陪集，显然H为G的子群。若有另一个陪集$a\cdot H(a\neq e)$也是G的子群，则有$e\in a\cdot H$。即存在$h\in H$使得$e=a\cdot h$，故$a=h^{-1}$且$h=a^{-1}$。又因为H为G的子群，所以$a=h^{-1}\in H$。

(1) 对于$\forall a\cdot x\in a\cdot H$,因为$x,h^{-1}\in H$,所以有$a\cdot x=h^{-1}\cdot x\in H$。因此,$a\cdot H\subseteq H$。

(2) 对于$\forall x\in H$,$x=(a\cdot a^{-1})\cdot x=a\cdot(a^{-1}\cdot x)=a\cdot(h\cdot x)$。又因为$H$为群,所以由$x,h\in H$知$x=a\cdot(h\cdot x)\in a\cdot H$。因此,$H\subseteq a\cdot H$。

综上所述,$a\cdot H=H$。即只有一个陪集H是子群。换句话说,其他陪集都不是群。

例 11.35:设$G=S_3=\{(1),(12),(13),(23),(123),(132)\}$,$H=\{(1),(12)\}$,显然$H$是$S_3$的子群。有

$$H\circ(1)=H\circ(12)=H=\{(1),(12)\}\quad(\text{子群})$$
$$H\circ(13)=H\circ(132)=\{(13),(132)\}$$
$$H\circ(23)=H\circ(123)=\{(23),(123)\}$$
$$(1)\circ H=(12)\circ H=H=\{(1),(12)\}\quad(\text{子群})$$
$$(13)\circ H=(123)\circ H=\{(13),(123)\}$$
$$(23)\circ H=(132)\circ H=\{(23),(132)\}$$

11.9 正规子群和商群

在例 11.35 中,$G=S_3=\{(1),(12),(13),(23),(123),(132)\}$,$H=\{(1),(12)\}$,$H\circ(13)=\{(13),(132)\}$,$(13)\circ H=\{(13),(123)\}$,显然,子群$H$的左陪集$(13)\circ H$不等于右陪集$H\circ(13)$,但$(12)\circ H$等于$H\circ(12)$,也就是说子群的左右陪集不一定相同。

本节介绍一种最重要的子群。

11.9.1 正规子群

定义 11.31:设G是一个群,H是G的一个子群。若对于任意一个$a\in G$,有

$$a\cdot H=H\cdot a$$

即a关于H的左陪集等于右陪集,则称H是G的正规子群,或者称为不变子群。

对于任意群G,G本身和$\{e\}$都是G的正规子群。例 11.35 中$H=\{(1),(12)\}$不是S_3的正规子群。

例 11.36:证明一个交换群G的每一个子群H都是G的正规子群。

证明:对于$\forall x\in G$。因为G为交换群,所以$a\cdot H=\{a\cdot h|h\in H\}=\{h\cdot a|h\in H\}=H\cdot a$。由正规子群的定义知,$H$是$G$的正规子群。

定理 11.24:若$(H,\cdot)$是群$(G,\cdot)$的一个子群,则$(H,\cdot)$是群$(G,\cdot)$的正规子群当且仅当对于任意的$a\in G,h\in H$,有$a\cdot h\cdot a^{-1}\in H$。

证明:必要性:设H是G的正规子群,则对于任意的$a\in G$,有$a\cdot H=H\cdot a$。对于$\forall h\in H$,$a\cdot h\in a\cdot H=H\cdot a$,则存在$h'\in H$,使得$a\cdot h=h'\cdot a$。于是,$a\cdot h\cdot a^{-1}=h'\in H$。

充分性：对于$\forall a \cdot h \in a \cdot H$，根据陪集的定义知，$a \in G, h \in H$。根据已知条件，由$a \in G$，$h \in H$知，$a \cdot h \cdot a^{-1} \in H$，即存在$h' \in H$，使得$a \cdot h \cdot a^{-1} = h'$。于是$a \cdot h = h' \cdot a \in H \cdot a$，所以$a \cdot H \subseteq H \cdot a$。

对于$\forall h \cdot a \in H \cdot a$，根据陪集的定义知$a \in G, h \in H$。因为$(H, \cdot)$是群$(G, \cdot)$的一个子群，所以由$h \in H$得$a^{-1} \in G, h^{-1} \in H$。根据已知条件，由$a^{-1} \in G, h^{-1} \in H$知$a^{-1} \cdot h^{-1} \cdot (a^{-1})^{-1} \in H$，即存在$h' \in H$，使得$a^{-1} \cdot h^{-1} \cdot (a^{-1})^{-1} = h'$，即$a^{-1} \cdot h^{-1} \cdot a = h'$。于是$a^{-1} \cdot h \cdot a = (a^{-1} \cdot h^{-1} \cdot a)^{-1} = h'^{-1}$，所以$h \cdot a = a \cdot h'^{-1} \in a \cdot H$。因此$H \cdot a \subseteq a \cdot H$。

综上所述，$a \cdot H = H \cdot a$。故H是G的正规子群。

例 11.37：设G_1和G_2是两个群，e_1和e_2分别是G_1和G_2的幺元，φ是G_1和G_2的群同态映射，则$\mathrm{Ker}\,\varphi = \{x \in G_1 \mid \varphi(x) = e_2\}$是$G_1$的正规子群。

证明：由 11.3 节的定理 11.6 知，$\varphi(e_1) = e_2$，所以$e_1 \in \mathrm{Ker}\,\varphi \neq \varnothing$。

对于任意的$a, b \in \mathrm{Ker}\varphi$，则有$\varphi(a) = \varphi(b) = e_2$。由 11.3 节的定理 11.6 知

$$\varphi(b^{-1}) = (\varphi(b))^{-1} = e_2^{-1} = e_2$$

因为φ是G_1和G_2的群同态映射，所以

$$\varphi(a \cdot b^{-1}) = \varphi(a) \cdot \varphi(b^{-1}) = e_2 \cdot e_2 = e_2$$

从而有$a \cdot b^{-1} \in \mathrm{Ker}\varphi$。

由子群的判定定理知，$\mathrm{Ker}\,\varphi$是G_1的子群。

对于任意的$a \in \mathrm{Ker}\,\varphi, g \in G_1$，

$$\begin{aligned}\varphi(g \cdot a \cdot g^{-1}) &= \varphi(g) \cdot \varphi(a) \cdot \varphi(g^{-1}) = \varphi(g) \cdot e_2 \cdot \varphi(g^{-1}) \\ &= \varphi(g) \cdot \varphi(g^{-1}) = \varphi(g) \cdot (\varphi(g))^{-1} = e_2\end{aligned}$$

即$g \cdot a \cdot g^{-1} \in \mathrm{Ker}\,\varphi$。

所以由定理 11.24 知$\mathrm{Ker}\,\varphi$是G_1的正规子群。

11.9.2 商群

正规子群之所以重要，是因为这种子群的陪集对于某种与原来的群有密切关系的代数运算来说也构成一个群。

下面考察整数加法群$(\mathbf{Z}, +)$，设$A = \{nh \mid h \in \mathbf{Z}\}$，$A$是$\mathbf{Z}$的一个子群。由于$\mathbf{Z}$是交换群，$A$是$\mathbf{Z}$的一个正规子群。$A$的左陪集全体是

$$\{m + A \mid m \in \mathbf{Z}\} = \{0 + A, 1 + A, 2 + A, \cdots, (n-1) + A\}$$

在$\{m + A \mid m \in \mathbf{Z}\}$上定义运算$\oplus$如下：

$$(i + A) \oplus (j + A) = (i + j) + A$$

现对比一下模n的整数加群$\mathbf{Z}_n = \{\bar{0}, \bar{1}, \cdots, \overline{n-1}\}$。

显然，$\bar{i} = \{i + nh \mid h \in \mathbf{Z}\}$，而$i + A = \{i + nh \mid h \in \mathbf{Z}\}$，故

$$i + A = \bar{i} \quad (0 \leqslant i \leqslant n-1)$$

$\mathbf{Z}_n$上的加法运算为

$$\bar{i} \oplus \bar{j} = \begin{cases} \overline{i+j} & 若 i+j \leqslant n-1 \\ \overline{i+j-n} & 若 i+j \geqslant n \end{cases}$$

容易看出,$\bar{i} \oplus \bar{j} = (i+j)+A = \{i+j+nh \mid h \in \mathbf{Z}\}$,也就是说,$A$ 的左陪集按定义的代数运算来说构成一个群,就是模 n 的整数加群。

下面把一个任意的正规子群的左陪集(也可以是右陪集)作成一个群。

设 G 是一个群,H 是 G 的正规子群,用 G/H 来表示 H 的左陪集的集合,即

$$G/H = \{aH \mid a \in G\}$$

这里记 $a \cdot H = aH$。

在 G/H 上定义代数运算⊙如下:对于任意的 $aH, bH \in G/H$,有

$$(aH) \odot (bH) = (ab)H$$

由于这是在等价类上定义一个运算,所以首先要证明⊙运算定义是合理的,即要证明该定义与代表元的选取无关。

设 $aH=cH, bH=dH$,则存在 $h_1, h_2 \in H$,使得 $a=ch_1, b=dh_2$。于是,$ab=(ch_1)(dh_2)=c(h_1 d)h_2$。由于 H 是正规子群,所以由 $h_1 d \in Hd = dH$ 知,存在 $h_1' \in H$,使得 $h_1 d = dh_1' \in dH$。于是

$$ab = c(h_1 d)h_2 = c(dh_1')h_2 = (cd)(h_1' h_2), cd = (ab)(h_1' h_2)^{-1}$$

所以对于任意的 $h \in H$,有

$$(ab)h = (cd)(h_1' h_2 h) \in (cd)H, (cd)h = (ab)((h_1' h_2)^{-1} h) \in (ab)H$$

故,$(ab)H \subseteq (cd)H$,且 $(cd)H \subseteq (ab)H$。

因此,$(ab)H=(cd)H$,即⊙运算是合理的。

定理 11.25:设 G 是一个群,H 是 G 的正规子群,$G/H=\{aH \mid a \in G\}$,对于任意的 aH, $bH \in G/H$, $(aH) \odot (bH) = (ab)H$,则 $(G/H, \odot)$ 是一个群。该群称为 G 的商群。

证明:由定义知,⊙是封闭的。

对于任意的 $aH, bH, cH \in G/H$,有

$$(aH \odot bH) \odot cH = (abH) \odot cH = ((ab)c)H = (abc)H$$
$$aH \odot (bH \odot cH) = aH \odot (bcH) = (a(bc))H = (abc)H$$

所以 $(aH \odot bH) \odot cH = aH \odot (bH \odot cH)$,即⊙是可结合的。

对于任意的 $aH \in G/H$,有 $eH \odot aH = (ea)H = aH$, $aH \odot eH = (ae)H = aH$。所以,$eH \in G/H$ 是幺元。

对于任意的 $aH \in G/H$,存在 $a^{-1}H \in G/H$ 为其逆元。这是因为

$$aH \odot a^{-1}H = (aa^{-1})H = eH, \quad a^{-1}H \odot aH = (a^{-1}a)H = eH$$

综上所述,$(G/H, \odot)$ 是一个群。

由定理 11.26 与定理 11.27 可以知道,一个群和它的每一个商群满同态。抽象地看,G 只能和它的商群满同态。

定理 11.26:一个群 G 和它的每一个商群 G/H 满同态。

证明:作映射 φ: $G \to G/H$,且对于 $\forall a \in G$, $\varphi(a) = aH$。

由 φ 的定义可以看出，φ 是满射。

对于任意的 $a,b\in G$，$\varphi(ab)=(ab)H$，且 $\varphi(a)\odot\varphi(b)=aH\odot bH=(ab)H$。于是 $\varphi(ab)=\varphi(a)\odot\varphi(b)$，即 φ 是满同态。

定理 11.27：设 G 和 $\overline{G}$ 是两个群，G 与 $\overline{G}$ 满同态，且 φ: $G\to\overline{G}$ 是群的满同态映射，则商群 $G/\mathrm{Ker}\,\varphi$ 与 $\overline{G}$ 同构。

证明：商群 $G/\mathrm{Ker}\,\varphi=\{a\mathrm{Ker}\,\varphi\mid a\in G\}$，构造映射 f: $G/\mathrm{Ker}\,\varphi\to\overline{G}$，且对于 $a\mathrm{Ker}\,\varphi\in G/\mathrm{Ker}\,\varphi$，$f(a\mathrm{Ker}\,\varphi)=\varphi(a)$。

(1) 首先证明 f 是一个映射，即 f 的定义是合理的，与左陪集的代表元选取无关。

对于任意的 $a\mathrm{Ker}\,\varphi,b\mathrm{Ker}\,\varphi\in G/\mathrm{Ker}\,\varphi$，若 $a\mathrm{Ker}\,\varphi=b\mathrm{Ker}\,\varphi$，则存在 $h_1,h_2\in\mathrm{Ker}\,\varphi$，使得 $ah_1=bh_2$。于是 $b^{-1}a=h_2h_1^{-1}\in\mathrm{Ker}\,\varphi$，即有 $\varphi(b^{-1}a)=\bar{e}$（其中 $\bar{e}$ 为 $\overline{G}$ 的幺元）。所以

$$\varphi(b^{-1}a)=\varphi(b^{-1})\varphi(a)=(\varphi(b))^{-1}\varphi(a)=\bar{e}$$

所以，$\varphi(a)=\varphi(b)$，即 $f(a\mathrm{Ker}\,\varphi)=f(b\mathrm{Ker}\,\varphi)$。

故，f 的定义是合理的。

(2) f 为满射：对于任意的 $\bar{a}\in\overline{G}$，因为 φ 是满射，所以存在 $a\in G$，$\bar{a}=\varphi(a)$，于是存在 $a\mathrm{Ker}\,\varphi\in G/\mathrm{Ker}\,\varphi$，使得 $f(a\mathrm{Ker}\,\varphi)=\varphi(a)=\bar{a}$。

(3) 单射：对于任意的 $a\mathrm{Ker}\,\varphi,b\mathrm{Ker}\,\varphi\in G/\mathrm{Ker}\,\varphi$，若 $f(a\mathrm{Ker}\,\varphi)=f(a\mathrm{Ker}\,\varphi)$，则 $\varphi(a)=\varphi(b)$，即有 $(\varphi(b))^{-1}\varphi(a)=\bar{e}$，于是 $\varphi(b^{-1})\varphi(a)=\bar{e}$。因为 φ: $G\to\overline{G}$ 是群的满同态映射，所以 $\varphi(b^{-1}a)=\varphi(b^{-1})\varphi(a)=\bar{e}$，从而有 $b^{-1}a\in\mathrm{Ker}\,\varphi$。

对于任意的 $ah\in a\mathrm{Ker}\,\varphi$，有 $ah=(bb^{-1})ah=b(b^{-1}ah)\in b\mathrm{Ker}\,\varphi$，于是 $a\mathrm{Ker}\,\varphi\subseteq b\mathrm{Ker}\,\varphi$。

同理可以证得 $b\mathrm{Ker}\,\varphi\subseteq a\mathrm{Ker}\,\varphi$。

因此，$a\mathrm{Ker}\,\varphi=b\mathrm{Ker}\,\varphi$。

(4) 同态性：对于任意的 $a\mathrm{Ker}\,\varphi,b\mathrm{Ker}\,\varphi\in G/\mathrm{Ker}\,\varphi$，有

$$\begin{aligned}f(a\mathrm{Ker}\,\varphi\odot b\mathrm{Ker}\,\varphi)&=f((ab)\mathrm{Ker}\,\varphi)=\varphi(ab)=\varphi(a)\varphi(b)\\&=f(a\mathrm{Ker}\,\varphi)f(b\mathrm{Ker}\,\varphi)\end{aligned}$$

即 f 是同态映射。

综上所述，f 是群同构映射，即商群 $G/\mathrm{Ker}\,\varphi$ 与 $\overline{G}$ 是两个同构的群。

11.10 环和域

本节要介绍另外两个重要的代数系统，就是环和域。

在 11.3 节介绍了加法群这一概念。一个代数运算用什么符号来表示是没有关系的。为了方便起见，在群论中一般用“·”即乘法来表示群中的代数运算，它可以是交换的，也可以是不交换的。通常用“+”即加法来表示一个交换群的代数运算，称这样的群为加法群（加群）。

由于用“+”来表示代数运算，许多计算规则的形式当然也跟着改变。首先简单地说明加群的符号和计算规则。

在加群中，用0表示幺元，把它读做零。对于加群中的任意元素 a，它的唯一逆元用 $-a$ 来表示，读做负 a。元素 $a+(-b)$ 可以简写成 $a-b$，读成 a 减 b。由这些规定以及交换群的性质，有以下计算规则：

$$0+a=a+0$$
$$-a+a=a+(-a)=a-a=0$$
$$-(-a)=a$$
$$-(a+b)=-a-b$$
$$-(a-b)=-a+b$$

当 n 是正整数时：

$$\underbrace{a+a+\cdots+a}_{n\text{个}a}=na$$
$$(-na)=-(na)$$
$$0a=0$$

注意，这里第一个0是整数0，第二个0是加群的零元(即加群幺元)。

对于任意整数 $m,n\in\mathbf{Z}$ 和加群的任意元素 a 和 b 来说，都有

$$ma+na=(m+n)a$$
$$m(na)=(mn)a$$
$$n(a+b)=na+nb$$

11.10.1 环、子环与理想

下面给出环的定义。

定义 11.32：设 $(A,+,\cdot)$ 是一个代数系统，A 是一个非空集，"+"和"·"是 A 上的两个二元运算，如果

(1) $(A,+)$ 是一个交换群。

(2) $(A,\cdot)$ 是一个半群。

(3) 对于任意的 $a,b,c\in A$，有

$$a(b+c)=ab+ac$$
$$(b+c)a=ba+bc$$

则称 $(A,+,\cdot)$ 是一个环。其中条件(3)称为乘法对加法的分配律。

显然，$(\mathbf{Z},+,\cdot)$ 是一个环，称之为整数环。

设 $(A,+,\cdot)$ 是一个环，上面介绍的加群的计算规则在环 A 中是适用的。下面还有一些重要的计算规则：

对于任意的 $a,b,c\in A$，有 $(a-b)c=ac-bc$，$c(a-b)=ca-cb$。

对于任意的 $a\in A$，有 $0a=a0=0$，其中最后一个0是 A 的零元。

对于任意的 $a,b\in A$，有 $(-a)b=-ab$，$(-a)(-b)=ab$。

对于任意的 $a,b\in A$ 和任意的整数 n，有 $(na)b=a(nb)$。

定义 11.33：设$(A,+,\cdot)$是一个环，T 是 A 的非空子集。若 T 关于"$+$"和"$\cdot$"运算也构成环，则称$(T,+,\cdot)$为$(A,+,\cdot)$的子环。

定义 11.34：设$(T,+,\cdot)$为$(A,+,\cdot)$的子环。若对于 T 中的任何一个元素 t 和 A 中的任何一个元素 a，有 $a\cdot t\in T$ 和 $t\cdot a\in T$，则称$(T,+,\cdot)$为$(A,+,\cdot)$的理想。

11.10.2 交换环和整环

定义 11.35：设$(A,+,\cdot)$是一个环。

(1) 若对于任意的 $a,b\in A$，有 $a\cdot b=b\cdot a$，则称 A 是一个交换环。

(2) 若 A 是一个有限集，则称 A 是一个有限环。

(3) 若存在 $e\in A$，对于任意的 $a\in A$，有 $e\cdot a=a\cdot e=a$，则称 e 是环 A 的单位元，称 A 为有单位元的环。往往用 1 表示单位元。

例 11.38：$A=\{a+b\sqrt{2}\mid a,b\in\mathbf{Z}\}$，$A$ 关于数的加法和乘法构成一个环$(A,+,\cdot)$，且 A 是有单位元的交换环。

例 11.39：$\mathbf{Z}_n=\{\overline{0},\overline{1},\overline{2},\cdots,\overline{n-1}\}$，对于任意的 $\overline{m},\overline{t}\in\mathbf{Z}_n$，有

$$\overline{m}\oplus\overline{t}=\begin{cases}\overline{m+t}, & 若\ m+t<n\\ \overline{m+t-n}, & 若\ m+t\geqslant n\end{cases}$$

$$\overline{m}\odot\overline{t}=\overline{mt\ 被\ n\ 除的余数}$$

则$(\mathbf{Z}_n,\oplus,\odot)$是一个环，叫模 n 的整数环。

定义 11.36：设$(A,+,\cdot)$是一个环，$a,b\in A$，若 $a\neq 0,b\neq 0$，但 $a\cdot b=0$，则称 a 是环 A 的一个非零的左零因子，b 是环 A 的一个非零的右零因子。既是非零的左零因子又是非零的右零因子，称为非零的零因子。

在$(\mathbf{Z}_6,\oplus,\odot)$中，$\overline{2},\overline{3}\in\mathbf{Z}_6$，$\overline{2}\neq 0,\overline{3}\neq 0$，但 $\overline{2}\odot\overline{3}=\overline{0}$，所以，$\overline{2}$、$\overline{3}$ 是 $\mathbf{Z}_6$ 中的非零的零因子。

定义 11.37：设$(A,+,\cdot)$是一个环，若 A 是一个有单位元但没有非零的零因子的交换环，则称 A 是一个整环。

在例 11.38 中，$(\{a+b\sqrt{2}\mid a,b\in\mathbf{Z}\},+,\cdot)$是一个整环。

11.10.3 除环和域

定义 11.38：设$(A,+,\cdot)$是一个环，$1\in A$ 是单位元，$a\in A$。

(1) 若存在 $b\in A$，使 $a\cdot b=1$，则称 b 是 a 的右逆元。

(2) 若存在 $c\in A$，使 $c\cdot a=1$，则称 c 是 a 的左逆元。

(3) 若 b 既是 a 的右逆元又是 a 的左逆元，则称 b 是 a 的逆元，并表示为 a^{-1}。

定义 11.39：设$(A,+,\cdot)$是一个有单位元的环，若每一个非零元都有逆元，则称$(A,+,\cdot)$是一个除环。一个可换的除环是一个域。

有理数集 $\mathbf{Q}$ 和 $\mathbf{Q}$ 按数的加法和乘法构成有理数域，实数集 $\mathbf{R}$ 按数的加法和乘法构成实

数域，复数集 **C** 按复数的加法和乘法构成复数域。$(\mathbf{Z}_6, \oplus, \odot)$不是域。

例 11.40：$\mathbf{Z}_5=\{\bar{0},\bar{1},\bar{2},\bar{3},\bar{4}\}$，$(\mathbf{Z}_5, \oplus, \odot)$是一个域。

显然，$(\mathbf{Z}_5, \oplus, \odot)$是一个有单位元 $\bar{1}$ 的可换环，又

$$\bar{1}^{-1}=\bar{1}$$

$$\bar{2}^{-1}=\bar{3}$$

$$\bar{3}^{-1}=\bar{2}$$

$$\bar{4}^{-1}=\bar{4}$$

即每一个非零元都有逆元，故$(\mathbf{Z}_5, \oplus, \odot)$是一个域，而且是一个有限域。

11.11 典型例题

例 11.41：设 S 是任意的一个非空集合，$(G,+)$是一个加群。令

$$A=\{G^S \mid f: S\to G\}$$

对 A 规定运算：$\forall f,g\in A,\forall x\in S,(f+g)(x)=f(x)+g(x)$。证明$(A,+)$也是一个加群(加群为交换群)。

证明：

(1) 闭运算：对于$\forall f,g\in A$，且$\forall x\in S$。因为 f 和 g 为 S 到 G 的映射，所以存在唯一的 $f(x),g(x)\in G$；又因为$(G,+)$是一个加群，所以存在唯一的$(f+g)(x)=f(x)+g(x)\in G$。因此，$f+g\in A$。

(2) 结合律：对于$\forall f,g,h\in A$ 且$\forall x\in S$，有

$$(f+(g+h))(x)=f(x)+(g+h)(x)=f(x)+(g(x)+h(x))$$

$$((f+g)+h)(x)=(f+g)(x)+h(x)=(f(x)+g(x))+h(x)$$

因为$(G,+)$是一个加群，所以 $f(x)+(g(x)+h(x))=(f(x)+g(x))+h(x)$，从而有$(f+(g+h))(x)=((f+g)+h)(x)$。由函数相等的定义知 $f+(g+h)=(f+g)+h$。

(3) 幺元为 f_e，其中 f_e：$S\to G$，且对于$\forall x\in S,f_e(x)=e$，e 为$(G,+)$的幺元。

因为对于$\forall f\in A$ 且$\forall x\in S$，有$(f+f_e)(x)=f(x)+f_e(x)=f(x)+e=f(x)$，根据函数相等的定义知 $f+f_e=f$。同理可证 $f_e+f=f$。

(4) 逆元：对于$\forall f\in A$ 且$\forall x\in S$，有 $f(x)\in G$。因为$(G,+)$是一个加群，所以$(f(x))^{-1}\in G$。从而存在 $g\in A$，使得对于$\forall x\in S$，有 $g(x)=(f(x))^{-1}$，g 为 f 的逆元。因为$(G,+)$是一个加群，所以对于$\forall x\in S$，有$(f+g)(x)=f(x)+g(x)=f(x)+(f(x))^{-1}=e=f_e(x)$。由函数相等的定义得 $f+g=f_e$。同理，$g+f=f_e$。

(5) 交换律：对于$\forall f,g\in A$，且$\forall x\in S$，有 $f(x),g(x)\in G$。因为$(G,+)$是一个加群，所以 $f(x)+g(x)=g(x)+f(x)$。于是$(f+g)(x)=f(x)+g(x)=g(x)+f(x)=(g+f)(x)$，由

函数相等定义得 $f+g=g+f$。

综上所述，$(A,+)$ 也是一个加群。

例 11.42：设$(G,*)$是一个群，$a\in G$，f 是 G 到 G 的映射：$\forall x\in G, f(x)=a*x*a^{-1}$。试证明 f 是 G 到 G 的自同构映射。

证明：

(1) 单射：对于 $\forall x,y\in G$，若 $f(x)=f(y)$，则 $a*x*a^{-1}=a*y*a^{-1}$。因为$(G,*)$是一个群，且群满足左消去律，所以 $x=y$。

(2) 满射：对于 $\forall y\in G$，因为$(G,*)$是一个群，所以由 $a\in G$ 知，$a^{-1}\in G$。于是 $\exists x=a^{-1}*y*a\in G$，使得 $f(x)=a*(a^{-1}*y*a)*a^{-1}=(a*a^{-1})*y*(a*a^{-1})=e*y*e=y$。

(3) 同态性：对于 $\forall x,y\in G$，因为$(G,*)$是一个群，所以

$$f(x*y)=a*(x*y)*a^{-1}=(a*x*a^{-1})*(a*y*a^{-1})=f(x)*f(y)$$

综上所述，f 是 G 到 G 的自同构映射。

例 11.43：若$(G,*)$是一个有限群，则阶大于 2 的元素个数一定是偶数。

证明：若存在一个元素 $a\in G$，$o(a)=n>2$，则 $a^n=e$，且 $a\neq a^{-1}$。于是

$$(a^{-1})^n=(a^{-1})^n*e=(a^{-1})^n*a^n=\underbrace{(a^{-1}*a^{-1}*\cdots*a^{-1})}_{n}*\underbrace{(a*a*\cdots*a)}_{n}=e$$

若 a^{-1}的阶为 m，则$(a^{-1})^m=e$ 且 $m\leqslant n$。同理可得 $a^m=e$。因为 $o(a)=n$，所以 $n\leqslant m$。所以 $n=m$。即元素 a 与它的逆元 a^{-1}的阶相同。因此阶大于 2 的元素与它的逆元是成对出现的，因此阶大于 2 的元素个数一定是偶数。

例 11.44：设 f 和 g 都是群$(A,\cdot)$到群$(B,\circ)$的同态映射，$C=\{x\mid x\in A$，且 $f(x)=g(x)\}$。证明$(C,\cdot)$是$(A,\cdot)$的一个子群。

证明：

(1) 设 e_1 为群$(A,\cdot)$的幺元，e_2 是群$(B,\circ)$的幺元，因为 f 和 g 是$(A,\cdot)$到群$(B,\circ)$的同态映射，所以 $f(e_1)=e_2$，$g(e_1)=e_2$，从而有 $f(e_1)=g(e_1)$，因此 $e_1\in C\neq\varnothing$。由 C 的定义知 $C\subseteq A$。

(2) 对于 $\forall a,b\in C$，有 $f(a)=g(a)$，$f(b)=g(b)$。因为$(A,\cdot)$为群，所以由 $b\in C\subseteq A$ 知 $b^{-1}\in A$。因为 f 和 g 是群$(A,\cdot)$到群$(B,\circ)$的同态映射，所以由 $f(e_1)=g(e_1)$得

$$f(e_1)=f(b\cdot b^{-1})=f(b)\circ f(b^{-1})=g(e_1)=g(b\cdot b^{-1})=g(b)\circ g(b^{-1})$$

因为$(B,\circ)$是群，且群满足左消去律，所以由 $f(b)=g(b)$得 $f(b^{-1})=g(b^{-1})$。于是

$$f(a\cdot b^{-1})=f(a)\circ f(b^{-1})=g(a)\circ g(b^{-1})=g(a\cdot b^{-1})$$

因此，$a\cdot b^{-1}\in C$。

故$(C,\cdot)$是$(A,\cdot)$的一个子群。

例 11.45：证明循环群$(G,\cdot)$的同态像必为循环群。

证明：设循环群$(G,\cdot)$ 的生成元为 a，f 为同态映射，同态像为$(f(A),\cdot)$。于是，对于任意的 $a^m,a^n\in A$，有 $f(a^m\cdot a^n)=f(a^m)\cdot f(a^n)$。

先证 $f(a^n)=(f(a))^n$，采用数学归纳法证明。

当 $n=1$ 时，显然有 $f(a)=f(a)$。

假设 $n=k$ 时命题成立，即 $f(a^k)=(f(a))^k$。

当 $n=k+1$ 时，有

$$f(a^{k+1}) = f(a^k \cdot a) = f(a^k) \cdot f(a) = (f(a))^k \cdot f(a) = (f(a))^{k+1}$$

即 $f(A)$ 中的每个元素均可用 $f(a)$ 的幂指数来表示，所以 $(f(A),\cdot)$ 是由 $f(a)$ 生成的循环群。由数学归纳法知，命题成立。

例 11.46：设 $(G,\cdot)$ 是阶为 6 的群，证明它至多只有一个阶为 3 的子群。

证明：

(1) 证明 G 中有一个 3 阶子群。

在 G 中除 e 外，其他元素的阶不可能全为 2，否则 G 为交换群。因为对于 $\forall x\in G, x^2=e$，所以 $x=x^{-1}$。于是，对于 $\forall a,b\in G$，有 $(a\cdot b)=(a\cdot b)^{-1}=b^{-1}\cdot a^{-1}=b\cdot a$。从而知，对于任取的两个非幺元元素 $a,b\in G$，$\{e,a,b,a\cdot b\}$ 是 G 的子群，其阶数为 4，而 4 不能整除 6，出现矛盾。于是，存在一个元素 $g\in G$，使得 $g\neq e$，且 $g\cdot g\neq e$，从而 g 的周期为 3 和 6。若 g 的周期为 3，则 (g) 为 3 阶子群；若 g 的周期为 6，则 (g^2) 为 3 阶子群，即 G 有一个 3 阶子群。

(2) 证明 G 中只有一个 3 阶子群。

若 G 中存在两个 3 阶子群 H 和 K，可以证明 $H\cap K$ 也是 H 和 K 的子群，从而知 $H\cap K$ 的阶只可能是 1 和 3。

若 $H\cap K$ 的阶为 3，则 $H=K$；若 $H\cap K$ 的阶为 1，即 $H\cap K=\{e\}$，于是

$$|H\cdot K| = \frac{|H\|K|}{|H\cap K|} = |H|\ |K| = 3\times 3 = 9 > 6 = |G|$$

其中，

$$H\cdot K = \{a\cdot b \mid a\in H, b\in K\} = \bigcup_{a\in H} a\cdot K \subseteq G$$

显然矛盾。所以它至多只有一个阶为 3 的子群。

例 11.47：设 $(G_1,\cdot)$ 和 $(G_2,\circ)$ 是两个群。令 $G=G_1\times G_2$，“$*$”是 G 上的二元运算，且对于 $\forall(a,b),(c,d)\in G$ 有

$$(a,b)*(c,d) = (a\cdot c, b\circ d)$$

证明：

(1) 按以上定义，$(G,*)$ 是一个群。

(2) 若 $\bar{G}_1=\{(g_1,e_2)\mid g_1\in G_1, e_2$ 是 G_2 的幺元$\}$，则 $\bar{G}_1$ 是 G 的正规子群。

证明：

(1) 闭运算：对于 $\forall(a,b),(c,d)\in G$，则 $a,c\in G_1$，$b,d\in G_2$。因为 $(G_1,\cdot)$ 和 $(G_2,\circ)$ 是两个群，所以 $a\cdot c\in G_1$，$b\circ d\in G_2$。于是 $(a,b)*(c,d)=(a\cdot c,b\circ d)\in G_1\times G_2=G$。

结合律：对于 $\forall(a,b),(c,d),(e,f)\in G$，因为 $(G_1,\cdot)$ 和 $(G_2,\circ)$ 是两个群，所以

$$\begin{aligned}((a,b)*(c,d))*(e,f) &= (a\cdot c, b\circ d)*(e,f)\\ &= ((a\cdot c)\cdot e, (b\circ d)\circ f)\\ &= (a\cdot(c\cdot e), b\circ(d\circ f))\\ &= (a,b)*(c\cdot e, d\circ f)\\ &= (a,b)*((c,d)*(e,f))\end{aligned}$$

幺元：设 e_1 和 e_2 分别为 G_1 和 G_2 的幺元，则 (e_1,e_2) 是 G 的幺元。

对于 $\forall(a,b)\in G$，由于 $(G_1,\cdot)$ 和 $(G_2,\circ)$ 是两个群，所以 $(a,b)*(e_1,e_2)=(a\cdot e_1,b\circ e_2)=(a,b)$。同理，$(e_1,e_2)*(a,b)=(a,b)$。

逆元：对于 $\forall(a,b)\in G$，有 $a\in G_1,b\in G_2$。因为 $(G_1,\cdot)$ 和 $(G_2,\circ)$ 是两个群，所以存在 $a^{-1}\in G_1,b^{-1}\in G_2$。$(a^{-1},b^{-1})\in G$ 是 (a,b) 的逆元。因为 $(a,b)*(a^{-1},b^{-1})=(a\cdot a^{-1},b\circ b^{-1})=(e_1,e_2)$。同理 $(a^{-1},b^{-1})*(a,b)=(e_1,e_2)$。

综上所述，$(G,*)$ 是一个群。

(2) 因为 $(G_1,\cdot)$ 和 $(G_2,\circ)$ 是两个群，且 e_1 和 e_2 分别为 G_1 和 G_2 的幺元，所以由 $\bar{G}_1$ 的定义知 $(e_1,e_2)\in\bar{G}_1\neq\varnothing$，且 $\bar{G}_1\subseteq G$。

对于 $\forall(g_1,e_2),(g_2,e_2)\in\bar{G}_1\subseteq G$，由 $\bar{G}_1$ 的定义知 $g_1,g_2\in G_1,e_2\in G_2$ 是 G_2 的幺元。因为 $(G,*)$ 是群，且 $(g_2,e_2)\in G$，所以 $(g_2,e_2)^{-1}=(g_2^{-1},e_2^{-1})=(g_2^{-1},e_2)$。于是

$$\begin{aligned}(g_1,e_2)*(g_2,e_2)^{-1}&=(g_1,e_2)*(g_2^{-1},e_2)=(g_1\cdot g_2^{-1},e_2\circ e_2)\\&=(g_1\cdot g_2^{-1},e_2)\end{aligned}$$

又因为 $(G_1,\cdot)$ 是群，所以 $g_1\cdot g_2^{-1}\in G_1$。由 $\bar{G}_1$ 的定义知 $(g_1,e_2)*(g_2,e_2)^{-1}\in\bar{G}_1$。故，$\bar{G}_1$ 是 G 的子群。

对于 $\forall(a,b)\in G,(g,e_2)\in\bar{G}_1$，有 $a,g\in G_1,b,e_2\in G_2$ 且 e_2 是 G_2 的幺元，从而有

$$\begin{aligned}(a,b)*(g,e_2)*(a,b)^{-1}&=(a,b)*(g,e_2)*(a^{-1},b^{-1})\\&=((a\cdot g\cdot a^{-1},b\circ e_2\circ b^{-1})\end{aligned}$$

因为 $(G_1,\cdot)$ 和 $(G_2,\circ)$ 是两个群，所以 $\exists g_1=a\cdot g\cdot a^{-1}\in G,b\circ e_2\circ b^{-1}=b\circ b^{-1}=e_2$。于是，$(a,b)*(g,e_2)*(a,b)^{-1}=(g_1,e_2)\in\bar{G}_1$。

综上所述，$\bar{G}_1$ 是 G 的正规子群。

例 11.48：已知 $(H_1,\cdot)$，$(H_2,\cdot)$ 是群 $(G,\cdot)$ 的子群。若 $H_1\cup H_2=G$，则 $H_1\subseteq H_2$ 或 $H_2\subseteq H_1$。

证明：若 $H_1\not\subseteq H_2$，则 $\exists x\in H_1$ 但 $x\notin H_2$。对于 $\forall y\in H_2$，因为 $(H_1,\cdot)$，$(H_2,\cdot)$ 是群 $(G,\cdot)$ 的子群，所以 $x,y\in G=H_1\cup H_2$。因为 $(G,\cdot)$ 为群，所以 $y\cdot x\in H_1\cup H_2$，从而有 $y\cdot x\in H_1$ 或 $y\cdot x\in H_2$。若 $y\cdot x\in H_2$，因为 $(H_2,\cdot)$ 是群 $(G,\cdot)$ 的子群，所以由 $y\in H_2$ 知，$y^{-1}\in H_2$，从而 $y^{-1}\cdot(y\cdot x)=x\in H_2$，与 $x\notin H_2$ 矛盾，从而有 $y\cdot x\in H_1$，因为 $(H_1,\cdot)$ 是群 $(G,\cdot)$ 的子群，所以 $x\in H_1$ 知，$(y\cdot x)\cdot x^{-1}=y\in H_1$。因此 $H_2\subseteq H_1$。

故，$H_1\subseteq H_2$ 或 $H_2\subseteq H_1$。

习题

11.1　设 $A=\{1,2,\cdots,10\}$，下面定义的二元运算“$*$”关于集合 A 是否封闭？是否是可结合的？

(1) $x*y=\max\{x,y\}$。

(2) $x*y=x$ 与 y 的最小公倍数。

(3) $x*y=x$ 与 y 的最大公约数。

(4) $x*y=x-y$。

11.2 **N** 是自然数集。定义 **N** 上的运算"$\circ$"：$\forall a,b\in\mathbf{N}, a\circ b=a+2b$。"$\circ$"是否是 **N** 上的可结合的二元运算？证明或举反例说明你的结论。

11.3 $A=\{a,b,c\}$，在 A 上定义一个二元运算：$\forall x,y\in A, x\circ y=x$。给出 A 关于运算$\circ$的乘法表，并证明$(A,\circ)$是半群。

11.4 **N** 是自然数集，在 **N** 上定义一个二元运算"$\circ$"：$\forall a,b\in\mathbf{N}, a\circ b=a^b$。$(\mathbf{N},\circ)$是否是半群？是否有左幺元、右幺元或幺元？

11.5 **N** 是自然数集，在 **N** 上定义一个二元运算"$\circ$"：$\forall a,b\in\mathbf{N}, a\circ b=a+b+5$。$(\mathbf{N},\circ)$是否是半群？若是，证明之；若不是，举例说明。

11.6 **N** 是自然数集。在 **N** 上定义一个二元运算"$\circ$"：$\forall a,b\in\mathbf{N}, a\circ b=a+b+ab$。证明$(\mathbf{N},\circ)$是一个含幺半群。

11.7 $A=\{x\in\mathbf{R}\mid 0\leqslant x\leqslant 1\}$，**R** 是实数集。在 A 上定义一个二元运算"$\circ$"：$\forall a,b\in A$，$a\circ b=a+b-ab$。证明：

(1) $(A,\circ)$是一个含幺半群。

(2) 说出$(A,\circ)$不是群的理由。

11.8 设$(A,\circ)$是半群，a 是 A 中的一个元素。对 A 中每一个 x，A 中存在满足下述条件的 u 和 v：$a\circ u=v\circ a=x$。证明 A 中存在幺元。

11.9 设$(S,\circ)$是一个半群，若 $\forall x,y\in S$，由 $a\circ x=a\circ y$ 可得 $x=y$，则称元素 $a\in S$ 为左可约元。证明：若 $a,b\in S$ 均是左可约元，则 $a\circ b$ 也是左可约元。

11.10 **Q** 是有理数集，$\mathbf{Q}^*=\mathbf{Q}-\{0\}$，在 $\mathbf{Q}^*$ 中定义一个二元运算"$\circ$"：$\forall a,b\in\mathbf{Q}^*, a\circ b=6ab$。证明$(\mathbf{Q}^*,\circ)$是一个群。

11.11 设$(G,\circ)$是一个群，取定 $u\in G$，对于任意的 $a,b\in G$，$a\Delta b=a\circ u^{-1}\circ b$。证明$(G,\Delta)$是一个群。

11.12 证明四元群一定是交换群。

11.13 设 $A=\{a,b,c,d,e\}$，请给出 A 的一个乘法表，使$(A,*)$是一个群。不同构的五元群能有几个？

11.14 设 $A=\{a,b\}$，$(A,\circ)$是一个半群，且 $a\circ a=b$。证明：

(1) $a\circ b=b\circ a$。

(2) $b\circ b=b$。

11.15 设$(G,\circ)$是一个群，e 是幺元。证明：若 $\forall a\in G, a\circ a=e$，则 G 是交换群。

11.16 证明：有限群 G 的每个元素都有有限阶，且其阶数不超过群 G 的阶数$|G|$。

11.17 设$(G,\circ)$是群，$|G|=2n, n\in\mathbf{N}^+$。证明：在 G 中至少存在 $a\neq e$，使得 $a\circ a=e$，其中 e 是幺元。

11.18 设$(G,\circ)$是一个群。证明：$(G,\circ)$是阿贝尔群当且仅当对 G 中任意元 a 和 b 有

$$a^2\circ b^2=(a\circ b)^2$$

11.19 设$(G,\circ)$是一个有限群，H 是 G 的真子群。证明：$\forall g\in G, \exists n\in\mathbf{N}^+, g^n\in H$，

其中 $\mathbf{N}^+$ 是正的自然数集。

11.20　设$(G,\cdot)$是一个群,H 是 G 的子群。证明以下 3 个条件等价。

(1) $b^{-1}a\in H$。

(2) $b\in a\cdot H$。

(3) $a\cdot H=b\cdot H,\forall a,b\in G$。

11.21　设 H 是群 G 的子群,$x\in G$,令 $xHx^{-1}=\{xhx^{-1}|h\in H\}$。证明 xHx^{-1}是 G 的子群。

11.22　设 G 是一个群,H、K 是 G 的子群,且 $H\not\subseteq K$,$K\not\subseteq H$。证明 $H\cup K\neq G$。

11.23　设 H、K 均是群 G 的子群,记 $H\cdot K=\{h\cdot k|h\in H,k\in K\}$。$H\cdot K$ 是否一定是 G 的子群? $H\subseteq K$ 呢? 为什么?

11.24　设$(G,\cdot)$是一个群,H、K 是 G 的子群,且 K 是 G 的正规子群。证明 $H\cdot K=\{h\cdot k|h\in H,k\in K\}$也是 G 的子群。

11.25　设$(H,\cdot)$和$(k,\cdot)$是群$(G,\cdot)$的两个子群,令 $H\cdot K=\{h\cdot k|h\in H,k\in K\}$。证明:$(H\cdot K,\cdot)$是$(G,\cdot)$的子群当且仅当 $H\cdot K=K\cdot H$。

11.26　设$(G,\cdot)$是一个群,H 是 G 的一个子集,且 $2|H|>|G|$。证明:对 G 中任意一个元素 a,在 H 中必存在元素 b_1 和 b_2,使得 $a=b_1\cdot b_2$。

11.27　设$(G,\cdot)$是一个群,$(H,\cdot)$和$(K,\cdot)$均是$(G,\cdot)$的正规子群。证明 $H\cap K$ 也是 G 的正规子群。

11.28　设$(G,\cdot)$是偶数阶有限群,$(H,\cdot)$是$(G,\cdot)$的子群,且$|H|=\frac{1}{2}|G|$。证明$(H,\cdot)$是$(G,\cdot)$的正规子群。

11.29　设$(G,\cdot)$是一个交换群,定义一个从 G 到 G 的映射 f:$G\to G$,且对于 $x\in G$,有 $f(x)=x^2$。证明 f 是 G 到 G 的同态映射。

11.30　已知$(G,\cdot)$是一个群,f 是 G 到 G 的映射,且$\forall x\in G,f(x)=x^{-1}$。证明:

(1) f 是 G 到 G 的双射。

(2) f 是同构映射当且仅当$(G,\cdot)$是阿贝尔群。

11.31　设$(S,+,\cdot)$是环,1 是乘法幺元,在 S 上定义运算$\oplus$和$\odot$,且$\forall a,b\in S$,$a\oplus b=a+b+1$,$a\odot b=a+b+a\cdot b$。

(1) 证明:$(S,\oplus,\odot)$是一个环。

(2) 给出$(S,\oplus,\odot)$的加法幺元和乘法幺元。

11.32　设$(S,+,\cdot)$是环,且对于$\forall a\in S$ 有 $a\cdot a=a$。证明:

(1) 对于$\forall a\in S$ 有 $a+a=0$,0 是加法幺元。

(2) $(S,+,\cdot)$是可交换环。

11.33　设$(S,+,\cdot)$是一个域,$S_1\subseteq S$,$S_2\subseteq S$,且$(S_1,+,\cdot)$和$(S_2,+,\cdot)$都构成域。证明$(S_1\cap S_2,+,\cdot)$也构成域。

Chapter 12

第 12 章　格与布尔代数

格是代数学的一个分支，它由 Dedekind 在研究交换环和理想时引入的。格在解析几何、偏序空间、信息流模型、密码学等方面都有重要的应用。布尔代数是一种特殊的代数系统，1854 年乔治·布尔在 *Law of Thought* 一书中第一次给出了逻辑的基本规则。1938 年克劳德·香农揭示了利用逻辑的基本规则来设计电路的原理，这些基本规则形成了布尔代数的基础。本章主要介绍格的基础知识以及分配格、有补格和布尔格等特殊的格，在此基础上，描述布尔格和布尔代数间的关系以及布尔表达式的相关理论。

12.1　格定义的代数系统

在 7.7.6 节中，已经定义了格的概念。一个格是一个偏序集，在这个偏序集中，任意两个元素有唯一的最小上界和唯一的最大下界。现在，从代数系统的角度来重新认识格。

1. 由格定义的代数系统

设$(L,\leqslant)$是一个格，定义一个代数系统$(L,\vee,\wedge)$，其中"$\vee$"和"$\wedge$"是 L 上的两个二元运算，对于任意的 $x,y\in L$，$x\vee y$ 等于 x 和 y 的最小上界，$x\wedge y$ 等于 x 和 y 的最大下界。称$(L,\vee,\wedge)$是由格$(L,\leqslant)$所定义的代数系统。二元运算"$\vee$"通常称为并运算，二元运算"$\wedge$"通常称为交运算。因此，x 和 y 的最小上界也称 x 和 y 的并，x 和 y 的最大下界也称 x 和 y 的交。

例如，图 12.1 用哈斯图给出了一个有 5 个元的格，图 12.2(a)和(b)分别给出了由图 12.1 给出的格所定义的代数系统中"$\vee$"和"$\wedge$"两个二元运算的运算表。

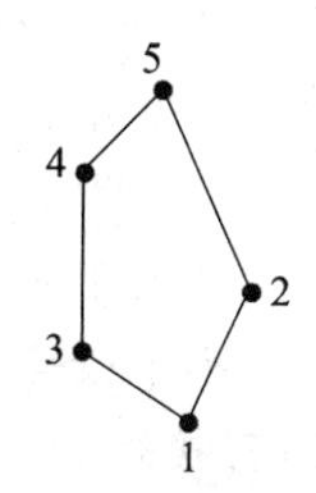

图 12.1　5 个元的格

$\vee$	1	2	3	4	5
1	1	2	3	4	5
2	2	2	5	5	5
3	3	5	3	4	5
4	4	5	4	4	5
5	5	5	5	5	5

(a)

$\wedge$	1	2	3	4	5
1	1	1	1	1	1
2	1	2	1	1	2
3	1	1	3	3	3
4	1	1	3	4	4
5	1	2	3	4	5

(b)

图 12.2　二元运算"$\vee$"和"$\wedge$"的运算表

设 2^A 是集合 A 的幂集，$(2^A,\subseteq)$ 是一个格，在其所定义的代数系统 $(2^A,\vee,\wedge)$ 中，对于 $\forall x,y\in 2^A$，有

$$x \vee y = x \cup y$$
$$x \wedge y = x \cap y$$

$\mathbf{Z}^+$ 是正整数集，设 $|$ 是 $\mathbf{Z}^+$ 上的一个二元关系，$(\mathbf{Z}^+,|)$ 是一个格，在其所定义的代数系统 $(\mathbf{Z}^+,\vee,\wedge)$ 中，对于任意的 $x,y\in\mathbf{Z}^+$，有

$$x \vee y = x \text{ 和 } y \text{ 的最小公倍数}$$
$$x \wedge y = x \text{ 和 } y \text{ 的最大公约数}$$

定理 12.1 对于格 $(L,\leqslant)$ 中的任意元素 a 和 b，有

$$a \leqslant a \vee b \tag{12.1}$$
$$a \wedge b \leqslant a \tag{12.2}$$

证明：因为 $a\vee b$ 是 a 的一个上界，所以 $a\leqslant a\vee b$；因为 $a\wedge b$ 是 a 的一个下界，所以 $a\wedge b\leqslant a$。

定理 12.2：$(L,\leqslant)$ 是一个格，对于 L 中任意的 a、b、c 和 d，如果 $a\leqslant b$ 且 $c\leqslant d$，则有

$$a \vee c \leqslant b \vee d \tag{12.3}$$
$$a \wedge c \leqslant b \wedge d \tag{12.4}$$

证明：因为 $b\leqslant b\vee d$，又 $a\leqslant b$，所以 $a\leqslant b\vee d$；因为 $d\leqslant b\vee d$，又 $c\leqslant d$，所以 $c\leqslant b\vee d$。因此，$b\vee d$ 是 a 和 c 的上界。又因为 $a\vee c$ 是 a 和 c 的最小上界，所以由最小上界的定义知

$$a \vee c \leqslant b \vee d$$

因为 $a\wedge c\leqslant a$，又 $a\leqslant b$，所以，$a\wedge c\leqslant b$；因为 $a\wedge c\leqslant c$，又 $c\leqslant d$，所以 $a\wedge c\leqslant d$。因此 $a\wedge c$ 是 b 和 d 的下界。又因为 $b\wedge d$ 是 b 和 d 的最大下界，所以由最大下界的定义知

$$a \wedge c \leqslant b \wedge d$$

2. 对偶原理

设 $(L,\leqslant)$ 是一个偏序集，令 $\leqslant_R$ 是 L 上的二元关系，使得对 L 中的 a 和 b 当且仅当 $b\leqslant a$ 时有 $a\leqslant_R b$。不难看出，$(L,\leqslant_R)$ 也是一个偏序集。而且，若 $(L,\leqslant)$ 是一个格，那么 $(L,\leqslant_R)$ 也是一个格。

注意，格 $(L,\leqslant)$ 与格 $(L,\leqslant_R)$ 之间是密切相关的。同样，由它们定义的代数系统也是密切相关的。具体地说，由 $(L,\leqslant)$ 定义的代数系统的并运算是由 $(L,\leqslant_R)$ 定义的代数系统的交运算，并且由 $(L,\leqslant)$ 定义的代数系统的交运算是由 $(L,\leqslant_R)$ 定义的代数系统的并运算。因此，涉及格的一般性质的任何能成立的论述，都可以用 $\leqslant_R$ 来代替 $\leqslant$，把并运算替换为交运算，把交运算替换为并运算，从而得到它的另一个成立的论点，这就是所谓的对偶原理。

例如，定理 12.1 中的式(12.1)可以叙述为“格中任意两个元素的并大于或等于这两个元素中的每一个元素”，式(12.2)可以叙述为“格中任意两个元素的交小于或等于这两个元素中每一个元素”。显然，式(12.2)可以根据对偶原理从式(12.1)直接得到。注意，定理 12.2 中的式(12.4)并不能根据对偶原理从式(12.3)得到，原因在于这两个公式是有前提条件的。

3. 等幂律、交换律、结合律和吸收律

定理 12.3：设$(L,\leqslant)$是一个格，$(L,\vee,\wedge)$是格$(L,\leqslant)$定义的代数系统，则对于任意的$a,b,c\in L$，以下运算律成立：

(1) 等幂律：对于$\forall a\in L$，有

$$a \wedge a = a, a \vee a = a$$

(2) 交换律：对于$\forall a,b\in L$，有

$$a \wedge b = b \wedge a,\quad a \vee b = b \vee a$$

(3) 结合律：对于$\forall a,b,c\in L$，有

$$(a \wedge b) \wedge c = a \wedge (b \wedge c),\quad (a \vee b) \vee c = a \vee (b \vee c)$$

(4) 吸收律：对于$\forall a,b\in L$，有

$$a \vee (a \wedge b) = a,\quad a \wedge (a \vee b) = a$$

证明：

(1) 显然，$a\wedge a\leqslant a$。因为$a\leqslant a$，且$a\leqslant a$，所以a是a与a的下界，所以$a\leqslant a\wedge a$。因为$\leqslant$有反对称性，所以$a\wedge a=a$。由对偶原理知，$a\vee a=a$。

(2) 因为$a\wedge b$和$b\wedge a$分别是$\{a,b\}$和$\{b,a\}$的最大下界，且$\{a,b\}=\{b,a\}$，所以$a\wedge b=b\wedge a$。由对偶原理知$a\vee b=b\vee a$。

(3) 因为$(a\wedge b)\wedge c$是$a\wedge b$和c的最大下界，$a\wedge b$是a和b的最大下界，所以$(a\wedge b)\wedge c\leqslant a\wedge b$，$(a\wedge b)\wedge c\leqslant c$，$a\wedge b\leqslant a$，$a\wedge b\leqslant b$。又因为$\leqslant$有传递性，所以$(a\wedge b)\wedge c\leqslant a$，$(a\wedge b)\wedge c\leqslant b$。因为$b\wedge c$是$b$和$c$的最大下界，所以由$(a\wedge b)\wedge c\leqslant b$和$(a\wedge b)\wedge c\leqslant c$得$(a\wedge b)\wedge c\leqslant b\wedge c$。于是，由$(a\wedge b)\wedge c\leqslant a$和$(a\wedge b)\wedge c\leqslant b\wedge c$得$(a\wedge b)\wedge c\leqslant a\wedge(b\wedge c)$。同理可证，$a\wedge(b\wedge c)\leqslant(a\wedge b)\wedge c$。因为$\leqslant$有反对称性，所以$(a\wedge b)\wedge c=a\wedge(b\wedge c)$。

由对偶原理知$(a\vee b)\vee c=a\vee(b\vee c)$。

(4) 显然，$a\leqslant a\vee(a\wedge b)$。又由$a\leqslant a$，$a\wedge b\leqslant a$可得$a\vee(a\wedge b)\leqslant a$。因为$\leqslant$有反对称性，所以$a\vee(a\wedge b)=a$。

由对偶原理知$a\wedge(a\vee b)=a$。

12.2　格的代数定义

在 12.1 节，由一个格定义了一个代数系统。本节主要介绍格的代数定义、子格和格的同态映射的概念。

12.2.1　格的代数定义

设$(L,\vee,\wedge)$是具有两个二元运算"$\vee$"和"$\wedge$"的代数系统，并且"$\vee$"和"$\wedge$"运算适合 12.1 节定理 12.3 的运算律。下面设法利用"$\vee$"和"$\wedge$"运算在L中引入偏序关系$\leqslant$，使L关于这个偏序关系构成一个格。

从格所定义的代数系统中的运算不难想到，对于$\forall a,b\in L$，当$a\wedge b=a$和$a\vee b=b$同时成立时，应规定$a\leqslant b$。如果证明了这样定义的L上的二元关系$\leqslant$是L上的偏序关系，且$a\wedge b$和$a\vee b$分别是$\{a,b\}$的最大下界和最小上界，那么就可以用具有定理12.3中的运算律的代数系统$(L,\vee,\wedge)$来定义一个格。

下面先描述3个问题。

1. 二元关系$\leqslant$

首先必须回答的一个问题是在这样的一个代数系统中是否公式$a\wedge b=a$与公式$a\vee b=b$同时成立。

设$a\wedge b=a$，则

$$a\vee b=(a\wedge b)\vee b=b\vee(b\wedge a)=b\quad\text{（交换律和吸收律）}$$

反之，设$a\vee b=b$，则

$$a\wedge b=a\wedge(a\vee b)=a\quad\text{（吸收律）}$$

因此，$a\wedge b=a$与$a\vee b=b$同时成立。

现在集合L上定义二元关系$\leqslant$：对于$\forall a,b\in L$，若$a\wedge b=a$（或$a\vee b=b$）成立，则定义$a\leqslant b$。

2. 偏序集$(L,\leqslant)$

下面证明$\leqslant$是L上的偏序关系。

对于任意$a\in L$，由定理12.3知，$a\wedge a=a$（或$a\vee a=a$）有$a\leqslant a$，所以$\leqslant$有自反性。

对于任意的$a,b\in L$，若$a\leqslant b$，且$b\leqslant a$，则$a\wedge b=a$，$b\wedge a=b$。因为$a\wedge b=b\wedge a$，所以$a=b$。因此，$\leqslant$有反对称性。

对于任意的$a,b,c\in L$，若$a\leqslant b$，且$b\leqslant c$，则$a\wedge b=a$，$b\wedge c=b$，于是

$$a\wedge c=(a\wedge b)\wedge c=a\wedge(b\wedge c)=a\wedge b=a$$

所以，$a\leqslant c$。因此，$\leqslant$有传递性。

综上所述，$\leqslant$是L上的偏序关系，$(L,\leqslant)$是一个偏序集。

3. 格$(L,\vee,\wedge)$

下面证明对于任意的$a,b\in L$，$a\wedge b$是$\{a,b\}$的最大下界。

因为$(a\wedge b)\wedge a=a\wedge(b\wedge a)=a\wedge(a\wedge b)=(a\wedge a)\wedge b=a\wedge b$，所以由$\leqslant$的定义知$a\wedge b\leqslant a$；同理，$a\wedge b\leqslant b$。因此，$a\wedge b$是$a$和$b$的下界。

任取$c\in L$，若$c\leqslant a$，且$c\leqslant b$，由$\leqslant$的定义知，$c\wedge a=c$，$c\wedge b=c$。则有

$$c\wedge(a\wedge b)=(c\wedge a)\wedge b=c\wedge b=c$$

所以，$c\leqslant a\wedge b$。

因此，$a\wedge b$是$\{a,b\}$的最大下界。

类似地，可以证明$a\vee b$是$\{a,b\}$的最小上界。

这样就可以得出格的等价定义。

定义12.1：设$(L,\vee,\wedge)$是一个代数系统，$\vee$和$\wedge$是L上的两个封闭的二元运算，若满足定理12.3中的运算律，则称$(L,\vee,\wedge)$是一个格。

例12.1：$\mathbf{Z}^+$是正整数集，对于任意的$a,b\in\mathbf{Z}^+$，规定

$$a \wedge b = (a,b) \quad (\text{即 } a \text{ 和 } b \text{ 的最大公约数})$$
$$a \vee b = [a,b] \quad (\text{即 } a \text{ 和 } b \text{ 的最小公倍数})$$

由于对于任意两个正整数 a 和 b，都有唯一确定的最大公约数和最小公倍数，故 $\vee$ 和 $\wedge$ 是 $\mathbf{Z}^+$ 上的两个二元运算，且

$$(a,a) = a, \quad [a,a] = a \quad (\text{等幂律})$$
$$(a,b) = (b,a), \quad [a,b] = [b,a] \quad (\text{交换律})$$
$$((a,b),c) = (a,(b,c)), \quad [[a,b],c] = [a,[b,c]] \quad (\text{结合律})$$

因为 $a|[a,b]$，所以 $(a,[a,b])=a$。因此，$a\wedge(a\vee b)=a$。又因为 $(a,b)|a$，所以 $[a,(a,b)]=a$。因此 $a\vee(a\wedge b)=a$。即，该代数系统满足吸收律。

因此，$(\mathbf{Z}^+,\vee,\wedge)$ 是一个格。这样定义的格与 7.7 节中定义的格 $(\mathbf{Z}^+,|)$ 是一致的。

12.2.2　子格

任何代数系统都可以有子代数系统，即该代数系统的一个非空子集，它关于所有的 $n(n\geqslant 1)$ 元运算都是封闭的。

下面给出一个格的子格的定义。

定义 12.2：设 $(L,\vee,\wedge)$ 是一个格，$\varnothing\neq S\subseteq L$，若 S 关于 $\vee$ 和 $\wedge$ 运算是封闭的，则称 $(S,\vee,\wedge)$ 为 $(L,\vee,\wedge)$ 的子格，简称 S 是 L 的子格。

例如，对于例 12.1 的 $(\mathbf{Z}^+,\vee,\wedge)$，取 $S=\{n\in\mathbf{Z}^+ \mid n \text{ 是偶数}\}$。因为任意两个偶数的最小公倍数和最大公约数仍是偶数，故 S 关于 $\vee$ 和 $\wedge$ 是封闭的，即 S 是 $\mathbf{Z}^+$ 的子格。

例 12.2：设 $(L,\leqslant)$ 是一个格，$a\in L$，令 $S=\{x\in L \mid x\leqslant a\}$，则 S 是 L 的一个子格。

证明：因为 $a\leqslant a$，所以 $a\in S\neq\varnothing$。

对于任意的 $x,y\in S$，有 $x\leqslant a, y\leqslant a$。由最小上界和最大下界的定义知，$x\vee y\leqslant a, x\wedge y\leqslant a$。由 S 的定义得 $x\vee y, x\wedge y\in S$。

因此，S 是 L 的子格。

关于格的定义，要防止一个错误的认识。设 $(L,\leqslant)$ 是一个格，$\varnothing\neq S\subseteq L$。若 $(S,\leqslant)$ 本身是一个格，能否说 S 是 L 的子格呢？一般情况下不成立。

例如 $(\mathbf{Z}^+,|)$ 是一个格，设 $S=\{2,4,6,24\}$，显然 $(S,|)$ 是一个偏序集，其相应的哈斯图如图 12.3 所示。显然，$(S,|)$ 是一个格，但它不是 $(\mathbf{Z}^+,|)$ 的子格，因为在格 $(\mathbf{Z}^+,|)$ 中，$4\vee 6=12\notin S$。

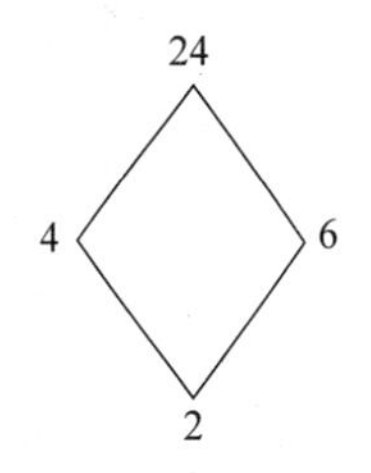

图 12.3　$(S,|)$ 的哈斯图

12.2.3　格的同态和同构

研究代数系统的一个重要方法是利用同态与同构的概念。

定义 12.3：设 $(L,\vee,\wedge)$ 和 $(S,\vee,\wedge)$ 是两个格，如果存在从 L 到 S 的映射 f，使得对于任意的 $a,b\in L$ 有

$$f(a \vee b) = f(a) \vee f(b)$$
$$f(a \wedge b) = f(a) \wedge f(b)$$

则称 f 是 L 到 S 的一个格同态映射。若 f 是单射，则称 f 是单一格同态；若 f 是满射，则称 f 是满的格同态；若 f 是双射，则称 f 是一个格同构，并称两个格 L 和 S 是同构的。

例 12.3：设 $L=\{2n|n\in \mathbf{N}-\{0\}\}$，$S=\{2n+1|n\in \mathbf{N}\}$，则 L 和 S 关于通常数的小于或等于关系构成格。令 f：$L\to S$，且对于 $\forall x\in L$，$f(x)=x-1$，则 f 是 L 和 S 的格同态映射。

证明：对于 $\forall x,y\in L$，有 $f(x\vee y)=f(\max(x,y))=\max(x,y)-1$，$f(x)\vee f(y)=(x-1)\vee(y-1)=\max(x-1,y-1)=\max(x,y)-1$；$f(x\wedge y)=f(\min(x,y))=\min(x,y)-1$，$f(x)\wedge f(y)=(x-1)\wedge(y-1)=\min(x-1,y-1)=\min(x,y)-1$。于是 $f(x\vee y)=f(x)\vee f(y)$，$f(x\wedge y)=f(x)\wedge f(y)$。所以 f 是 L 和 S 的格同态映射。

12.3 一些特殊的格

自然，人们期望格所确定的代数系统具有更加特殊的“结构”，本节研究具有某些附加性质的格。

12.3.1 分配格

定义 12.4：设 $(L,\vee,\wedge)$ 是一个格，若对于任意 $a,b,c\in L$，有

$$a \wedge (b \vee c) = (a \wedge b) \vee (a \wedge c)$$
$$a \vee (b \wedge c) = (a \vee b) \wedge (a \vee c)$$

则称设 $(L,\vee,\wedge)$ 是一个分配格。

显然，$(2^A,\cup,\cap)$ 是一个分配格。

例 12.4 判定图 12.4 中(a)和(b)是否是分配格。

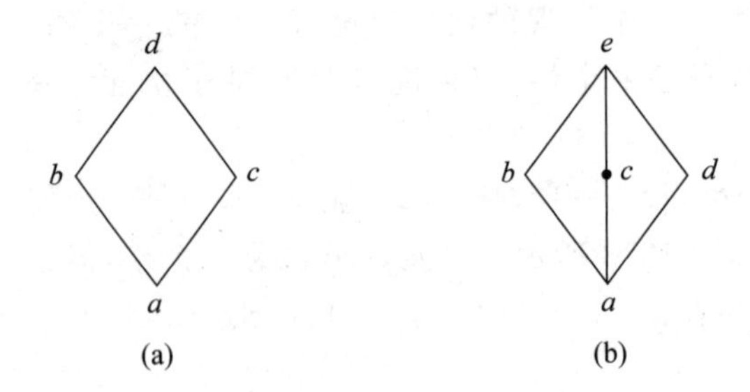

图 12.4 格的示例

解：不难验证，图 12.4(a)中所示的格是分配格。

对于图 12.4(b)中所示的格，显然有

$$b \wedge (c \vee d) = b \wedge e = b, (b \wedge c) \vee (b \wedge d) = a \vee a = a$$

即 $b \wedge (c \vee d) \neq (b \wedge c) \vee (b \wedge d)$，所以它不是分配格。

下面的定理说明，分配格的定义中有的条件是多余的。

定理 12.4：设 $(L, \vee, \wedge)$ 是一个格，对于任意 $a,b,c \in L$，有 $a \wedge (b \vee c) = (a \wedge b) \vee (a \wedge c)$ 当且仅当 $a \vee (b \wedge c) = (a \vee b) \wedge (a \vee c)$。

证明：先证必要性。

$$
\begin{aligned}
(a \vee b) \wedge (a \vee c) &= ((a \vee b) \wedge a) \vee ((a \vee b) \wedge c) && \text{(已知条件)} \\
&= (a \wedge (a \vee b)) \vee ((a \vee b) \wedge c) && \text{(交换律)} \\
&= a \vee ((a \vee b) \wedge c) && \text{(吸收律)} \\
&= a \vee ((a \wedge c) \vee (b \wedge c)) && \text{(已知条件)} \\
&= (a \vee (a \wedge c)) \vee (b \wedge c) && \text{(结合律)} \\
&= a \vee (b \wedge c) && \text{(吸收律)}
\end{aligned}
$$

再证充分性。

$$
\begin{aligned}
(a \wedge b) \vee (a \wedge c) &= ((a \wedge b) \vee a) \wedge ((a \wedge b) \vee c) && \text{(已知条件)} \\
&= (a \vee (a \wedge b)) \wedge ((a \wedge b) \vee c)) && \text{(交换律)} \\
&= a \wedge ((a \wedge b) \vee c)) && \text{(吸收律)} \\
&= a \wedge ((a \vee c) \wedge (b \vee c)) && \text{(已知条件)} \\
&= (a \wedge (a \vee c)) \wedge (b \vee c) && \text{(结合律)} \\
&= a \wedge (b \vee c) && \text{(吸收律)}
\end{aligned}
$$

定理 12.4 相当于运用对偶原理的一个示例。

定义 12.5：设 $(L, \leqslant)$ 是一个格。若存在 $a \in L$，对于任意 $b \in L$，有 $a \leqslant b$，则称 a 为泛下界；若存在 $d \in L$，对于任意的 $b \in L$，有 $b \leqslant d$，则称 d 为泛上界。

显然，泛上界和泛下界若存在，则必唯一。常用 0 和 1 分别表示一个格的泛下界和泛上界。

在图 12.4(a)中，a 是泛下界，d 是泛上界。在图 12.4(b)中，a 是泛下界，e 是泛上界。

在格 $(\mathbf{Z}^+, |)$ 中，1 是泛下界，没有泛上界。在格 $(2^A, \subseteq)$ 中，A 是泛上界，而 $\varnothing$ 是泛下界。

定理 12.5：设 $(L, \leqslant)$ 是一个格，0 和 1 分别表示其泛下界和泛上界。那么，对于任意 $a \in L$，有

$$
\begin{gathered}
a \vee 1 = 1 \\
a \wedge 1 = a \\
a \vee 0 = a \\
a \wedge 0 = 0
\end{gathered}
$$

证明：因为 $a \vee 1$ 是 a 和 1 的最小上界，所以 $1 \leqslant a \vee 1$。又因为 1 是泛上界，所以 $a \vee 1 \leqslant 1$。因为 $\leqslant$ 有反对称性，所以 $a \vee 1 = 1$。

因为 $a \wedge 1$ 是 a 和 1 的最大下界，所以 $a \wedge 1 \leqslant a$。又因为 $a \leqslant a$ 和 $a \leqslant 1$，a 是 a 和 1 的下界，所以 $a \leqslant a \wedge 1$。因为 $\leqslant$ 有反对称性，所以 $a \wedge 1 = a$。

其他的两个关系式同理可证。

定义 12.6：设$(L,\leqslant)$是一个格，$0,1\in L$。设$a\in L$，若存在$b\in L$，满足

$$a \vee b = 1$$
$$a \wedge b = 0$$

则称b为a的补元。

注意，由于对称性，若a是b的补元，那么b也是a的补元。

例如，对于图12.4(a)中表示的格，b是c的补元，d是a的补元。对于图12.4(b)中表示的格，c和d都是b的补元。

定理 12.6：在分配格中，如果一个元素有补元，则这个补元是唯一的。

证明：设元素a有两个补元b和c，则

$$a \vee b = 1$$
$$a \wedge b = 0$$
$$a \vee c = 1$$
$$a \wedge c = 0$$

于是，有

$$\begin{aligned} b &= b \wedge 1 = b \wedge (a \vee c) = (b \wedge a) \vee (b \wedge c) = 0 \vee (b \wedge c) = (a \wedge c) \vee (b \wedge c) \\ &= (a \vee b) \wedge c = 1 \wedge c = c \end{aligned}$$

因此，如果一个元素有补元，则这个补元是唯一的。

12.3.2 布尔格和布尔代数

定义 12.7：如果一个格的每一个元素都有补元，则称它为有补格。

定义 12.8：称一个有补的分配格为布尔格。

设$(L,\leqslant)$是一个布尔格，因为对于每一个元素有唯一的补元，所以能定义L上的一个一元运算，并用“$^{-}$”表示它，这样，对于L中的每一个元素a，$\bar{a}$是a的补元。一元运算“$^{-}$”称为补运算，并称布尔格$(L,\leqslant)$定义的代数系统$(L,\vee,\wedge,^{-})$是一个布尔代数。

定理 12.7：设$(L,\vee,\wedge,^{-})$是一个布尔代数。对于任意的$a,b\in L$，有

$$\overline{a \vee b} = \bar{a} \wedge \bar{b}$$
$$\overline{a \wedge b} = \bar{a} \vee \bar{b}$$

证明：因为

$$\begin{aligned} (a \vee b) \vee (\bar{a} \wedge \bar{b}) &= ((a \vee b) \vee \bar{a}) \wedge ((a \vee b) \vee \bar{b}) \\ &= ((a \vee \bar{a}) \vee b) \wedge (a \vee (b \vee \bar{b})) \\ &= (1 \vee b) \wedge (a \vee 1) \\ &= 1 \wedge 1 = 1 \end{aligned}$$

$$
\begin{aligned}
(a \vee b) \wedge (\bar{a} \wedge \bar{b}) &= (a \wedge (\bar{a} \wedge \bar{b})) \vee (b \wedge (\bar{a} \wedge \bar{b})) \\
&= ((a \wedge \bar{a}) \wedge \bar{b}) \vee ((b \wedge \bar{b}) \wedge \bar{a}) \\
&= (0 \wedge \bar{b}) \vee (0 \wedge \bar{a}) \\
&= 0 \vee 0 = 0
\end{aligned}
$$

因此，$(\bar{a} \wedge \bar{b})$是 $a \vee b$ 的补，即$\overline{a \vee b} = \bar{a} \wedge \bar{b}$。

由对偶性原理，有$\overline{a \wedge b} = \bar{a} \vee \bar{b}$。

定理 12.7 的结果称为德 · 摩根定律。

12.4　有限布尔代数的唯一性

设 S 是一个任意的非空集合，2^S 是 S 的幂集合，$(2^S, \subseteq)$是一个格，且是布尔格，记为布尔代数$(2^S, \cup, \cap, ^-)$。是否所有的布尔代数都是这样的形式呢？可以说，当 L 是一个有限集，也就是$(L, \vee, \wedge, ^-)$是一个有限布尔代数时，这一问题的答案是肯定的。本节就来证明这个结论。

12.4.1　原子

定义 12.9：设 L 是一个有限集，$(L, \leqslant)$是一个布尔格。对于 L 中任意两个元素 a 和 b，$b \leqslant a$，且 $b \neq a$，若不存在 $c \in L, c \neq a, c \neq b$，使得 $b \leqslant c$，且 $c \leqslant a$，则称 a 覆盖 b。对于任意一个元素 $x \in L$，若 x 覆盖 0，则称 x 为 L 中的一个原子。

在图 12.4(a)所示的布尔格中，$a=0, d=1, b$ 与 c 都是原子。

定理 12.8：设$(L, \leqslant)$是一个有限布尔格，对于任意的 $a \in L, a \neq 0$，则存在 $b \in L$，使得 b 是原子，且 $b \leqslant a$。

证明：若 a 是原子，则存在 $b=a$，命题成立。否则 a 不是原子，即 a 不覆盖 0。于是存在 $a_1 \in L, a_1 \neq a, a_1 \neq 0$，使得 $a_1 \leqslant a$。若 a_1 是原子，则命题成立。否则存在 $a_2 \in L, a_2 \neq a_1$，$a_2 \neq 0$，使得 $a_2 \leqslant a_1$。依此类推，因为$(L, \leqslant)$是有限格，故在有限步内一定会得到$(L, \leqslant)$中的一条链：

$$0 \leqslant a_i \leqslant a_{i-1} \leqslant \cdots a_2 \leqslant a_1 \leqslant a$$

且 $0, a_i, a_{i-1}, \cdots, a_2, a_1, a$ 中任意两个都不相等，其中 a_i 是原子。所以存在 a_i，它满足 $a_i \leqslant a$，且 a_i 是原子，命题成立。

12.4.2　有限布尔代数非零元素的表达

定理 12.9：设 b 和 c 是一个分配格中的任意两个元素，若 $b \wedge \bar{c} = 0$，则 $b \leqslant c$。

证明：因为 $b\wedge\bar{c}=0$，所以 $(b\wedge\bar{c})\vee c=0\vee c=c$。又

$$(b\wedge\bar{c})\vee c=(b\vee c)\wedge(\bar{c}\vee c)=(b\vee c)\wedge 1=(b\vee c)$$

所以，$b\vee c=c$，即 c 是 b 和 c 的最小上界。因此，$b\leqslant c$。

引理 12.1：设$(L,\vee,\wedge,{}^{-})$是一个有限布尔代数，b 是 L 中任意的一个非零元素，a_1，a_2，…，a_k 是 L 中所有使 $a_i\leqslant b$ 的原子，那么 $b=a_1\vee a_2\vee\cdots\vee a_k$。

证明：令$c=a_1\vee a_2\vee\cdots\vee a_k$，因为 $a_1\leqslant b,a_2\leqslant b,\cdots,a_k\leqslant b$，所以 $c=a_1\vee a_2\vee\cdots\vee a_k\leqslant b$。假设 $b\wedge\bar{c}\neq 0$，由定理 12.8 知，存在原子 a，$a\neq 0$，使 $a\leqslant b\wedge\bar{c}$。因为 $b\wedge\bar{c}\leqslant b$，$b\wedge\bar{c}\leqslant\bar{c}$，所以根据传递性有 $a\leqslant b$ 且 $a\leqslant\bar{c}$。因为 a 是原子，且 $a\leqslant b$，所以存在 $j(1\leqslant j\leqslant k)$，使得 $a=a_j$，所以 $a\leqslant c$。由 $a\leqslant c$ 且 $a\leqslant\bar{c}$，得 $a\leqslant c\wedge\bar{c}=0$，与 $a\neq 0$ 矛盾，因此，$b\wedge\bar{c}=0$。由定理 12.9 知 $b\leqslant c$。因为$\leqslant$有反对称性，所以 $b=c$。

故，$b=a_1\vee a_2\vee\cdots\vee a_k$。

引理 12.2：设$(L,\vee,\wedge,{}^{-})$是一个有限布尔代数，b 是 L 中任意的一个非零元素，a_1，a_2，…，a_k 是 L 中所有使 $a_i\leqslant b$ 的原子。那么 $b=a_1\vee a_2\vee\cdots\vee a_k$ 是将 b 表示为若干个原子之并的唯一方式。

证明：采用反证法。不妨设另有原子之并的表达式如下：

$$b=a_{j_1}\vee a_{j_2}\vee\cdots\vee a_{j_t}$$

其中 $a_{j_s}(1\leqslant s\leqslant t)$是原子，$a_{j_s}\leqslant b(1\leqslant s\leqslant t)$。

显然，由前提条件知

$$\{a_{j_1},a_{j_2},\cdots,a_{j_t}\}\subseteq\{a_1,a_2,\cdots,a_k\}$$

对于任意的 $a_i(1\leqslant i\leqslant k)$，因为 $a_i\leqslant b$，故有 $a_i\wedge b=a_i$。于是，

$$a_i\wedge(a_{j_1}\vee a_{j_2}\vee\cdots\vee a_{j_t})=a_i$$

即

$$(a_i\wedge a_{j_1})\vee(a_i\wedge a_{j_2})\vee\cdots\vee(a_i\wedge a_{j_t})=a_i$$

对于两个原子 a_i 和 a_{j_s}，若 $a_i\neq a_{j_s}$，则 $a_i\wedge a_{j_s}=0$。所以存在一个 $l(1\leqslant l\leqslant t)$，使得 $a_i\wedge a_{j_l}\neq 0$。因为 a_i 和 a_{j_l} 是原子，所以 $a_i=a_{j_l}$。

故，$\{a_{j_1},a_{j_2},\cdots,a_{j_t}\}=\{a_1,a_2,\cdots,a_k\}$，即 $t=k$，且表达式唯一。

12.4.3 布尔代数的同构

12.2.3 节定义了两个格之间的同态和同构映射。两个布尔代数之间的同态性，除保持对于“$\vee$”和“$\wedge$”运算的同态性之外，还必须保持对补运算的同态性。

定义 12.10：设$(L,\vee,\wedge,{}^{-})$和$(S,\vee,\wedge,{}^{-})$是两个布尔代数，f 是 L 到 S 的一个映射，若对于任意的 $a,b\in L$ 有

$$f(x\vee y)=f(x)\vee f(y)$$
$$f(x\wedge y)=f(x)\wedge f(y)$$
$$f(\bar{x})=\overline{f(x)}$$

则称 f 是布尔代数的同态映射。若 f 还是双射，则称 f 是同构映射，并称这两个布尔代数 L 和 S 是同构的。

定理 12.10：设$(L,\vee,\wedge,\bar{\ })$是一个有限布尔代数，$S=\{x\in L\mid x$ 是原子$\}$。则$(L,\vee,\wedge,\bar{\ })$和$(2^S,\cup,\cap,\bar{\ })$是同构的两个布尔代数。

证明：对于任意 $a\in L$，由引理 12.1 和引理 12.2 知，a 可以唯一地表示成若干个原子之并。

作映射 $f: L\to 2^S$，且对于任意 $a\in L$，有

$$f(a)=\begin{cases}\varnothing, & a=0\\ \{a_1,a_2,\cdots,a_k\}, & a=a_1\vee a_2\vee\cdots\vee a_k\end{cases}$$

由非零元素 a 的表达式的唯一性可知，映射 f 的定义是合理的。

显然，由 f 定义知，f 是满射。

设 x、y 是 L 中的任意两个非零元素，若 $f(x)=f(y)$，不妨设

$$f(x)=f(y)=\{a_{i_1},a_{i_2},\cdots,a_{i_k}\}$$

则由引理 12.2 知

$$x=a_{i_1}\vee a_{i_2}\vee\cdots\vee a_{i_k}=y$$

即 f 是单射。

下面证明 f 是布尔代数同态映射。显然，只需对非零元素进行考察。

对于任意的 $a_1=a_{11}\vee a_{12}\vee\cdots\vee a_{1k}$，$a_2=a_{21}\vee a_{22}\vee\cdots\vee a_{2h}\in L$，有

$$\begin{aligned}f(a_1\vee a_2)&=f(a_{11}\vee a_{12}\vee\cdots\vee a_{1k}\vee a_{21}\vee a_{22}\vee\cdots\vee a_{2h})\\&=\{a_{11},a_{12},\cdots,a_{1k},a_{21},a_{22},\cdots,a_{2h}\}\end{aligned}$$

$$f(a_1)=\{a_{11},a_{12},\cdots,a_{1k}\}$$

$$f(a_2)=\{a_{21},a_{22},\cdots,a_{2h}\}$$

$$f(a_1)\cup f(a_2)=\{a_{11},a_{12},\cdots,a_{1k},a_{21},a_{22},\cdots,a_{2h}\}$$

所以

$$f(a_1\vee a_2)=f(a_1)\cup f(a_2)$$

注意，$a_{11},a_{12},\cdots,a_{1k}$ 与 $a_{21},a_{22},\cdots,a_{2h}$ 中可以有相同的元素，但不影响上式的成立。不失一般性，设 $a_{1i_1}=a_{2j_1}$，$a_{1i_2}=a_{2j_2}$，$\cdots$，$a_{1i_l}=a_{2j_l}$ 是 $a_{11},a_{12},\cdots,a_{1k}$ 与 $a_{21},a_{22},\cdots,a_{2h}$ 中有且仅有的 l 对相同元素。于是

$$f(a_1)\cap f(a_2)=\{a_{1i_1},a_{1i_2},\cdots,a_{1i_l}\}$$

显然，两个不同的原子的交是 0。于是，可以得到

$$\begin{aligned}a_1\wedge a_2&=(a_{11}\vee a_{12}\vee\cdots\vee a_{1k})\wedge(a_{21}\vee a_{22}\vee\cdots\vee a_{2h})\\&=(a_{11}\wedge a_{21})\vee\cdots\vee(a_{11}\wedge a_{2h})\vee(a_{12}\wedge a_{21})\vee\cdots\vee(a_{1k}\wedge a_{2h})\\&=a_{1i_1}\vee a_{1i_2}\vee\cdots\vee a_{1i_l}\end{aligned}$$

所以

$$f(a_1\wedge a_2)=\{a_{1i_1},a_{1i_2},\cdots,a_{1i_l}\}=f(a_1)\cap f(a_2)$$

对于任意的 $a=a_1\vee a_2\vee\cdots\vee a_k$，而 $S-\{a_1,a_2,\cdots,a_k\}=\{a_1',a_2',\cdots,a_t'\}$，则

$$\bar{a} = a'_1 \vee a'_2 \vee \cdots \vee a'_t$$

于是

$$f(\bar{a}) = \{a'_1, a'_2, \cdots, a'_t\}$$
$$f(a) = \{a_1, a_2, \cdots, a_k\}$$

所以

$$\overline{f(a)} = S - f(a) = \{a'_1, a'_2, \cdots, a'_k\} = f(\bar{a})$$

综上所述,f 是布尔代数同构映射。

12.5 布尔表达式和布尔函数

设$(L,\vee,\wedge,\bar{\ })$是一个布尔代数,$n(n\geqslant 1)$是一个正整数,如何表示一个 L^n 到 L 的函数(映射,也就是 L 上的一个 n 元函数)?当 L 是有限布尔函数时,可以用列表法。例如,图 12.5(a)表示了$\{0,1\}$上的一个三元函数,图 12.5(b)表示了$\{a,b,c\}$上的一个二元函数。

变量	(0,0,0)	(0,0,1)	(0,1,0)	(0,1,1)	(1,0,0)	(1,0,1)	(1,1,0)	(1,1,1)
函数值	0	0	1	1	1	0	1	0

(a)

变量	(a,a)	(a,b)	(a,c)	(b,a)	(c,a)	(b,b)	(b,c)	(c,b)	(c,c)
函数值	a	b	a	a	b	c	b	c	a

(b)

图 12.5 两个函数的定义

12.5.1 布尔表达式

在普通代数中,一般尽量用一个解析表达式来表示一个函数,对于布尔代数上的一个 n 元函数,也可以用这个办法。为此,类似代数式,首先定义布尔表达式。

定义 12.11:设$(L,\vee,\wedge,\bar{\ })$是一个布尔代数,布尔表达式是如下的表达式:

(1) L 中的每个元素是一个布尔表达式。

(2) 任意的一个变元名是一个布尔表达式。

(3) 若 e_1 和 e_2 是两个布尔表达式,则$\overline{e_1}$、$(e_1 \vee e_2)$、$(e_1 \wedge e_2)$都是布尔表达式。

(4) 只有有限次使用(1)、(2)、(3)所得到的式子才是布尔表达式。

例如,设$(\{0,1,2,3\},\vee,\wedge,\bar{\ })$是一个布尔代数,则

$$(1 \vee x)$$
$$(x_1 \wedge x_2) \vee (\bar{x}_1 \vee x_3) \vee (\overline{3 \wedge 0})$$
$$(x_1 \vee 0) \vee (x_2 \wedge x_3) \vee (\overline{x_2} \vee (x_1 \wedge x_3))$$

都是布尔表达式。

一个含有 n 个不同变元的布尔表达式称为 n 个变元的布尔表达式，通常表达为

$$E(x_1,x_2,\cdots,x_n)$$

设 $E(x_1,x_2,\cdots,x_n)$ 是布尔代数$(L,\vee,\wedge,\bar{\ })$上的一个 n 元布尔表达式。对于变元 $x_1,x_2,\cdots,x_n$ 赋值意味着将每一个 $x_i(1\leqslant i\leqslant n)$赋予 L 中的一个元素。将变元的一组赋值代入表达式 $E(x_1,x_2,\cdots,x_n)$，就可以计算该表达式的值。

例如，对于布尔代数$(\{0,1\},\vee,\wedge,\bar{\ })$上的表达式

$$E(x_1,x_2,x_3)=(x_1\vee 0)\vee(x_2\wedge x_3)\vee(\bar{x}_2\vee(x_1\wedge x_3))$$

令 $x_1=1,x_2=0,x_3=1$，则有

$$E(1,0,1)=(1\vee 0)\vee(0\wedge 1)\vee(\bar{0}\vee(1\wedge 1))=1\vee 0\vee 1=1$$

对于有 n 个变元的两个布尔表达式 $E_1(x_1,x_2,\cdots,x_n)$和 $E_2(x_1,x_2,\cdots,x_n)$，如果它们对 n 个变元的所有赋值都相同，即对于任意的$(a_1,a_2,\cdots,a_n)\in L^n$，有

$$E_1(a_1,a_2,\cdots,a_n)=E_2(a_1,a_2,\cdots,a_n)$$

则称这两个布尔表达式是等价的，记为

$$E_1(x_1,x_2,\cdots,x_n)=E_2(x_1,x_2,\cdots,x_n)$$

例如，$(x_1\vee\bar{x}_2)\wedge(x_3\vee\bar{x}_2)$和$(x_1\wedge x_3)\vee\bar{x}_2$ 就是等价的，记之为

$$(x_1\vee\bar{x}_2)\wedge(x_3\vee\bar{x}_2)=(x_1\wedge x_3)\vee\bar{x}_2$$

当整理或化简一个布尔表达式时，总是意味着把该式整理或化简为一个等价的简洁形式。因为 L 中的元素将被赋予布尔表达式中变元的值，所以与布尔代数的元素有关的幂等律、交换律、结合律、吸收律、分配律、德・摩根律等都可以用来化简或整理布尔表达式。

例如，分别运用结合律、吸收律、分配律，可以得到

$$\begin{aligned}E(x_1,x_2,x_3)&=(x_1\vee 0)\vee((x_2\vee x_3)\wedge(x_2\vee(x_1\wedge\bar{x}_3)))\\&=x_1\vee(x_2\vee(x_3\wedge(x_1\wedge\bar{x}_3)))\\&=x_1\vee(x_2\vee(x_3\wedge x_1\wedge\bar{x}_3))\\&=x_1\vee(x_2\vee 0)\\&=x_1\vee x_2\end{aligned}$$

12.5.2 布尔函数

不难看出，一个布尔表达式 $E(x_1,x_2,\cdots,x_n)$就表示了从 L^n 到 L 的一个函数，即对应于 L^n 中的一个有序 n 元组$(a_1,a_2,\cdots,a_n)$，其中 $a_i\in L(1\leqslant i\leqslant n)$，$E(a_1,a_2,\cdots,a_n)$的值就是在值域 L 中所对应的像。

例如，可以直接验证，如下的布尔表达式

$$(x_1\wedge x_2)\vee(\bar{x}_1\vee x_3)\vee(\overline{x_1\wedge x_3})$$

就是在布尔代数$(\{0,1\},\vee,\wedge,\bar{\ })$上按图 12.5(a)所定义的三元函数 f。

反过来，从 L^n 到 L 的每一个函数都可以用$(L,\vee,\wedge,\bar{\ })$上的一个布尔表达式来表示吗？这个问题的答案是否定的。例如，图 12.5(b)所定义的函数，在三元素布尔代数上，就不存在布尔表达式。

定义 12.12：从 L^n 到 L 的一个函数，如果它能由(n 个变元的)布尔表达式来表示，则称它为布尔函数。

定理 12.11：二元布尔代数$(\{0,1\},\vee,\wedge,\bar{\ })$上的任意一个 n 元函数都是布尔函数。

下面给出确定这个函数的布尔表达式的两种方法。

1. 主析取范式

对于 n 个变元 $x_1,x_2,\cdots,x_n$ 的一个布尔表达式，如果它形如

$$y_1 \wedge y_2 \wedge \cdots \wedge y_n$$

则称它为极小项，其中 $y_i(1\leqslant i\leqslant n)$表示 x_i 或 $\bar{x}_i$。

对于在$(\{0,1\},\vee,\wedge,\bar{\ })$上的一个布尔表达式，如果它是一些极小项的并，则称它为主析取范式。

例如，布尔表达式

$$(x_1 \wedge \bar{x}_2 \wedge x_3) \vee (x_1 \wedge \bar{x}_2 \wedge \bar{x}_3) \vee (x_1 \wedge x_2 \wedge x_3) \vee (\bar{x}_1 \wedge \bar{x}_2 \wedge \bar{x}_3)$$

是一个主析取范式，它由 4 个极小项组成，分别为

$$x_1 \wedge \bar{x}_2 \wedge x_3$$

$$x_1 \wedge \bar{x}_2 \wedge \bar{x}_3$$

$$x_1 \wedge x_2 \wedge x_3$$

$$\bar{x}_1 \wedge \bar{x}_2 \wedge \bar{x}_3$$

给定一个从$\{0,1\}^n$ 到$\{0,1\}$的函数，用其极小项对应函数值为 1 的每一个有序的 0 和 1 的 n 元组，这样能够得到对应这个函数的主析取范式。

具体地说，对于函数值为 1 的有序的 0 和 1 的 n 元组，有一个极小项

$$y_1 \wedge y_2 \wedge \cdots \wedge y_n$$

其中，若这个 n 元组的第 $i(1\leqslant i\leqslant n)$个分量为 1，则 y_i 为 x_i；若第 i 个分量为 0，则 y_i 为 $\bar{x}_i$。

例如，对应图 12.5(a)定义的函数 f 的主析取范式为

$$(\bar{x}_1 \wedge x_2 \wedge \bar{x}_3) \vee (\bar{x}_1 \wedge x_2 \wedge x_3) \vee (x_1 \wedge \bar{x}_2 \wedge \bar{x}_3) \vee (x_1 \wedge x_2 \wedge \bar{x}_3)$$

2. 主合取范式

对于 n 个变元 $x_1,x_2,\cdots,x_n$ 的一个布尔表达式，如果它形如

$$y_1 \vee y_2 \vee \cdots \vee y_n$$

则称它为极大项，其中 $y_i(1\leqslant i\leqslant n)$表示 x_i 或 $\bar{x}_i$。

对于在$(\{0,1\},\vee,\wedge,\bar{\ })$上的一个布尔表达式，如果它是极大项的交，则称它为主合取范式。

例如，布尔表达式

$$(x_1 \vee \bar{x}_2 \vee x_3) \wedge (x_1 \vee \bar{x}_2 \vee \bar{x}_3) \wedge (x_1 \vee x_2 \vee x_3) \wedge (\bar{x}_1 \vee \bar{x}_2 \vee \bar{x}_3)$$

是一个主合取范式，它由 4 个极大项组成，分别为

$$x_1 \vee \bar{x}_2 \vee x_3$$

$$x_1 \vee \bar{x}_2 \vee \bar{x}_3$$

$$x_1 \vee x_2 \vee x_3$$

$$\bar{x}_1 \vee \bar{x}_2 \vee \bar{x}_3$$

给定一个从$\{0,1\}^n$到$\{0,1\}$的函数，用其极大项对应函数值为 0 的每个有序的 0 和 1 的 n 元组，这样能够得到对应这个函数的主合取范式。

具体地说，对于函数值为 0 的有序的 0 和 1 的 n 组，有一个极大项

$$y_1 \vee y_2 \vee \cdots \vee y_n$$

其中，若这个 n 元组的第 $i(1 \leqslant i \leqslant n)$ 个分量为 0，则 y_i 为 x_i；若第 i 个分量为 1，则 y_i 为 $\bar{x}_i$。

例如，对应图 12.5(a)定义的函数 f 的主合取范式为

$$(x_1 \vee x_2 \vee x_3) \wedge (x_1 \vee x_2 \vee \bar{x}_3) \wedge (\bar{x}_1 \vee x_2 \vee \bar{x}_3) \wedge (\bar{x}_1 \vee \bar{x}_2 \vee \bar{x}_3)$$

12.6 典型例题

例 12.5：若$(L, \leqslant)$是一个格，证明对于$\forall a,b,c \in L$ 有

(1) $a \vee (b \wedge c) \leqslant (a \vee b) \wedge (a \vee c)$。

(2) $(a \wedge b) \vee (a \wedge c) \leqslant a \wedge (b \vee c)$。

证明：

(1) 因为 $a \leqslant a \vee b, a \leqslant a \vee c$，所以 $a \leqslant (a \vee b) \wedge (a \vee c)$。又因为 $b \wedge c \leqslant b \leqslant a \vee b$，且 $b \wedge c \leqslant c \leqslant a \vee c$，所以 $b \wedge c \leqslant (a \vee b) \wedge (a \vee c)$，即$(a \vee b) \wedge (a \vee c)$是 a 和 $b \wedge c$ 的上界，所以 $a \vee (b \wedge c) \leqslant (a \vee b) \wedge (a \vee c)$。

(2) 因为 $a \wedge b \leqslant a, a \wedge c \leqslant a$，所以$(a \wedge b) \vee (a \wedge c) \leqslant a$。又因为 $a \wedge b \leqslant b \leqslant b \vee c, a \wedge c \leqslant c \leqslant b \vee c$，所以$(a \wedge b) \vee (a \wedge c) \leqslant b \vee c$，即$(a \wedge b) \vee (a \wedge c)$是 a 和 $b \vee c$ 的下界，所以$(a \wedge b) \vee (a \wedge c) \leqslant a \wedge (b \vee c)$。

例 12.6：证明一个格是可分配的当且仅当对于这个格中的任意元素 a、b 和 c 有

$$(a \vee b) \wedge c \leqslant a \vee (b \wedge c)$$

证明：先证必要性。因为 $a \wedge c \leqslant a$ 和 $b \wedge c \leqslant b \wedge c$，所以由定理 12.2 知，$(a \wedge c) \vee (b \wedge c) \leqslant a \vee (b \wedge c)$。又因为格为分配格，所以$(a \vee b) \wedge c = (a \vee c) \wedge (b \vee c)$。因此，$(a \vee b) \wedge c \leqslant a \vee (b \wedge c)$。

再证充分性。因为任意元素 a、b 和 c 有$(a \vee b) \wedge c \leqslant a \vee (b \wedge c)$，所以

$$\begin{aligned}(a \vee b) \wedge c &= (a \vee b) \wedge (c \wedge c) \quad (\text{等幂律})\\ &= ((a \vee b) \wedge c) \wedge c \quad (\text{结合律})\\ &\leqslant (a \vee (b \wedge c)) \wedge c \quad (\text{假设})\\ &= ((b \wedge c) \vee a) \wedge c \quad (\text{交换律})\\ &\leqslant (b \wedge c) \vee (a \wedge c) \quad (\text{假设})\end{aligned}$$

又因为 $a \leqslant a \vee b, c \leqslant c$，所以 $a \wedge c \leqslant (a \vee b) \wedge c$。同理，$b \wedge c \leqslant (a \vee b) \wedge c$。因此，$(a \wedge c) \vee (b \wedge c) \leqslant (a \vee b) \wedge c$。

因为 $\leqslant$ 有反对称性，所以 $(a \vee b) \wedge c = (a \wedge c) \vee (b \wedge c)$。

故，此格为分配格。

习题

12.1　设 $(L, \leqslant)$ 是一个格。证明：对于 $\forall a, b, c \in L$，有 $a \vee (b \wedge c) \leqslant b \wedge (a \vee c)$。

12.2　设 $(L, \leqslant)$ 是一个格。证明：对于 $\forall a, b, c \in L$ 有

(1) $(a \wedge b) \vee (c \wedge d) \leqslant (a \vee c) \wedge (b \vee d)$。

(2) $(a \wedge b) \vee (b \wedge c) \vee (c \wedge a) \leqslant (a \vee c) \wedge (b \vee c) \wedge (c \vee a)$。

12.3　设 $(L, \vee, \wedge)$ 是一个代数系统，其中"$\vee$"和"$\wedge$"是满足吸收律的二元运算，证明："$\vee$"和"$\wedge$"也满足等幂律。

12.4　证明：一个格 $(L, \leqslant)$ 是可分配的，当且仅当对 L 中的任意元素 a、b 和 c，有

$$(a \wedge b) \vee (b \wedge c) \vee (c \wedge a) = (a \vee b) \wedge (b \vee c) \wedge (c \vee a)$$

12.5　一个格 $(L, \leqslant)$ 称为模格，如果对 L 中任意的 a、b 和 c，有

$$a \vee (b \wedge c) = (a \vee b) \wedge c$$

其中 $a \leqslant c$。证明一个格是模格当且仅当下述条件成立：

$$a \vee (b \wedge (a \vee c)) = (a \vee b) \wedge (a \vee c)$$

12.6　证明：在一个布尔代数中，有

$$a \vee (\bar{a} \wedge b) = a \vee b$$

$$a \wedge (\bar{a} \vee b) = a \wedge b$$

12.7　设 $(L, \leqslant)$ 是一个格，证明：若 $a \leqslant b \leqslant c$，则

(1) $a \vee b = b \wedge c$。

(2) $(a \wedge b) \vee (b \wedge c) = (a \vee b) \wedge (b \vee c)$。

12.8　用哈斯图绘出一个有 4 个元的格，它是分配格，但不是有补格。

12.9　画出两个五元格，一个是分配格，一个不是分配格，用哈斯图表示。

12.10　设 $(L, \cup, \cap)$ 是一个分配格，0 是泛下界，1 是泛上界。令

$$S = \{x \in S \mid x' \text{ 是 } x \text{ 的补元}, x' \in L\}$$

证明 S 是 L 的子格。

12.11　设 $A = \{1,2,3,4,5,6,12,30,60\}$，定义一个二元关系 R 如下：对于 $\forall x, y \in A$，$(x, y) \in R$ 当且仅当 $x \mid y$。

(1) 画出 (A, R) 的哈斯图。

(2) 判断 (A, R) 是否为格、分配格、有补格、布尔格，并逐项说明理由。

12.12　已知 L 是分配格，$a \in L$，定义从 L 到 L 的一个映射 $\varphi: L \to L$ 如下：

$$\text{对于 } \forall x \in L, \quad \varphi(x) = x \wedge a$$

证明 φ 是格同态映射。

12.13　设 $L=\{1,2,5,10,11,22,55,110\}$ 是 110 的正因子集合，对于 $\forall x,y\in L$，$x\leqslant y$ 当且仅当 $x\mid y$。偏序集 $(L,\leqslant)$ 是否构成布尔代数？为什么？

12.14　化简下述布尔表达式：

(1) $(a\wedge b)\vee(a\wedge b\wedge c)\vee(b\wedge c)$。

(2) $(a\wedge b)\vee(\bar{a}\wedge\bar{b}\wedge c)\vee(b\wedge c)$。

(3) $(a\wedge b)\vee(\bar{a}\wedge b\wedge\bar{c})\vee(b\wedge c)$。

(4) $((a\wedge\bar{b})\vee c)\vee((a\vee\bar{b})\wedge c))$。

12.15　设 $E(x_1,x_2,x_3)=(x_1\wedge\bar{x}_2\vee(x_2\wedge x_3)\vee(x_1\wedge\bar{x}_3)$ 是二元布尔代数上的一个布尔表达式，把 $E(x_1,x_2,x_3)$ 分别表示为主析取范式和主合取范式。

12.16　设 $E(x_1,x_2,x_3)=\overline{\overline{(x_1\wedge\bar{x}_2)}\vee(x_1\vee x_3)}$ 是二元布尔代数上的一个布尔表达式，把 $E(x_1,x_2,x_3)$ 分别表示为主析取范式和主合取范式。

12.17　设 $(L,\vee,\wedge)$ 和 $(S,\vee,\wedge)$ 是两个格，$a\in S$。令 φ: $L\to S$，且对于 $\forall x\in L$，有 $\varphi(x)=a$。证明 φ 是一个格同态映射。

12.18　设 $(L,\wedge,\vee,{}^{-})$ 是一个布尔代数，在 L 上定义运算如下：

$$\forall a,b\in L,a\oplus b=(a\wedge\bar{b})\vee(\bar{a}\wedge b)$$

证明 $(L,\oplus)$ 是一个阿贝尔群。

参考文献

[1] 朱保平. 数理逻辑及其应用[M]. 北京：北京理工大学出版社，1998.

[2] 朱保平，金忠，叶有培. 离散数学概念、题解与自测[M]. 北京：北京理工大学出版社，2009.

[3] 叶有培. 离散数学[M]. 北京：兵器工业出版社，1995.

[4] 莫绍揆，沈百英. 数理逻辑[M]. 北京：高等教育出版社，1984.

[5] 屈婉玲，耿素云，张立昂. 离散数学[M]. 北京：高等教育出版社，2011.

[6] 王元元，沈克勤. 离散数学教程[M]. 北京：高等教育出版社，2010.

[7] 宋丽华，沈克勤. 离散数学教程纲要及解答[M]. 北京：高等教育出版社，2012.

[8] 王元元. 计算机科学中的逻辑学[M]. 北京：科学出版社，1989.

[9] Rosen K H. Discrete Mathematics and its Applications：影印版[M]. 北京：机械工业出版社，2004.

[10] Rosen K H. 离散数学及其应用[M]. 徐六通，杨娟，吴斌，译. 北京：机械工业出版社，2017.

[11] 徐凤生，巩建闽，宁玉富. 离散数学及其应用[M]. 北京：机械工业出版社，2009.

[12] 陈莉，刘晓霞. 离散数学[M]. 2 版. 北京：高等教育出版社，2010.

[13] 周炜，周创明，史朝辉，等. 粗糙集理论及应用[M]. 北京：清华大学出版社，2015.